# Heavy Metal

## Die unerklärbare Leichtigkeit eines Materials
## The Inexplicable Lightness of a Material

# Superschwer-
# gewicht

Anish Kapoor
*Untitled*, 2004

Edelstahl/stainless steel
265 × 265 × 72,4 cm

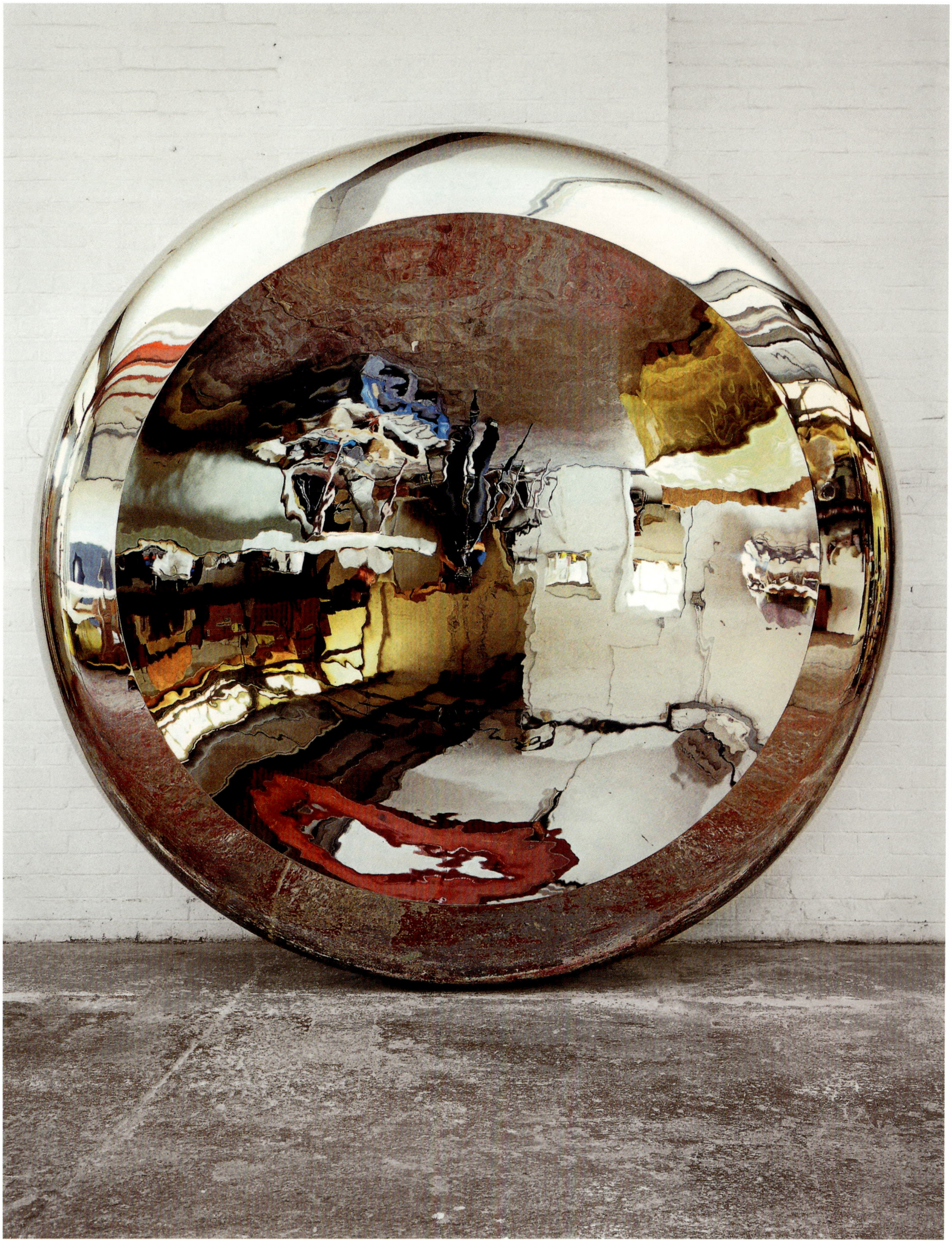

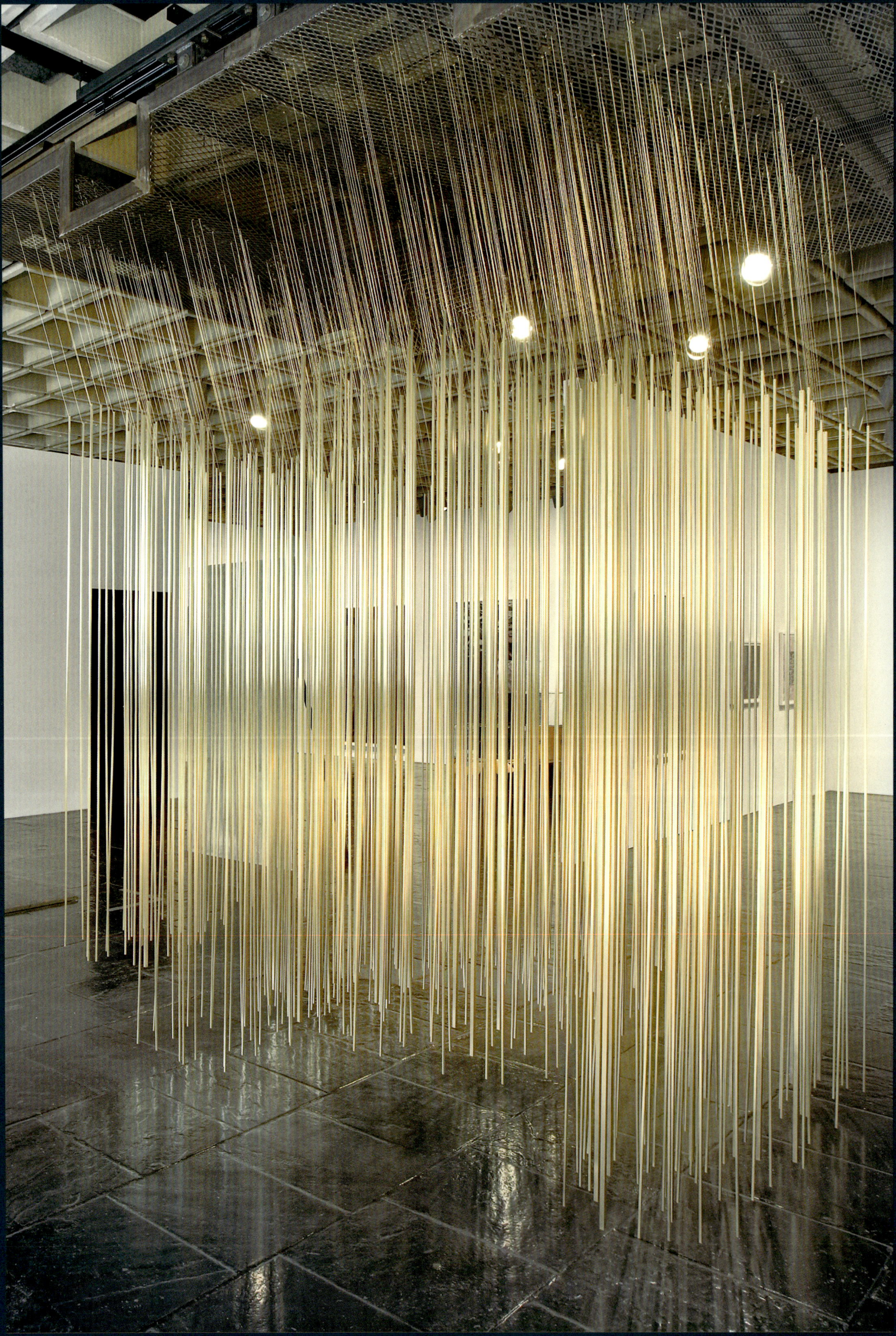

Carol Bove
*The Night Sky over New York, October 21, 2007, 9 pm*, 2007

475 Bronzestäbe /
475 bronze rods
365 × 182 × 365 cm

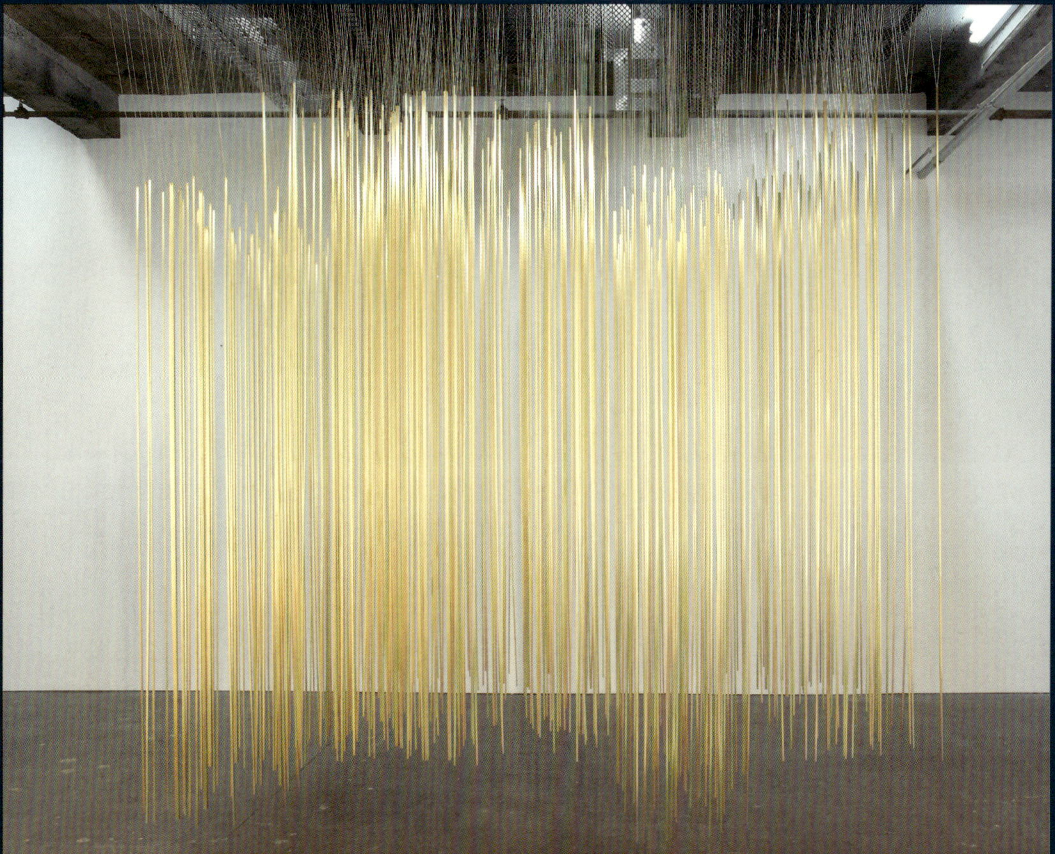

Richard Serra
*Sign Board Prop,* 1969/1987

Blei mit Antimon/
lead with antimony
130 × 130 × 2,5 cm (Platte/panel)
100 × ø 9 cm (Rolle/coil)

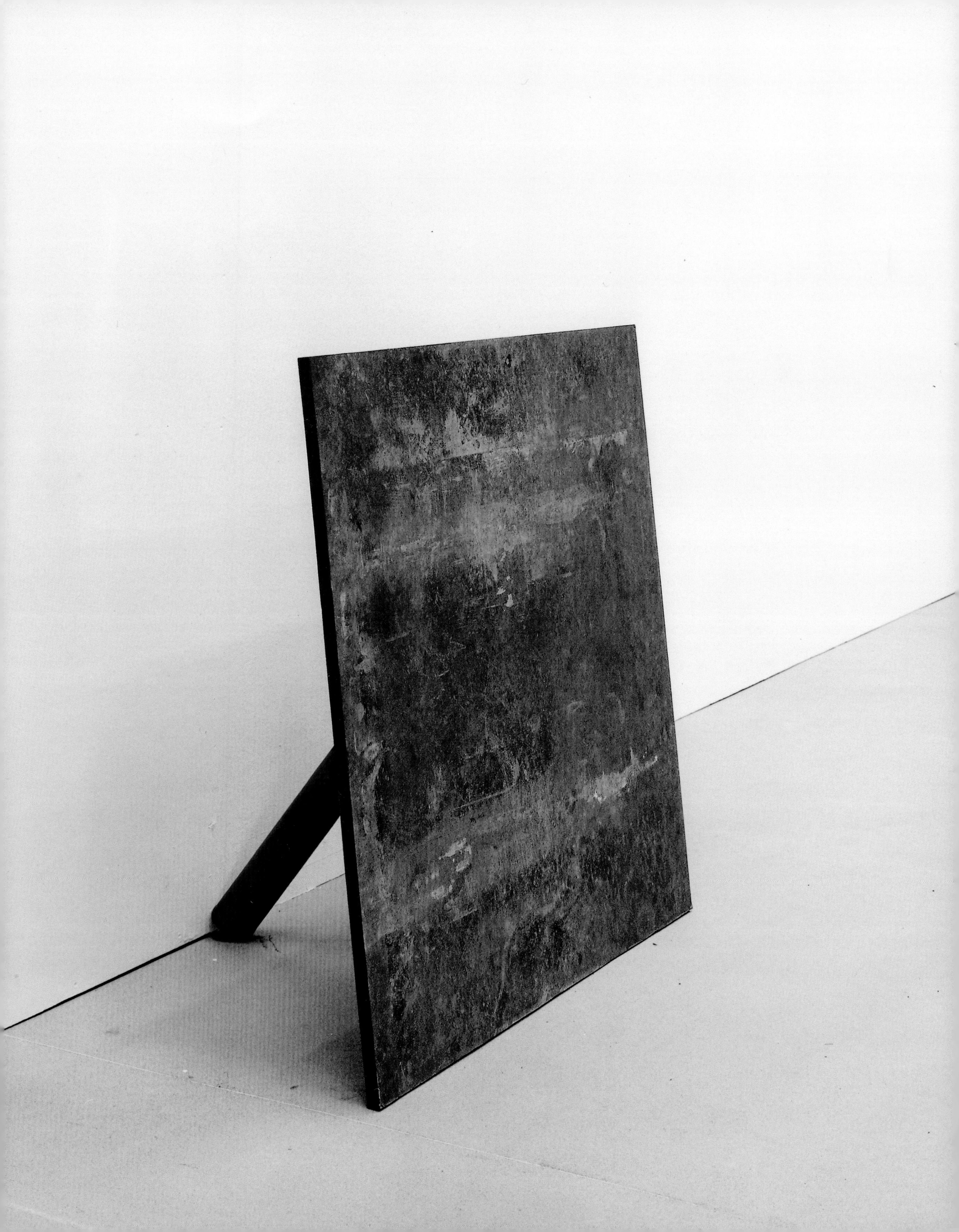

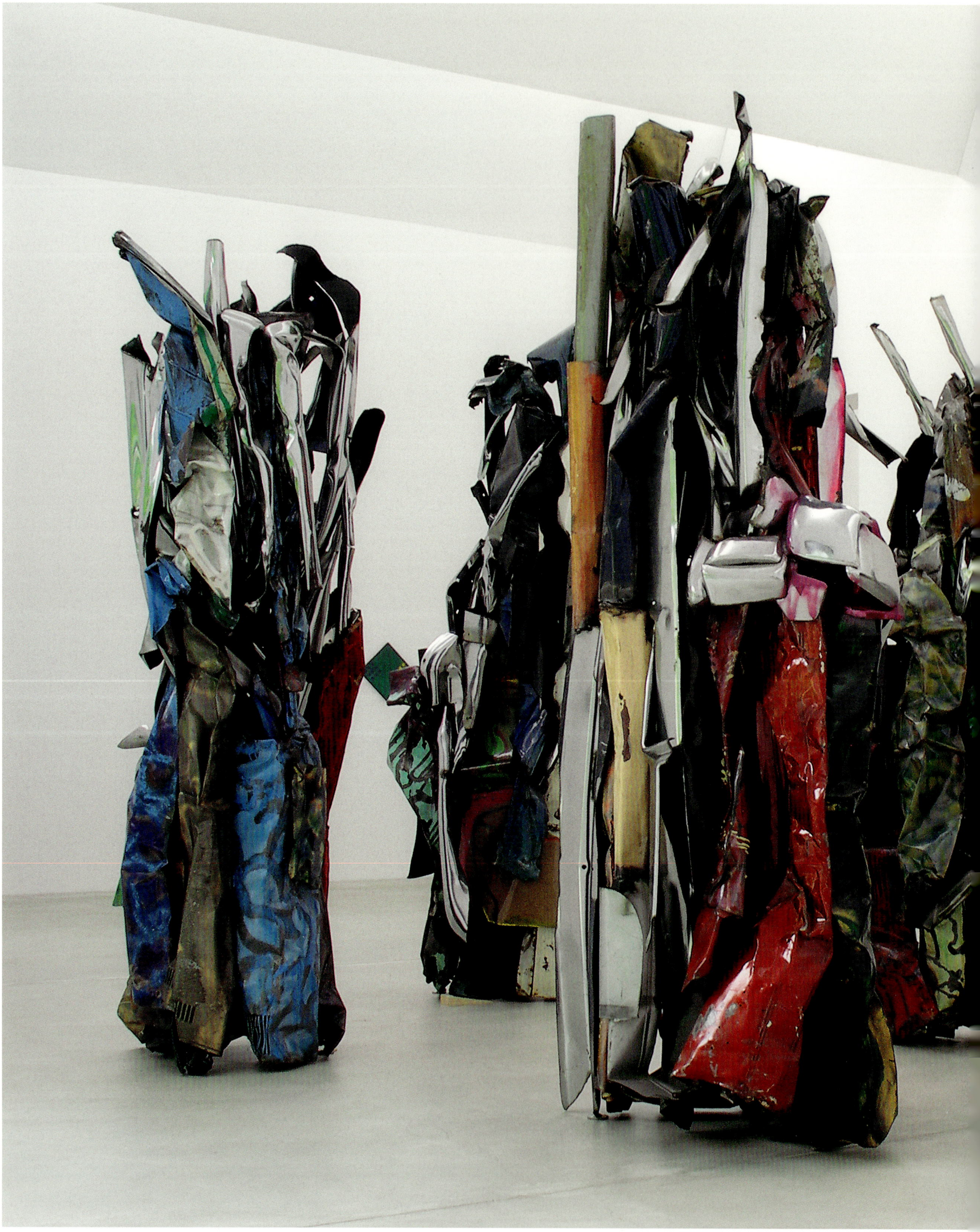

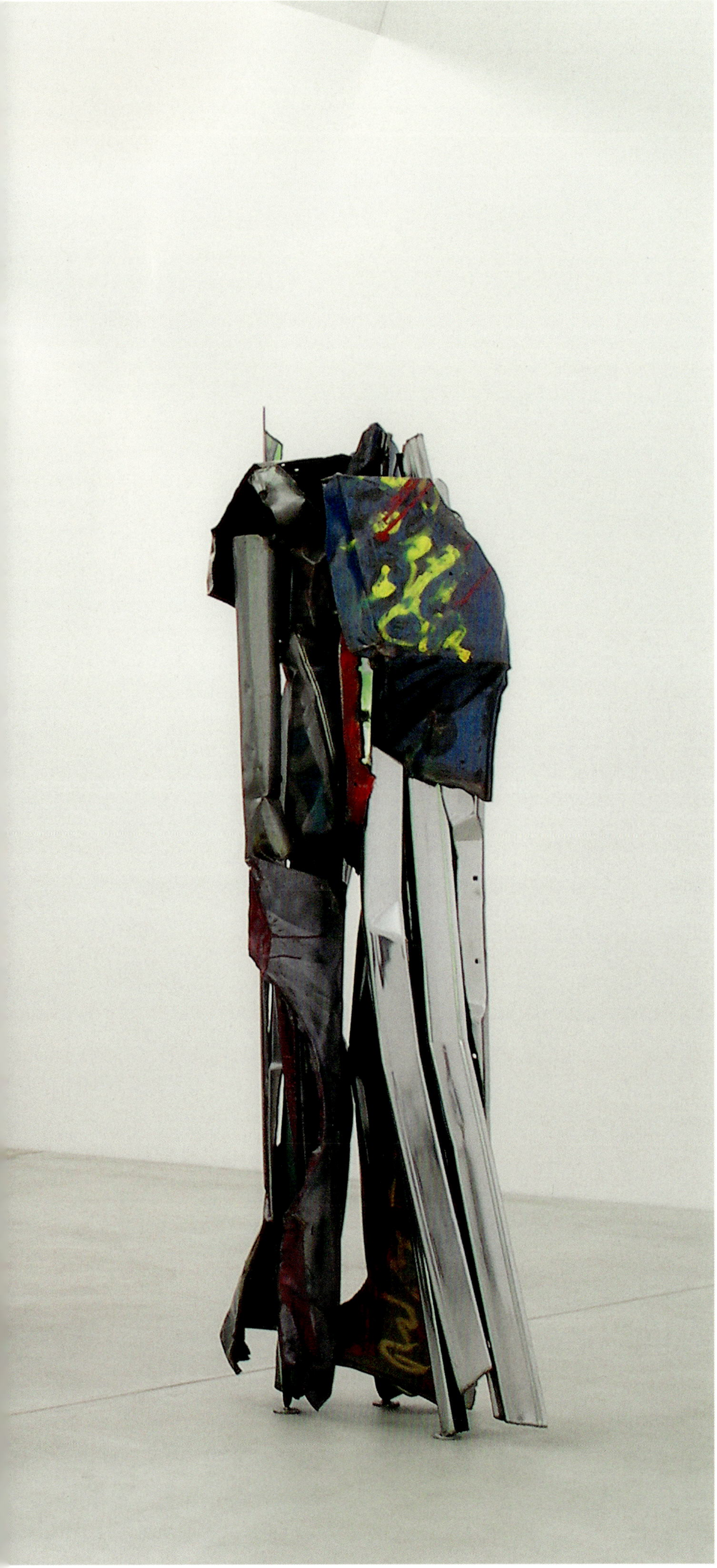

John Chamberlain
*Straits of Night*, 1992

Autoblech/auto panel
5 Teile/5 parts
Höhe bis/height up to 292 cm

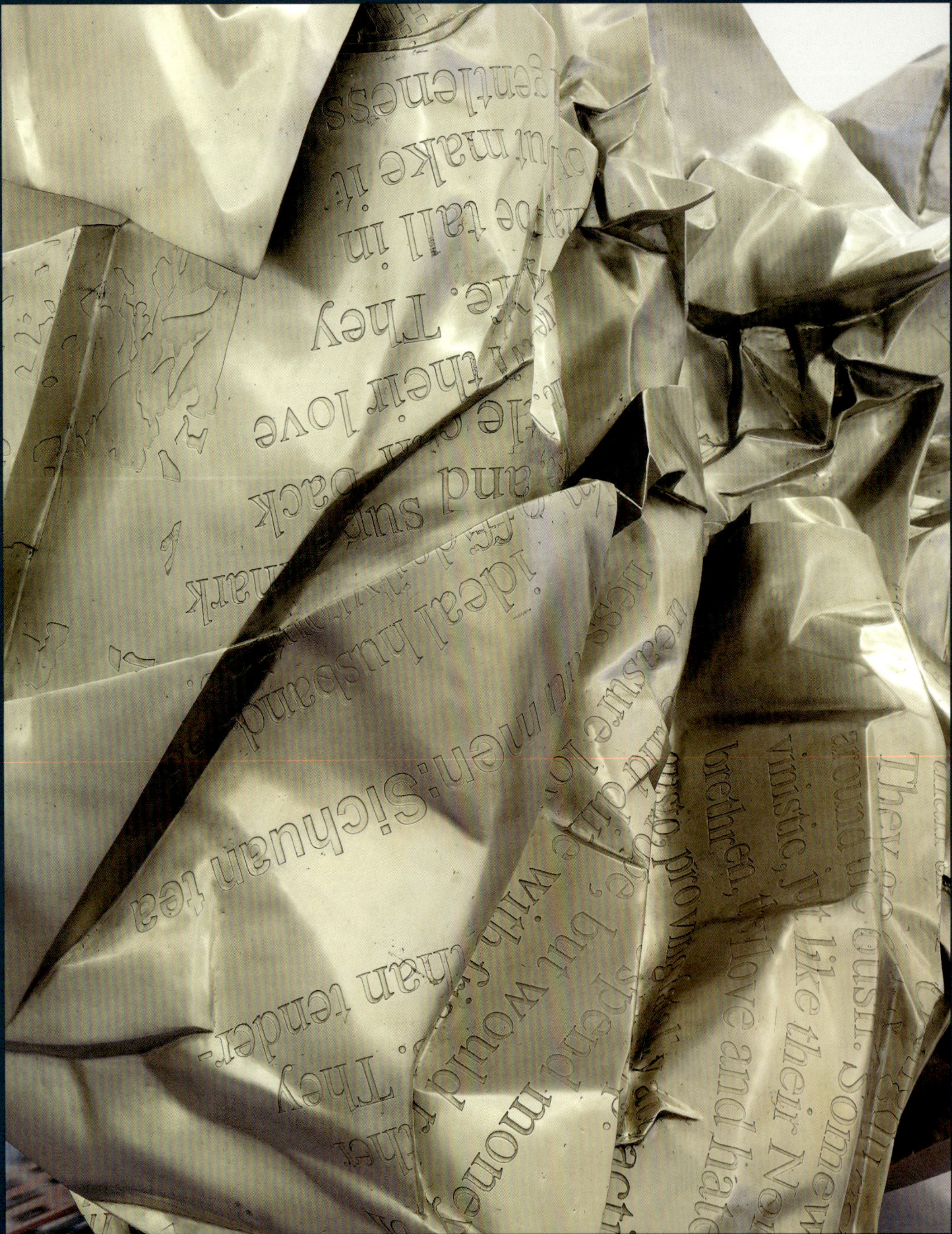

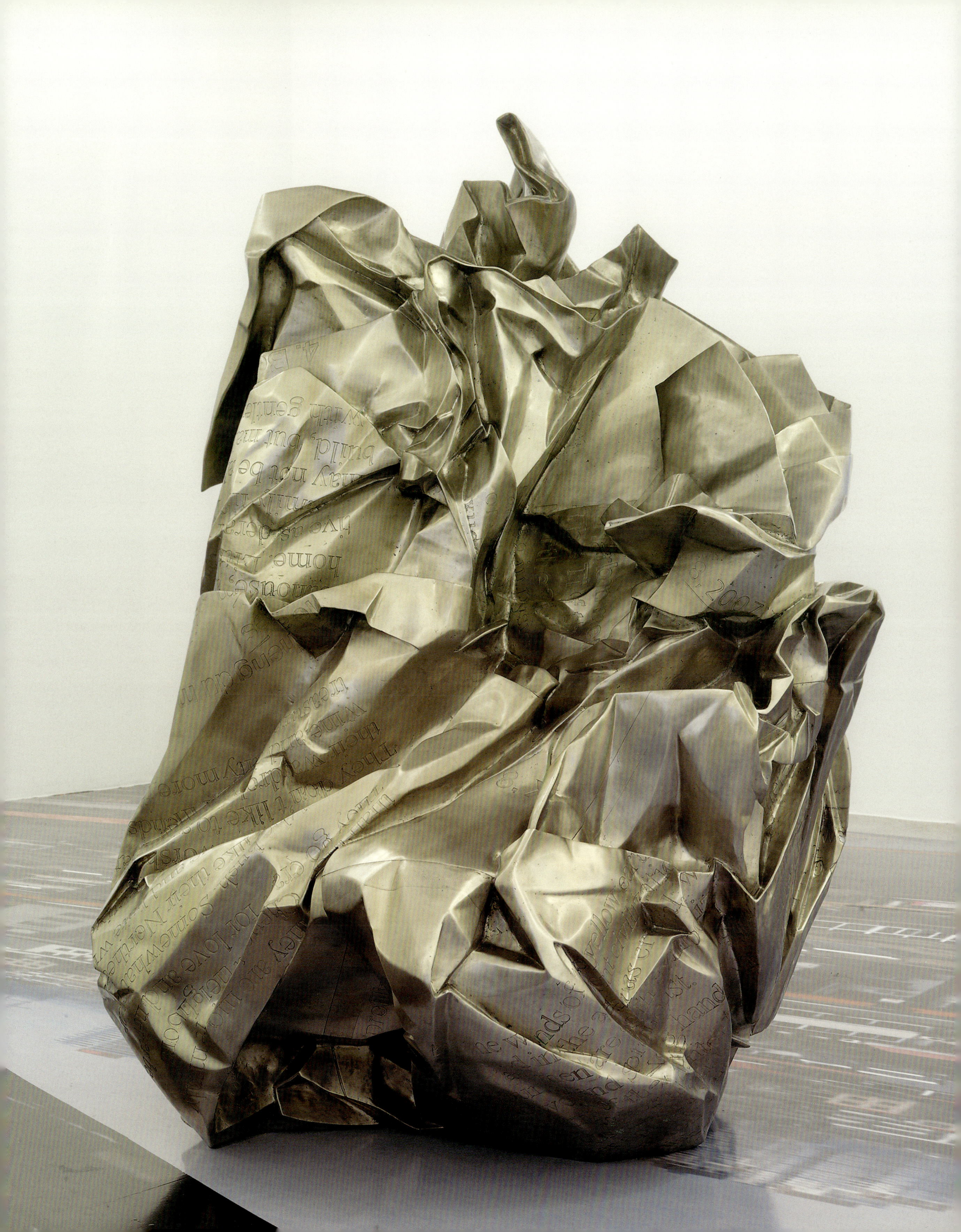

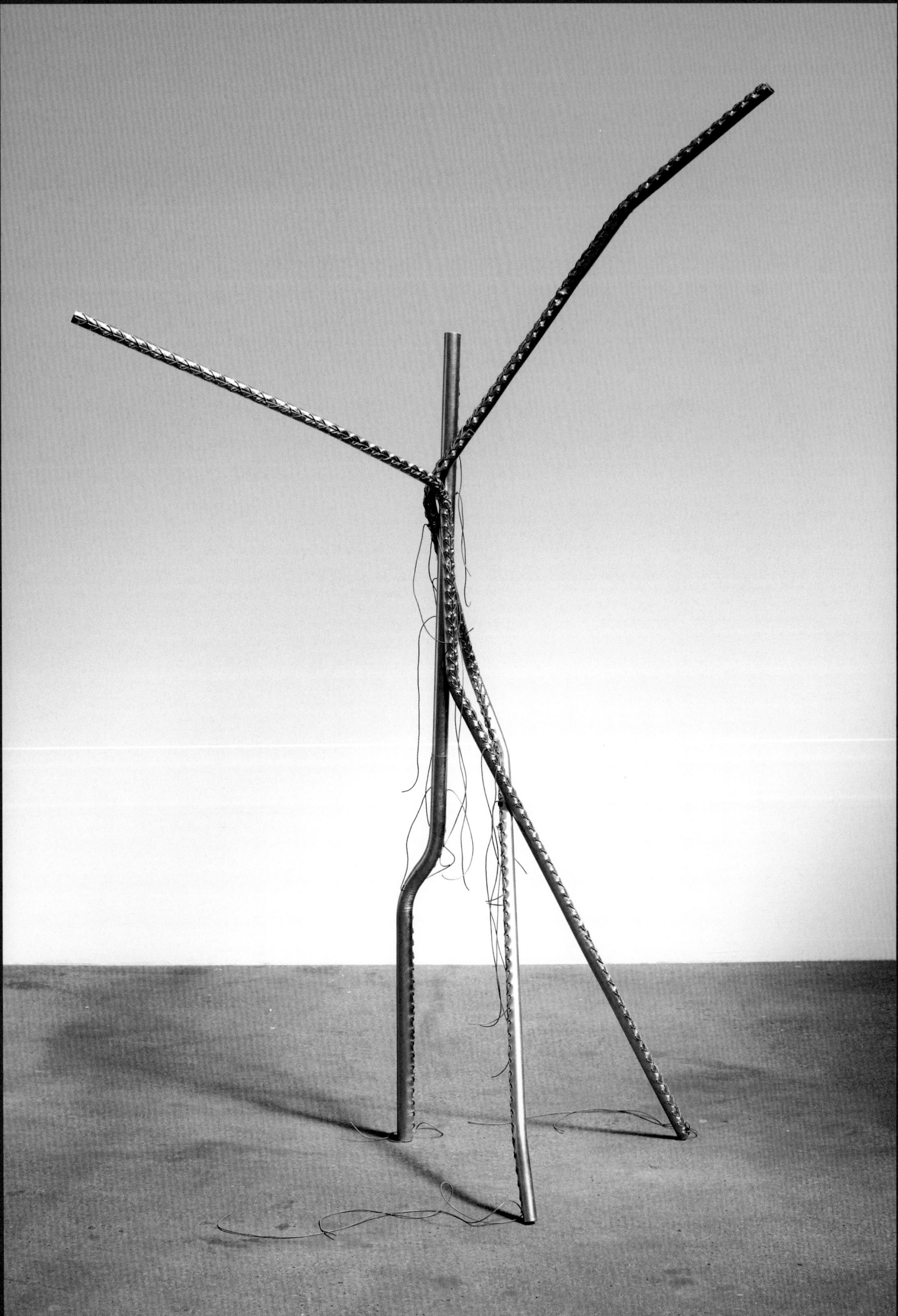

Tatiana Trouvé
*Untitled (tree nickel)*, 2008

Metall, Leder / metal, leather
203 × 127 × 64 cm

Tatiana Trouvé
*Rock (different metals)*, 2008

Alpenstein, Aluminium, Plexiglas, Kupfer, Messing / alp, aluminium, Plexiglas, copper, brass
50 × 75 × 90 cm

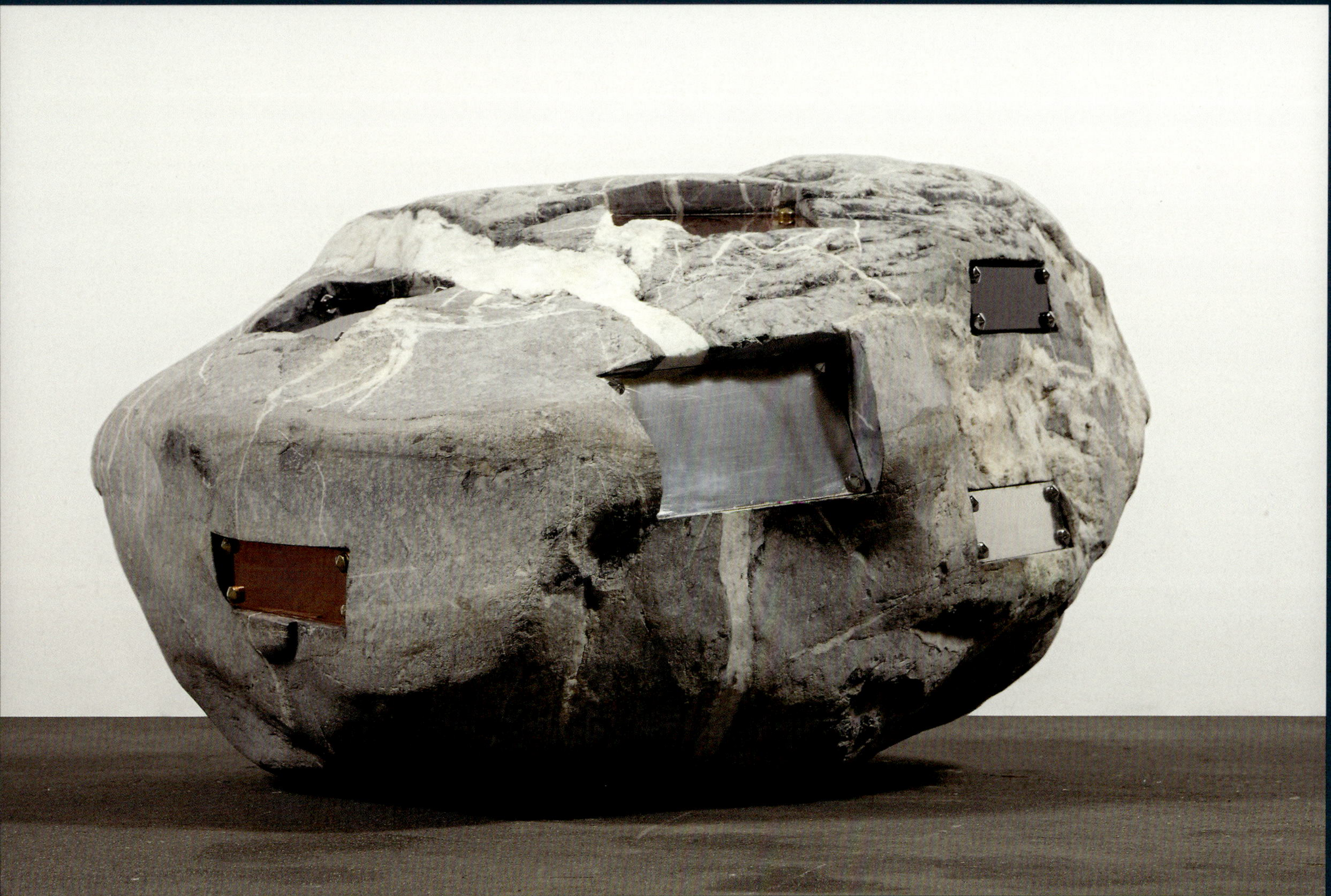

Geoffrey Hendricks
*Sky Car,* 1978

VW-Käfer, bemalt, Erinnerungsstücke/
VW Bug, painted, memorabilia
Fabrikmaße/factory dimensions

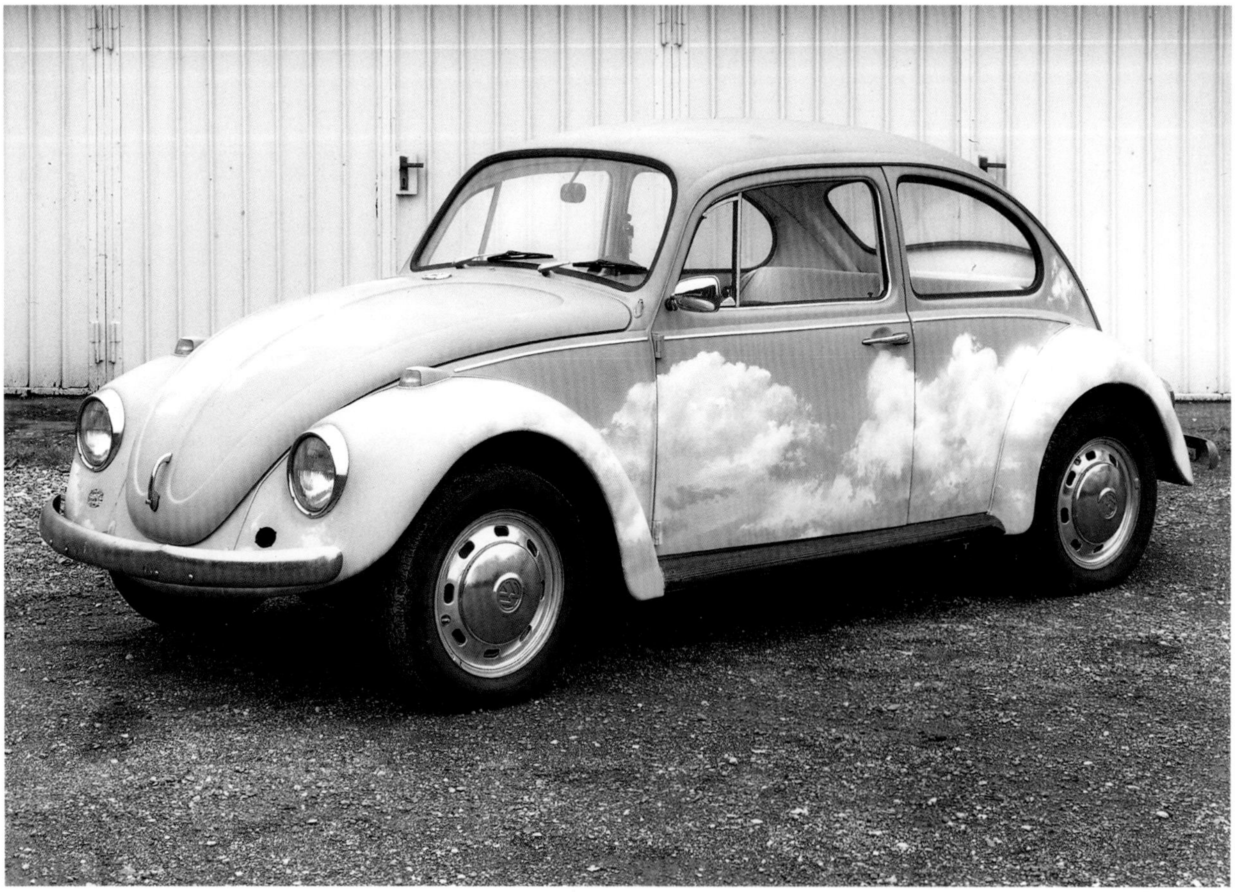

# Schwergewicht

Alexander Laner
*Plattenspieler / Record Player*, 2005

Mercedesmotor, Treibstoff,
Plattenspieler, Schallplatte, Stahl /
Mercedes motor, fuel,
record player, record, steel
110 × 98 × 175 cm

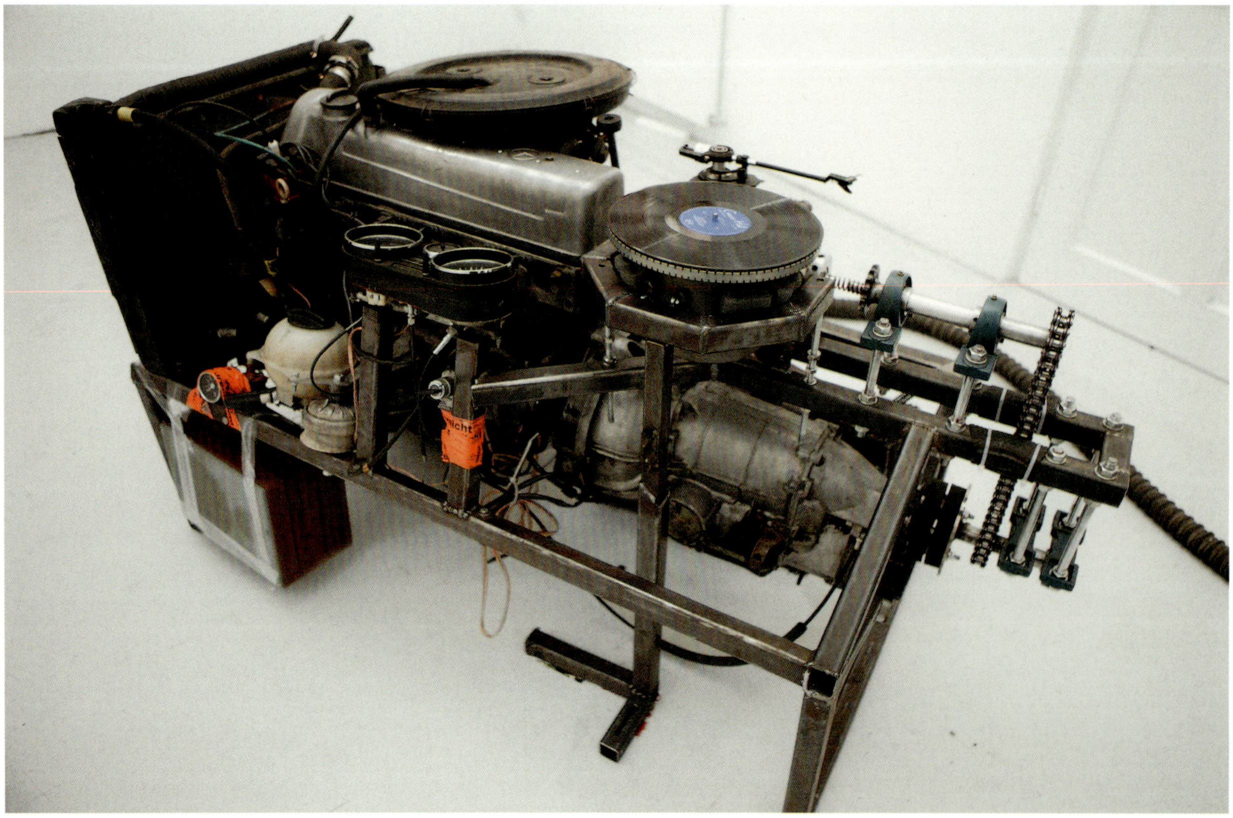

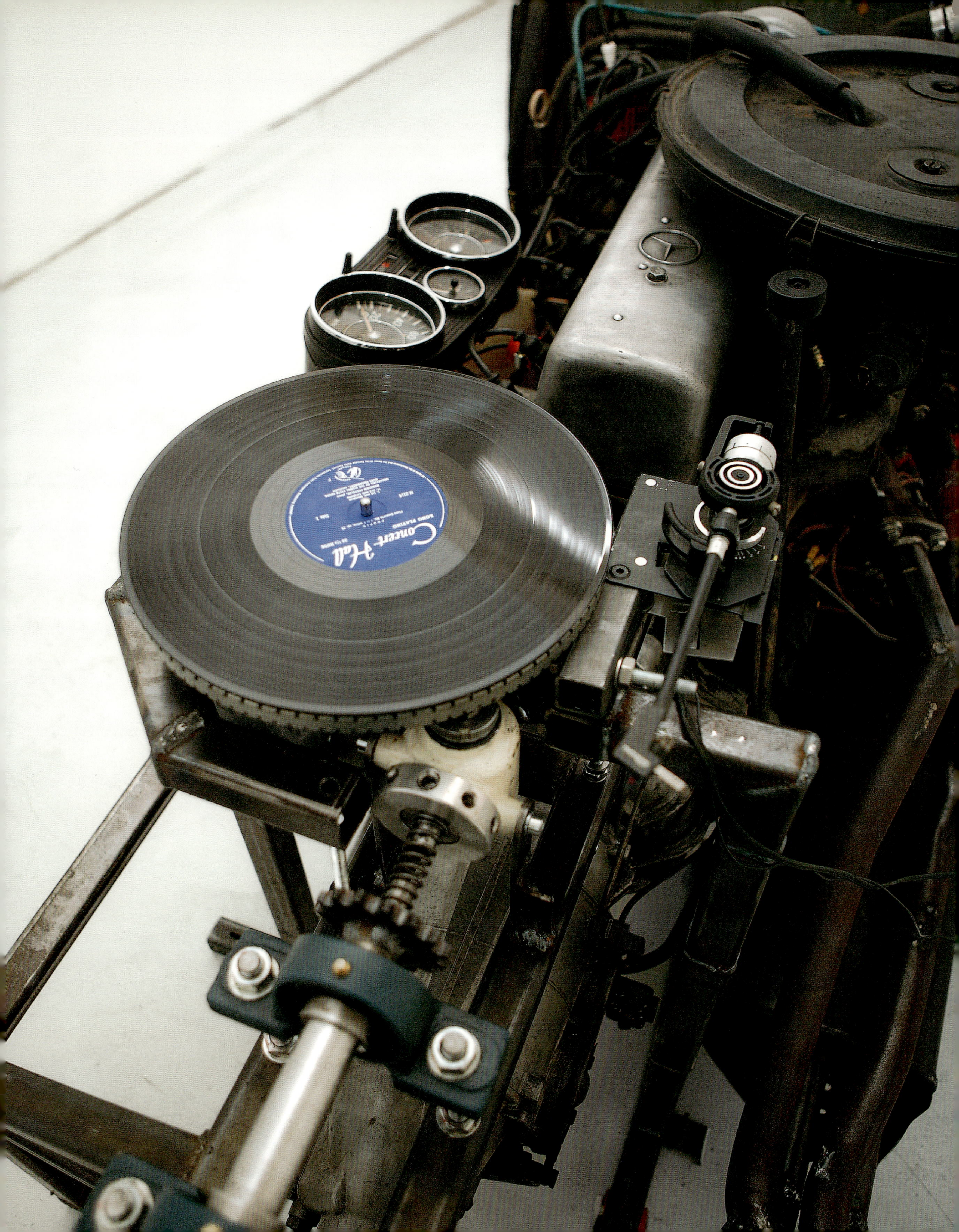
Concert Hall

Heinz Mack
*Der Garten Eden / The Garden of Eden*

1966
Aluminium, Edelstahl, Holz, Plexiglas / aluminum,stainless steel, wood, Plexiglas
300 × 800 × 15 cm

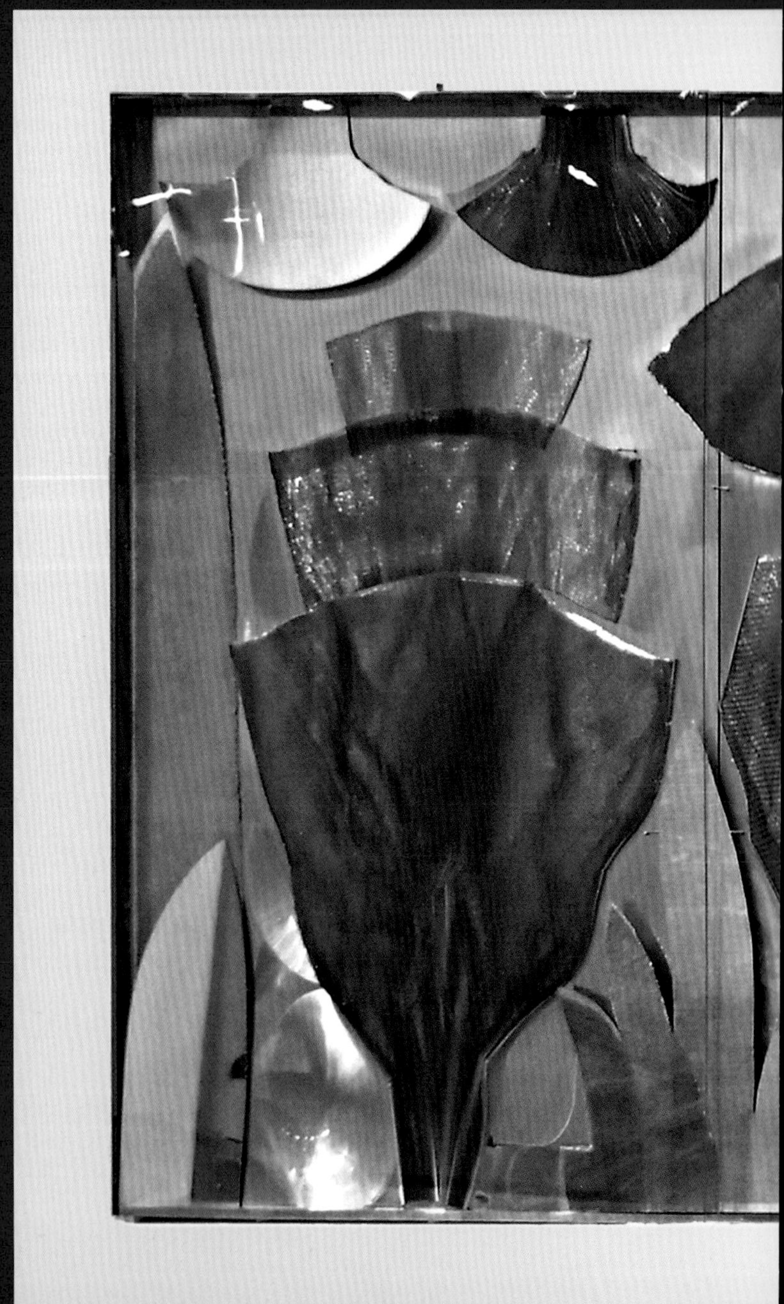

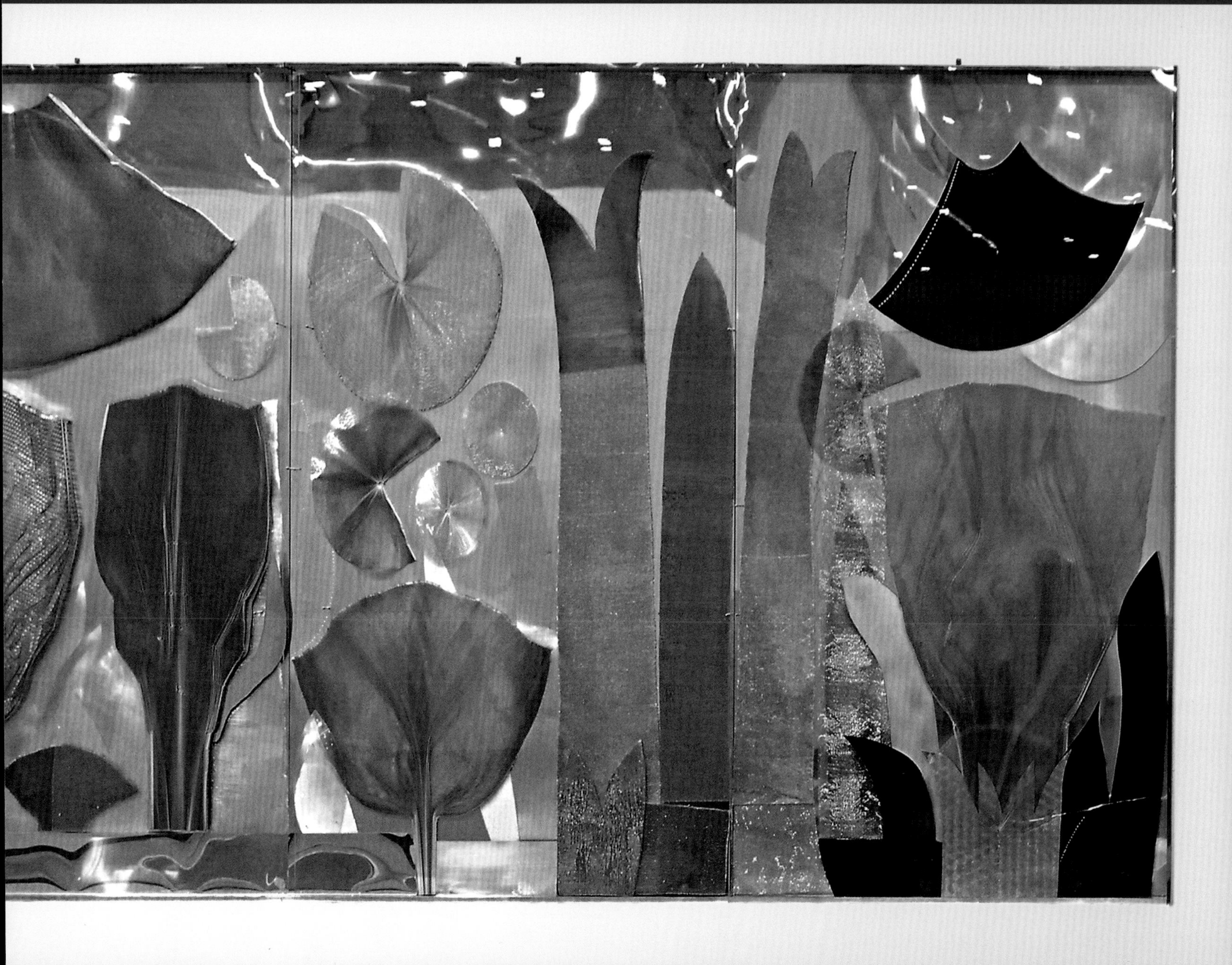

Günther Förg
*Ohne Titel / Untitled*, 1988

Bronze
120 × 80,3 × 6,5 cm

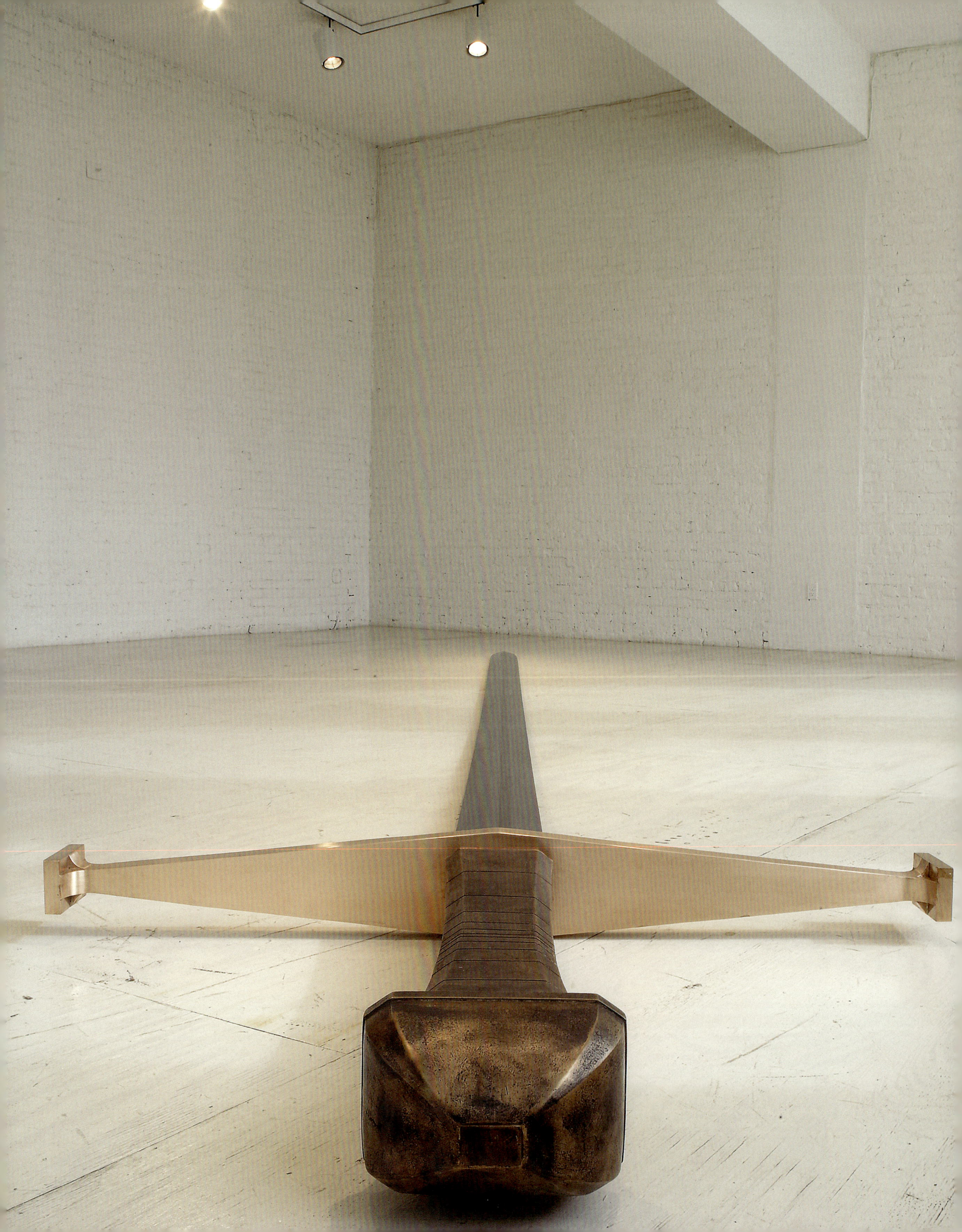

Kris Martin
*Mandi XV*, 2007

Stahl, Bronze/steel, bronze
702,2 × 136 cm

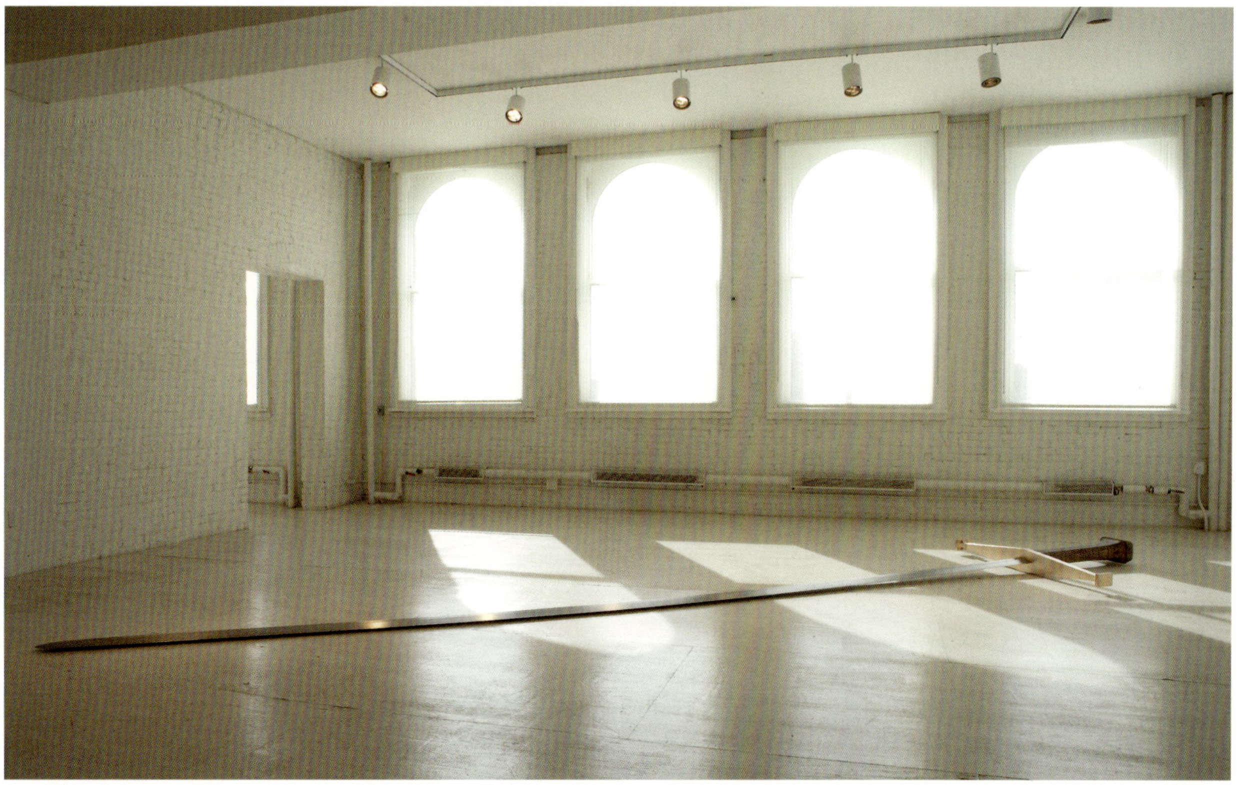

# Halbschwer-
# gewicht

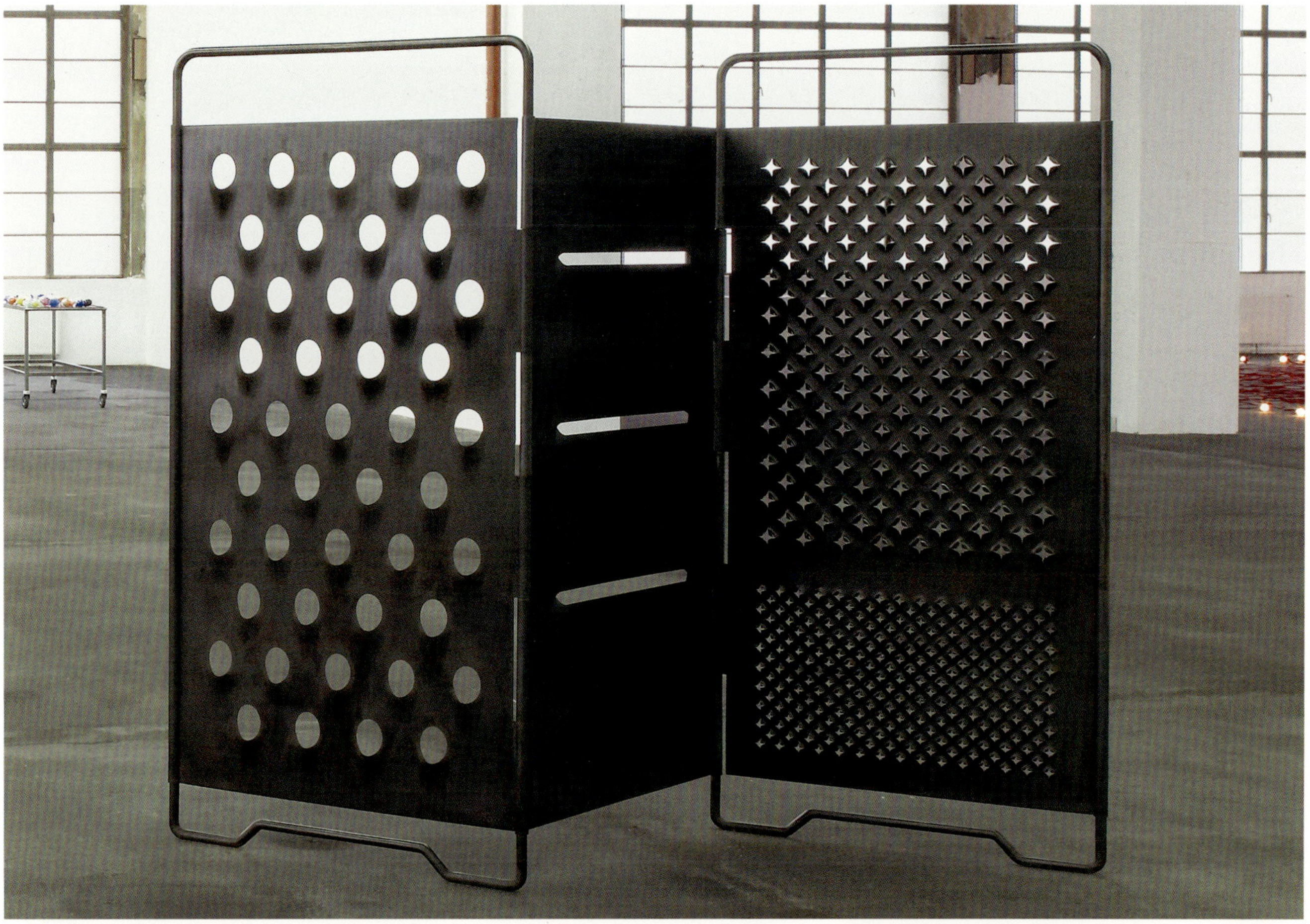

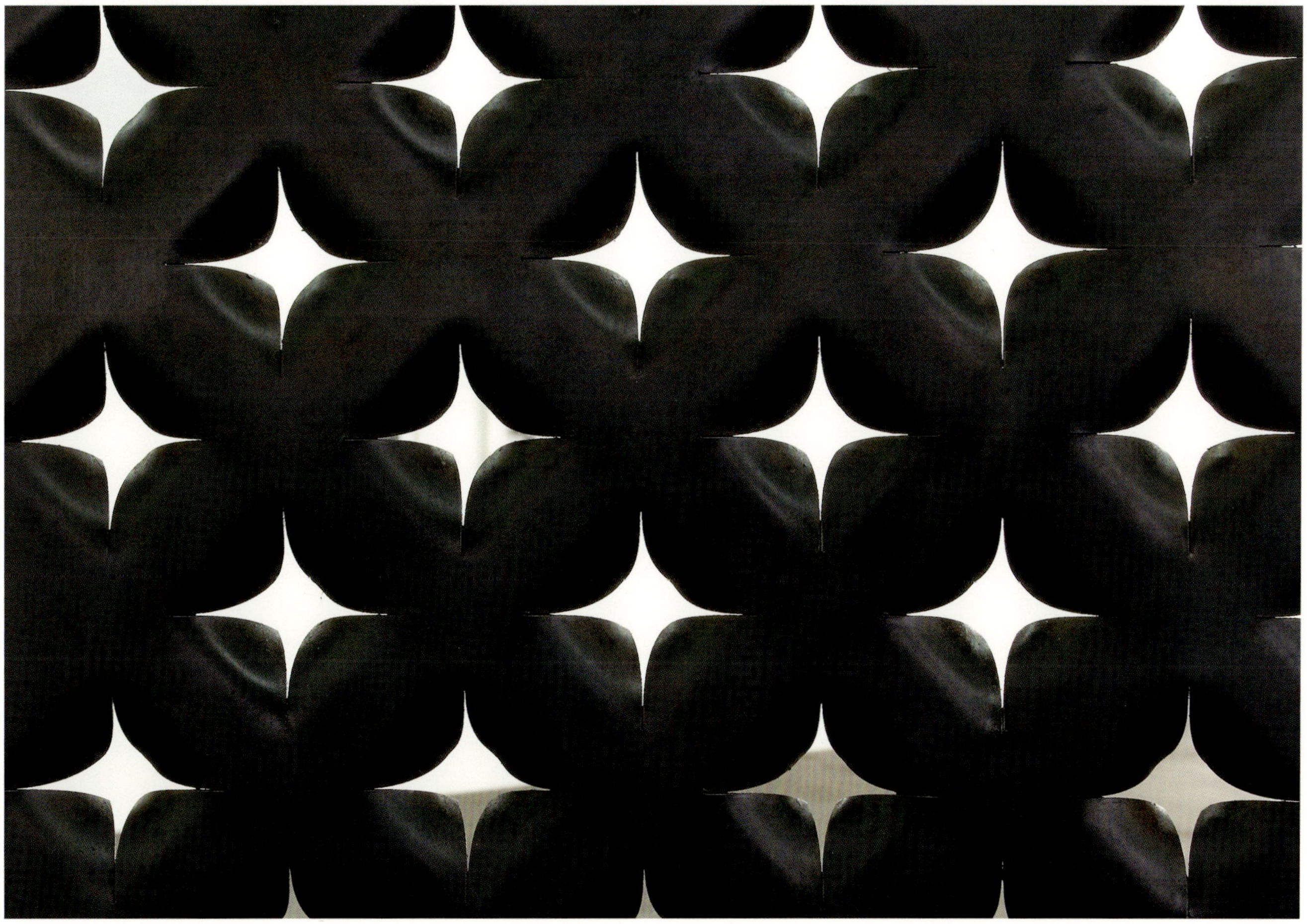

Mona Hatoum
*Paravent / Folding Screen*, 2008

Stahl, lackiert / steel, enameled
211 × 302 × 5 cm

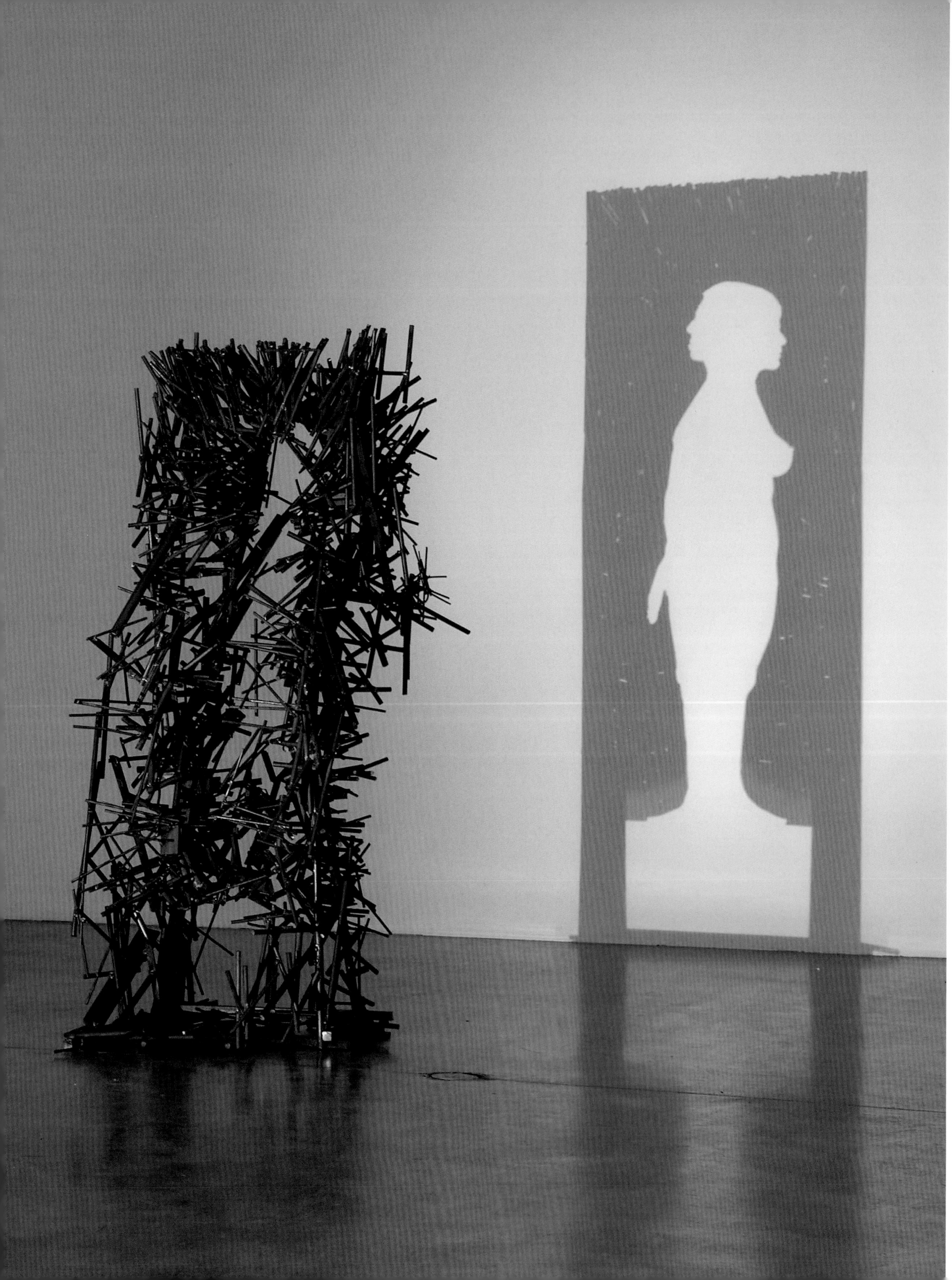

Tim Noble & Sue Webster
*The Spikey Thing*, 2005

Altmetall, Lichtprojektor/
scrap metal, light projector
173,4 × 74,9 × 96,5 cm

Jonathan Monk
*Fifteen Piece Puzzle Piece*, 2007

Stahlblech/steel sheet
220 × 295 cm

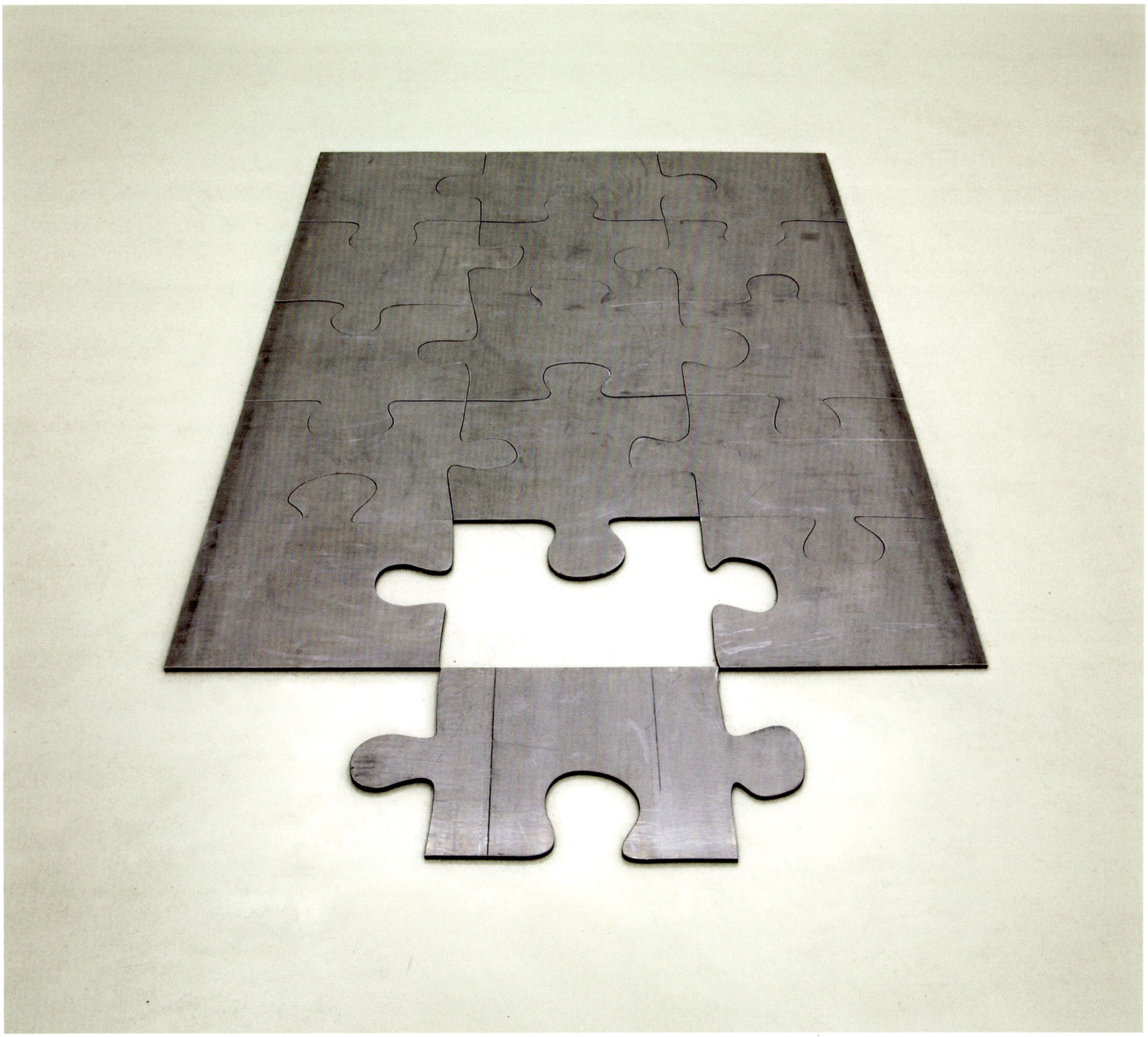

Sonja Vordermaier
*Teslasmog*, 2006

Antennen, Hochleistungsmagneten
Eisenspäne, Stahl/
antennae, high-performance magnets
iron filings, steel
ca. 340 × 240 cm

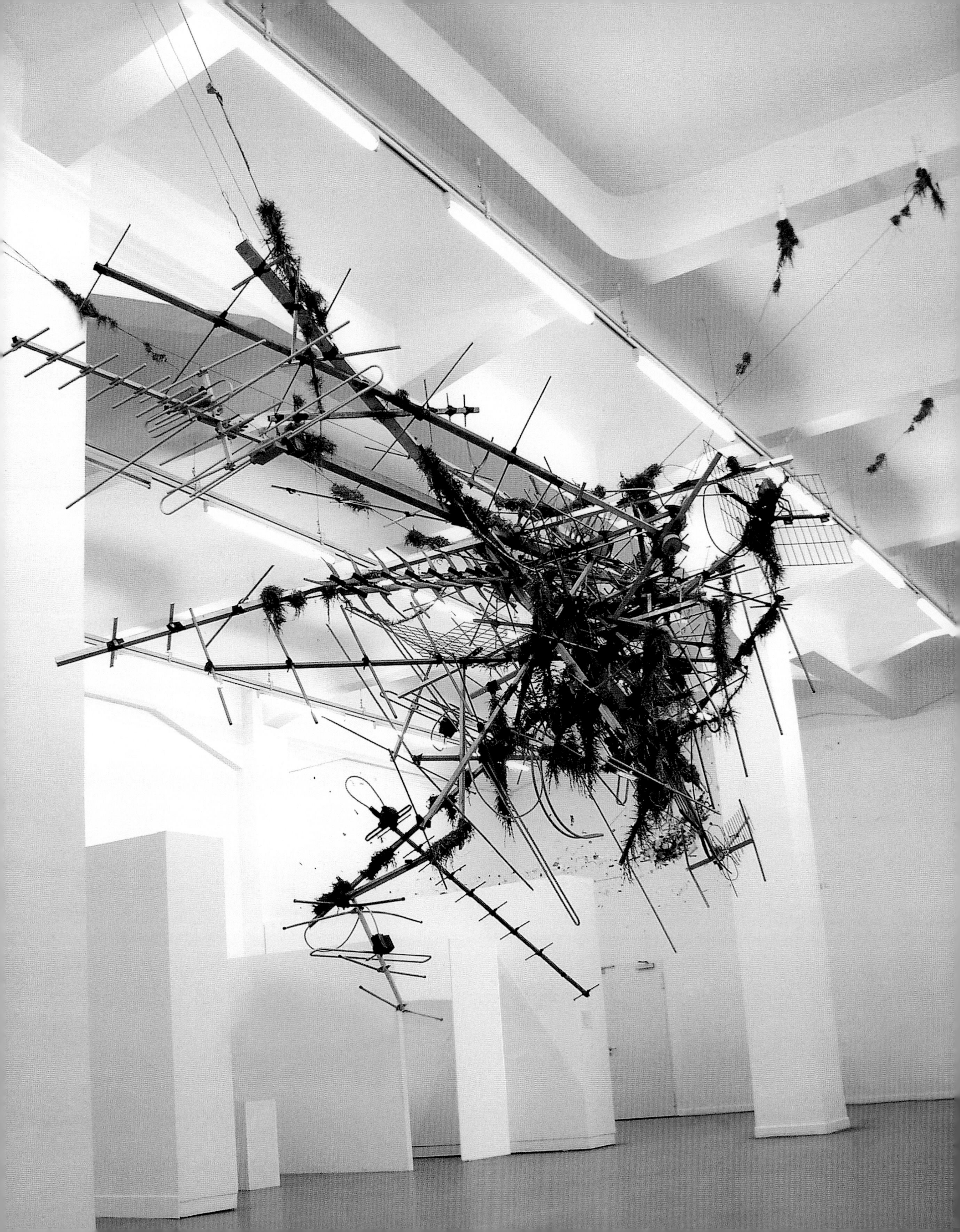

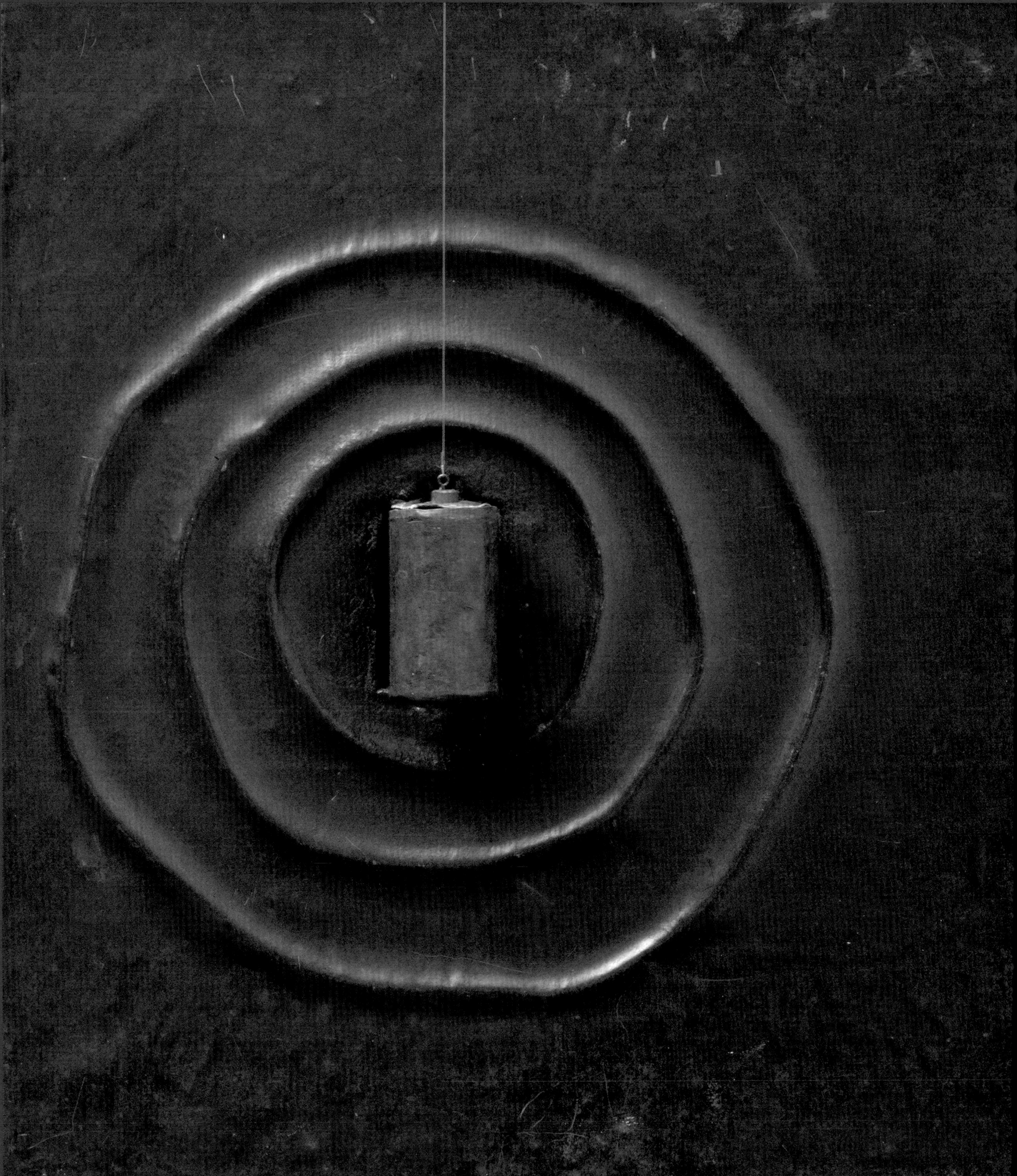

Robert Morris
*Untitled*, 1964

Blei / lead
55 × 60 cm

Günther Uecker
*Kubus-Kubus / Cube-Cube*, 1967

Nägel, Blei, Holz / nails, lead, wood
127 × 60 × 60 cm

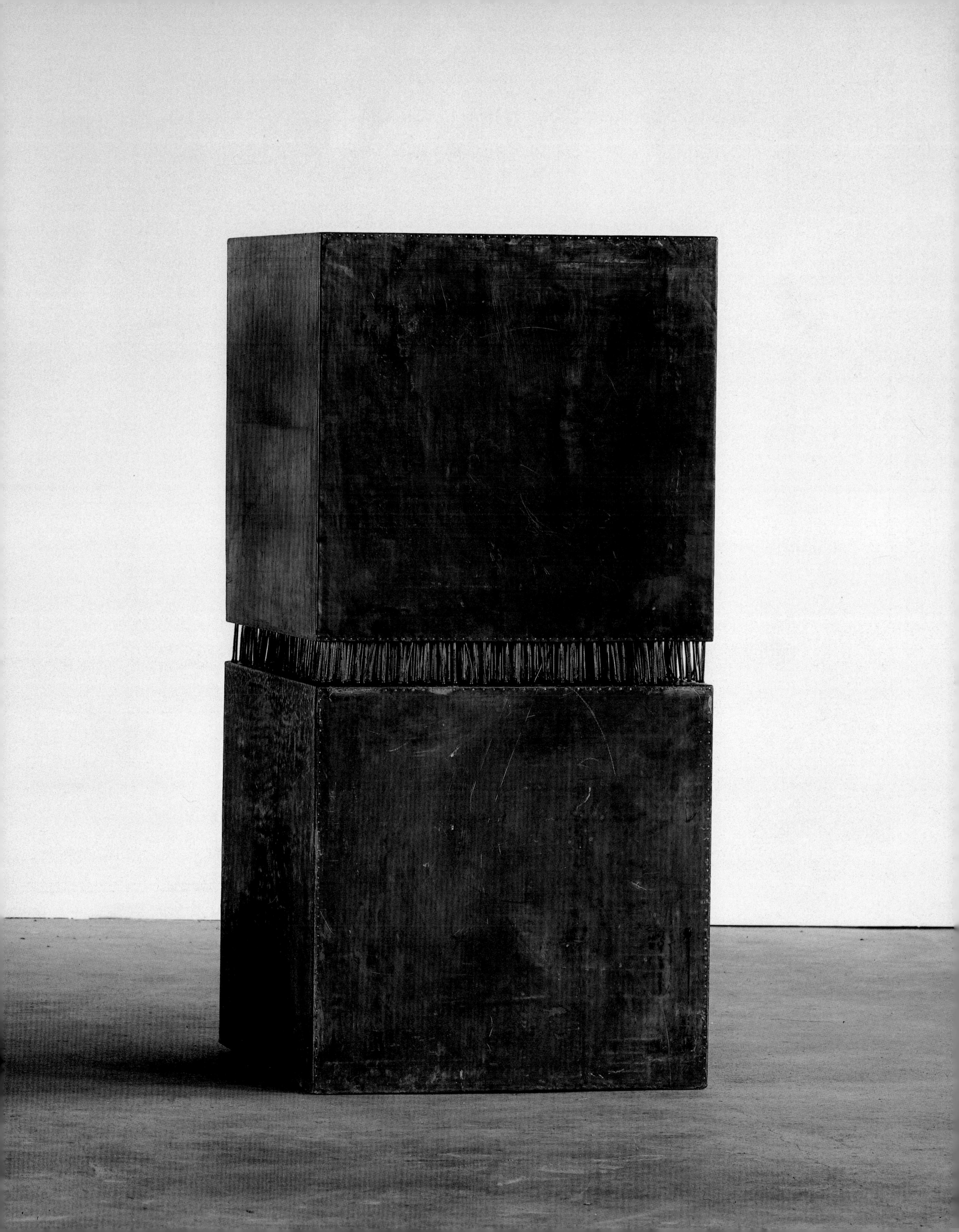

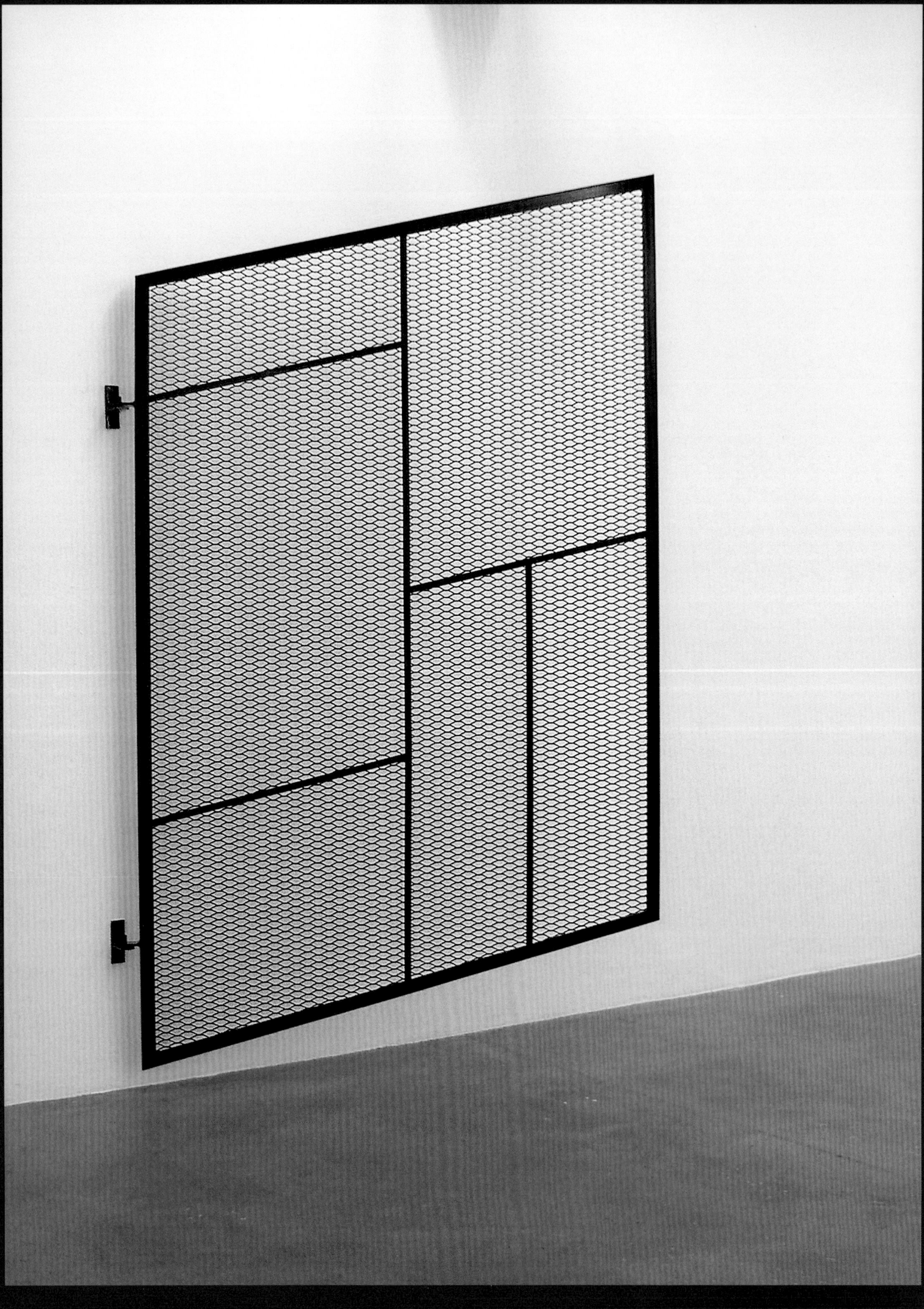

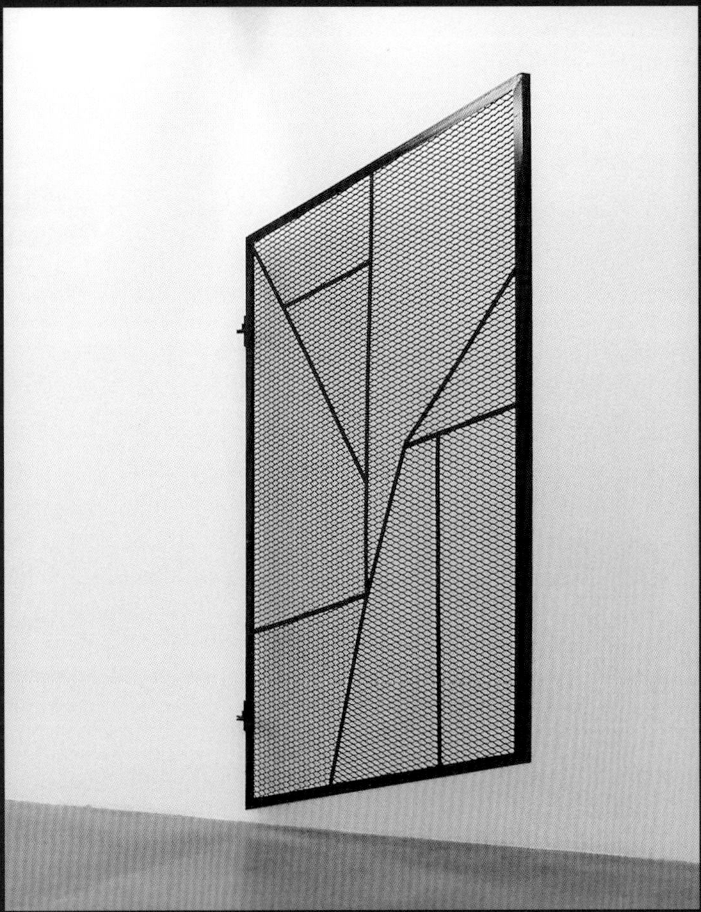

Martin Boyce
*We are Fragile and Unstoppable. We Appear and Disappear*, 2004

Stahl, lackiert / steel, enameled
3-teilig / 3-part
je / each 275 × 150 × 5 cm

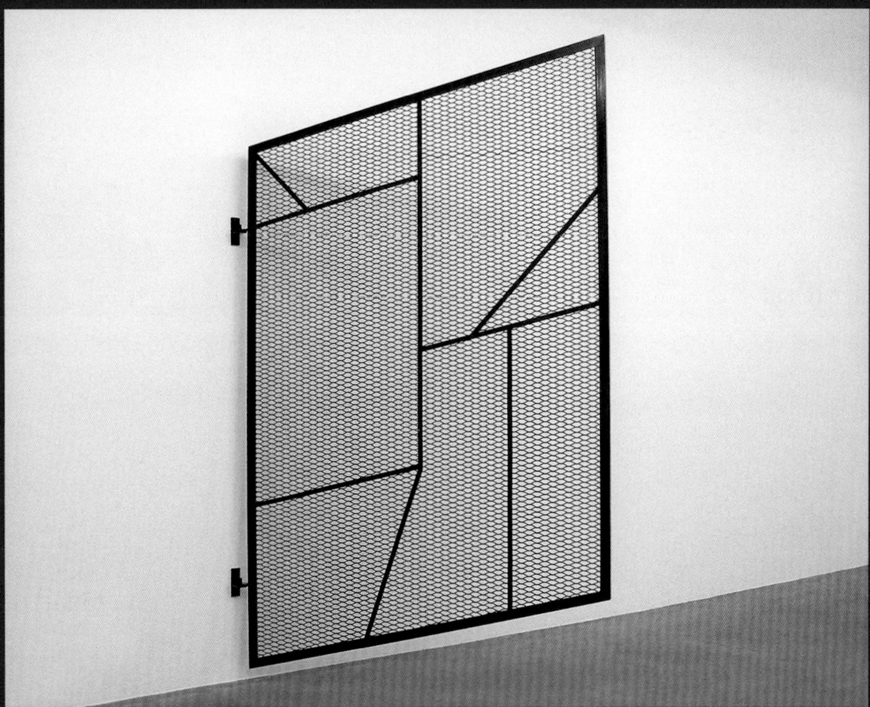

Bertrand Lavier
*Arcadia*, 1991

Acryl auf Metall/acrylic on metal
207 × 300 × 10 cm

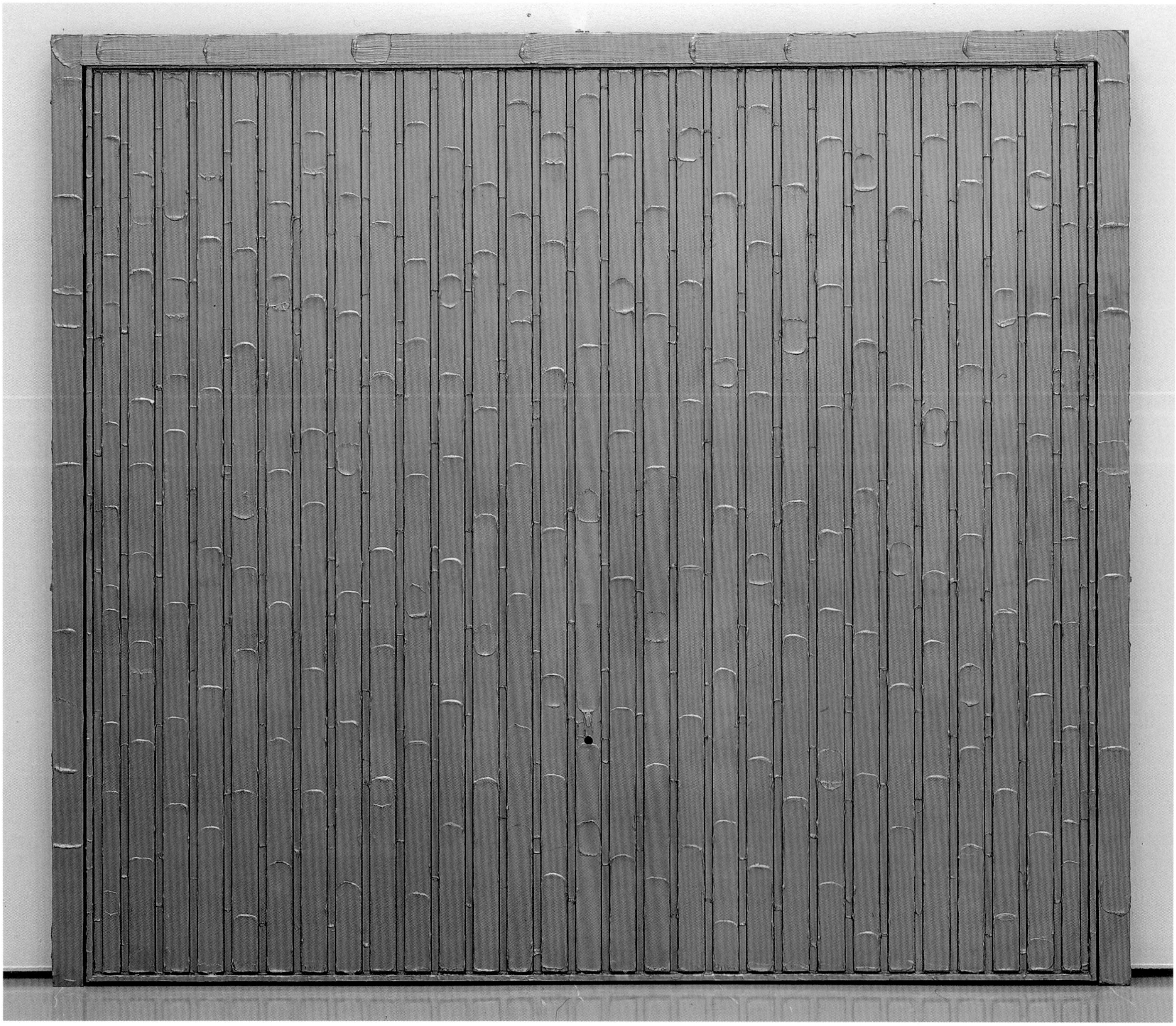

# Supermittel-
# gewicht

Thomas Schütte
*Große Geister (Figur Nr. 6)/*
*Large Ghosts (Figure No. 6)*, 1996

Aluminiumguss, poliert/
aluminum cast, polished
290 × 140 × 80 cm

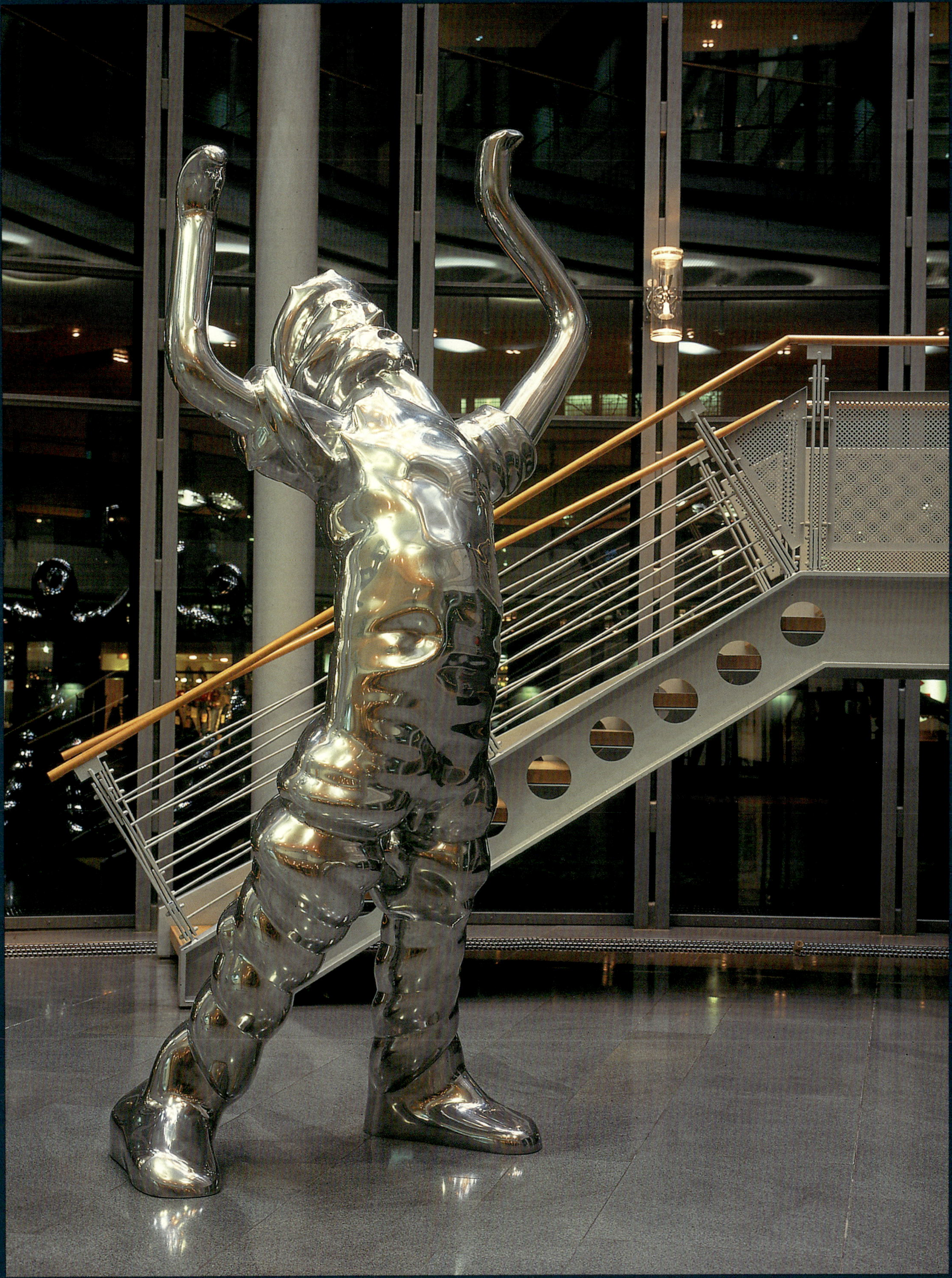

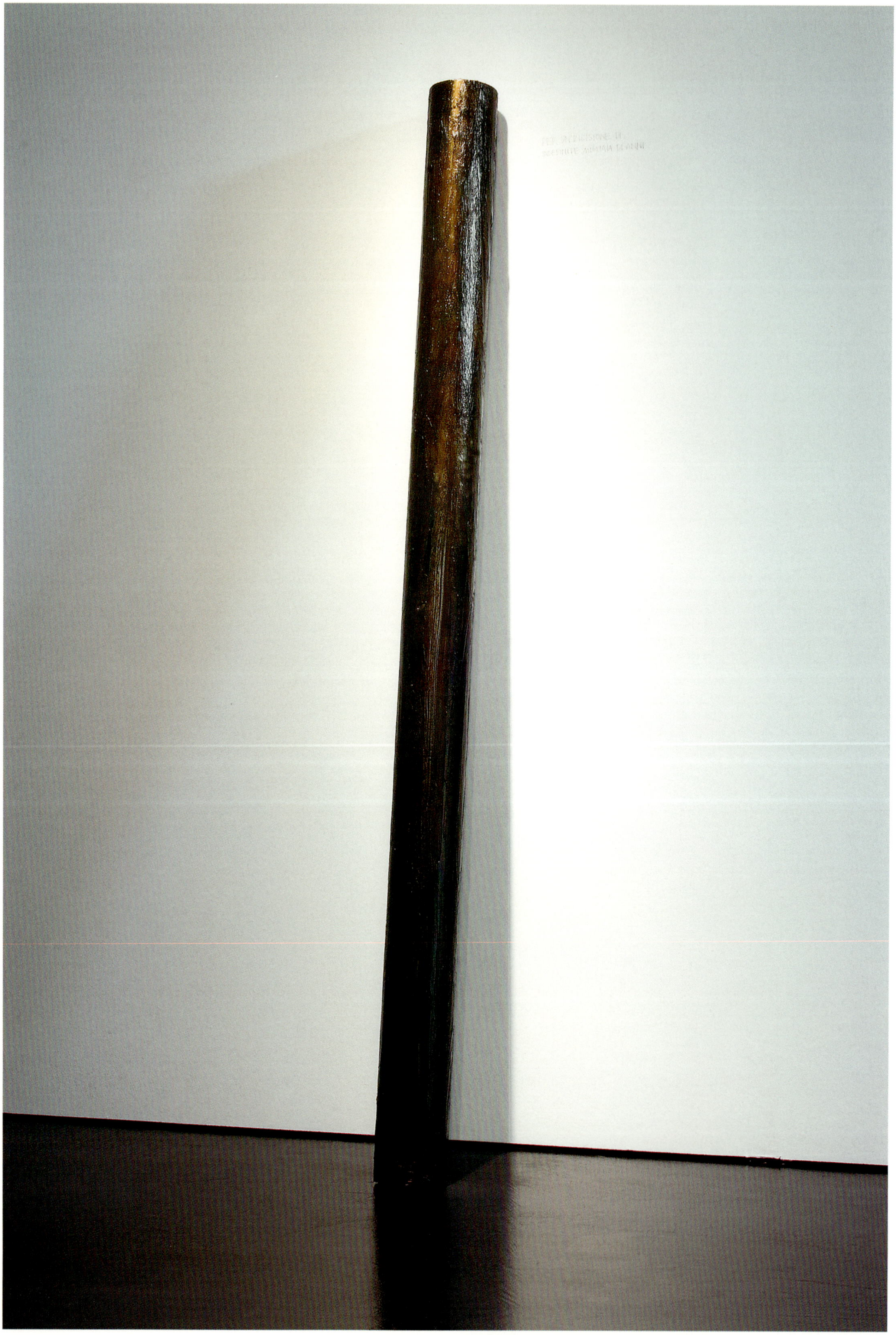

Giovanni Anselmo
*Per un' incisione di indefinite migliaia di anni/Through an Incision of Indefinite Thousands of Years,* 1969

Eisen, Fett, Wandtext/
iron, grease, wall text
185 × ø 12 cm

Jean Tinguely
*La spirala/The Spiral*, 1965

Schrottteile, Farbe, Elektromotor/
scrap pieces, paint, electric motor
282 × 60 × 80 cm

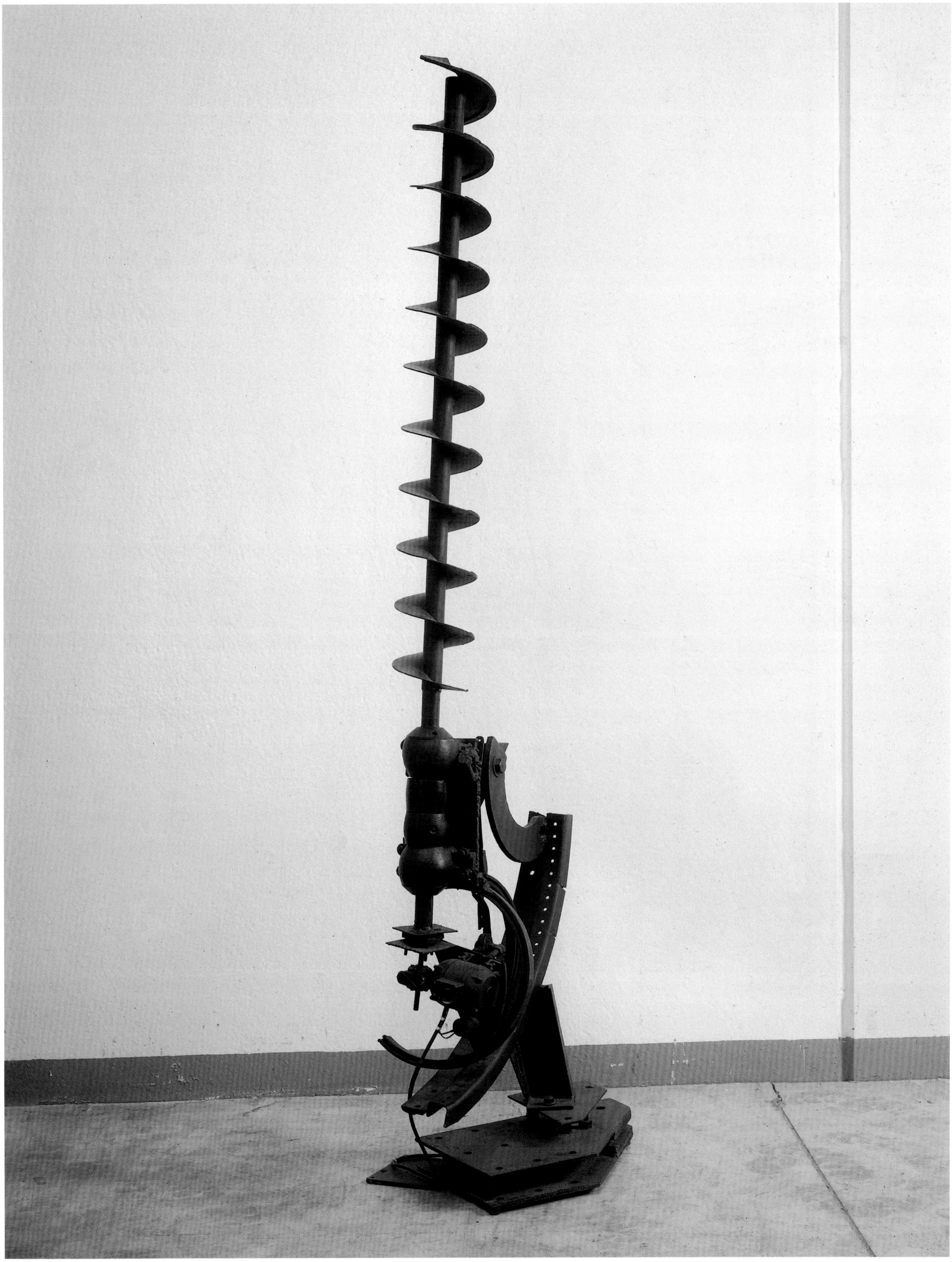

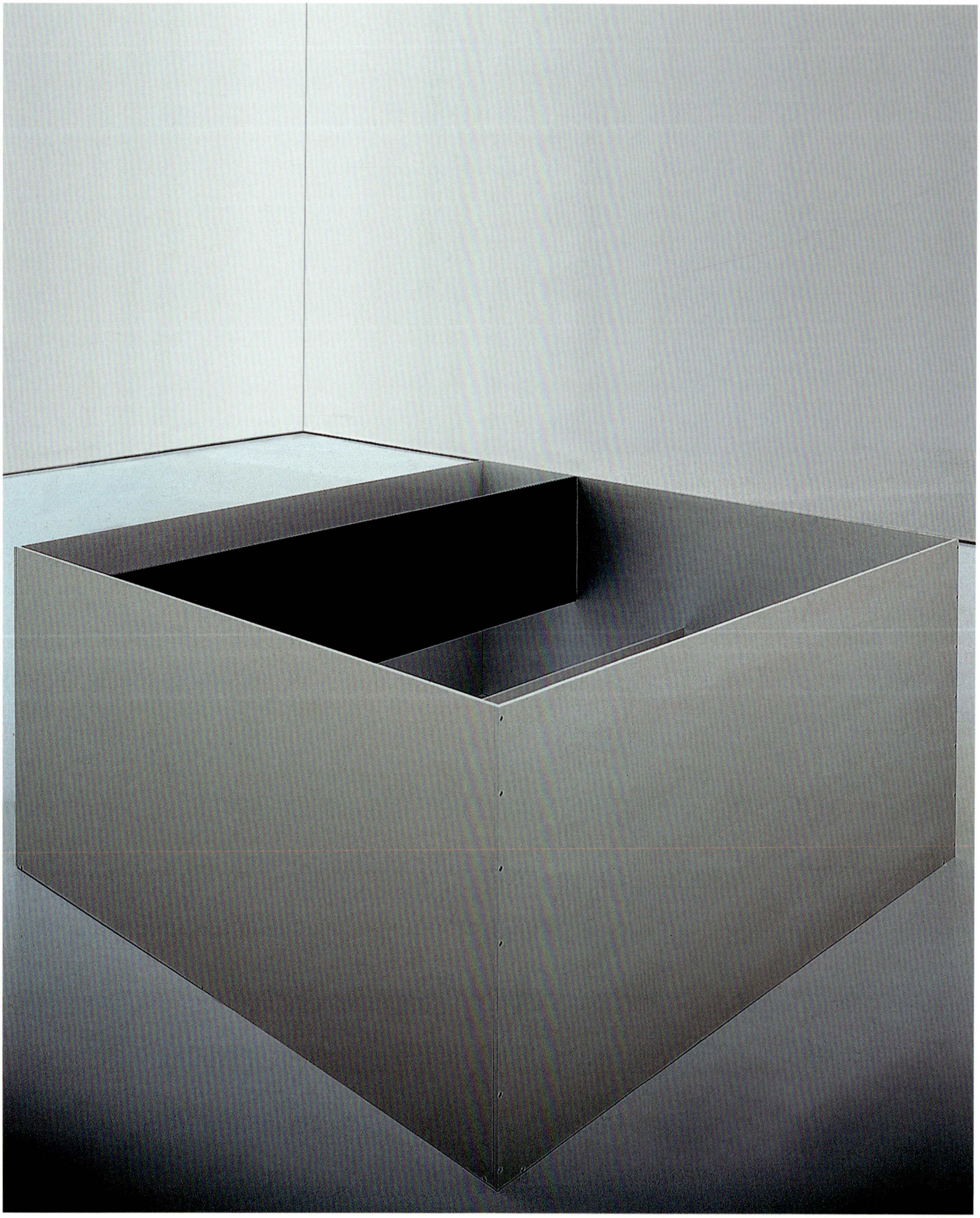

Donald Judd
*Untitled*, 1989

Aluminium
99,5 × 199 × 199 cm

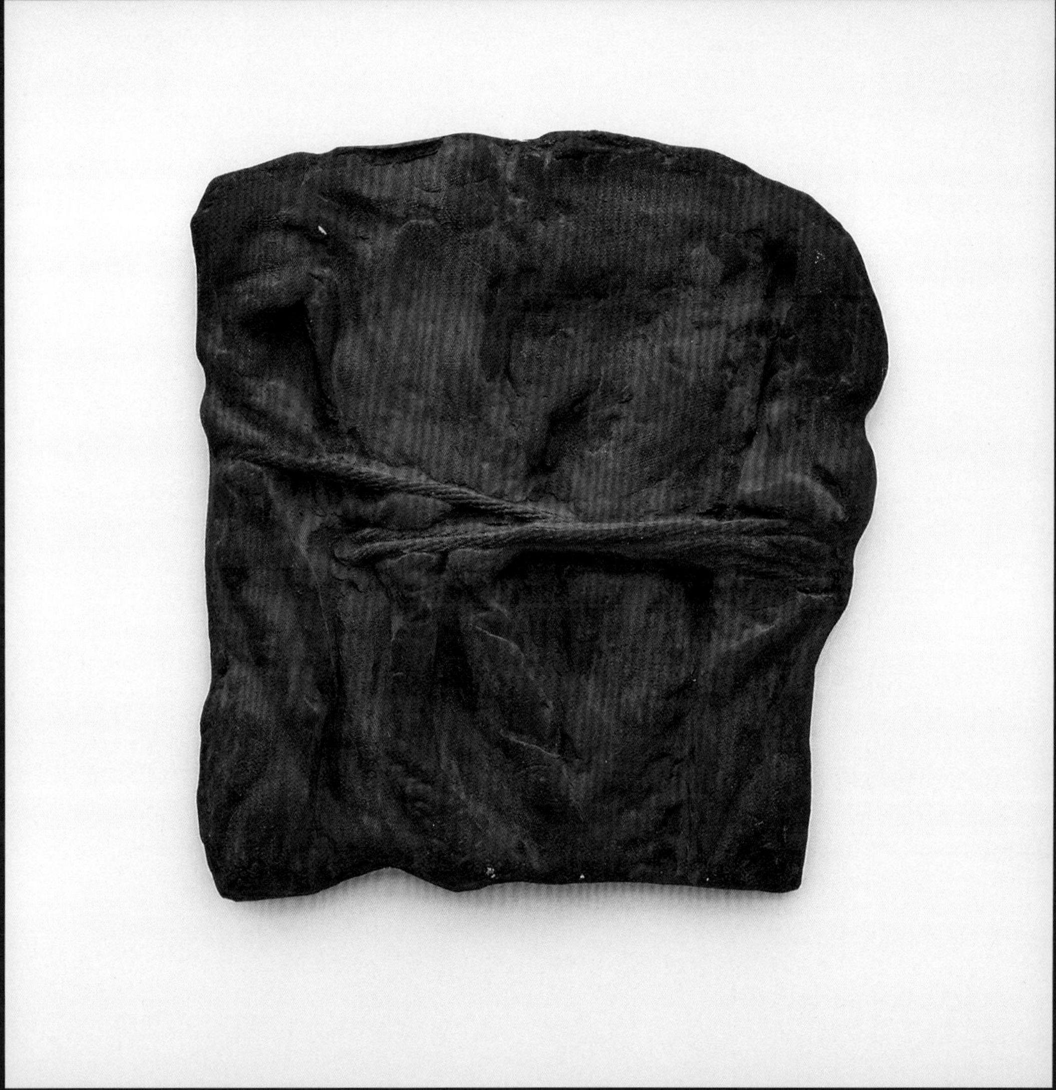

Bruce Nauman
*Henry Moore Bound to Fail*, 1967/1970

Gußeisen/cast iron
64,8 × 61 × 6,4 cm

Anthony Caro
*Barcelona Rose*, 1987

Stahl/steel
200,5 × 131 × 104 cm

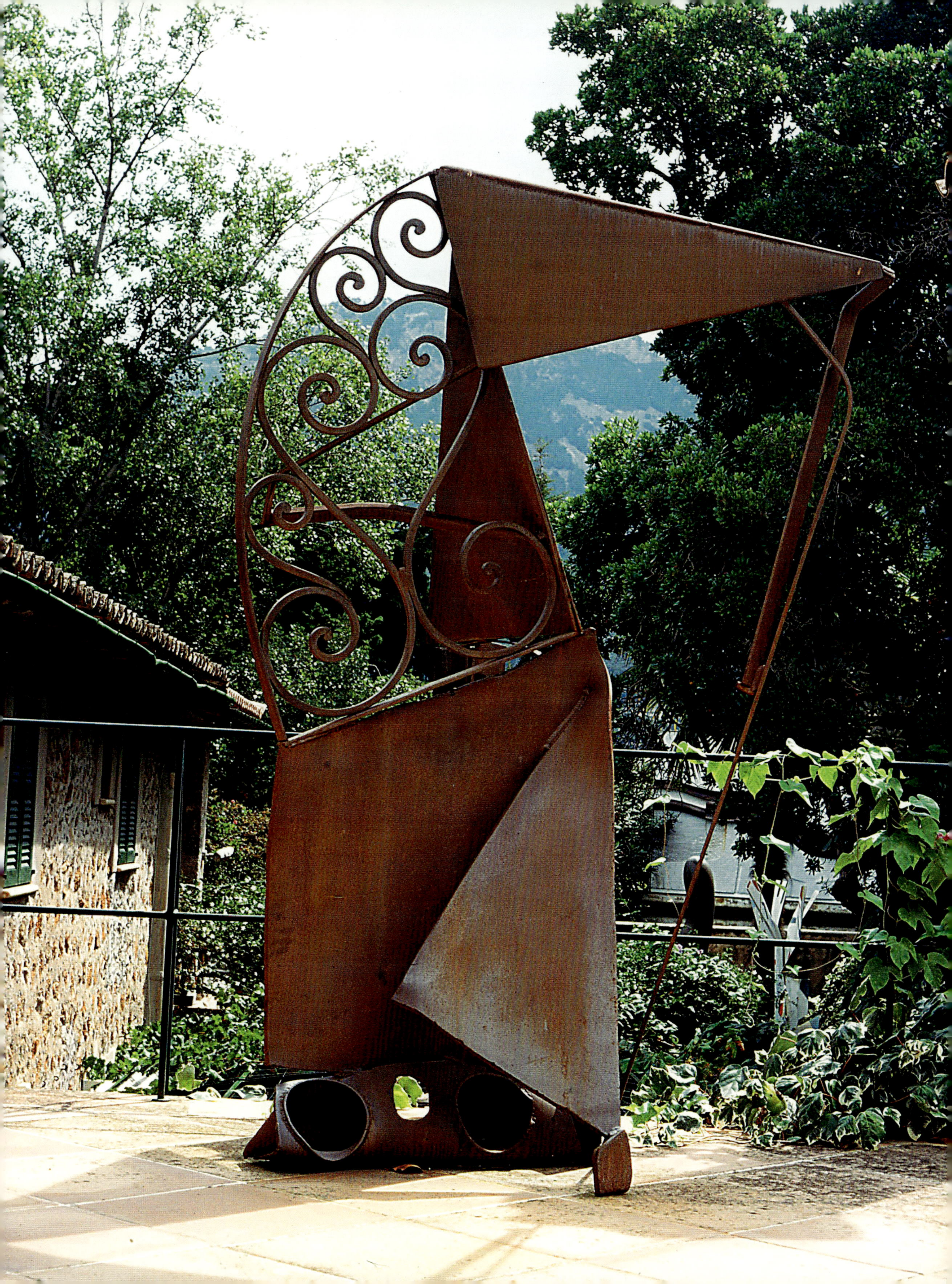

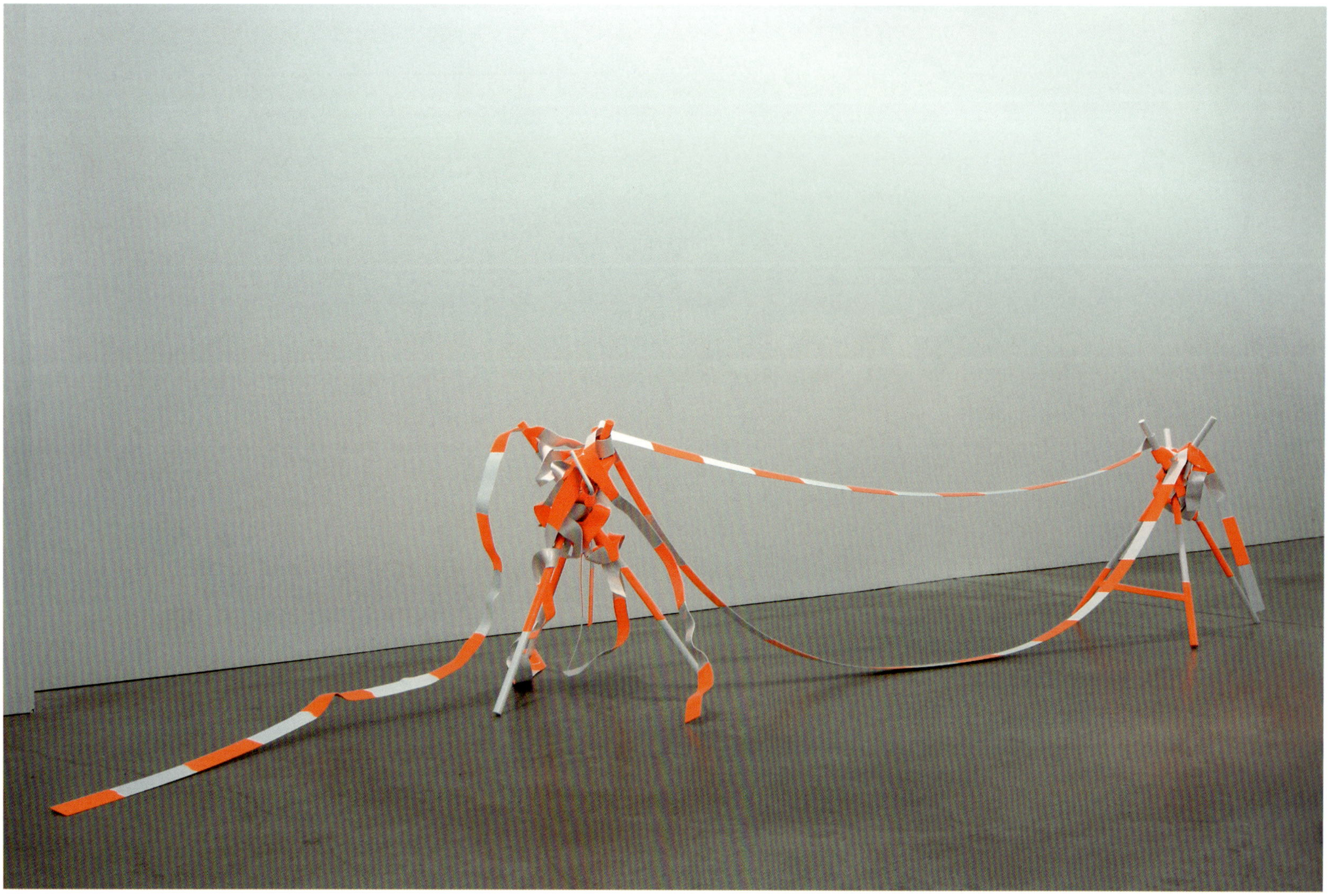

Stefan Kern
*Aus der Kurve geflogen/*
*Flown from the Curve,* 2007

Stahl/steel
Maße variabel/
variable dimensions

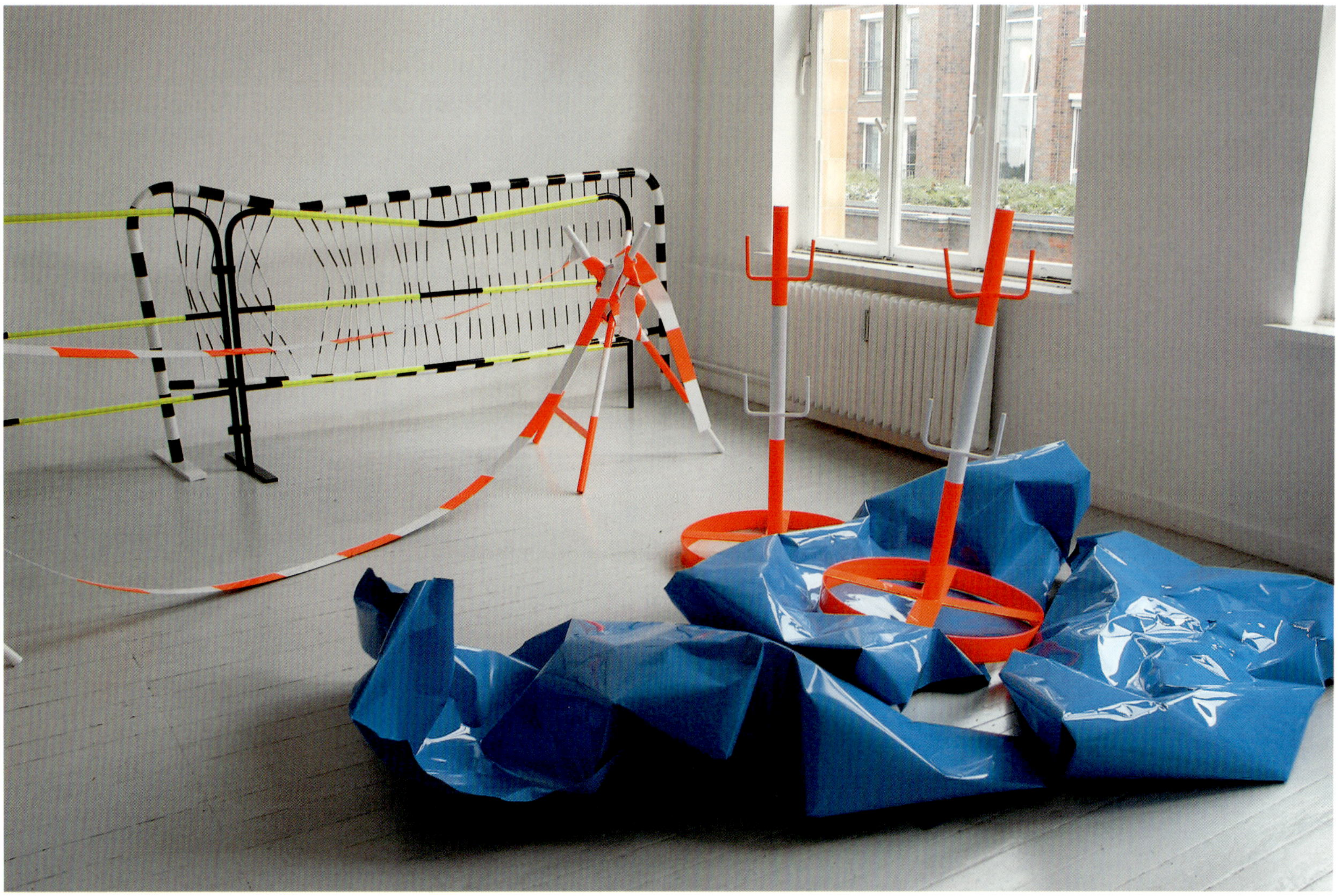

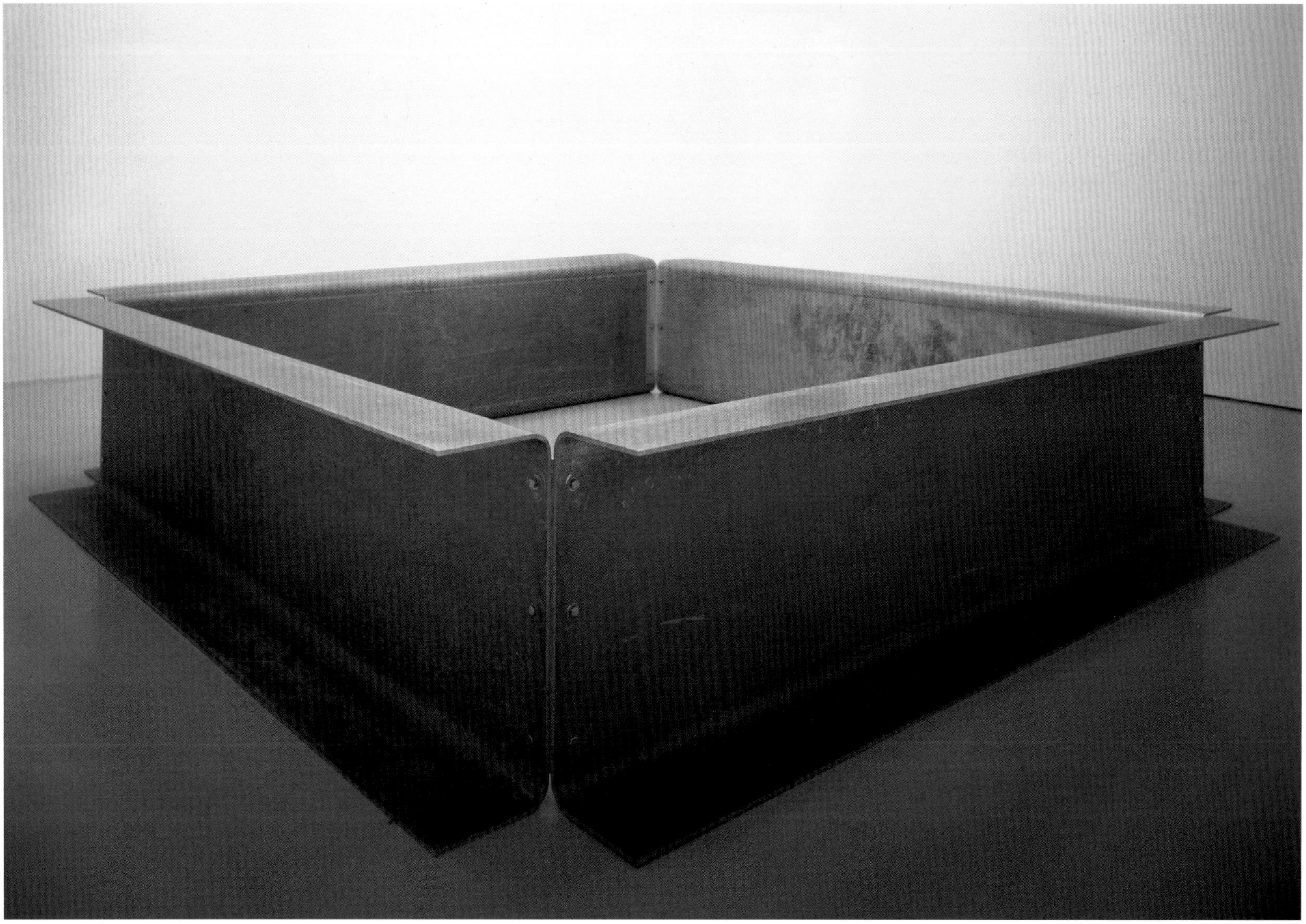

Robert Morris
*Untitled*, 1968/1969

Aluminium
150 × 428 × 420 cm

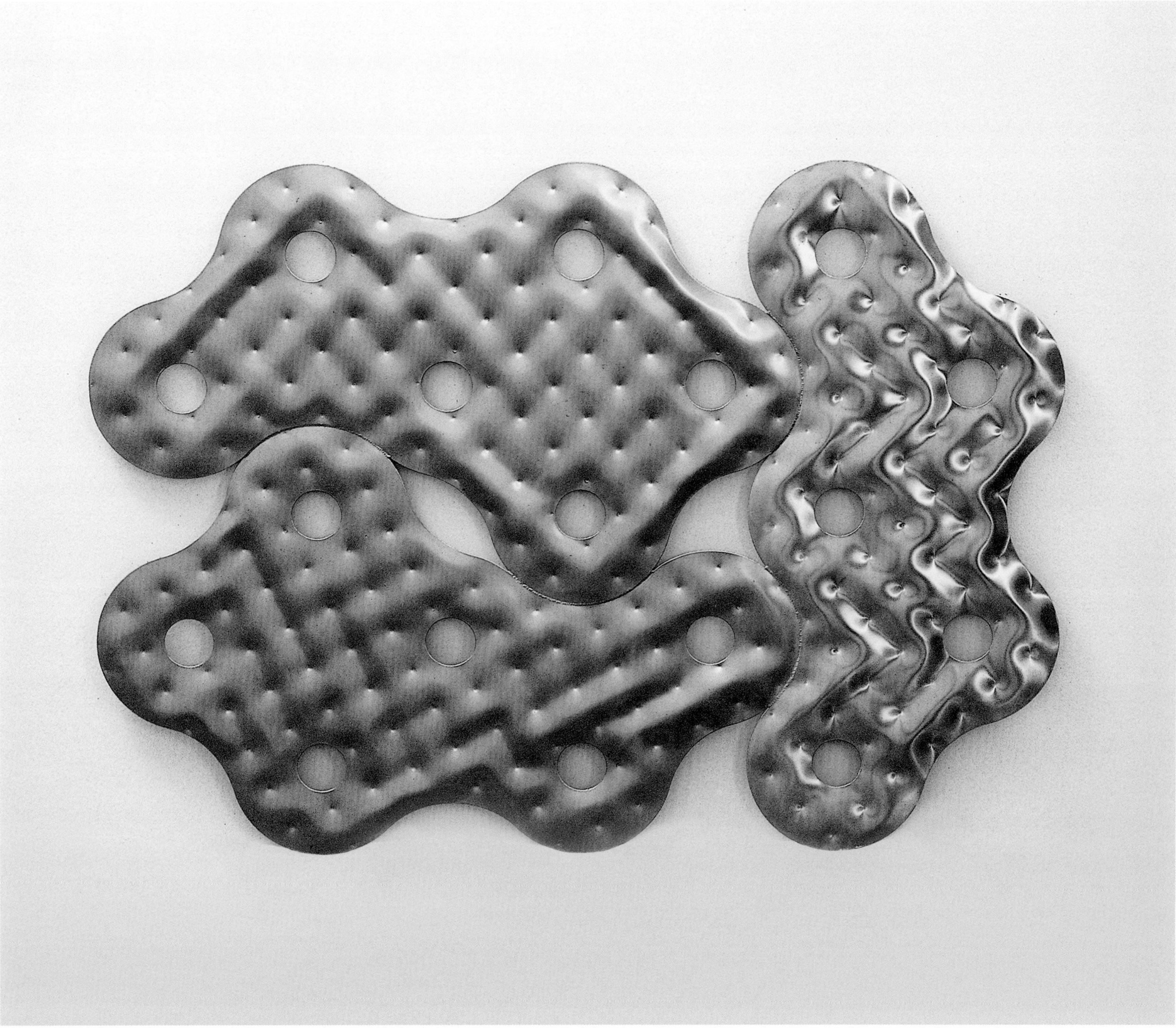

Richard Deacon
*Infinity #22A*, 2003

Edelstahl / stainless steel
115 × 160 × 2 cm

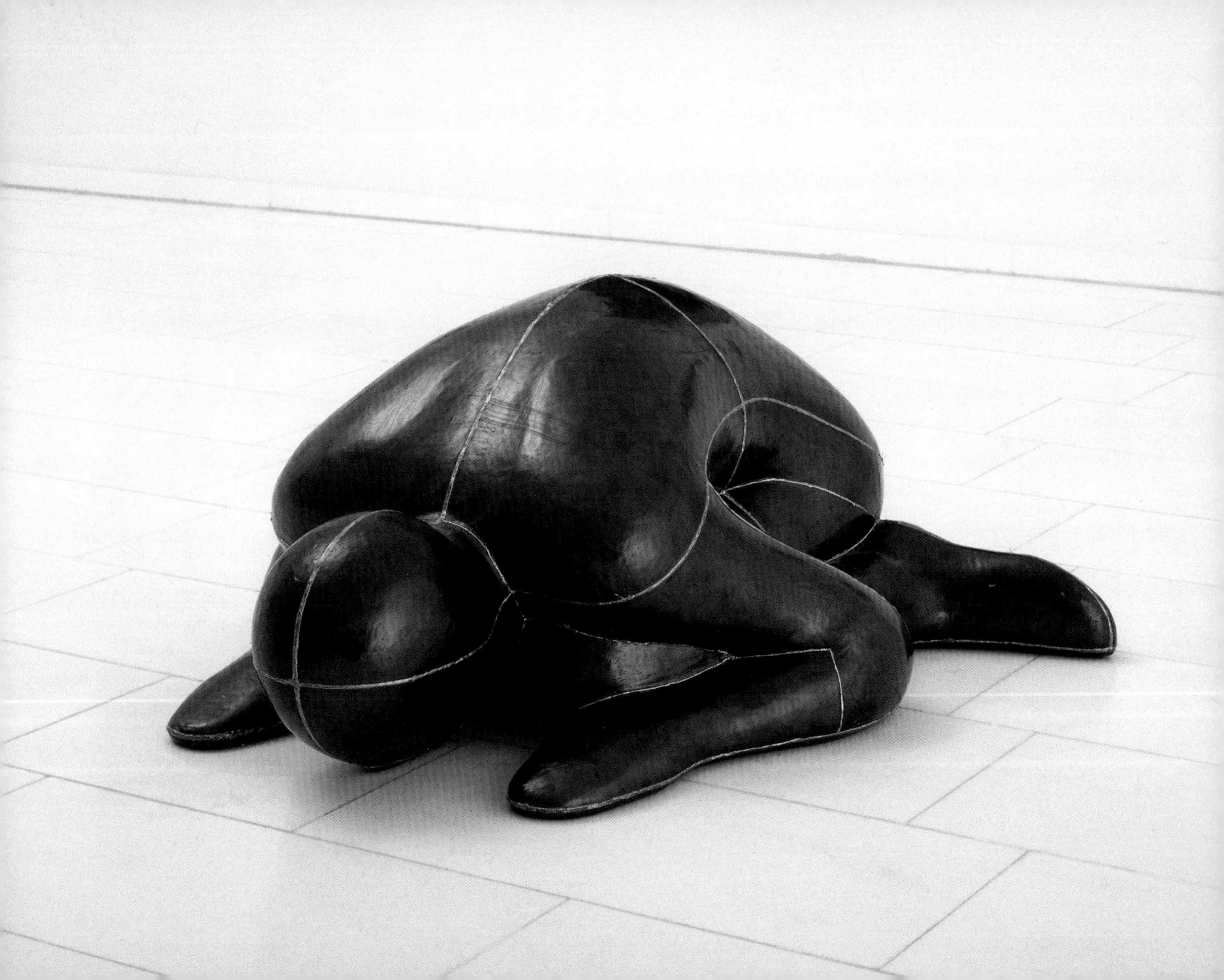

Olafur Eliasson
*Endless doughnut*, 2001

Edelstahl/stainless steel
70 × 200 cm

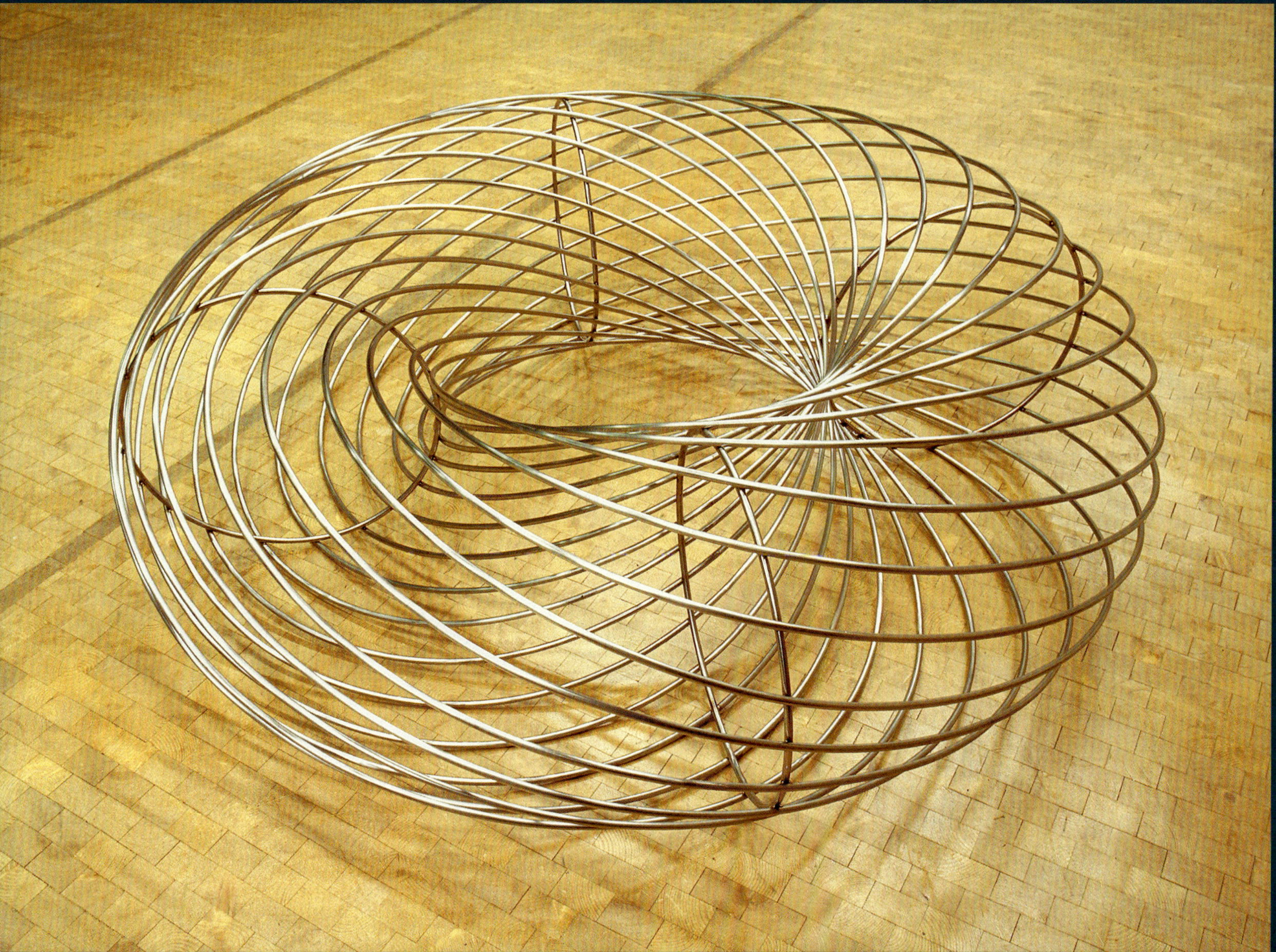

Thomas Zipp
*Geist ohne Körper /*
*Disembodied Spirit*, 2004

Bronze
65 × ø 50 cm

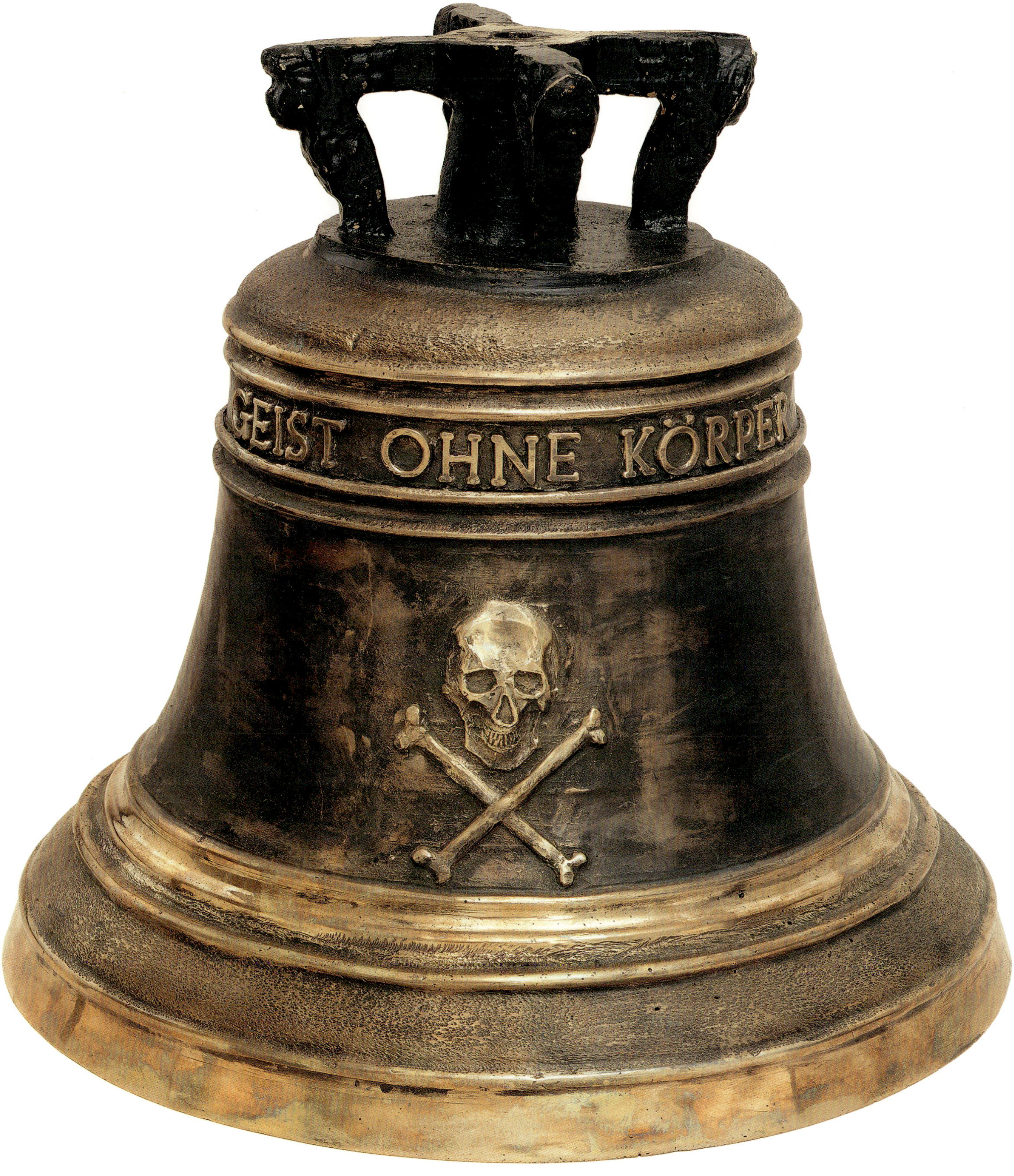
GEIST OHNE KÖRPER

# Mittelgewicht

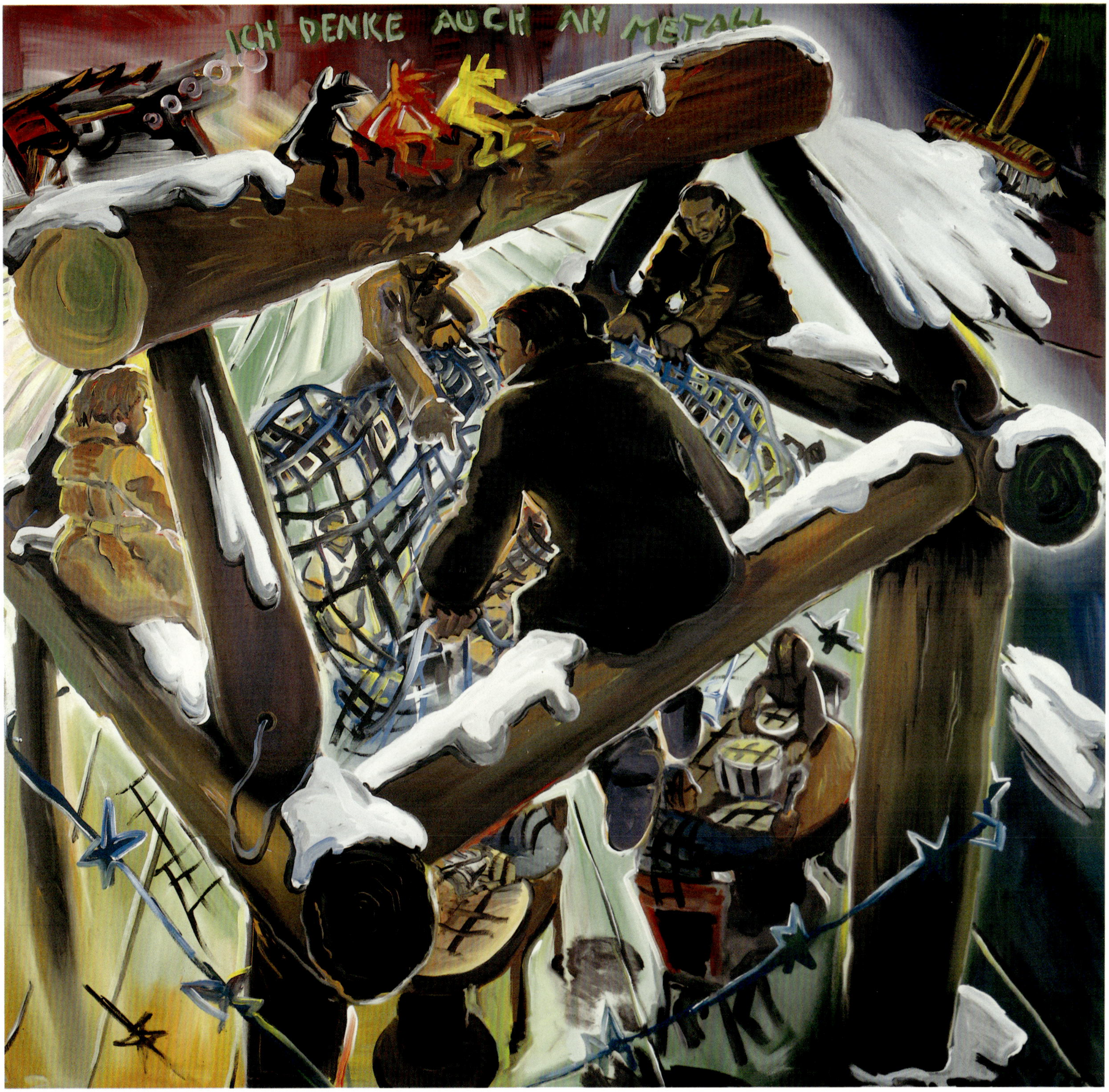


Jörg Immendorff
*Ich denke auch an Metall /*
*I Also Think of Metal*, 1978

Acryl auf Leinwand / acrylic on canvas
200 × 200 cm

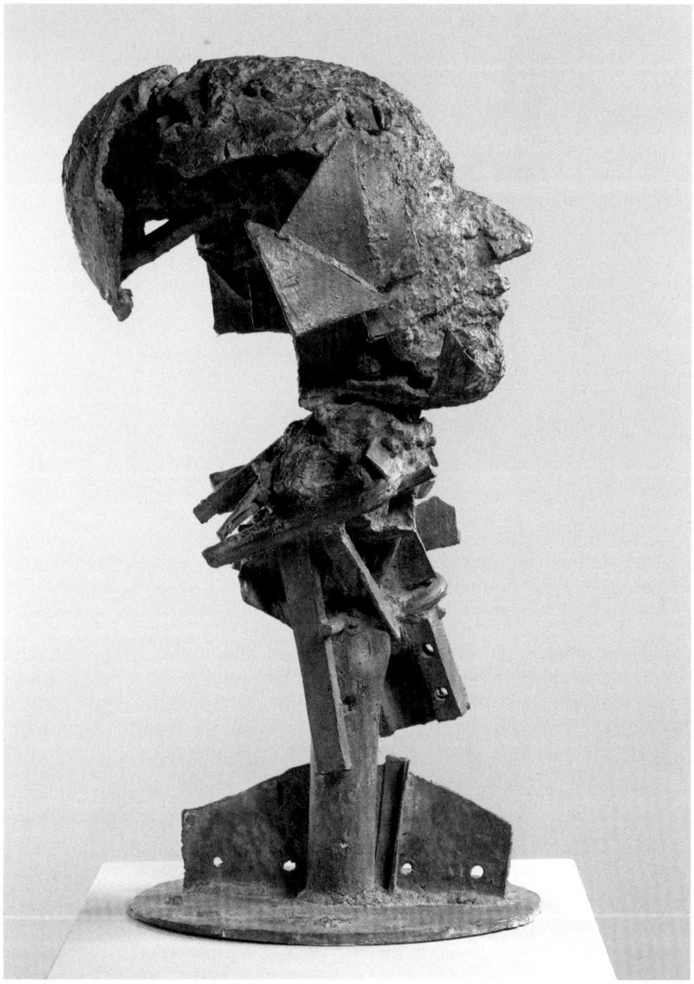

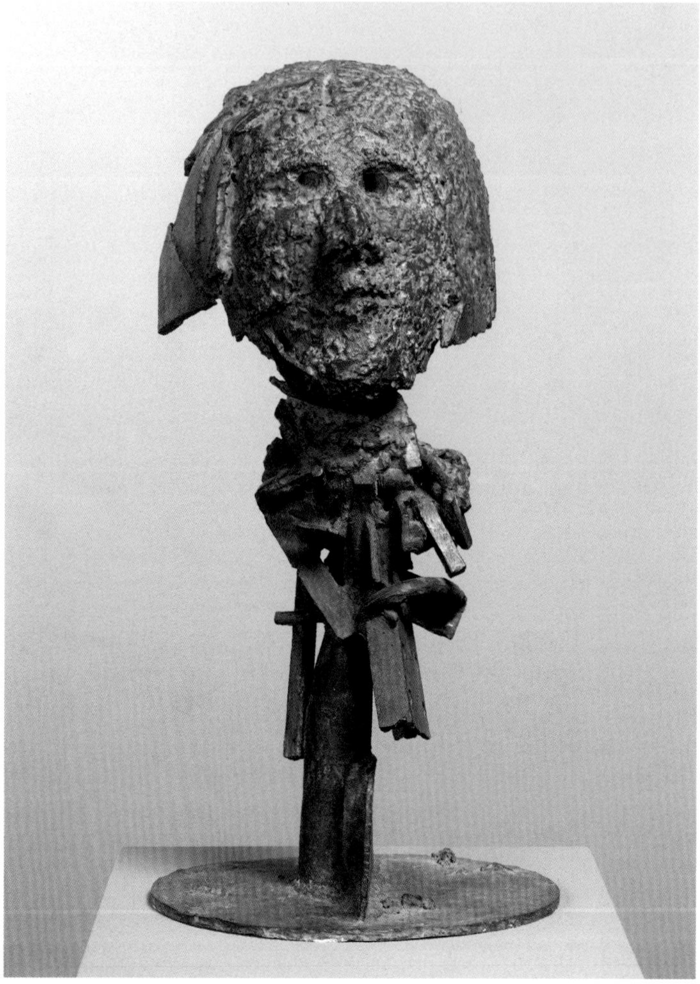

César
*Armandine*, 1965

Bronze
75 × 36,5 × 43,5 cm

Julio González
*Die Verliebten II / The Lovers II*

1932 / 1933
Bronze nach Schmiedeeisen /
bronze after wrought iron
44,5 × 17 × 19,5 cm

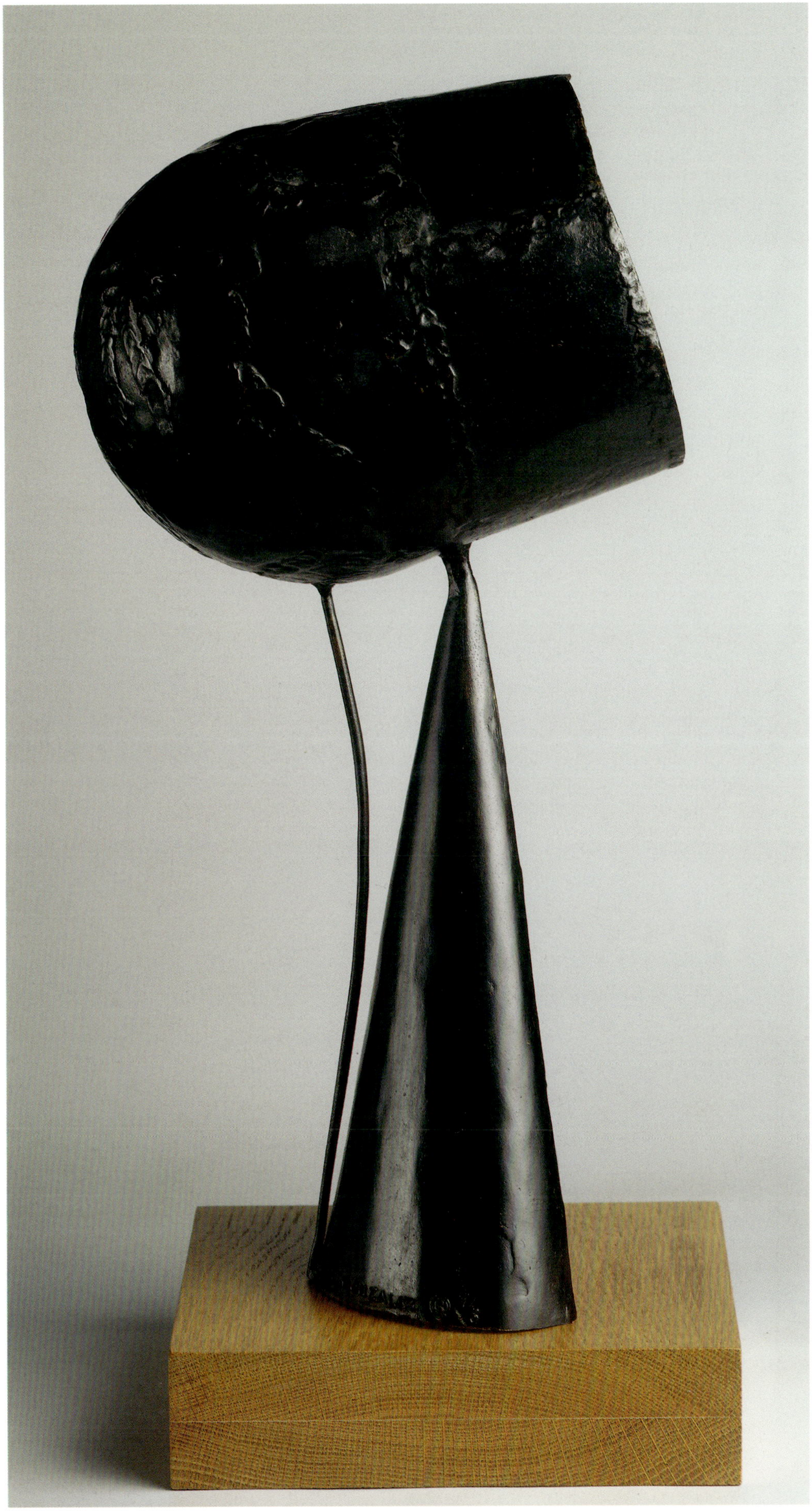

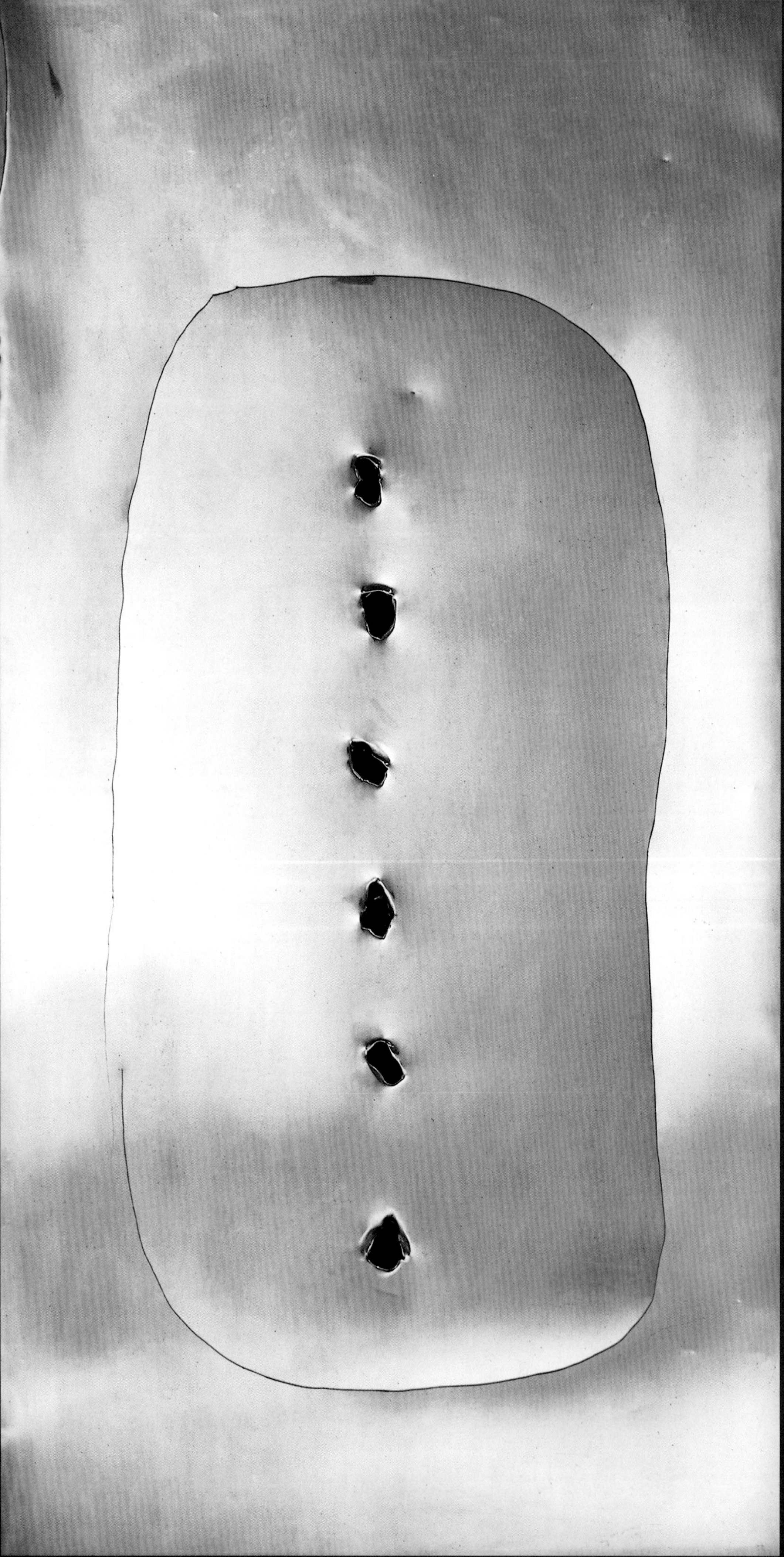

Lucio Fontana
*Concetto Spaziale, New York /*
*Spatial Concept, New York*, 1962

Aluminium
197,3 × 98 × 3 cm

Kris Martin
*100 years*, 2004

Mixed media, Messing /
mixed media, brass
ø 20 cm

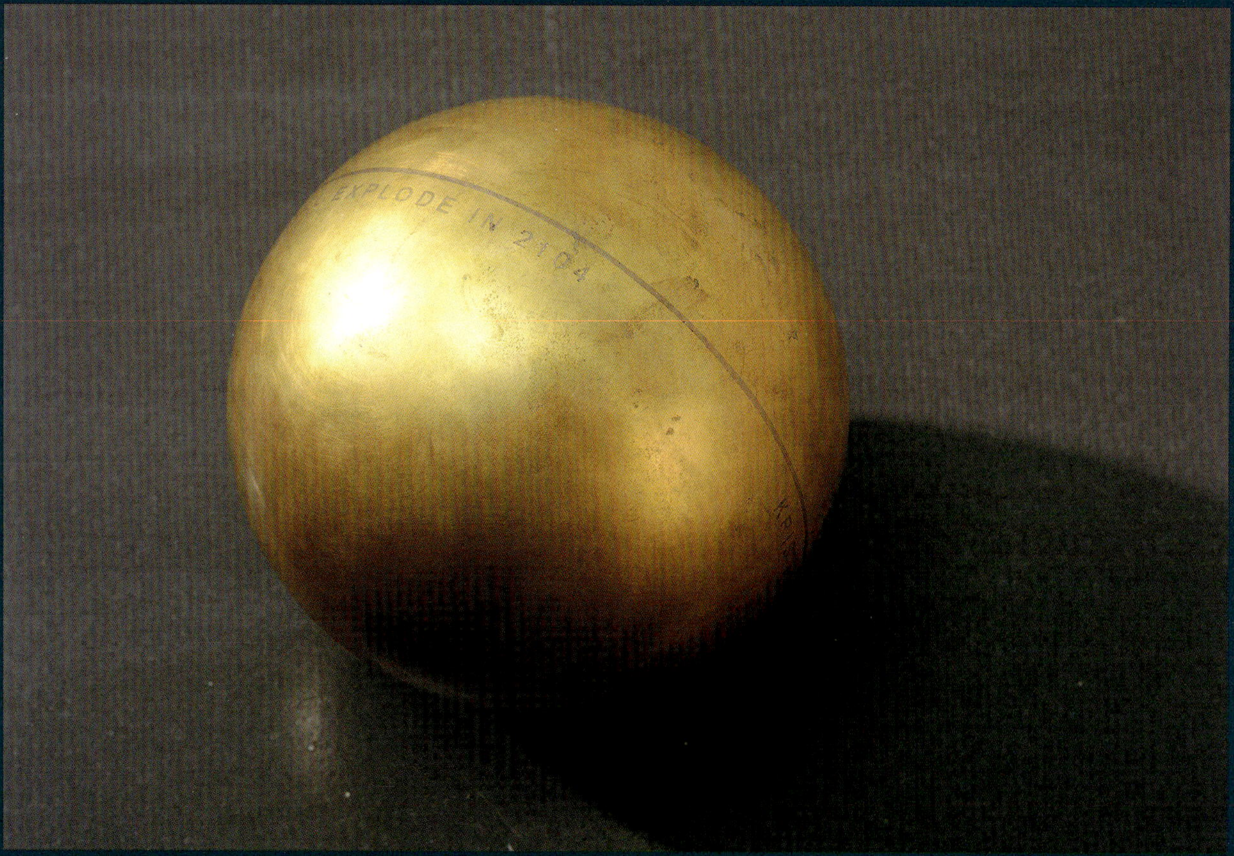

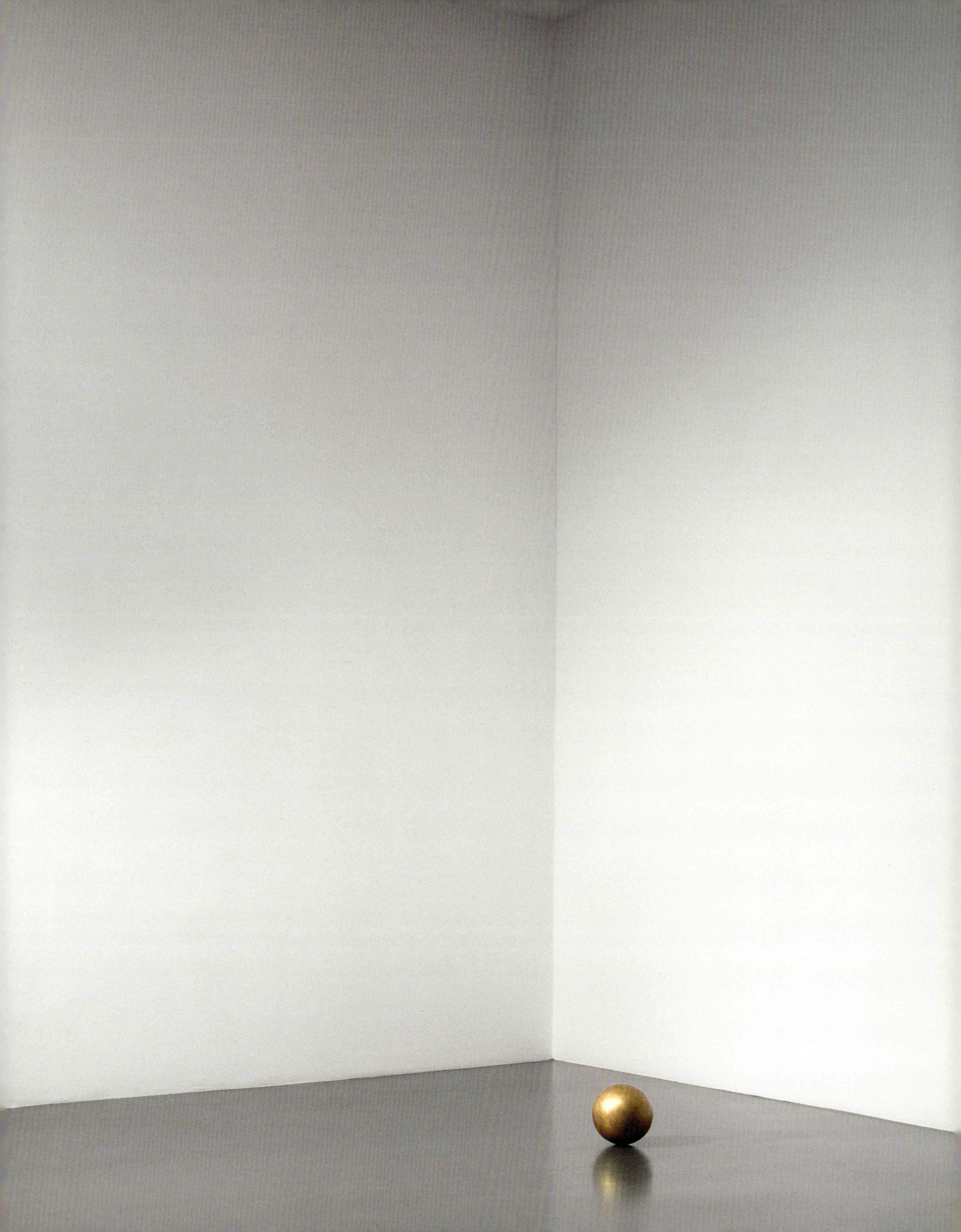

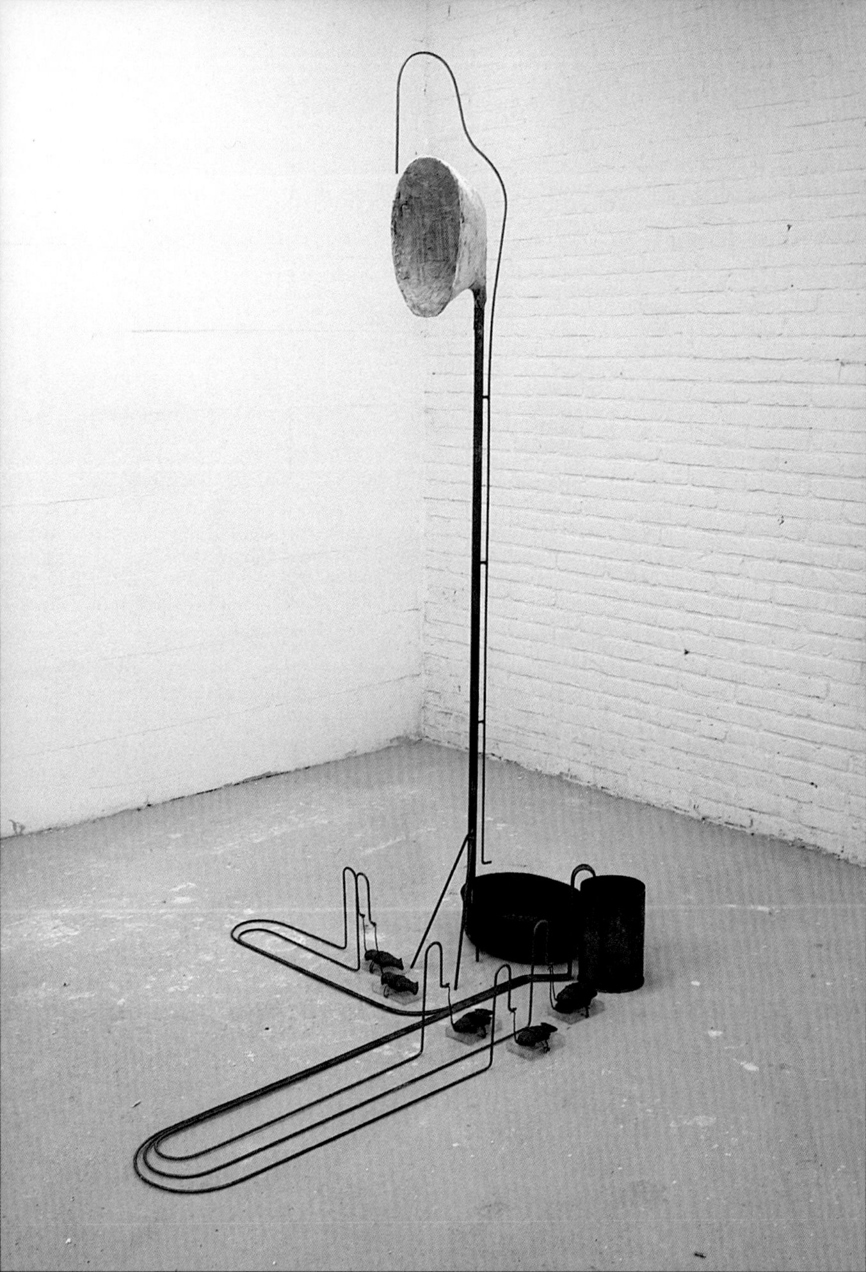

Mark Manders
*Staged Android*, 1999/2000

Eisen, Mixed Media / iron, mixed media
100 × 143 × 207 cm

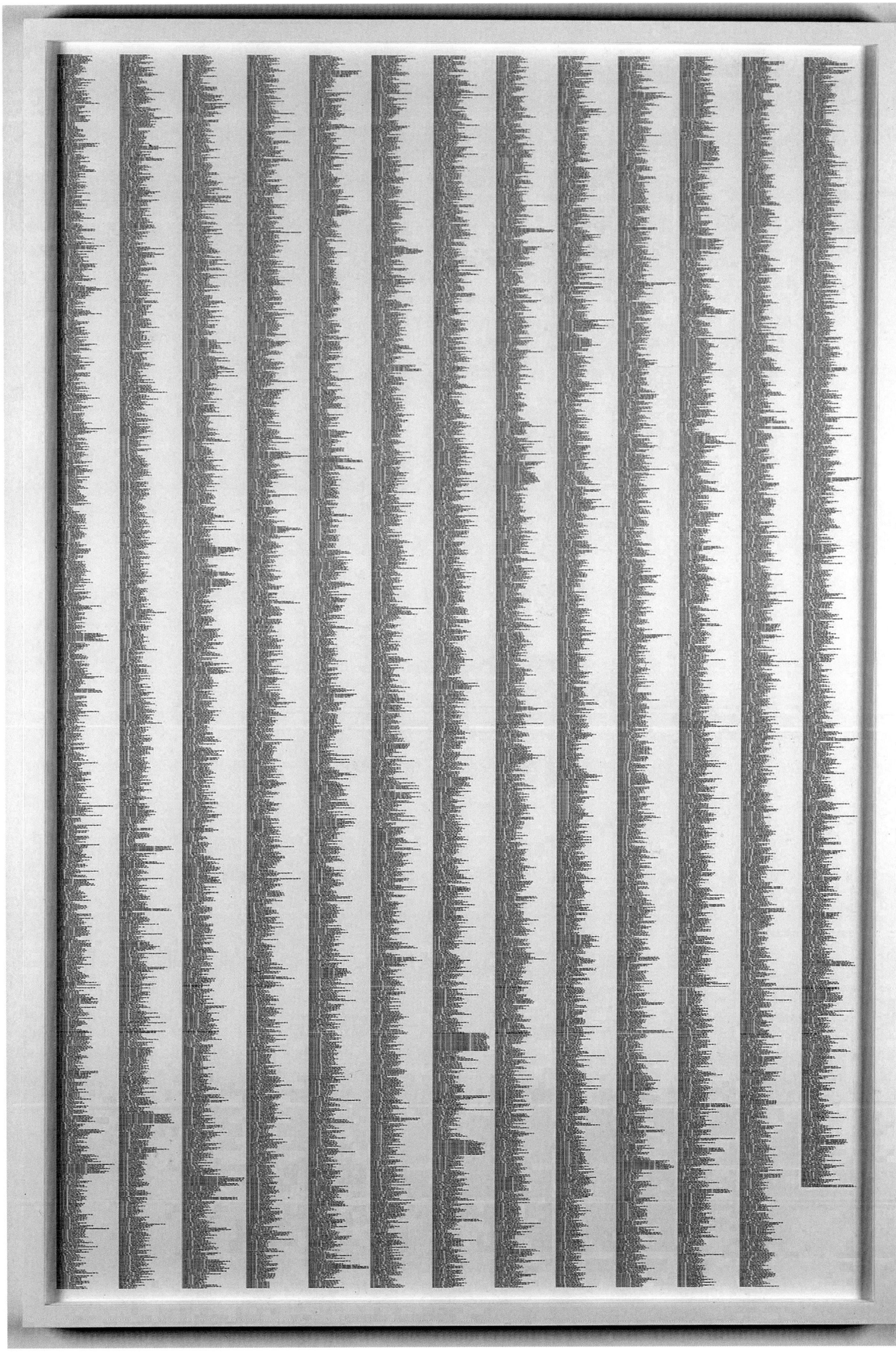

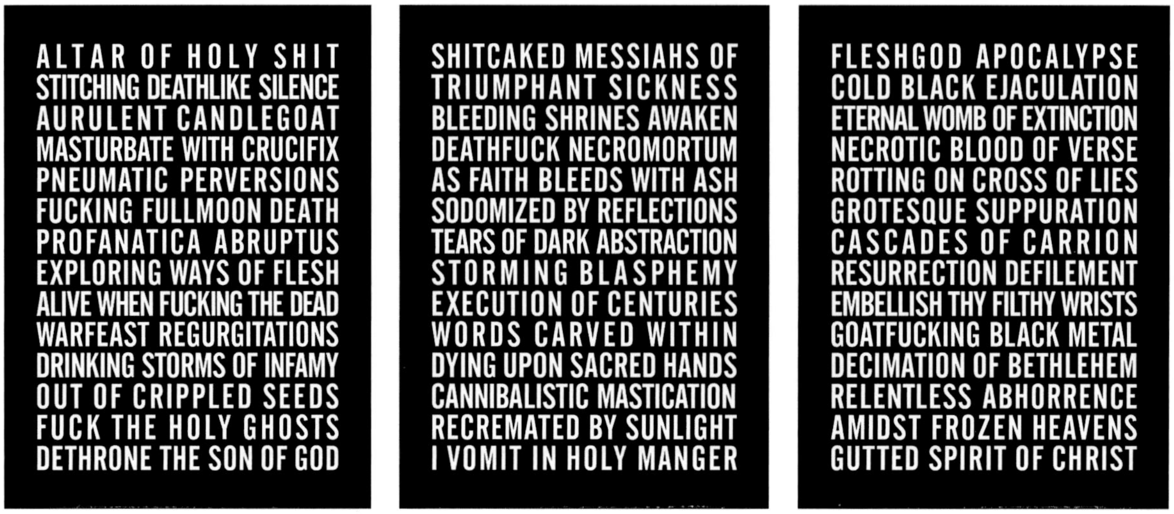


Steven Shearer
*Poems XXI*, 2008

Kohle auf Papier/
charcoal on paper
7 Teile/parts
je/each 125 × 92 × 5 cm

HOLY MOLESTATIONS
BAPTIZED IN FORMALDEHYDE
DIVIDE THY OWN FLESH
FORNICATE IN PUTREFACTION
MORBID WINGS OF SATHANAS
ABOMINATE BESTIAL ANGEL
DICTATORSHIT HOLOCAUST
NUCLEAR FUCKING DEATH
YEARNING FOR THE ROTTING
WAR AGAINST CHRISTIANITY
GLORIOUS CRYPTIC FUCK
AMIDST HARMONY OF DARKNESS
NARCOHYPNIA ENTHRONED
VOMIT JEHOVAH VOMIT

INFECTED BY THE CHURCH
FALSE METAL CONSCRIPTION
TRANSYLVANIAN DAWN
INSPIRED BY VOMITS OF PRIEST
ERECTION OF POSSESSED FLESH
LYCANTHROPIC IMPREGNATOR
RETURN OF BLACK HEARTS
BRIMSTONE SULPHUR BLOOD
PROTRUDING IGNORANCE
PROCREATING MASS GENOCIDE
SUBLIME CADAVERIC COMPOST
ANTHEMIC SLAUGHTER
AT WAR WITH FALSE METAL
NECROCHRIST REDESECRATION

CAST OUT OF NECROVOMIT
APOCALYPTIC THORACOPAGUS
AFTERBIRTH OF BLACK INFAMY
ORGIASTIC FEASTING UPON
ANGELDUST EMBRYOMUTATION
MOLESTED REHEARSAL OF
ALCOHOLIC THRASH ASSAULT
GOATHORN WITCHFUCK
ADORATION OF ABSCESS
EXCRETION OVERDOSE
BURN THE FLESH FROM THIS
EPOCH OF RAPED LIGHT
SPIRITUAL ABOLISHMENT
INFECTION OF WHITE THRONE

NAZARENE DECOMPOSITION
BOILED IN BLACK GOAT BLOOD
PUTRID RESURRECTION
MORBID SURGICAL EXORCISM
SCRIPTURAL PERVERSIONS
FILTHY SPIRIT ANTICHRIST
INTO PERPETUAL DISCORD
WEEPING OF WRISTS
POSTMORTEM PENETRATION
DARK TRIUMPHANT HORDES
SACRAMENTAL CARNAGE
VULGAR EMBODIMENT OF LIGHT
ANCIENT ROTTING MISTS
FUCKING OF SACRED ASSHOLES

Constant
*Leiterlabyrinth New Babylon /*
*Ladder Labyrinth New Babylon*, 1967

Messing, Acrylglas, auf Holz /
brass, acrylic glass, on wood
72 × 86,5 × 96,3 cm

Henk Visch
*I know your face but forgot*
*your name*, 2007

Metall / metal
440 × 40 × 50 cm

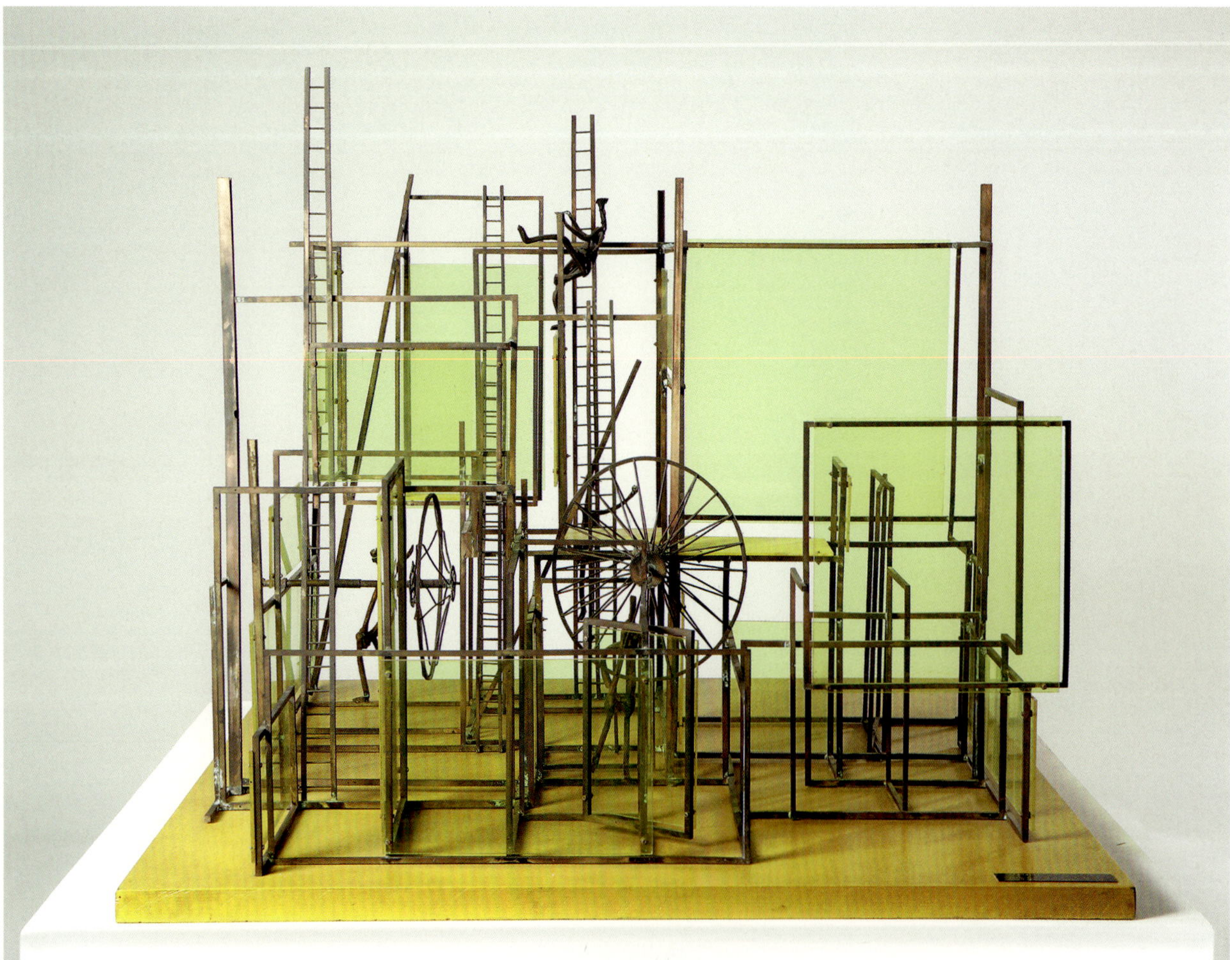

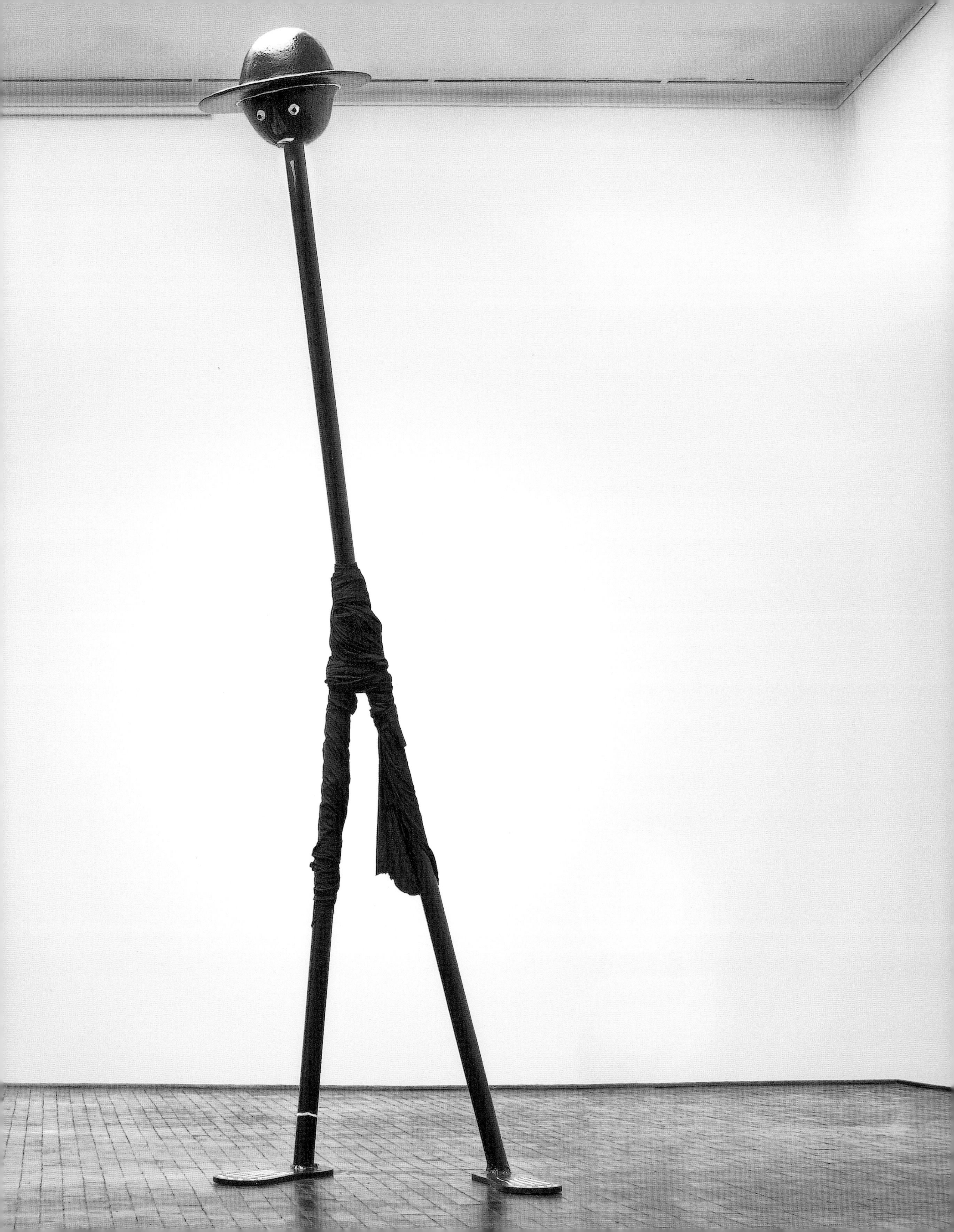

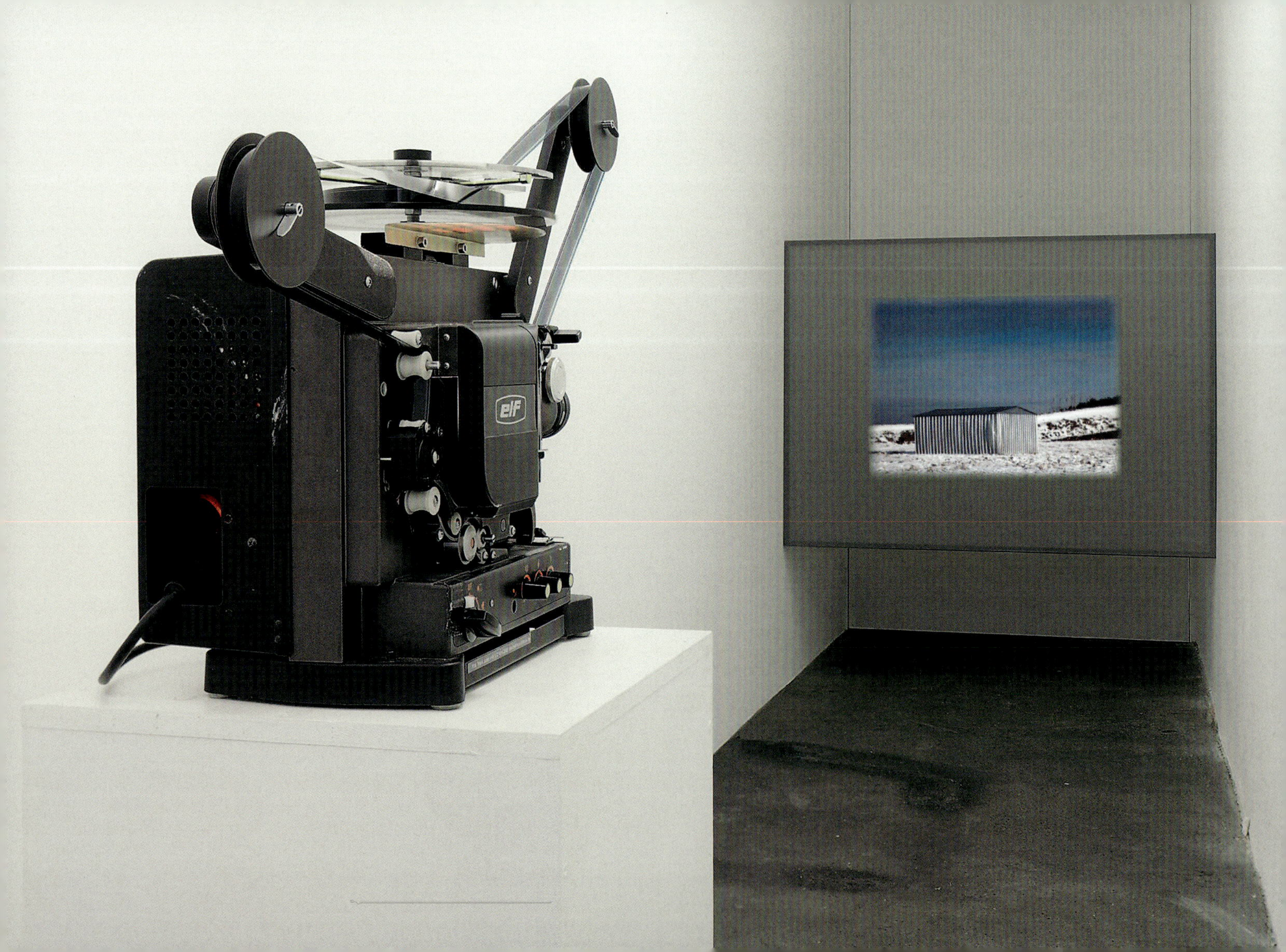
elf

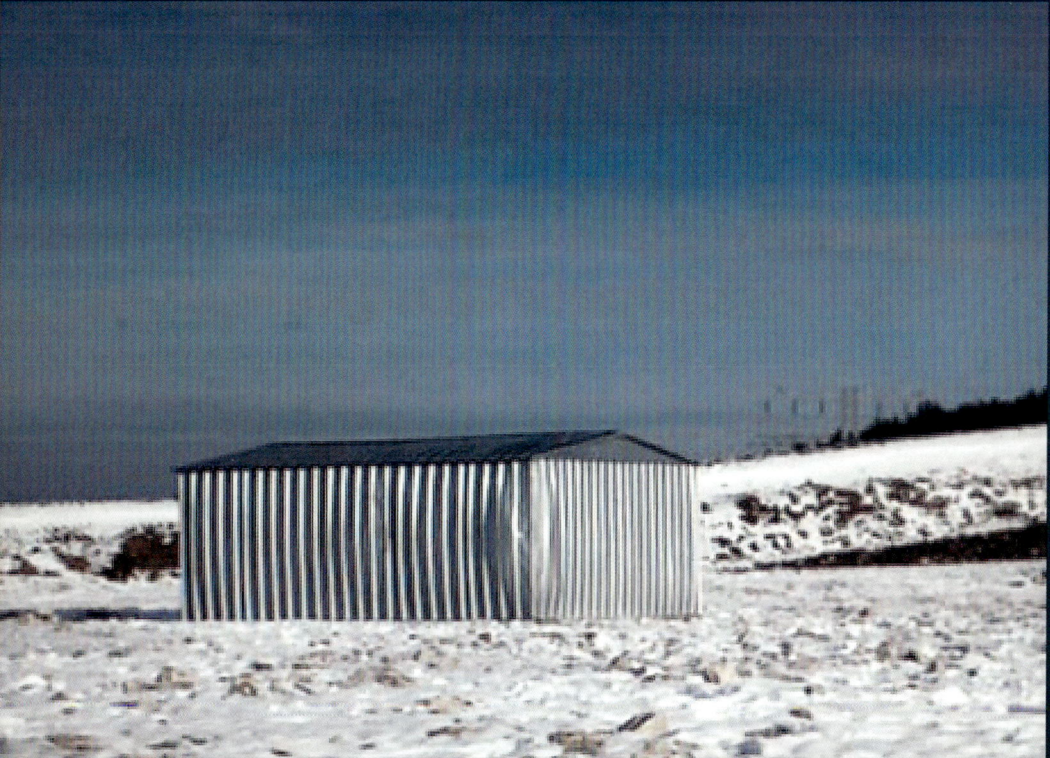

# Leichtgewicht

Jonathan Monk
*4 Sol LeWitts, 3 Ed Ruschas,*
*2 Lawrence Weiners and a Robert Barry*

2006
10 Messingplatten / 10 brass panels
Maße variablel / variable dimensions

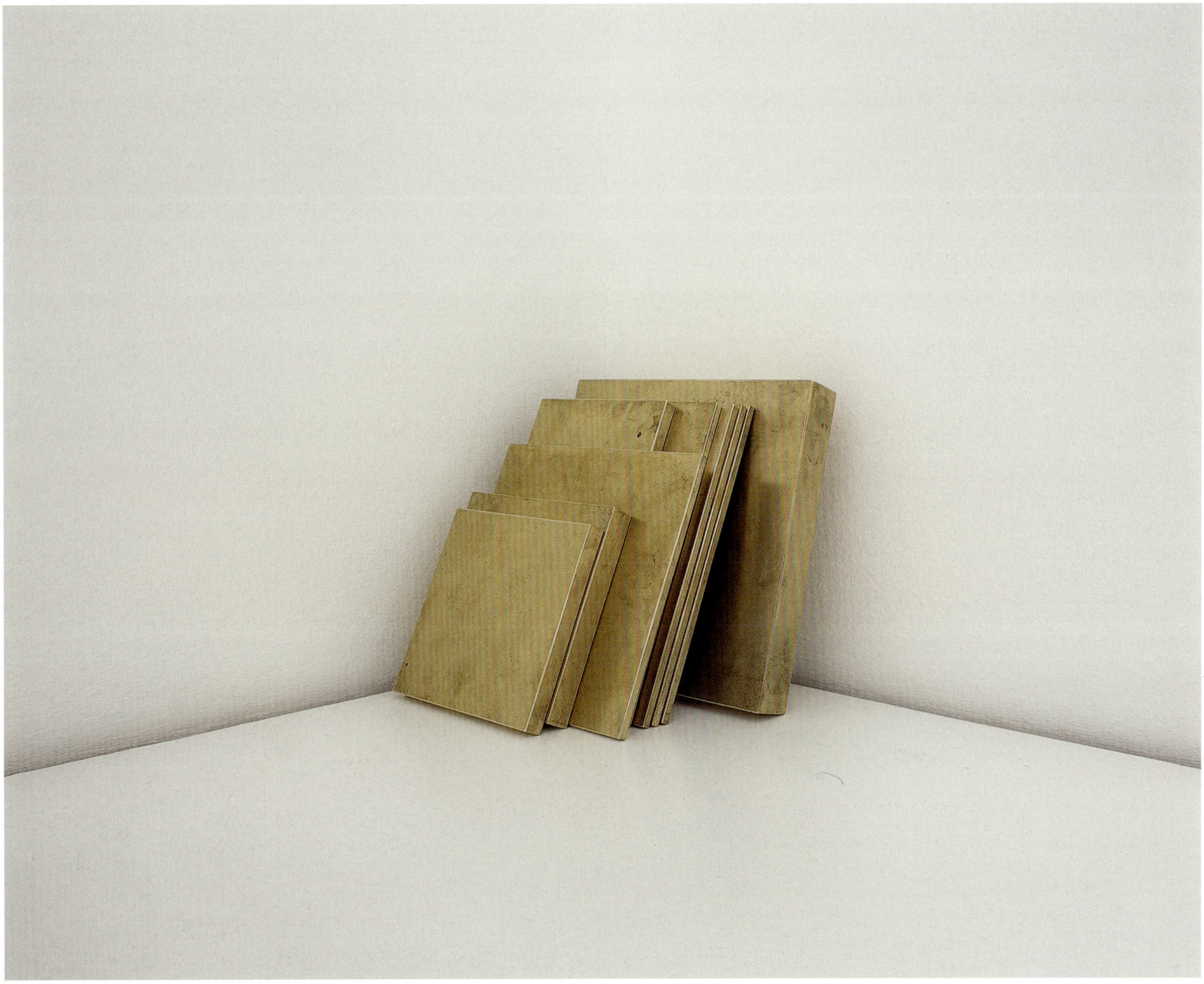

Jasper Johns
*Light Bulb (Glühbirne)*, 1969

Blei / lead
99 × 43,2 × 4 cm

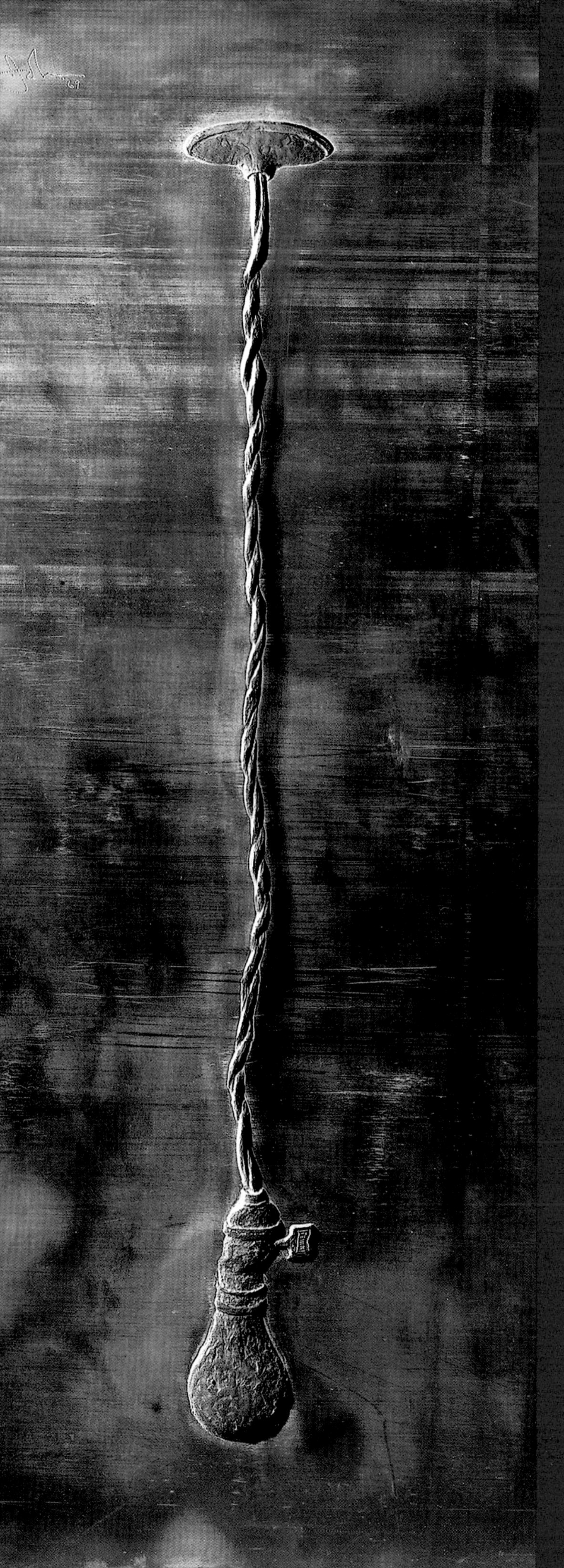

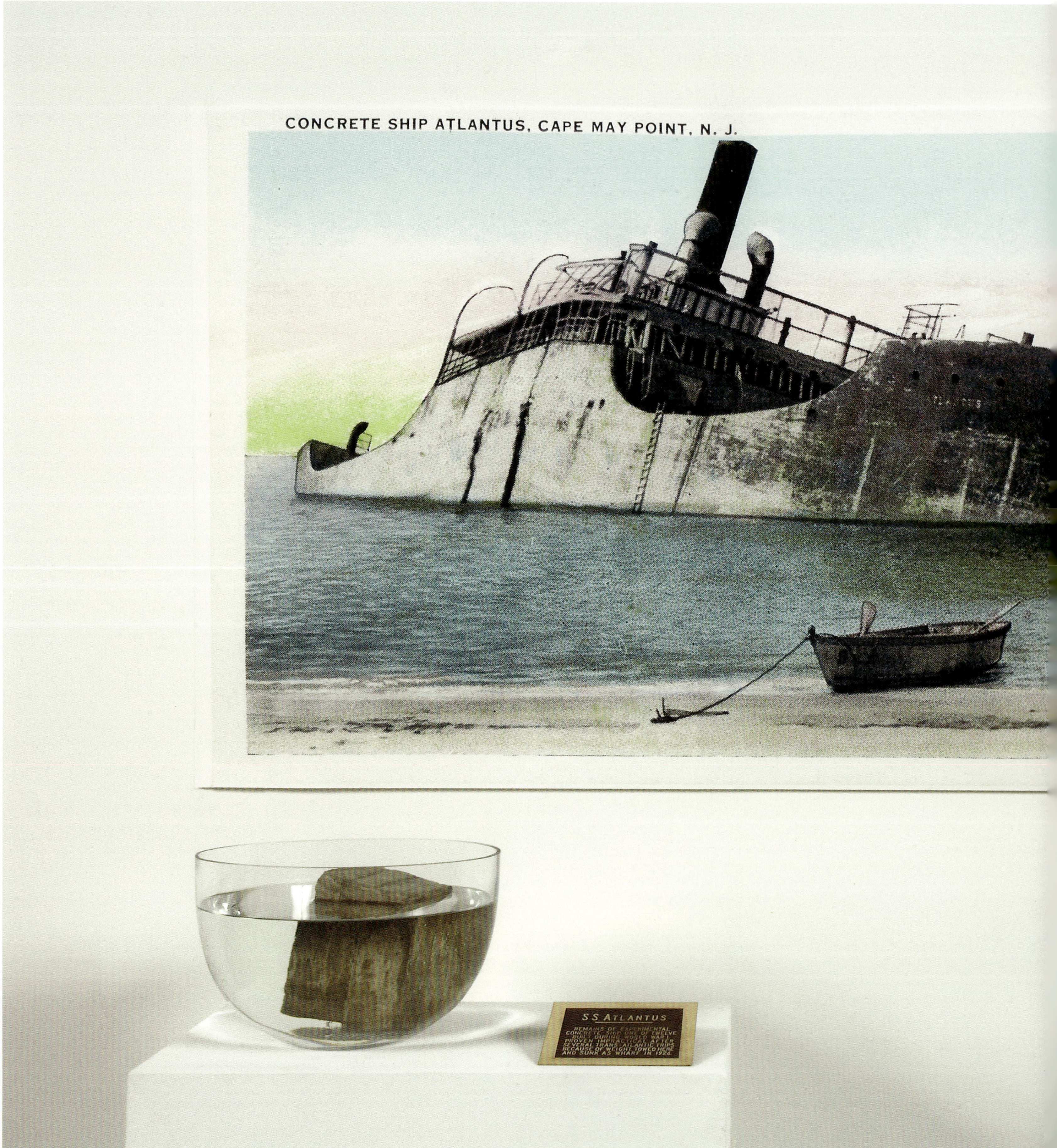
CONCRETE SHIP ATLANTUS, CAPE MAY POINT, N. J.
S.S. ATLANTUS
REMAINS OF EXPERIMENTAL CONCRETE SHIP ONE OF TWELVE BUILT DURING WORLD WAR I PROVEN IMPRACTICAL AFTER SEVERAL TRANS-ATLANTIC TRIPS BECAUSE OF WEIGHT TOWED HERE AND SUNK AS WHARF IN 1926

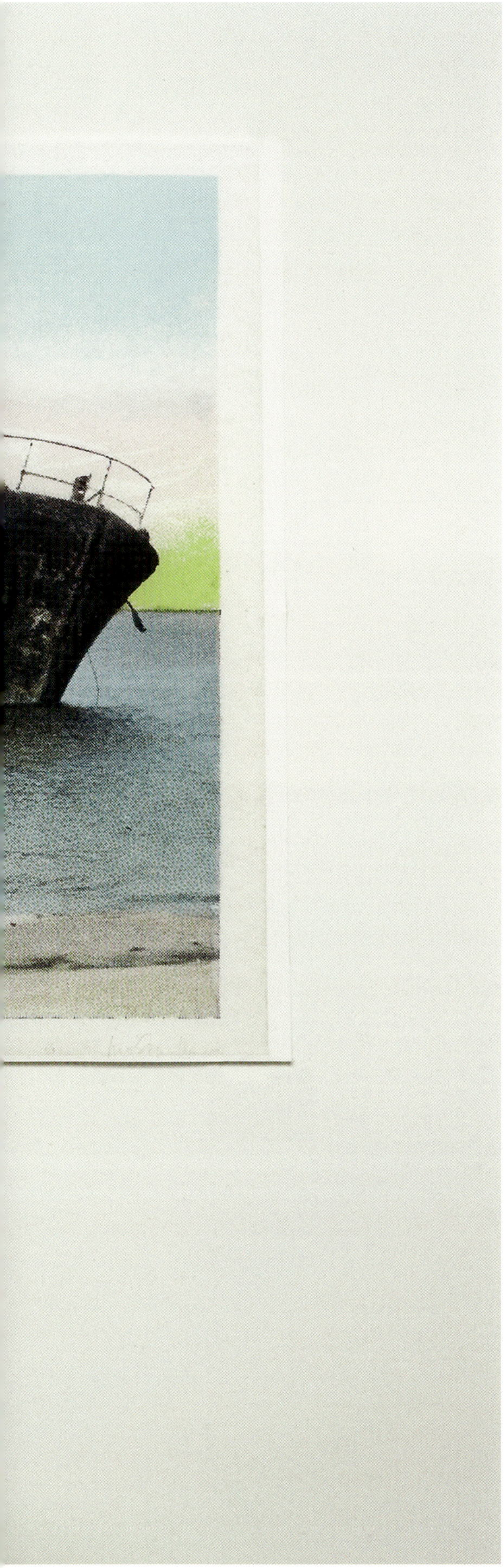

Luis Camnitzer
*S.S. Atlantus*, 2008

Jetprint, Bronzeplakette, Glasschale, Wasser, Betonwürfel / jetprint, bronze insignia, glass dish, concrete cube
Maße variabel / variable dimensions

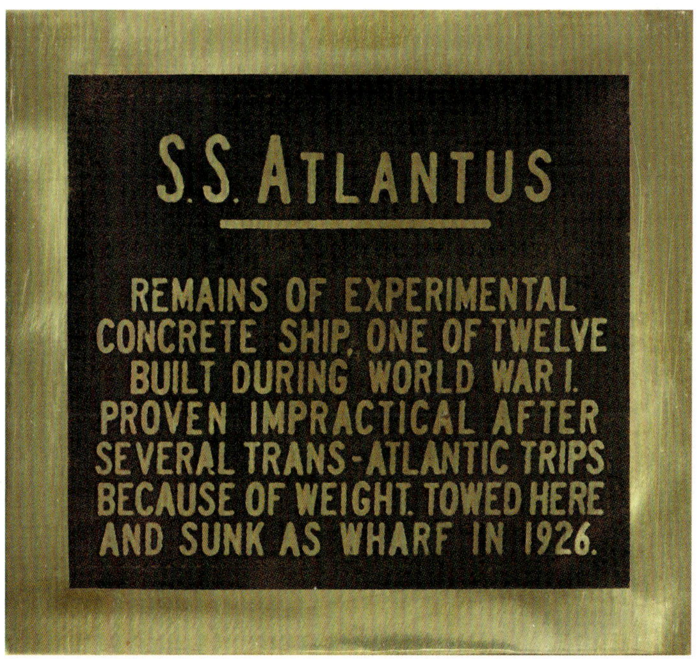

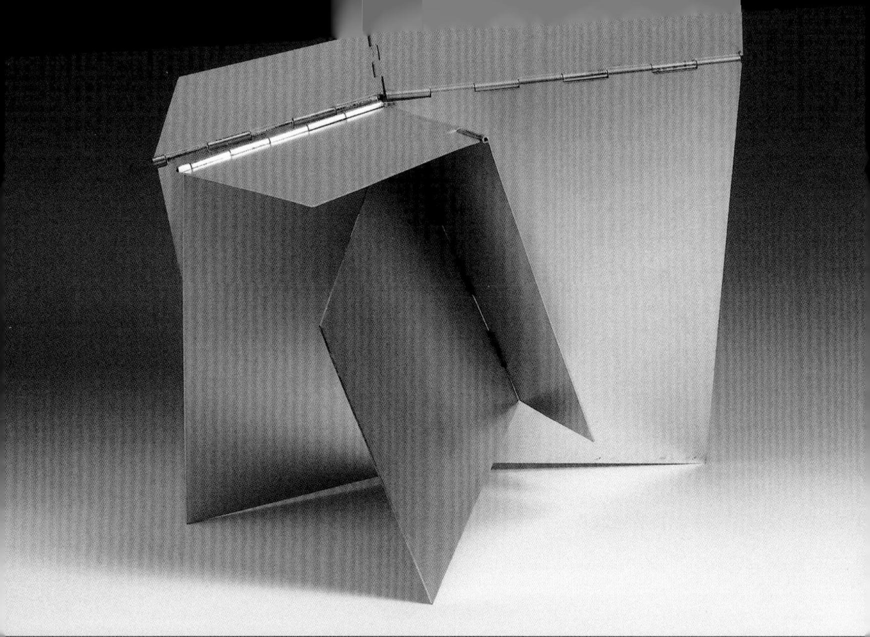

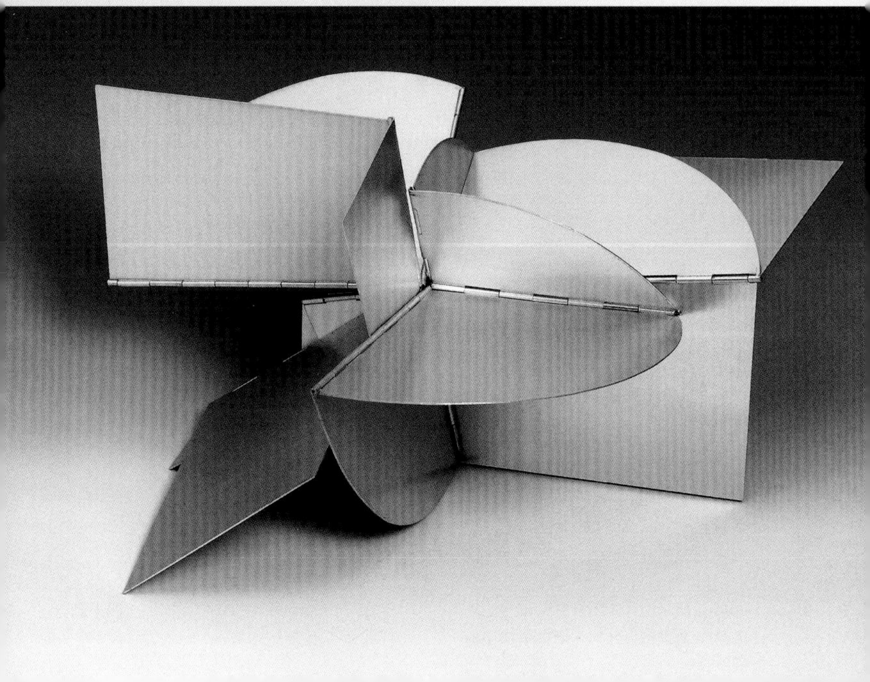

Lygia Clark
*Bicho LC2 (Monument à toutes les situations) / Bicho LC2 (Monument to Every Situation)*, 1970

Aluminium
ca. 25 × 30 × 30 cm

Lygia Clark
*Bichiana*, 1962

Aluminium
60 × 90 × 70 cm

Lygia Clark
*Bicho LC3 (Pan-cubisme)*, 1970

Aluminium
ca. 23 × 45 × 40 cm

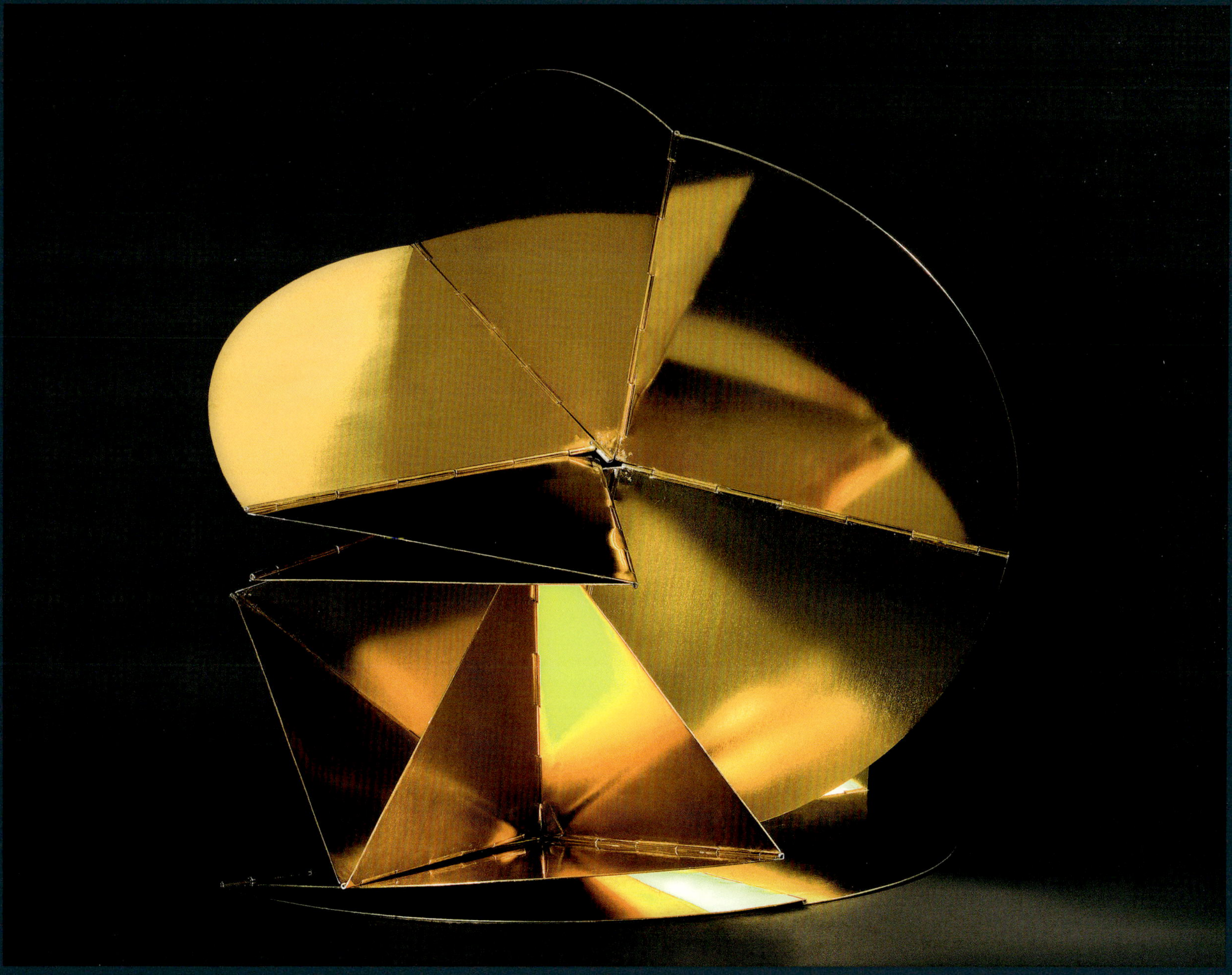

Claes Oldenburg
*Soft Version of the Maquette for a Monument by Pablo Picasso,* 1969

Leinwand, Acryl/canvas, acrylic
96,5 × 73 × 53,3 cm

Monika Sosnowska
*Untitled,* 2007

Handlauf, PVC/handrail, PVC
114 × 125 cm

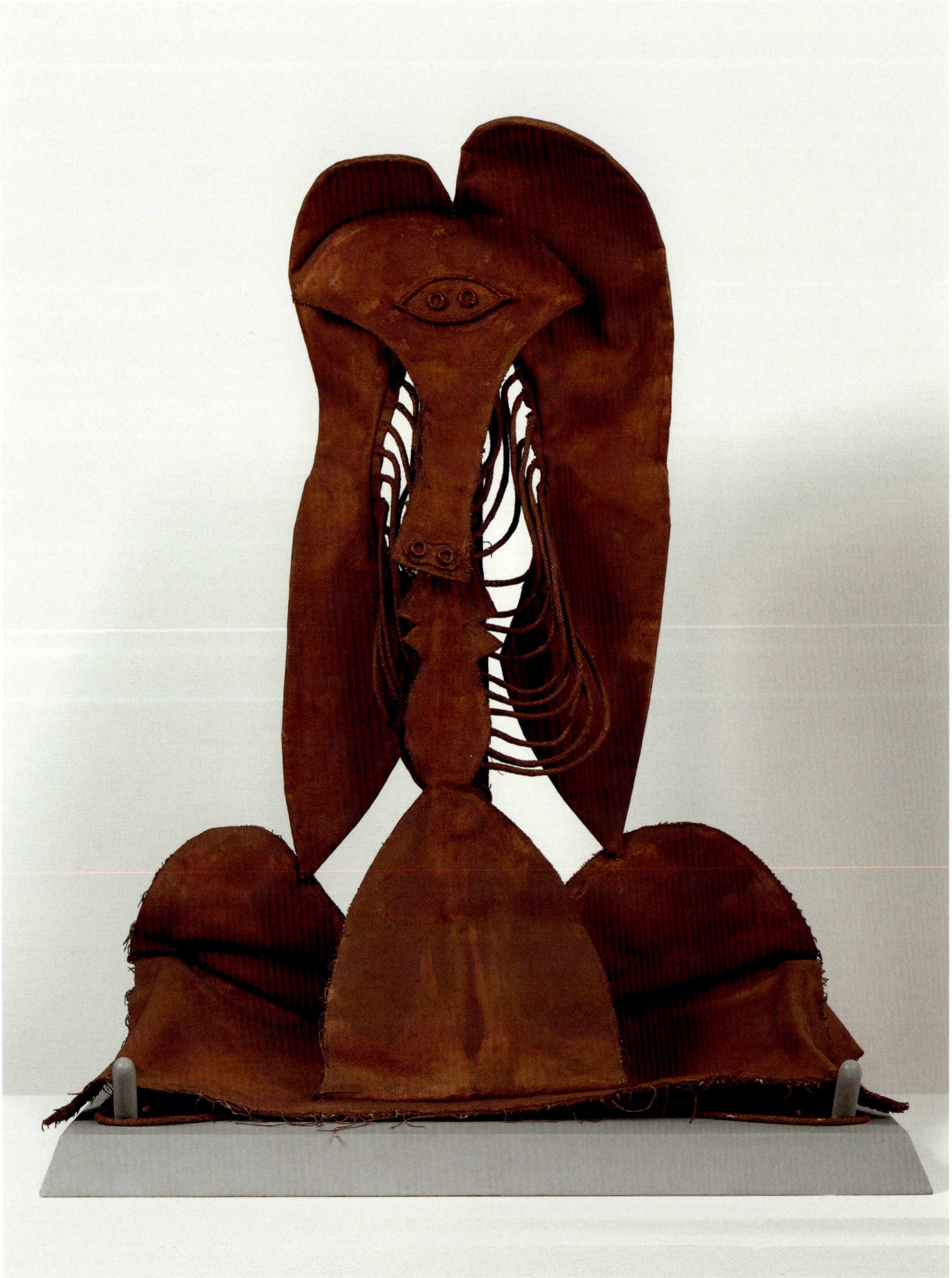

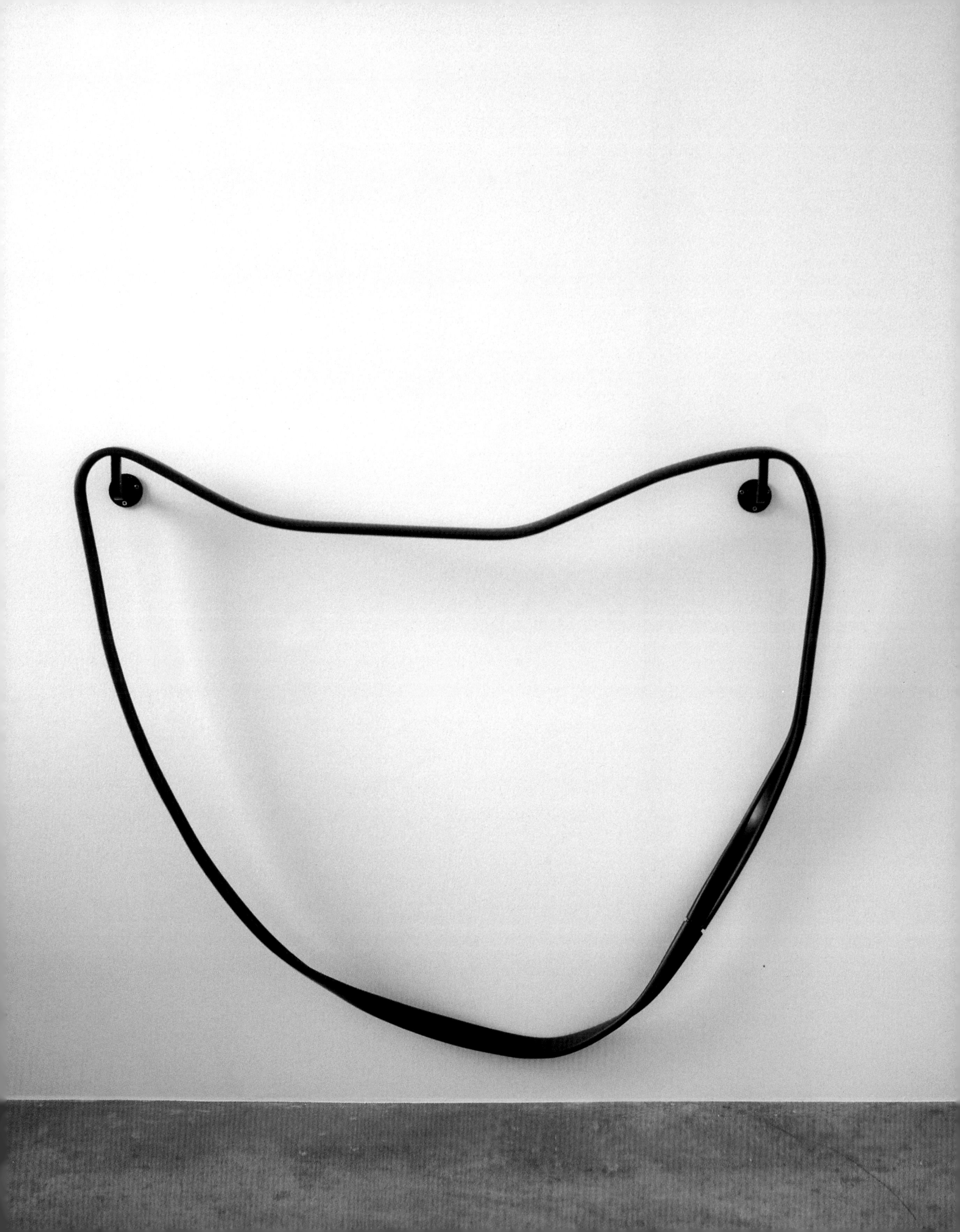

Bill Bollinger
*Pipe Piece (Röhrenobjekt)*, 1968

2 Aluminiumrohre, Kunststoffschlauch /
2 aluminum pipes, plastic hose
je / each 267 cm, 103 cm

Im Vordergrund:
*Light Bulb-Piece*, 1970

Frank Stella
*K 40*, 2006

Edelstahl, Aluminium /
stainless steel, aluminum
111,8 × 132,1 × 74,9 cm

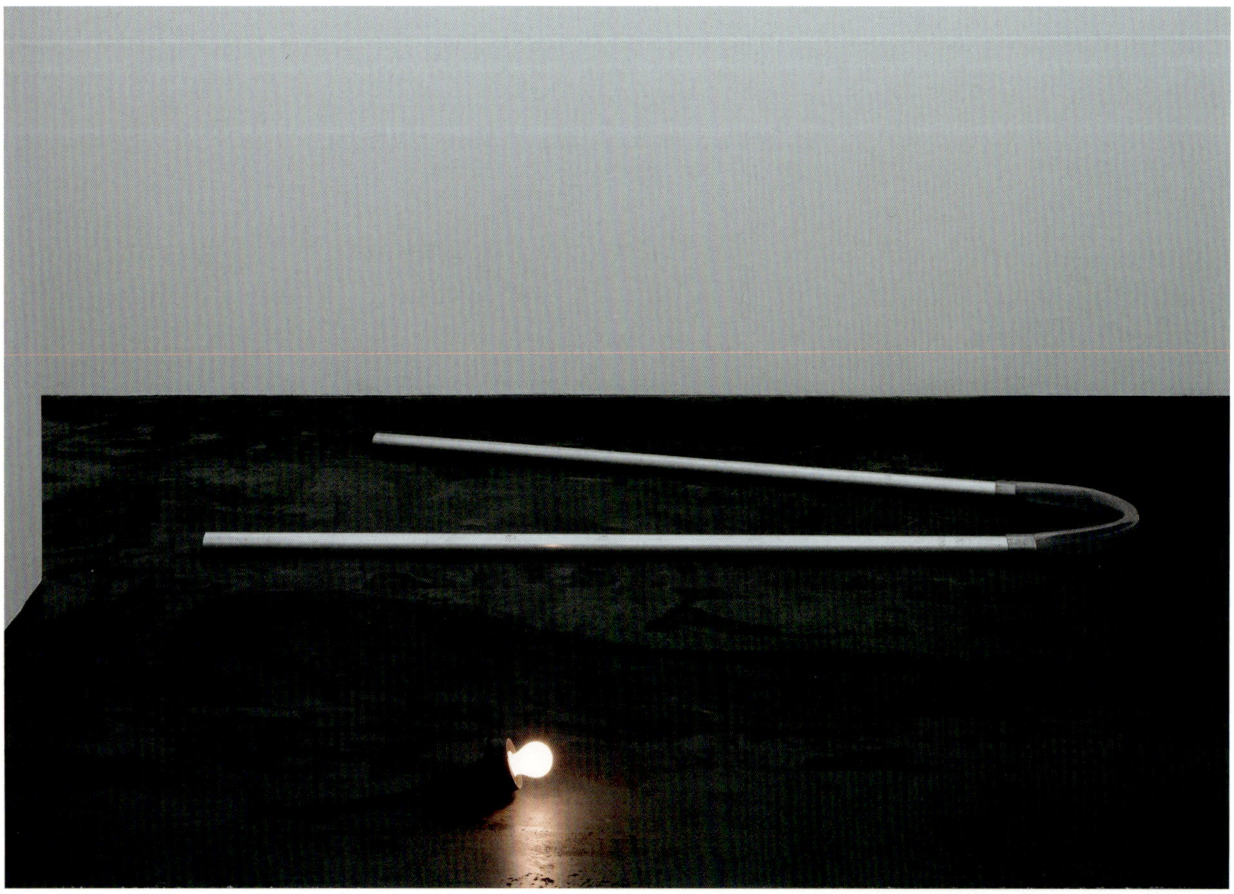

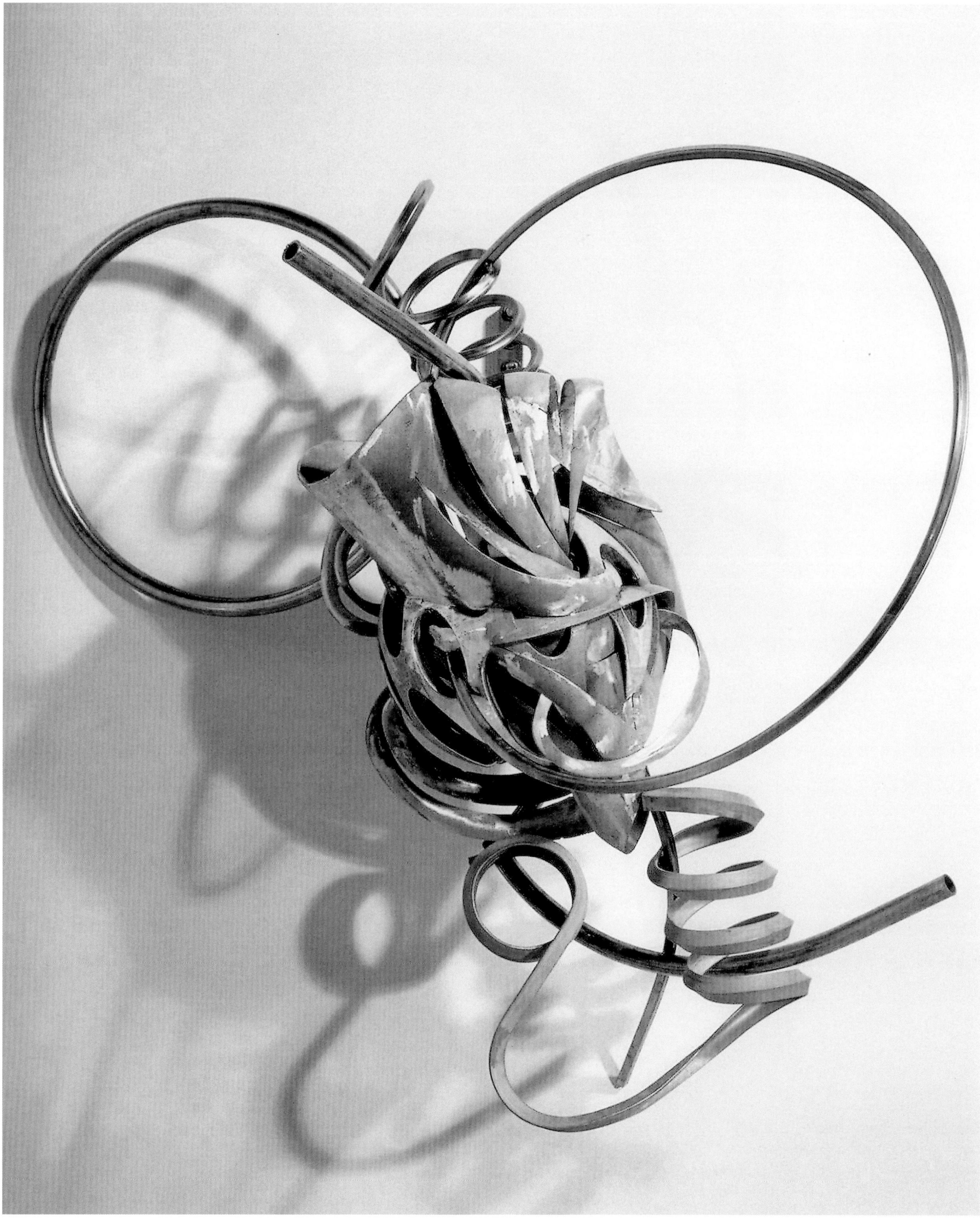

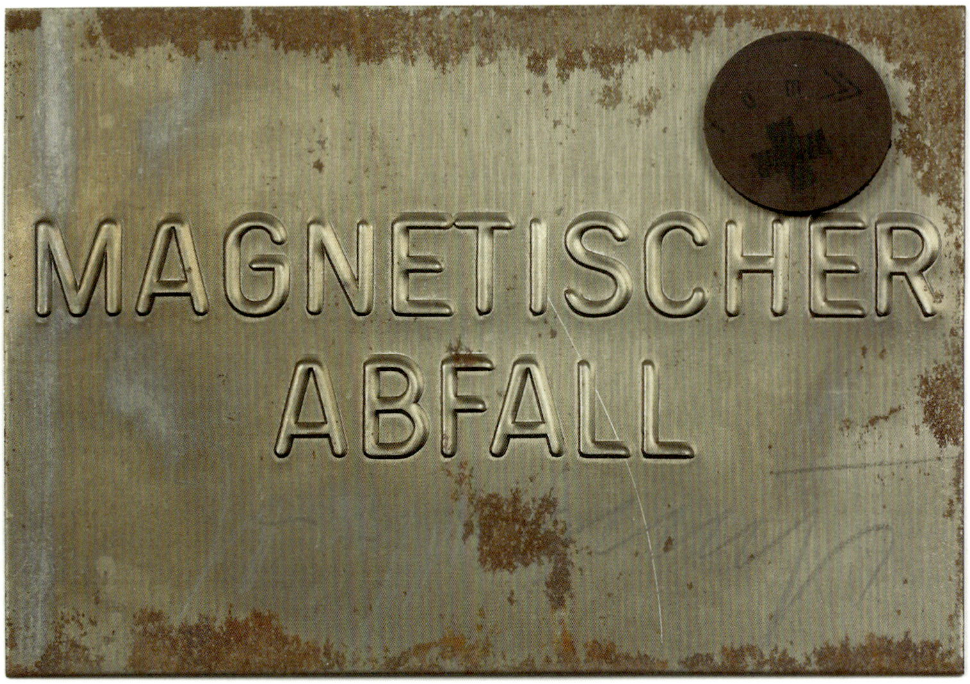


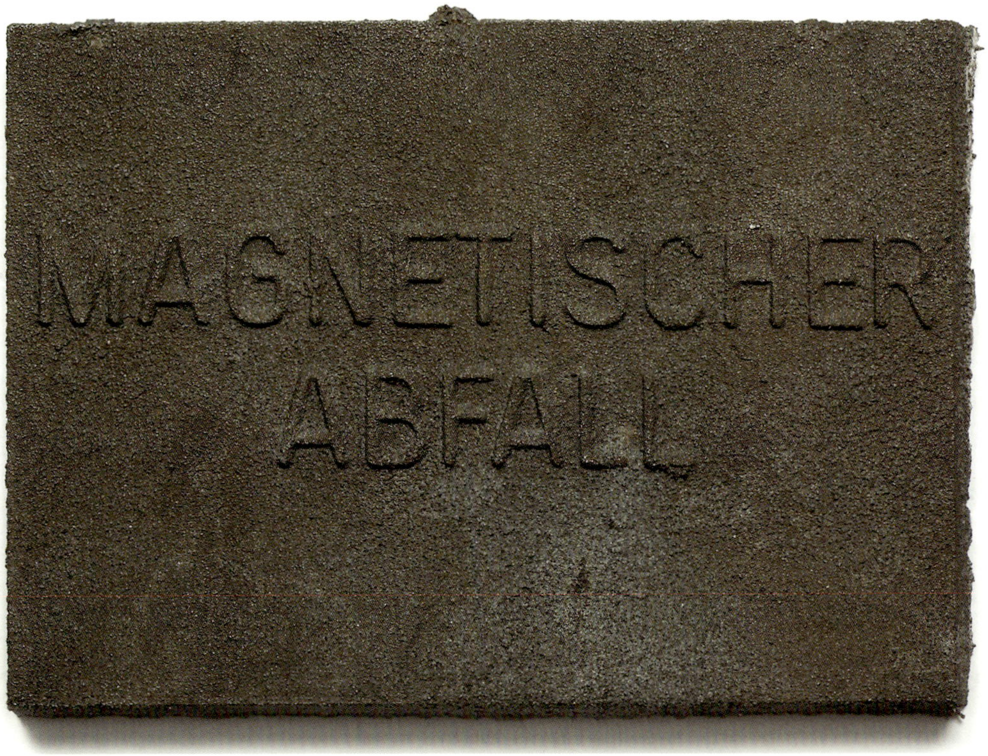


Joseph Beuys
*Magnetische Postkarte/*
*Magnetic Postcard*, 1975

Eisenblech, Magnet mit Stempel „Hauptstrom“/iron sheet, magnet with stamp “Main Current”
10,5 × 14,8 × 0,2 cm

Joseph Beuys
*Magnetischer Abfall/*
*Magnetic Garbage*, 1975

Magnetstahlguss/
magnetic steel cast
10,5 × 14,7 × 1 cm

Jürgen Drescher
*Karton (freistehend VII)/*
*Cardboard Box (freestanding VII)*, 2007

Aluminiumsandguss/
aluminum sand cast
96 × 36 × 55 cm

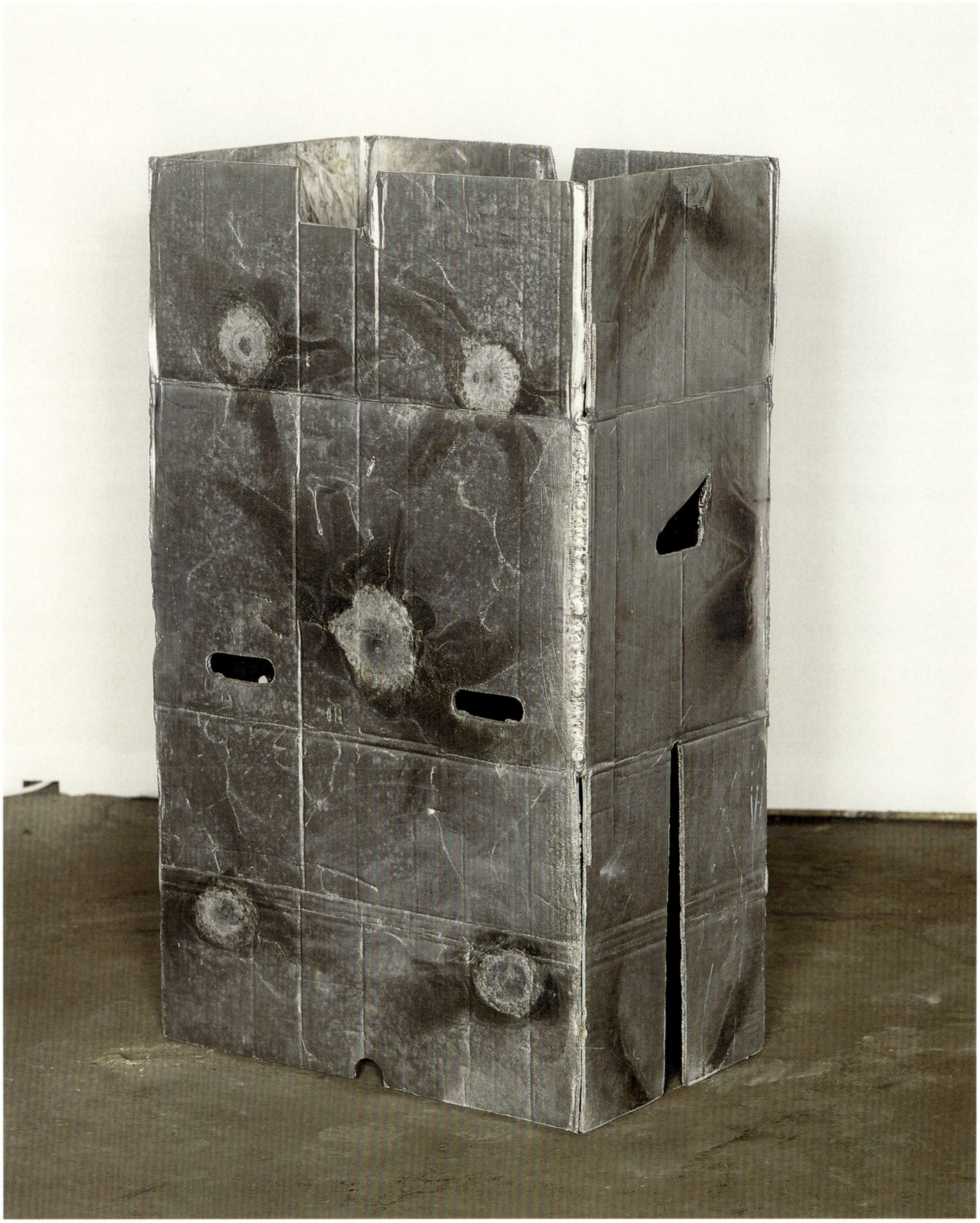

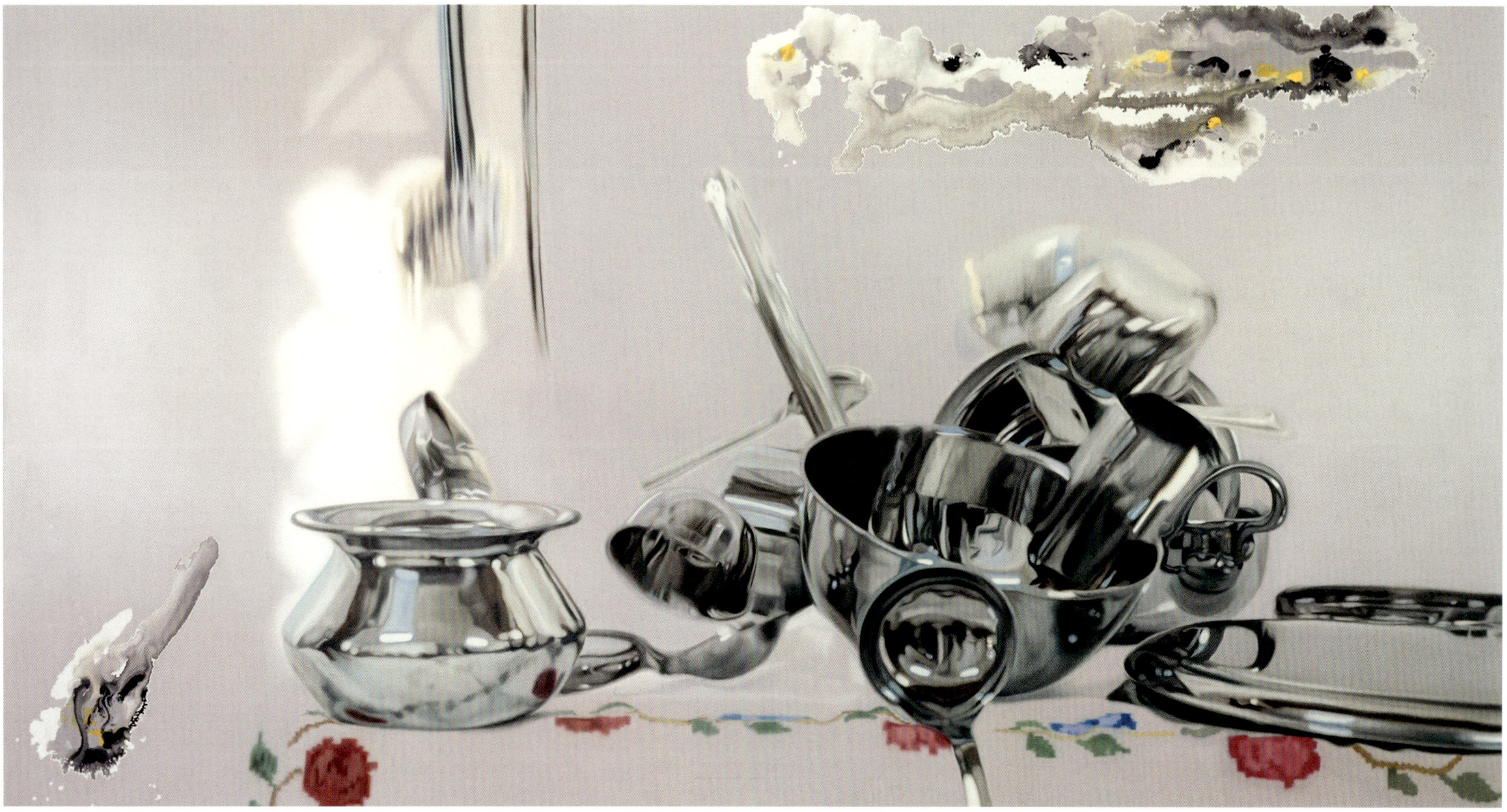

Subodh Gupta
*Still Steal Steel #8*, 2008

Öl und Emaille auf Leinwand/
oil and enamel on canvas
199 × 364 cm

# Fliegengewicht

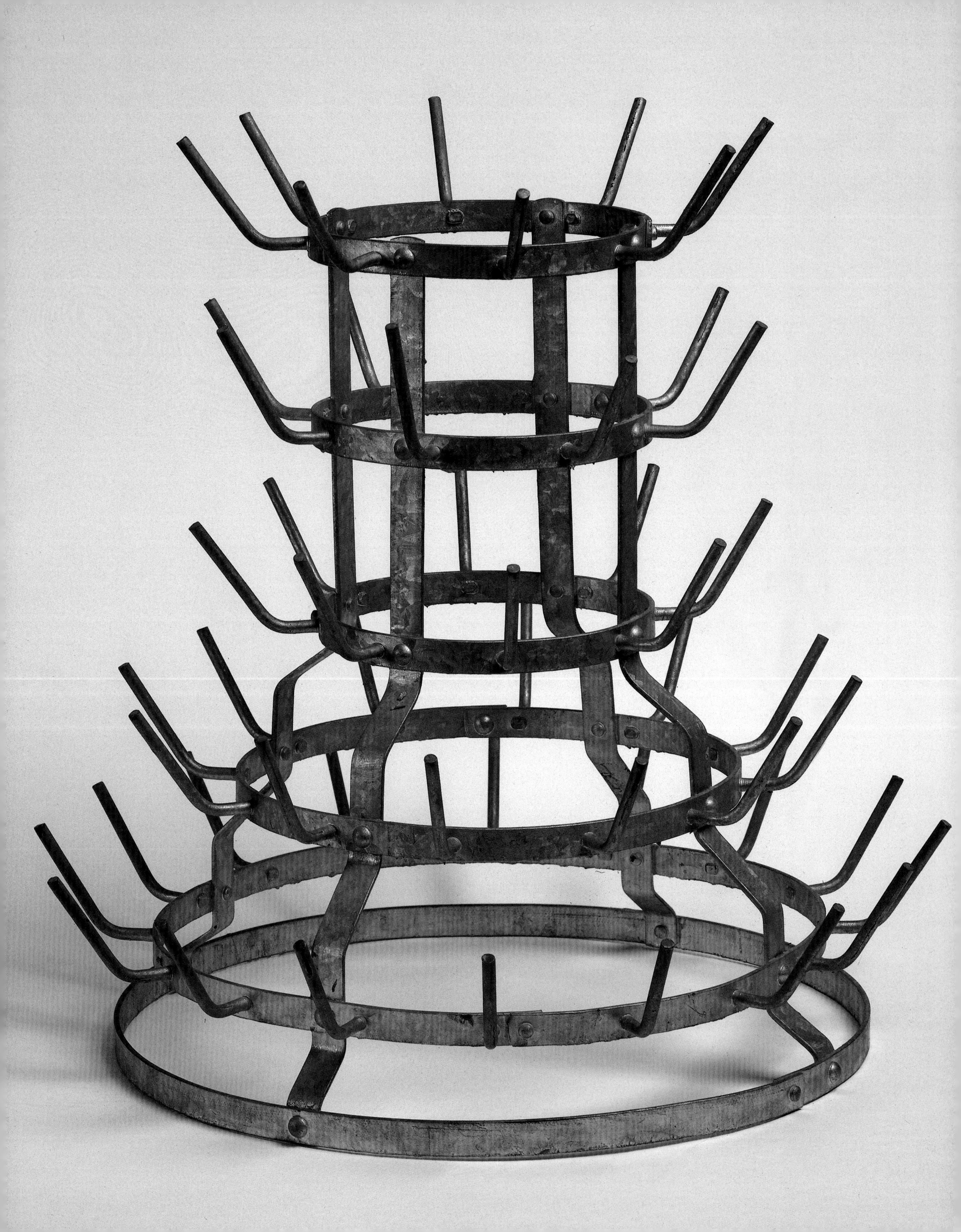

Marcel Duchamp
*Flaschentrockner / Bottle-Dryer*

1914 / 1970
Stahl, verzinkt / steel, zinc-plated
50 × 50 × 50 cm

Aleana Egan
*Untitled*, 2008

Stahl / steel
250 × 170 × 2 cm

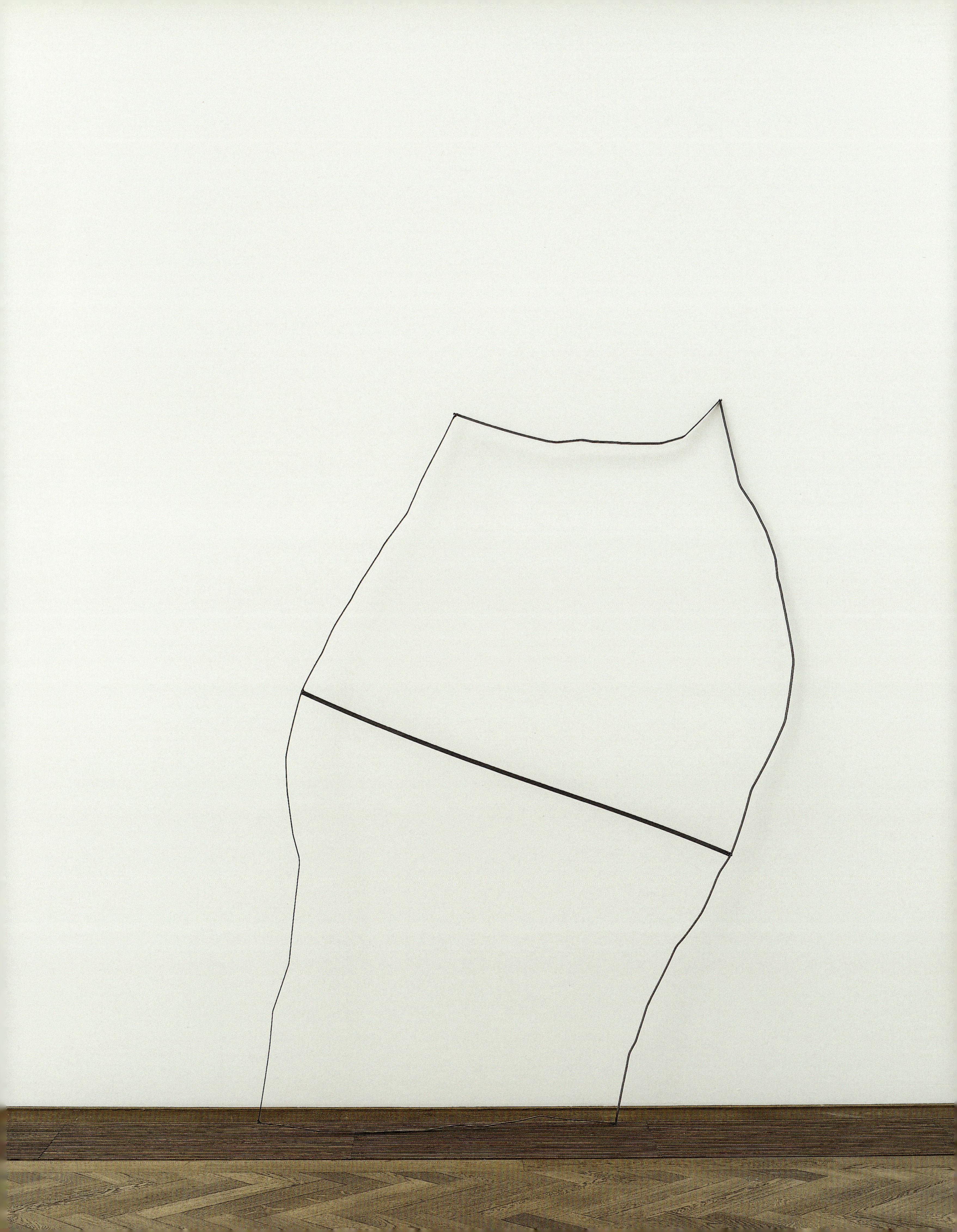

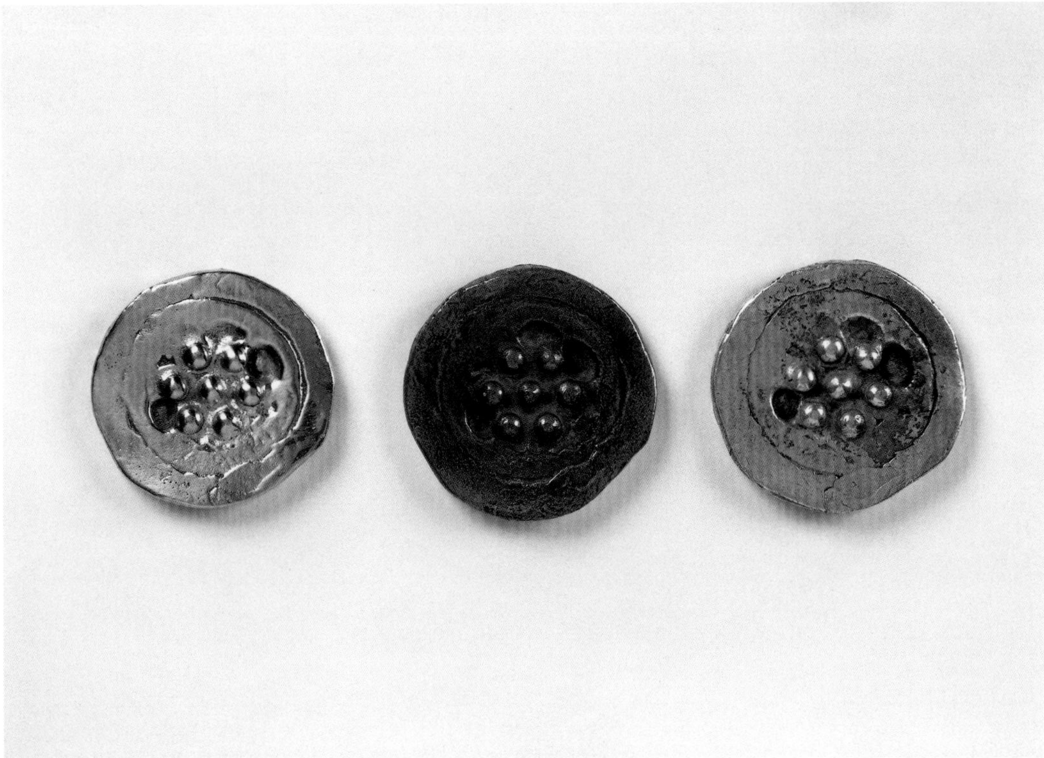

Marcel Duchamp
*Ausgussstopfen/Sink Plug*, 1964

3 Teile/parts: Bronze, Silber, Edelstahl/
bronze, silver, stainless steel
je/each 0,5 cm × ø 7 cm

Bill Bollinger
*Wire Piece*, 1968

Maschendraht/wire netting
298 × 204,5 cm

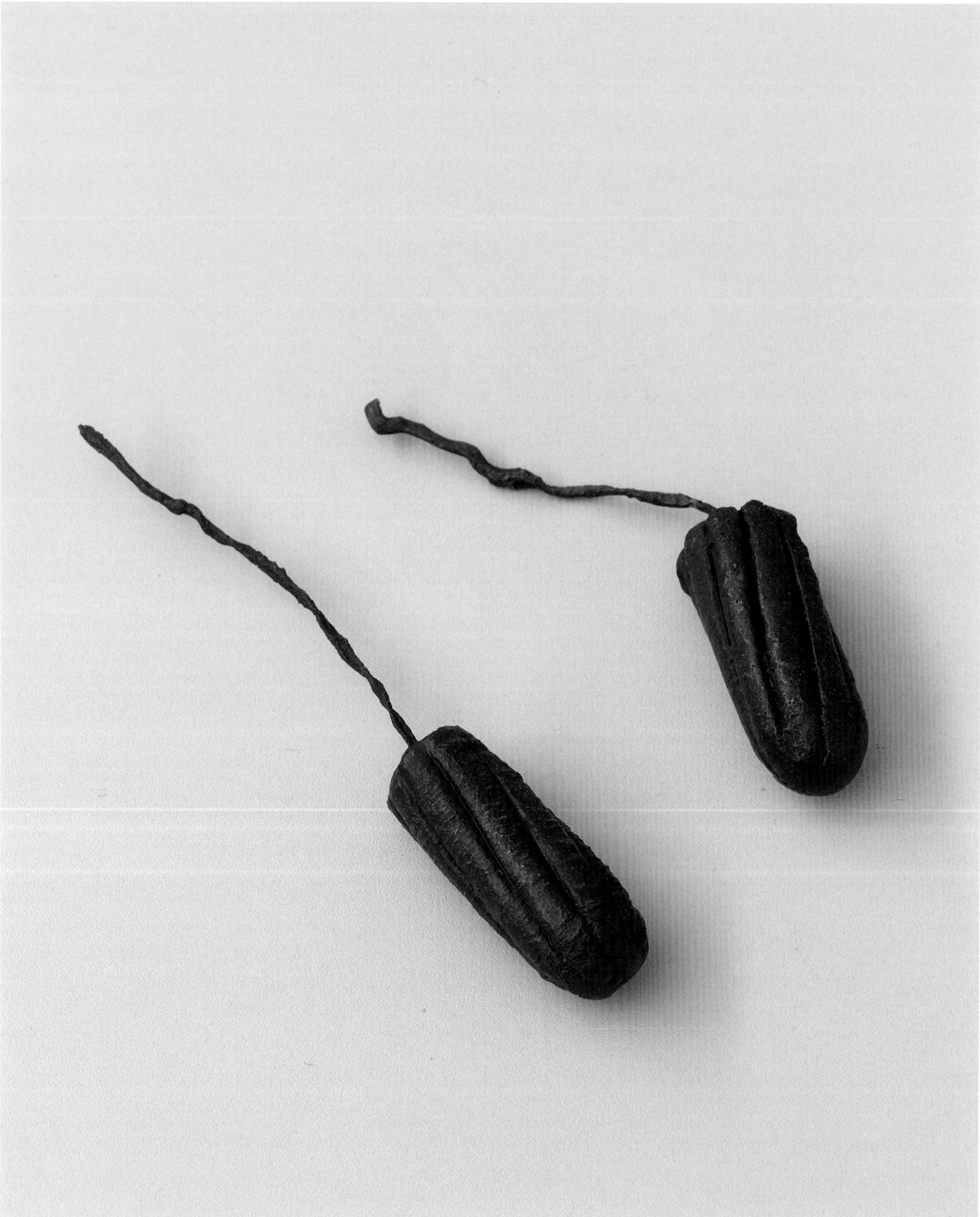

Thomas Rentmeister
*ob*, 2007
—
Bronze
ca. 5 cm × ø 2 cm

# Papiergewicht

Lygia Pape
*KV 10*, 1995

handgeschnittenes Aluminium/
hand cutting aluminium
300 × 300 cm

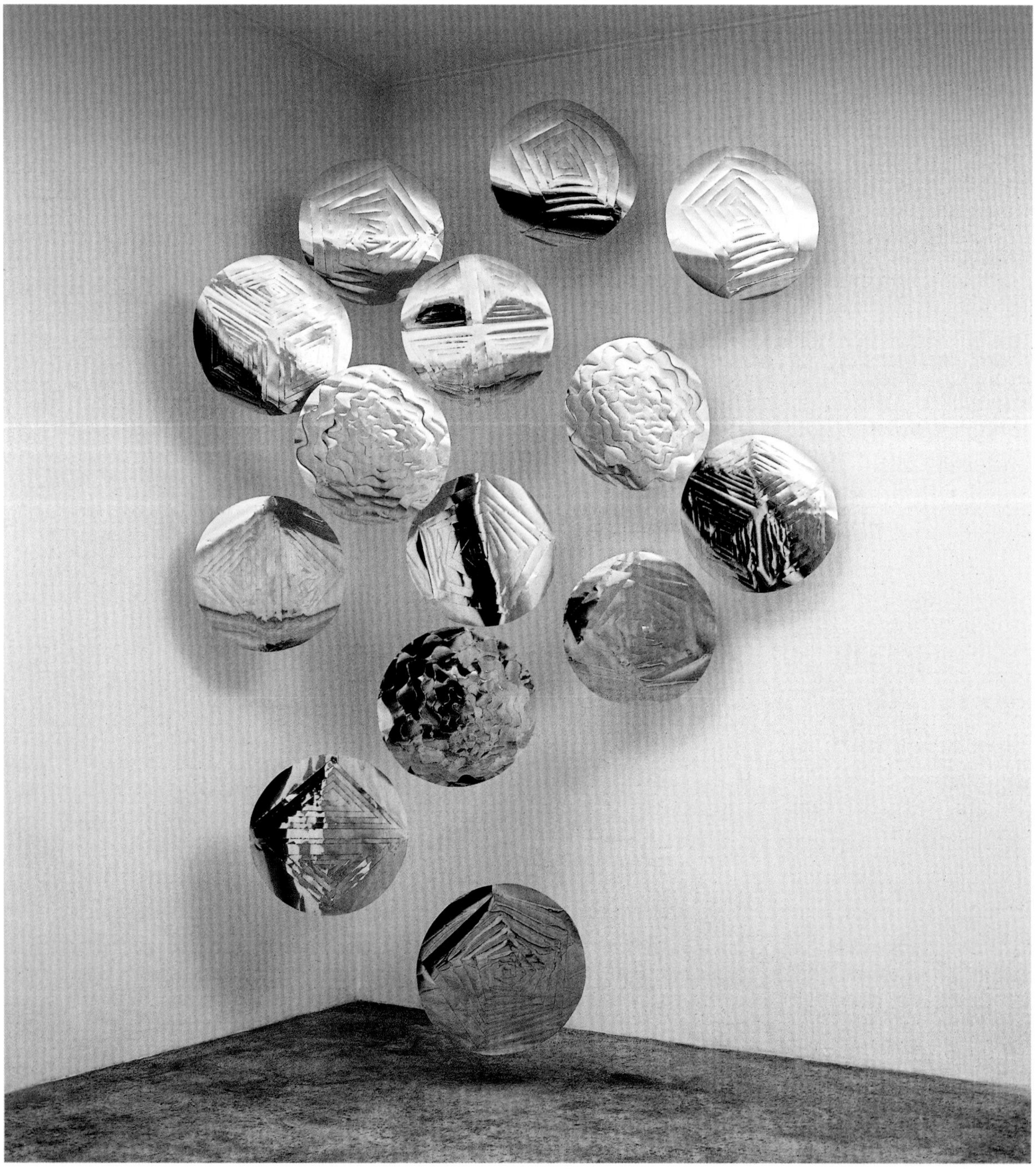

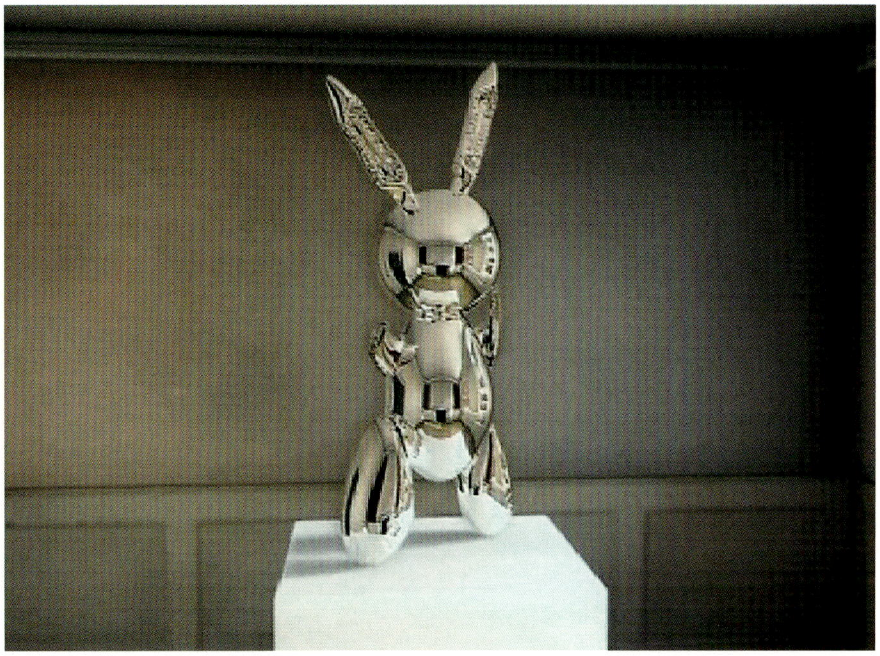

Mark Leckey
*Made in Heaven*, 2004

DVD, Farbe / color
2 Min., Loop

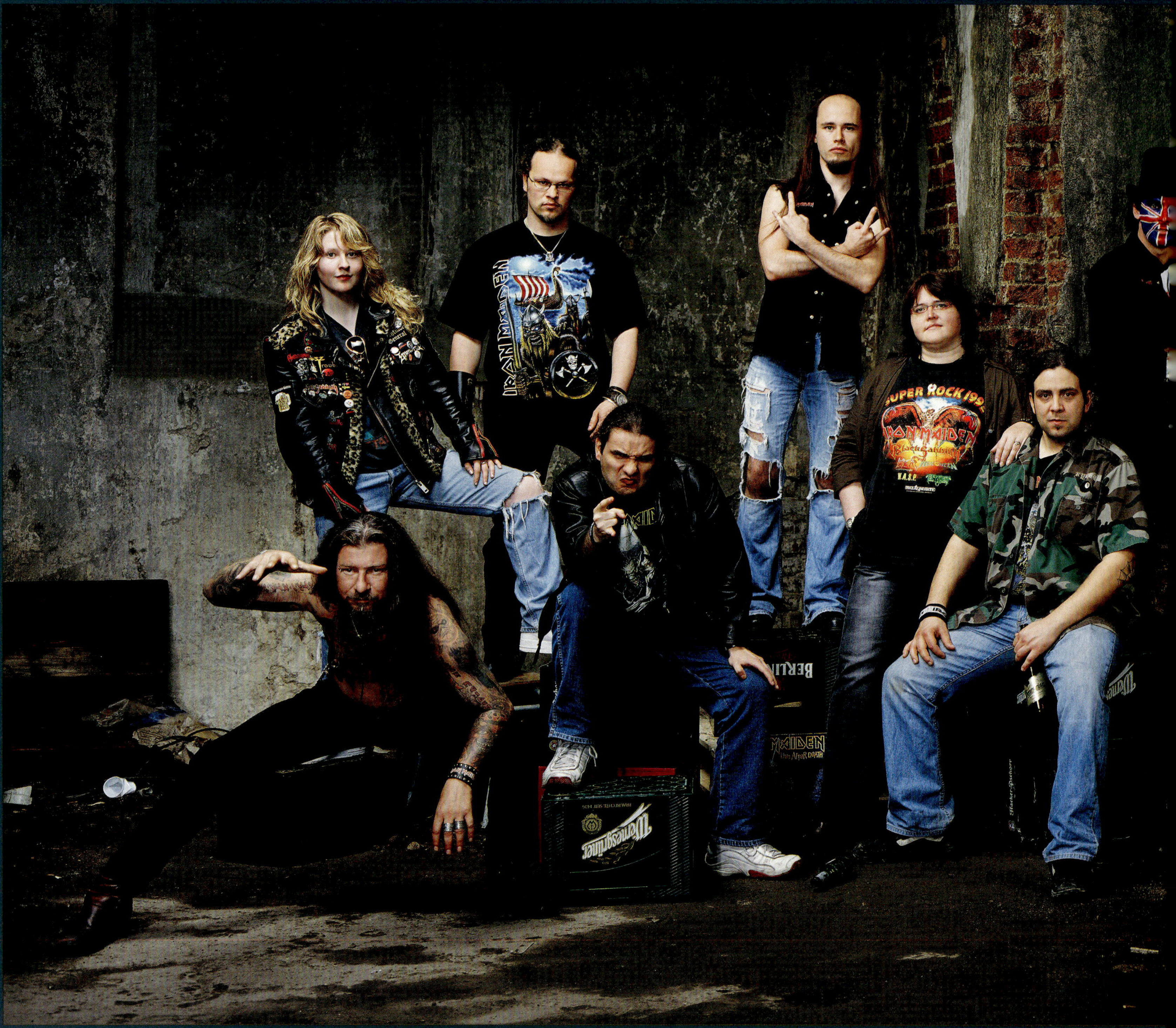
IRON MAIDEN

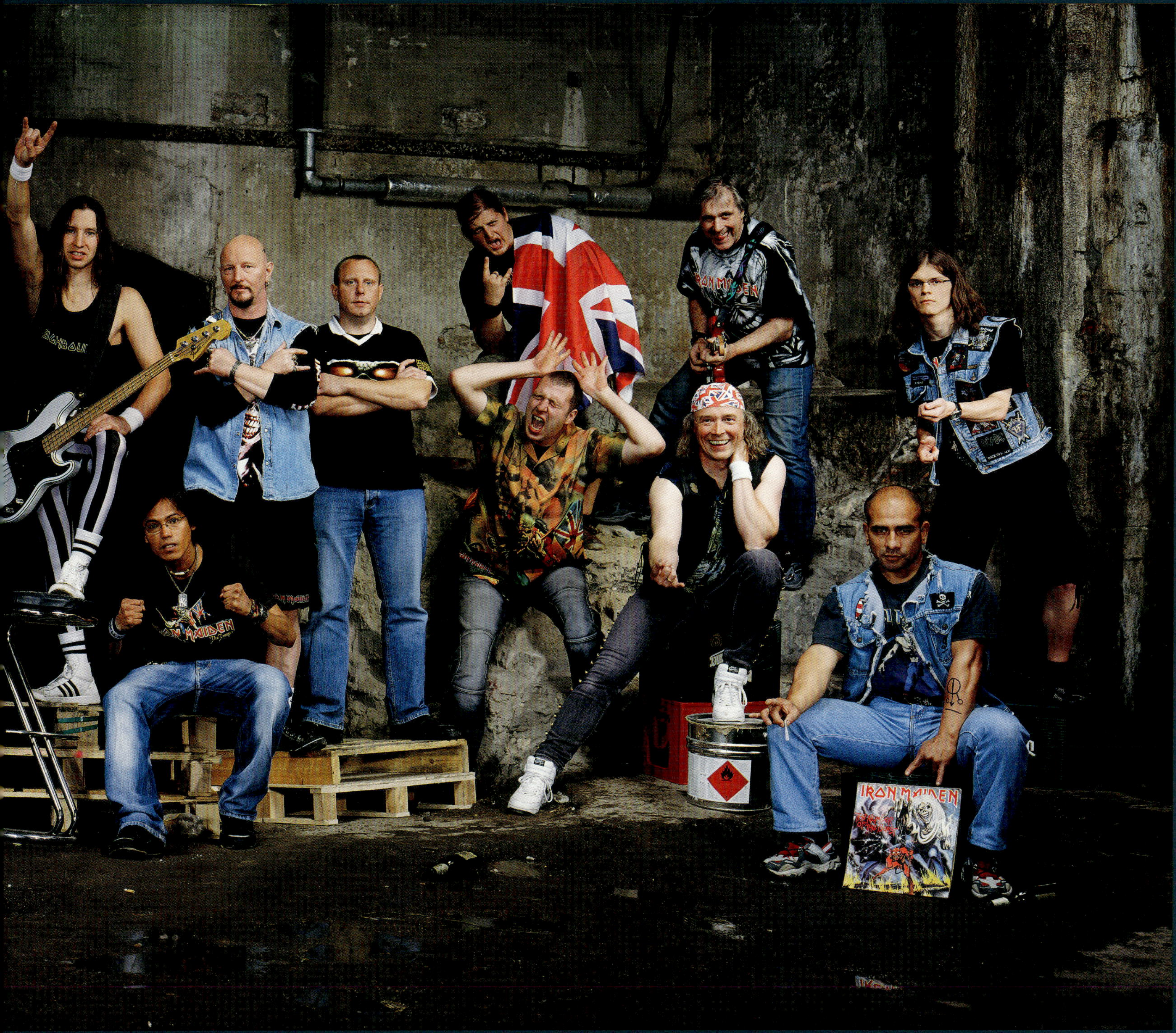


Candice Breitz
*Iron Maiden Monument,*
*Berlin, June 2007*

2007
digitaler C-Print / digital C-Print
180 × 427 cm

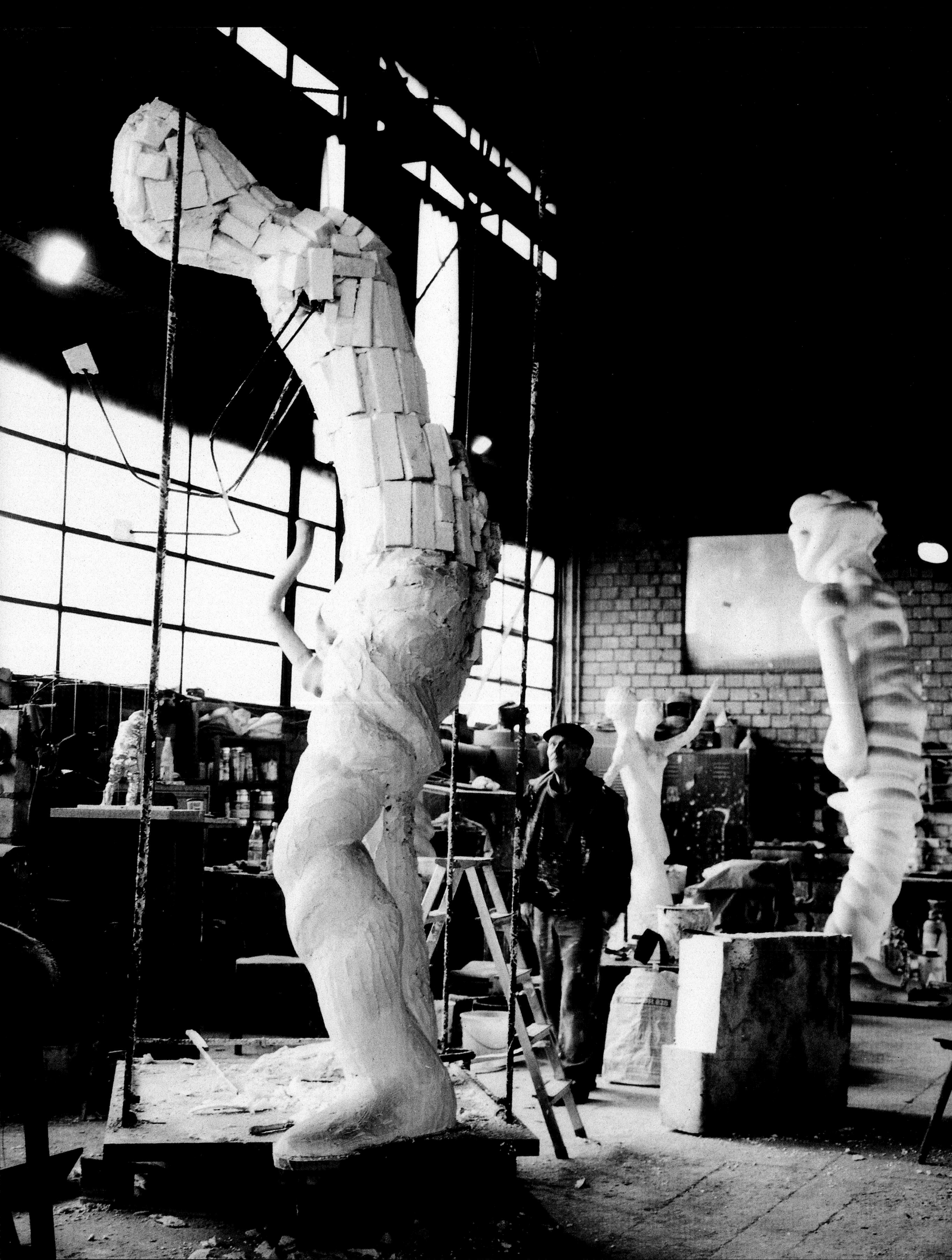

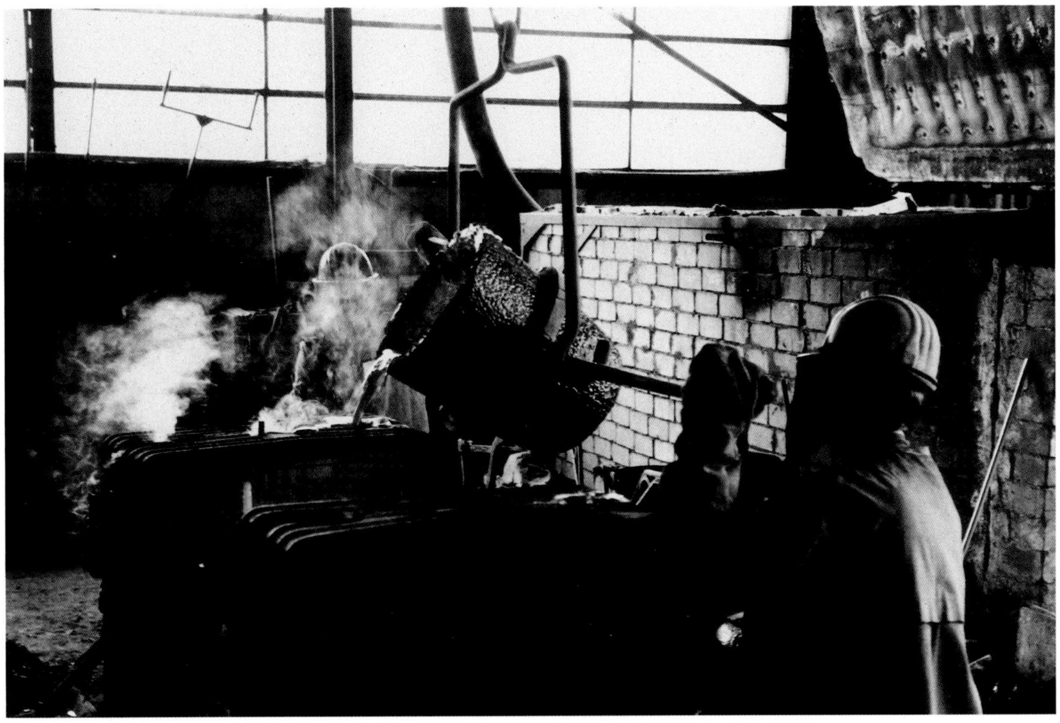

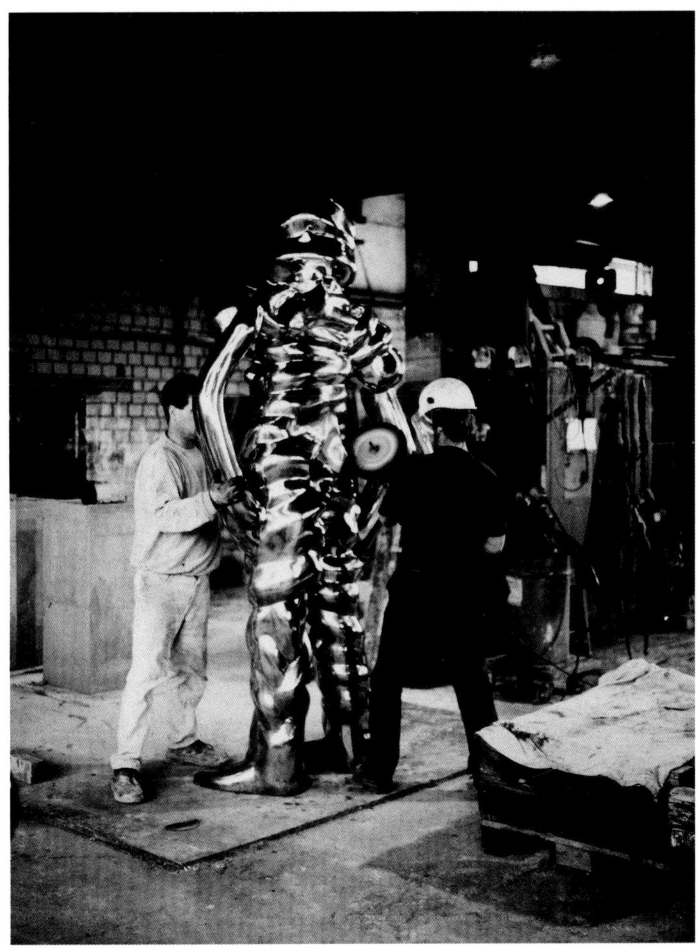

Thomas Schütte
*The Making of Große Geister*

1996/1997
50 Schwarzweißfotografien/
50 black-and-white photographs
je/each 23,8 × 17,8 cm

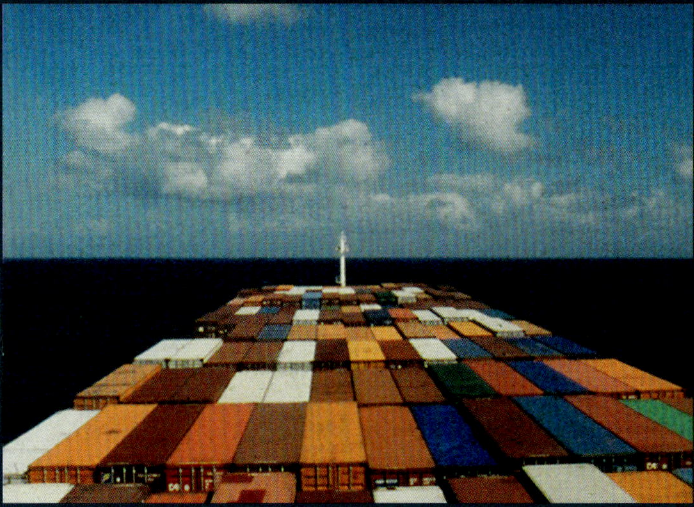

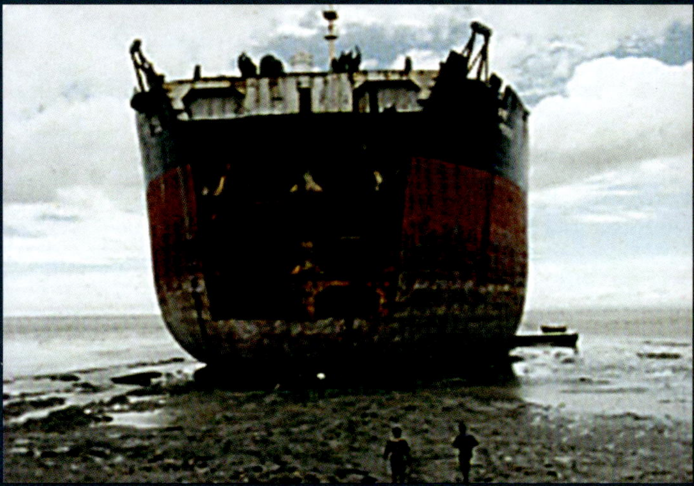

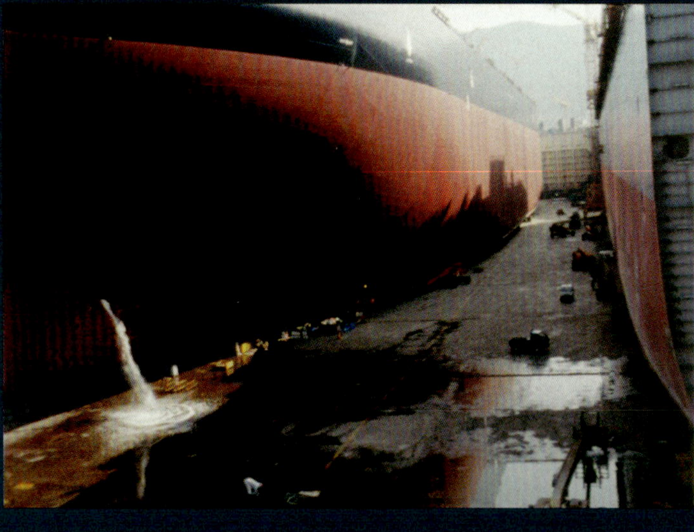

Peter Hutton
*At Sea*, 2004

Film, 60 Min., Farbe/color

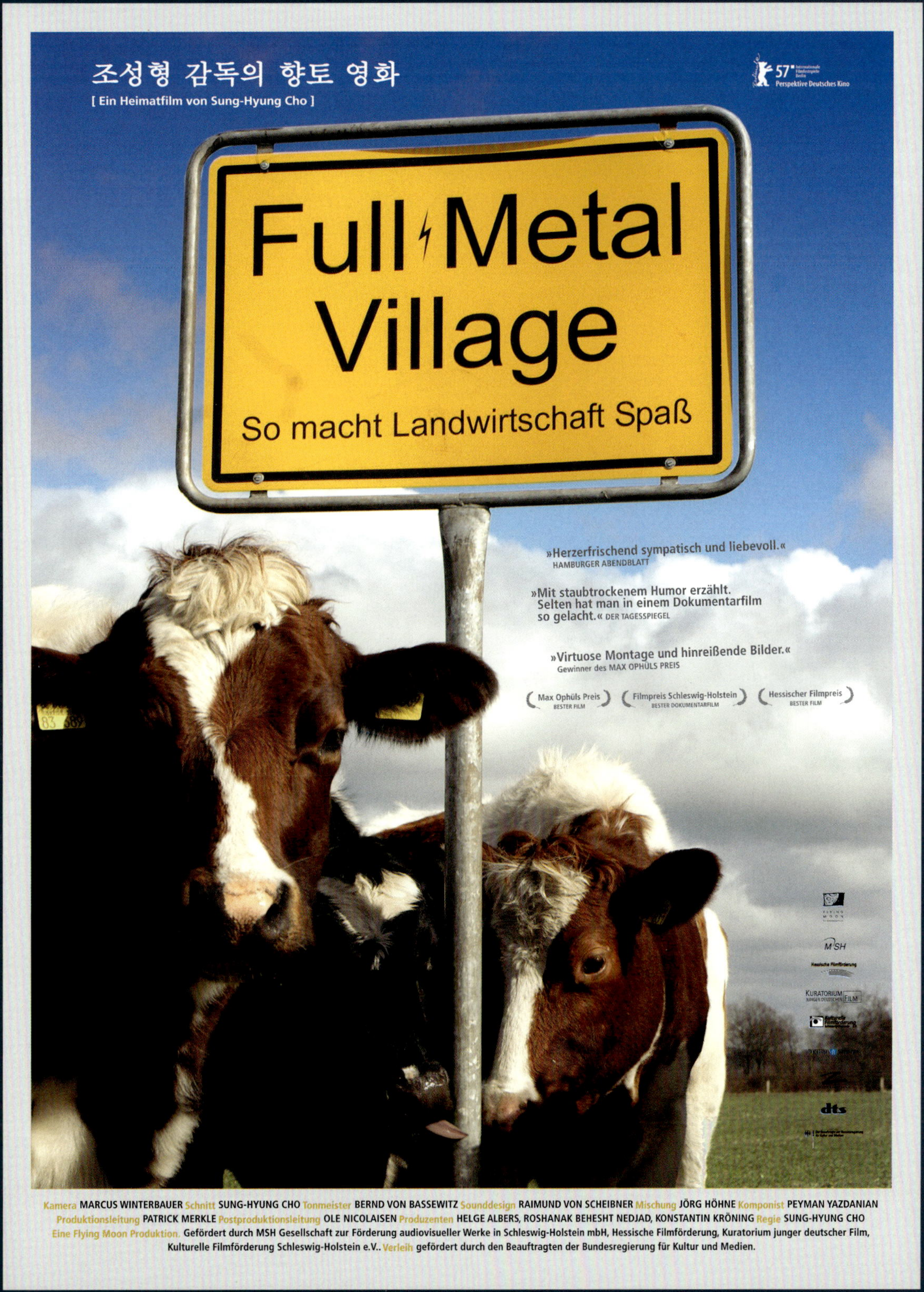


Sung-Hyung Cho
*Full Metal Village*, 2006

Film, 94 Min., Farbe, Ton/color, sound

# Heavy Metal

# Die unerklärbare Leichtigkeit eines Materials

# On the Inexplicable Lightness of a Material

Hrsg. / Ed. Dirk Luckow

KUNSTHALLE ZU KIEL
CHRISTIAN-ALBRECHTS-UNIVERSITÄT

HATJE CANTZ

## Dank / Acknowledgments


### an die Leihgeber / to the lenders

Arndt & Partner, Berlin / Zürich
Beck & Eggeling International Fine Art
Centre national d'art et de culture
Georges Pompidou, Paris, Frankreich
Colecçcão Teixeira de Freitas, Lissabon, Portugal
Collection Martin Hatebur, Schweiz
Daros – Latinamerica Collection, Zürich, Schweiz
Edition Staeck, Heidelberg
evn sammlung, Maria Enzersdorf, Österreich
Flying Moon Filmproduktion GmbH, Berlin
Friedrich Christian Flick Collection
Galerie Guido W. Baudach, Berlin
Galerie Luis Campaña, Köln
Galerie Haas & Fuchs, Berlin
Galerie Bernd Klüser, München
Galerie Johann König
Galerie Eva Presenhuber, Zürich
Galerie Thomas Schulte, Berlin
Hamburger Kunsthalle
Johnen + Schöttle, Köln
Kunstmuseum Wolfsburg
Kunstmuseum Liechtenstein
Louisiana Museum of Modern Art,
Humlebæk, Dänemark
m Bochum Kunstvermittlung
Maccarone Gallery, New York, USA
Mary Mary Contemporary, Glasgow, England
Musée d'art moderne, Saint-Etienne, Frankreich
Musée des Beaux Arts de Nantes, Frankreich
museum kunst palast, Düsseldorf
Museum Ludwig, Köln
Noordbrabants Museum's-Hertogenbosch,
Niederlande
Olbricht Collection
Privatsammlung, Köln
Projeto Lygia Pape, Rio de Janeiro, Brasilien
Sammlung AXA Winterthur
Sammlung FER
Sammlung Froehlich, Stuttgart
Sammlung Haubrok
Sammlung Serra, Mallorca
Sammlung Würth, Künzelsau
Sies + Höke, Düsseldorf
Staatliche Museen zu Berlin, Nationalgalerie,
Sammlung Marzona
Staatliches Museum Schwerin
Städtisches Museum Abteiberg Mönchengladbach
Stiftung Wilhelm Lehmbruck Museum – Zentrum
Internationaler Skulptur, Duisburg
Teheran-Honart Museum

und an / and to
die Privatsammlungen aus Deutschland, England, Frankreich, dem Iran und den Niederlanden / the private collections in Germany, England, France, the Iran and the Netherlands

### sowie an / as well as

Akira Ikeda Gallery, Berlin
Andrew Kreps Gallery
Filmförderung Hamburg Schleswig-Holstein
Galerie Lena Brüning, Berlin
Galerie Gisela Capitain, Köln
Galerie Karin Guenther, Hamburg
Galerie Max Hetzler, Berlin
Galerie neugerriemschneider, Berlin
Galerie Micheal Werner
Hauser & Wirth, Zürich / London
Häusler Contemporary, München / Zürich
Thomas Kersig, Kiel
Maccarone Gallery, New York
Mai 36 Galerie, Zürich
Norddeutscher Rundfunk, Thorsten Kleine
Monika Sprüth · Philomene Magers,
Berlin London
ZKM | Museum für Neue Kunst, Karlsruhe

und an / and to
die Künstler und Künstlerinnen / the artists

## Inhalt



## Table of Contents

## Grußwort

Metall beschäftigt den Menschen seit Beginn der Zivilisation: als Werkzeug, Schmuck, Kunstobjekt, als Währung oder Vermögenssicherung. Mit ihren unterschiedlichen physikalischen Eigenschaften bieten Metalle ein breites Spektrum an Verwendungsmöglichkeiten. Die moderne Industriegesellschaft wäre ohne Metall nicht denkbar.

Auch Künstler untersuchen die Materialeigenschaften, experimentieren mit ihren Werkstoffen und machen sich die Besonderheiten für ihre Arbeit zunutze. In diesem Katalog ist beispielsweise nachzulesen, wie sie die vielfältigen Möglichkeiten der Metallverarbeitung für die Kunst verwenden und weiterentwickeln. Mit großem fachlichen Wissen und einer meisterhaften Handfertigkeit haben sie Kunstwerke geschaffen, die in der Ausstellung *Heavy Metal* zu sehen sind. Zahlreiche Bearbeitungsprozesse der industriellen Produktion wie Gießen, Schweißen, Löten, Walzen kommen auch in der bildenden Kunst zur Anwendung.

Die Nordmetall-Stiftung freut sich über die Kooperation mit der Kunsthalle zu Kiel anlässlich der Ausstellung *Heavy Metal. Die unerklärbare Leichtigkeit eines Materials.* Hinter der Stiftung steht der Arbeitgeberverband Nordmetall mit seinen 270 Mitgliedsunternehmen. In vielen Unternehmen der Metall- und Elektroindustrie ist Metall als Werkstoff das tägliche Geschäft. Jeder, der mit Eisen, Aluminium, Stahl, Edelmetallen, Kupfer oder Zinn intensiv arbeitet, entwickelt einen Sinn für die besondere Schönheit, die diesen Metallen zu Eigen ist. Nicht ohne Grund setzt sich die Kunst auch mit der Ästhetik industriell gefertigter Metallgegenstände auseinander.

Damit hat die Nordmetall-Stiftung eine enge Verbindung zu den technischen Aspekten, die in der Ausstellung *Heavy Metal* thematisiert werden. Kultur und Technik, Kunst und Metall werden im Zusammenhang gezeigt. Hier wird der rote Faden wieder aufgenommen, den die Stiftung bereits mit der Ermöglichung der ersten Rodin-Ausstellung in Hamburg und dem Bildhauersymposium Stahl in Schwerin entwickelt hatte. *Heavy Metal* nimmt die Vielseitigkeit des Materials Metall in den Fokus. Mit der zunehmenden Technisierung im 20. Jahrhundert hat sich die künstlerische Auseinandersetzung inhaltlich gewandelt, intensiviert und ist auch kritischer geworden. Das Anliegen, diese vielfältigen Verbindungslinien einer breiten Öffentlichkeit bewusst zu machen, hat die Nordmetall-Stiftung schon in der Konzeptionsphase befördert und begleitet. Wir danken Herrn Dr. Luckow, seinem Team und allen, die zum Gelingen dieses Projektes beigetragen haben. Sie haben die gemeinsame Idee zum Leben erweckt und mit einem hervorragenden Ausstellungskonzept ebenso anspruchsvoll wie anschaulich verwirklicht.

*Heavy Metal* – Ausstellung und Katalog setzen einen wichtigen Akzent für die Kultur in Norddeutschland mit einer Bedeutung, die weit über die Region hinausgeht. Wir wünschen dem Projekt einen guten Erfolg, allen Besuchern anregende Impulse und bei der Lektüre des Katalogs viel Vergnügen!

Dr. Thomas Klischan
Vorstand Nordmetall-Stiftung

## Vorwort

Die Ausstellung *Heavy Metal. Die unerklärbare Leichtigkeit eines Materials* bietet mit fast 50 Skulpturen und insgesamt über 60 Exponaten eine groß angelegte Auseinandersetzung mit der Metallskulptur der letzten fünf Jahrzehnte. In den 1960er Jahren wurde deutlich: Das Arbeiten in Metall, dem mit Bronze und Eisen seit jeher bevorzugten bildhauerischen Material, würde fortan weder so sein wie in den Jahrhunderten zuvor noch wie im frühen 20. Jahrhundert. Damals hatten Künstler wie Constantin Brancusi den klassischen Bezugsrahmen der Bronzeskulptur revolutioniert, Materialität und Oberfläche als einen in sich geschlossenen Kosmos thematisiert. Doch diese Moderne war an ihr Ende gelangt. Mitte des 20. Jahrhunderts sah Anthony Caro das Übel im Monumentalen und Monolithischen, weil die Skulptur sich ganz allgemein zu wichtig nahm. Die Vorstellung, dass gewichtige Werke auch gewichtig daherkommen sollten, war obsolet geworden. Insbesondere der Werkstoff Metall und das Gießen von Skulpturen in Bronze – beides lud zu wuchtigen Entwürfen ein und wurde traditionell mit Beständigkeit und Qualität identifiziert – gerieten in Misskredit. Der Erneuerungsprozess traf die Skulptur der Moderne insgesamt. Sie wurde von einer neuen Künstlergeneration in einen Strudel post-fluxushafter Auflösungserscheinungen und objekt- und prozessorientierter Entgrenzungen hineingezogen oder verschwand schließlich ganz – wie in Lawrence Weiners Konzeptarbeit *2 METAL BALLS + 2 METAL RINGS (SET DOWN IN THE GROOVE)* (1990). →Abb. 1 Mit einem raffinierten Kunstgriff war die Skulptur auf eine Schreibschablone zur freien Verfügung reduziert, die Gattung Skulptur totgesagt. *Live in Your Head* lautete das Motto jener Tage.

Vor dem Hintergrund dieses radikalen Neubeginns ist die Ausstellung *Heavy Metal* trotz ihres klaren Bezugs auf das Material Metall nicht als programmatische Schau der unter diesem Begriff zusammengefassten bildhauerischen Werkstoffe zu verstehen. Kunst in Metall entsteht heute als Skulptur, Relief oder Installation, als figürliche und abstrakte Komposition, als technisch-poetisches Gebilde. Immer wird die Eindeutigkeit des Materials durch eine irritierende Mehrdeutigkeit in Frage gestellt, schwingt das Plädoyer für eine strikte Abstraktion ebenso mit wie der Hinweis auf die menschliche Dimension. So ist auch der Titel *Heavy Metal* als ein Überbegriff zu verstehen, der den Vermittlungsgedanken der Ausstellung unterstreicht. Ebenso wie die ausgestellten Skulpturen steht er für eine kritische Haltung zur Gesellschaft. Metalle wie Bronze, Stahl oder Chrom bestechen durch ihre Opulenz und den optischen Kitzel ihrer Oberflächen. Wir verbinden mit ihnen Luxus, Überfluss, Modernität und Leichtigkeit. Das Spröde und Raue anderer metallener Werkstoffe wie Blei oder Eisen hingegen steht für industrielle Fabrikation, rohe Stofflichkeit, Robustheit und Schwere. Schon die auf solchen elementaren Qualitäten der Materialien basierenden stilistischen Eigenarten der Werke rufen unterschiedlichste Reize und eine Fülle von Assoziationen hervor.

Werke zu zeigen, die das Vertraute des Metalls in sehr subtile Konzepte ummünzen, die unsere Sinne umspielen und im Umgang mit den Materialien ambivalente Gefühle wecken – dieser Grundgedanke der Ausstellung ist vor dem Hintergrund zu verstehen, dass avantgardistische Künstler und Künstlerinnen sich seit dem Ende der Moderne kaum je auf nur ein Material festgelegt haben. Und Metall kann auch etwas Dekadentes und stark Konsumistisches anhaften, das sich in reinem Dekor erschöpft. Erst allmählich und mit zunehmender künstlerischer

2 METAL BALLS + 2 METAL RINGS

(SET DOWN IN THE GROOVE)

Lawrence Weiner
*2 METAL BALLS + 2 METAL RINGS*
*(SET DOWN IN THE GROOVE)*, 1990
Mixed Media

Freiheit ist heute eine neue Aufgeschlossenheit der Künstler gegenüber Materialien wie Aluminium, Blei, Bronze, Eisen, Gold, Silber, Stahl auszumachen. Die Ursache dafür dürfte nicht nur der Wunsch nach mehr Dauerhaftigkeit sein. Die Ausstellung belegt eindrücklich: Es gibt so viele Gründe, wie Skulpturen gezeigt werden. Ein wichtiger Grund besteht wohl darin, dass Metallformen selbst schon wieder ganz unprätentiös zum Alltag gehören, bis hin zur Werbung und zur Volkskunst mit ihren Repräsentationsbedürfnissen. Die Schrecken ideologischer Implikationen verfliegen. Das Material lädt zum ungehemmten Gebrauch ein. Entfernt fühlt man sich an Wassily Kandinskys Reflexionen *Über das Geistige in der Kunst* erinnert: Die Materialien aus dem Alltag werden nicht nur von sich selbst sprechen, sondern auch von anderen, „geistigen" Dingen, von sinnlichen Erfahrungen, von den Verwandlungsmöglichkeiten der materiellen Welt, und Stimme der heutigen Zeit sein.

Gezielt wurden auch Künstler in die Ausstellung einbezogen, die nicht schwerpunktmäßig mit Metall arbeiten, aber einzelne, sehr sprechende Werke aus diesem Material geschaffen haben. Andere Künstler erarbeiten gerade in der intensiven Konzentration auf dieses eine Material äußerst tiefe physische und psychologische Effekte. Die Ausstellung legt den Fokus auf exemplarische Korrespondenzen zwischen einzelnen Werken oder Werkgruppen, die die Dynamik und die Vielfalt in der Geschichte der Skulptur prägnant aufzeigen. Viele Künstler, die im Bereich der Skulptur – und im Rahmen unseres Themas „Metall" – Bedeutendes geschaffen haben, konnten nicht berücksichtigt werden. Ein allen gerecht werdender, umfassender Überblick war schon aus Platzgründen von vornherein illusorisch.

Eine inhaltliche Öffnung erfährt das Projekt nicht zuletzt durch die Beteiligung von Candice Breitz, Sung-Hyung Cho, Hans-Peter Feldmann, Peter Hutton, Jörg Immendorff, Mark Leckey und Steven Shearer – Künstlerinnen und Künstlern, die in den Medien Film, Malerei, Fotografie oder Collagetechnik Metallgeschichte, zeitgenössische Objektkunst oder Heavy-Metal-Themen behandeln. Zugleich wird auf die Geschichte der Skulptur in der ersten Hälfte des 20. Jahrhunderts verwiesen: Ausstellung und Katalog enthalten eine Chronologie zur internationalen Entwicklung der Metallskulptur vom Beginn der Moderne bis in die Nachkriegszeit, zusammengestellt von Henrik Lungagnini. Sie zeigt die wichtigsten künstlerischen Ansätze und Theorien auf.

In den Katalogessays von Thomas Wagner, Hanne Loreck, Dörte Zbikowski, Anke Dornbach und mir selbst werden die Aktualität und die Geschichte der metallnen Skulptur im 20. Jahrhundert bis zur Gegenwart beleuchtet. Es wird deutlich, dass der Gattungsbegriff „Skulptur" im Laufe dieser Geschichte bis zur Unkenntlichkeit in seine Bestandteile zerlegt, bis in Extreme hinein ausgeleuchtet, erweitert und gedehnt wurde. Neue Fragen werden aufgeworfen, zum Beispiel die, welche Beachtung Skulpturen bei Künstlerinnen gefunden haben. In den Beschreibungen kristallisiert sich ein vielstimmiges Verweissystem für das Zeitgenössische der Skulptur heraus – mit Querbezügen zu anderen künstlerischen Genres wie dem Bewegungsrepertoire des Avantgarde-Tanzes, selbst zur Malerei, zu unorthodoxer Konzeptkunst oder aufwendigen Inszenierungen in Form von Performance-Installationen. Inmitten des Experiments und der Auslotung aller Grenzen des Gattungsbegriffs beginnt der facettenreiche Themenpfad, den die Ausstellung *Heavy Metal* beschreitet. Geboren aus dem Wunsch nach einer möglichst strengen Definition von Skulptur, ist sie eine Hommage an die pure Schwerkraft der Skulptur und ihre schöpferische Überwindung.

Die Ausstellung *Heavy Metal. Die unerklärbare Leichtigkeit eines Materials* ist ein Erlebnis auf höchstem künstlerischen Niveau. Dafür danke ich all denen, die durch ihre Unterstützung und Mitarbeit zum Gelingen dieses anspruchsvollen Projektes beigetragen haben: allen voran den Künstlern und Künstlerinnen, sodann den vielen öffentlichen und privaten Leihgebern und nicht zuletzt den Galeristen und Galeristinnen mit ihren hilfsbereiten Teams. Auch dem Designbüro Ade Hauser Lacour in Frankfurt sei für die gute Zusammenarbeit ausdrücklich gedankt.

Die Ausstellung hätte nicht realisiert werden können ohne die Kooperation mit der Nordmetall-Stiftung. Nur durch diese Partnerschaft wurde es möglich, die Entwicklung der Skulptur in dieser internationalen Breite und Qualität vorzustellen. Vom ersten Gespräch an ließen der Vorstand und die Geschäftsführung der Stiftung keinen Zweifel daran, dass die Kunsthalle zu Kiel alle Freiheiten bei der kuratorischen Umsetzung des Konzeptes haben würde. Für die großzügige Unterstützung, für das Vertrauen und das jederzeit spürbare Engagement, das die Realisierung der Ausstellung wesentlich erleichtert hat, danke ich Vorstand und Kuratorium sowie Marc Gottschald, Geschäftsführer der Nordmetall-Stiftung, und seiner Mitarbeiterin Kathrin Pardieck besonders herzlich.

Ebenso herzlich danke ich dem Vorsitzenden des Stifterkreises, Thomas Kersig, für seine Zusage, uns bei der Finanzierung der Leihgabe von Carol Bove zu unterstützen, die aus New York nach Kiel transportiert und hier aufwendig aufgebaut wird, was unser Budget zu sprengen droht.

Das vielschichtige Konzept, die Auswahl der Werke und die schwierige Arbeit der Ausstellungsausleihe wurden in enger Zusammenarbeit mit meiner Kollegin und Ko-Kuratorin der Ausstellung Dörte Zbikowski umgesetzt, die gleichzeitig für die Redaktion des Kataloges verantwortlich war. Ihr gilt mein ganz besonderer Dank. Desgleichen danke ich Anke Dornbach, die unermüdlich und mit großem Enthusiasmus die umfangreiche Korrespondenz mit den Leihgebern führte und die komplizierte Bildredaktion besorgte. Der Leihverkehr wurde erneut bravourös und mit viel Professionalität von Mareike Otten organisiert. Besonders möchte ich auch Verena Voigt danken, die, von außen kommend, die Presse- und Öffentlichkeitsarbeit gemeinsam mit Claudia Petersen lenkte. Zu dem jungen, engagierten Team gehörte auch Julia Schönfeld, die sich hervorragend einfügte und ebenfalls zum Erfolg des Projektes beigetragen hat. Die Hauptlast beim Aufbau der Ausstellung hatte erneut die Technische Leitung unter Bernhard Seifert, Dirk Schröder und Edmund Sieck zu tragen, nur sie können diese Aufgabe so souverän bewältigen.

Dr. Dirk Luckow
Direktor, Kunsthalle zu Kiel

## Words of Greeting

Humanity has concerned itself with metal since the dawn of civilization: as tool, jewelry, art object, currency or a basis of financial security. With their varying physical characteristics, metals offer a broad spectrum of possible uses. Modern industrial society would not be conceivable without metal.

Artists as well investigate the physical characteristics of metal, experiment with its materials, and make use of its special features for their work. In this catalogue it may be read how they utilize and further develop the many different possibilities of handling metal for their art. With extensive technical knowledge and a masterly manual skill, they have created works of art which may be seen in the exhibition *Heavy Metal*. Numerous treatment-processes from industrial production—such as casting, welding, soldering and milling—are also put to use in the visual arts.

The Nordmetall-Stiftung takes great pleasure in its co-operation with the Kunsthalle zu Kiel on the occasion of the exhibition *Heavy Metal. On the Inexplicable Lightness of a Material.* Behind the foundation stands the employers' association Nordmetall with its 270 member companies. In many enterprises within the metalworking and electrical industry, the material aspects of metal are the focus of daily business. Everyone who works intensively with iron, aluminum, steel, precious metals, copper or tin develops a sense for the particular beauty which these metals possess. It is not without reason that art involves itself with the aesthetic of industrially-produced metallic objects.

Thus the Nordmetall-Stiftung has a close connection to the technical aspects which are thematized in the exhibition *Heavy Metal*. Culture and technology, art and metal are presented in context. This represents a renewal of the underlying theme which the foundation had already developed with the enabling of the first Rodin exhibition in Hamburg and the sculptors' symposium on steel in Schwerin. *Heavy Metal* focuses upon the diversity of the material metal. With the increasing technologization during the twentieth century, the artistic investigation acquired new contents, was intensified and became more critical. Already in the conceptual phase, the Nordmetall-Stiftung supported and accompanied the endeavor to bring these manifold lines of connection to the heightened awareness of a wide audience. We thank Dr. Luckow, his team, and everyone who contributed to the success of this project. They brought the commonly-shared idea to life and, through an outstanding exhibition concept, realized it on an elevated and informative level.

*Heavy Metal*—exhibition and catalogue set an accent for culture in northern Germany, with a significance which extends far past the region. We wish great success to the project, and to its visitors inspiring impulses as well as great pleasure upon reading the catalogue.

Dr. Thomas Klischan
Board of Directors, Nordmetall-Stiftung

## Foreword

The exhibition *Heavy Metal. On the Inexplicable* Lightness of a Material offers—with almost fifty sculptures and altogether more than sixty exhibited objects—a widely ranging investigation of the metallic sculpture created during the last five decades. During the nineteen-sixties it became clear that working in metal—with bronze and iron the material of choice from time immemorial—would in the future be neither like during previous centuries nor as in the early twentieth century, when artists such as Constantin Brancusi had revolutionized the classical referential framework of bronze sculpture and thematized materiality and surface as a cosmos closed within itself. But this modernism had reached its end point. During the middle of the twentieth century, Anthony Caro saw the problem in the monumental and monolithic aspects, because sculpture generally took itself too seriously. The concept that weighty works also had to be heavy had become obsolete. Especially the material metal and the casting of sculptures in bronze—both invited ponderous designs and were traditionally identified with permanence and quality—fell into disrepute. The process of renewal impacted upon the entire spectrum of modernist sculpture. It was drawn by a new generation of artists into a whirlpool of post-Fluxus dissolutions as well as object- and process-oriented dislimitations, or it even disappeared completely—as with Lawrence Weiner's conceptual work *2 METAL BALLS + 2 METAL RINGS (SET DOWN IN THE GROOVE)* (1990). → Illus. 1 Through a clever artifice, sculpture was reduced to free availability on a writing stencil, and the genre of sculpture was declared to be dead. *Live in your head* was the motto of those days.

Against the background of this radical new beginning, the exhibition *Heavy Metal* is, in spite of its clear relationship to the material metal, not to be understood as a programmatic display of the sculptural materials which are summarized by this term. Today art in metal is created as sculpture, relief or installation, as figurative or abstract composition, as a technical-poetical structure. The univocality of the material is always called into question through an irritating ambiguity; there is a simultaneous resonance of both the plea for a strict abstraction and the reference to the human dimension. The title *Heavy Metal* is accordingly to be understood as an umbrella term which underscores the mediatory concept of the exhibition. Just like the displayed sculptures, it stands for a critical attitude towards society. Metals such as bronze, steel or chrome captivate through their opulence and the optical titillation of their surfaces. We connect luxury, abundance, modernity and lightness with them. The rough and raw feature of other metallic materials such as lead or iron stand for industrial production, crude materiality, robustness and heaviness. The stylistic characteristics of the works which are based on such elementary qualities of the materials serve as highly diverse stimuli and summon up a wealth of associations.

To present works which convert the familiar aspects of metal into quite subtle concepts that play with our senses and awaken ambivalent feelings through their handling of the materials—this fundamental concept of the exhibition should be understood against the background of the fact that, ever since the end of modernism, avant-gardist artists have almost never committed themselves to one single material. And metal can also have a decadent and pronouncedly consumerist element whose impact is limited to pure decoration. Only gradually and with increasing artistic freedom can a new receptivity today be made out in artists with regard to such materials as aluminum, lead, bronze, iron, gold, silver and steel. The reason for this openness certainly does not lie in the wish for more permanence. The exhibition gives clear testimony here: There are many reasons why sculptures are presented. One important reason doubtlessly lies in the fact that metallic forms themselves have once again come to belong quite unpretentiously to every-day life, all the way to advertising and popular art with their needs for public display. The fright of ideological implications evaporates. The material issues an invitation to uninhibited utilization. One has a distant recollection of Wassily Kandinsky's reflections *On the Spiritual in Art:* The materials from everyday life will speak not only about themselves, but also about other "spiritual" things, about sensory experiences, about the transformative possibilities of the material world, and they will be the voice of the contemporary era.

There was also a deliberate focus in the exhibition on including artists who do not work predominantly with metal but nonetheless have created individual works in this material which are quite eloquent. Other artists concentrate intensely on this one single material and thereby create extremely profound physical and psychological effects. The exhibition directs attention to exemplary correspondences between individual works or groups of works which give striking evidence of the dynamism and variety in the history of sculpture. Many artists who have created important works in the area of sculpture—and within the framework of our theme "metal"—could not be included. A comprehensive survey doing justice to all was an illusion right from the beginning, if only because of space limitations.

The project is enriched by a contentual opening not least of all through the participation of Candice Breitz, Sung-Hyung Cho, Hans-Peter Feldmann, Peter Hutton, Jörg Immendorff, Mark Leckey and Steven Shearer—artists who, through the media of film, painting, photography or collage-technique, turn their attention to the history of metal, contemporary object-art or heavy-metal themes. At the same time, reference is made to the history of sculpture during the first half of the twentieth century: both the exhibition and the catalogue contain a chronology of the international development of metallic sculpture from the beginning of modernism into the post-war period, prepared by Henrik Lungagnini. It lists the most significant artistic approaches and theories.

In the catalogue essays by Thomas Wagner, Hanne Loreck, Dörte Zbikowski, Anke Dornbach and myself, the topicality and history of metallic sculpture are highlighted from the twentieth century up to the present. It becomes clear that the classificatory term "sculpture" has during the course of this history been broken down into its component aspects to the point of unrecognizability, has been illuminated, extended and expanded to an extreme degree. New issues are raised, for instance the question as to what notice female artists have taken of sculpture. Emerging from the descriptions is a polyphonic referential system for the contemporary aspect of sculpture—with cross references to other artistic genres such as the movement repertoire of avant-garde dance, even to painting, unorthodox conceptual art or complex stagings in the form of performance-installations. Amid the experimentation and exploration of all the borders of the generic term, there begins the multifaceted thematic path upon which the exhibition *Heavy Metal* embarks. Arising out of the wish for as strict a definition of sculpture as possible, it serves as a tribute to the sheer gravity of sculpture and its creative surpassment.

The exhibition *Heavy Metal. On the Inexplicable Lightness of a Material* is an experience on the highest artistic level. For this I thank all those whose support and participation has contributed to the success of this ambitious project: first all the artists, then the many public and private loaners, and not least of all the gallerists with their helpful teams. Express thanks also go to the design office Ade Hauser Lacour in Frankfort for an effective and pleasant collaboration.

The exhibition could not have been realized without the cooperation of the Nordmetall-Stiftung. Only through this partnership was it possible to present the development of sculpture in this international breadth and quality. From the very first conversation, the board of directors and the management of the foundation made it absolutely clear that the Kunsthalle zu Kiel would have all possible prerogatives in the curatorial realization of the concept. For their generous support, for the trust and the constantly perceptible enthusiasm and commitment which made the realization of the exhibition so much easier, I give special thanks to the members of the board and curatorship as well as Marc Gottschald, managing director of the Nordmetall-Stiftung, and his collaborator Kathrin Pardieck.

My heartfelt thanks likewise go to the chairman of the Stifterkreis, Thomas Kersig, for his consent to support us in the financing of the loan of Carol Bove's work. The transport from New York to Kiel and the requirements of installting is something which otherwise would threaten to overwhelm our budget.

The complex concept, the selection of the individual works, and the difficult work of the loan requests was carried out in close collaboration with my colleague and co-curator for the exhibition, Dörte Zbikowski, who at the same time was responsible for the editing of the catalogue. She receives a special expression of gratitude. I likewise thank Anke Dornbach, who tirelessly and enthusiastically cared about the extensive correspondence with the loaners and realized the complicated editing of the pictures. The transportation of the loaned objects was organized once again by Mareike Otten with brilliance and professionalism. I would especially like to thank Verena Voigt who, coming from outside, handled the press- and publicity-work together with Claudia Petersen. Another member of the young, committed team was Julia Schönfeld, who integrated herself outstandingly and likewise contributed to the success of the project. Once again, the technical direction under Bernhard Seifert, Dirk Schröder and Edmund Siek was confronted with the major burden of setting up the exhibition; only they are capable of meeting this challenge with such absolute competence.

Dr. Dirk Luckow
Director, Kunsthalle zu Kiel

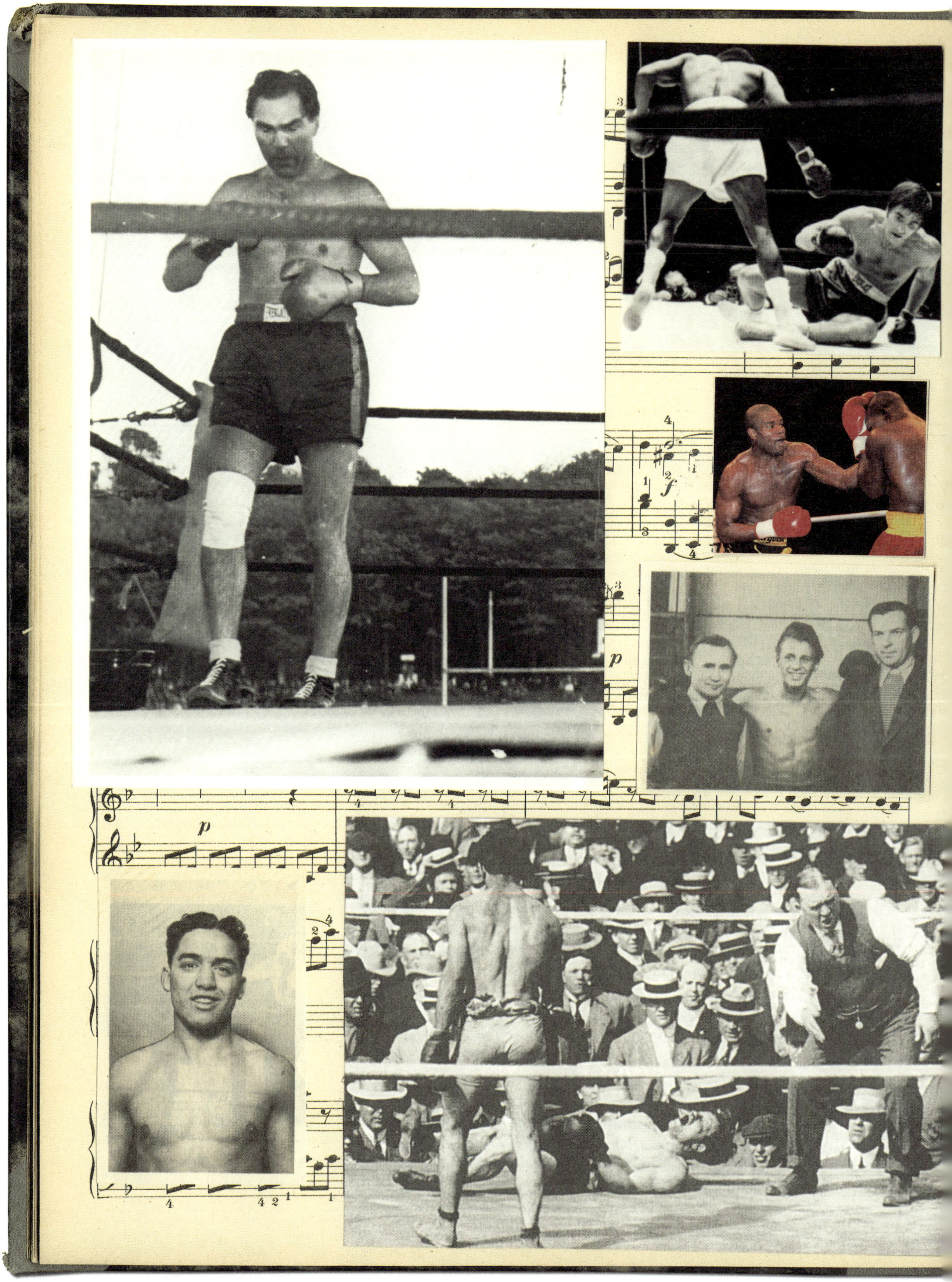

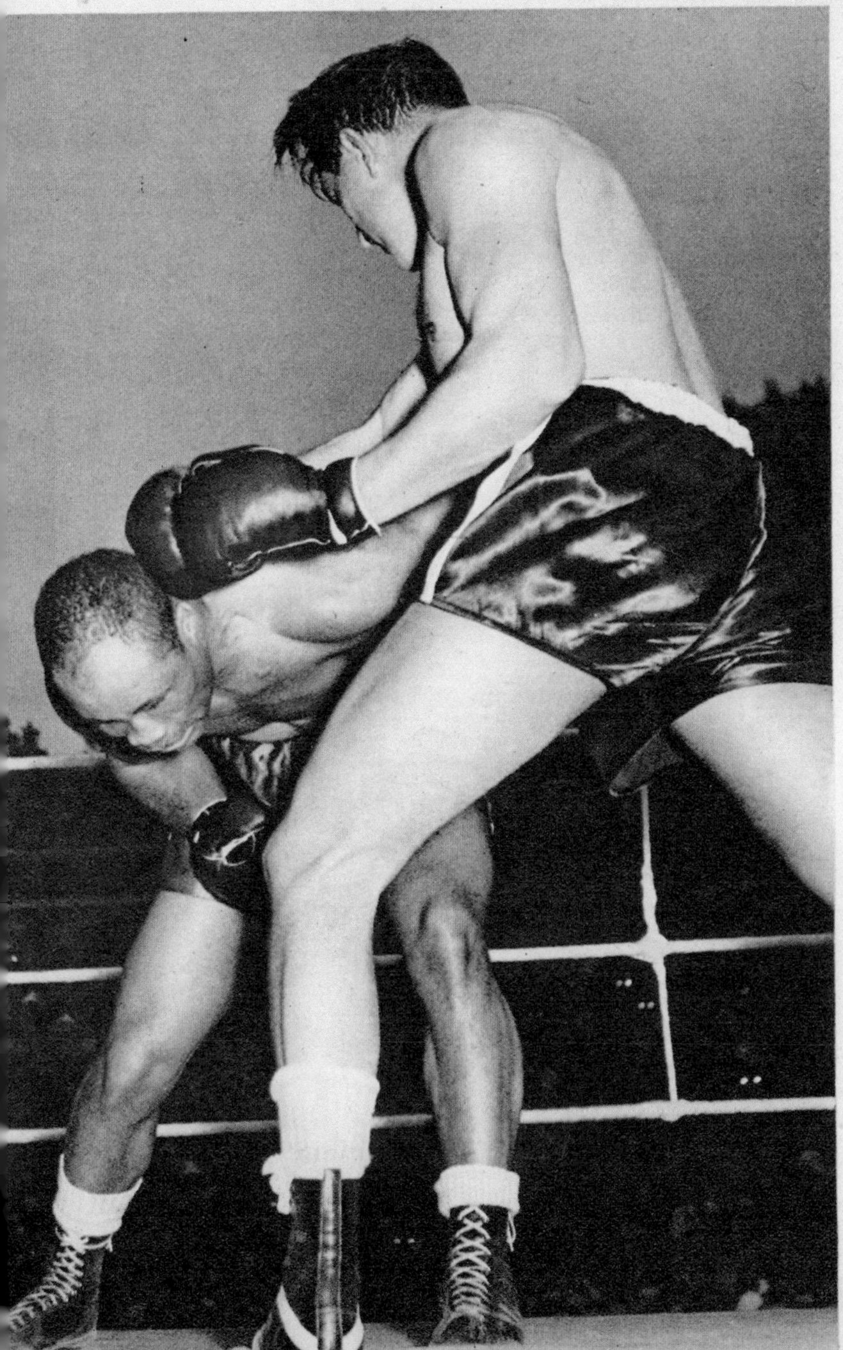

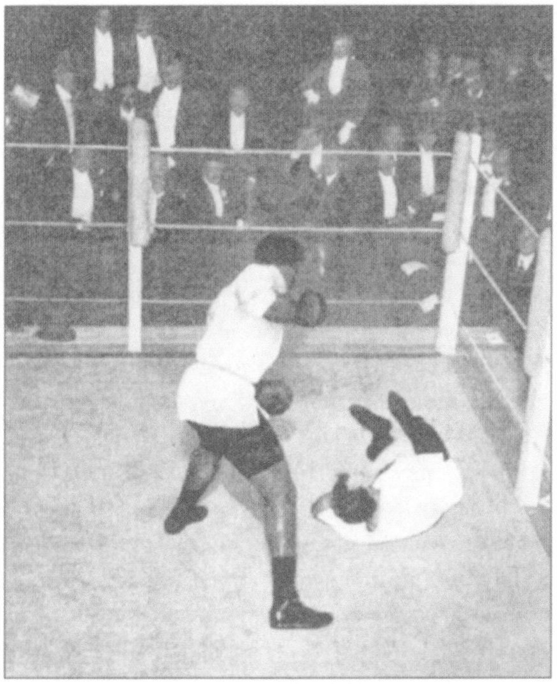

Trills are always rhythmically divided. The grace notes make a triplet necessary to finish

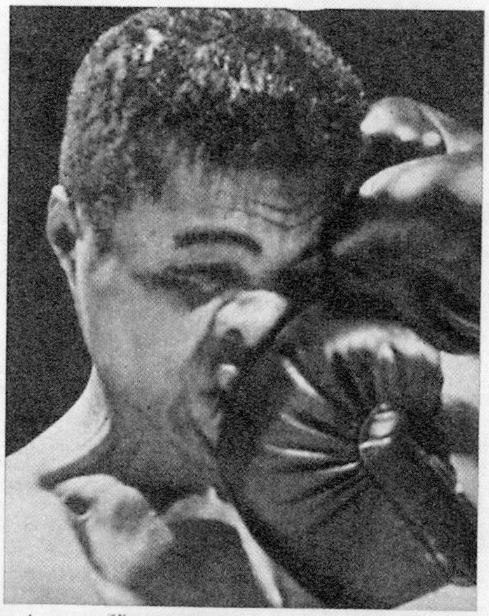

dents sound lighter and clearer when played with a change of finger:

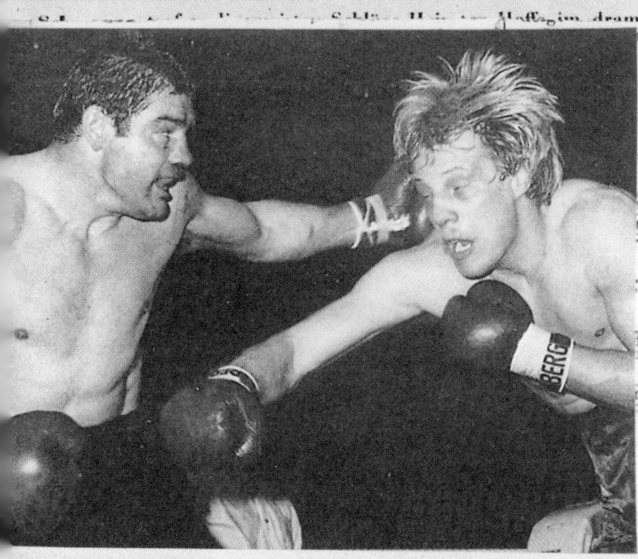

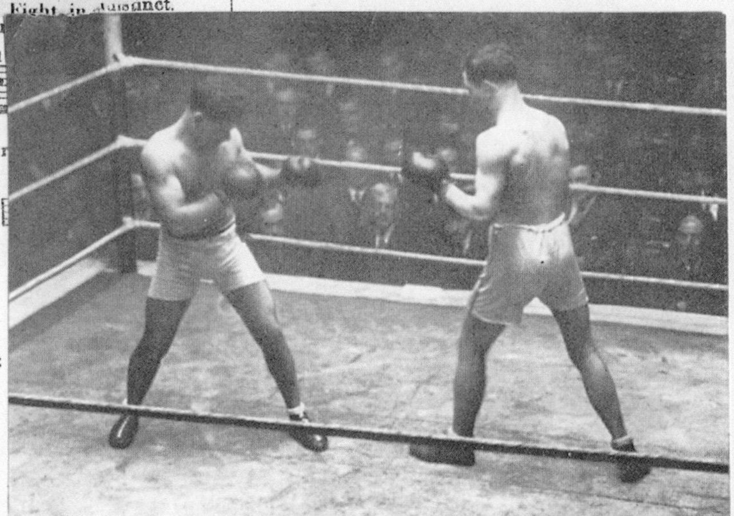

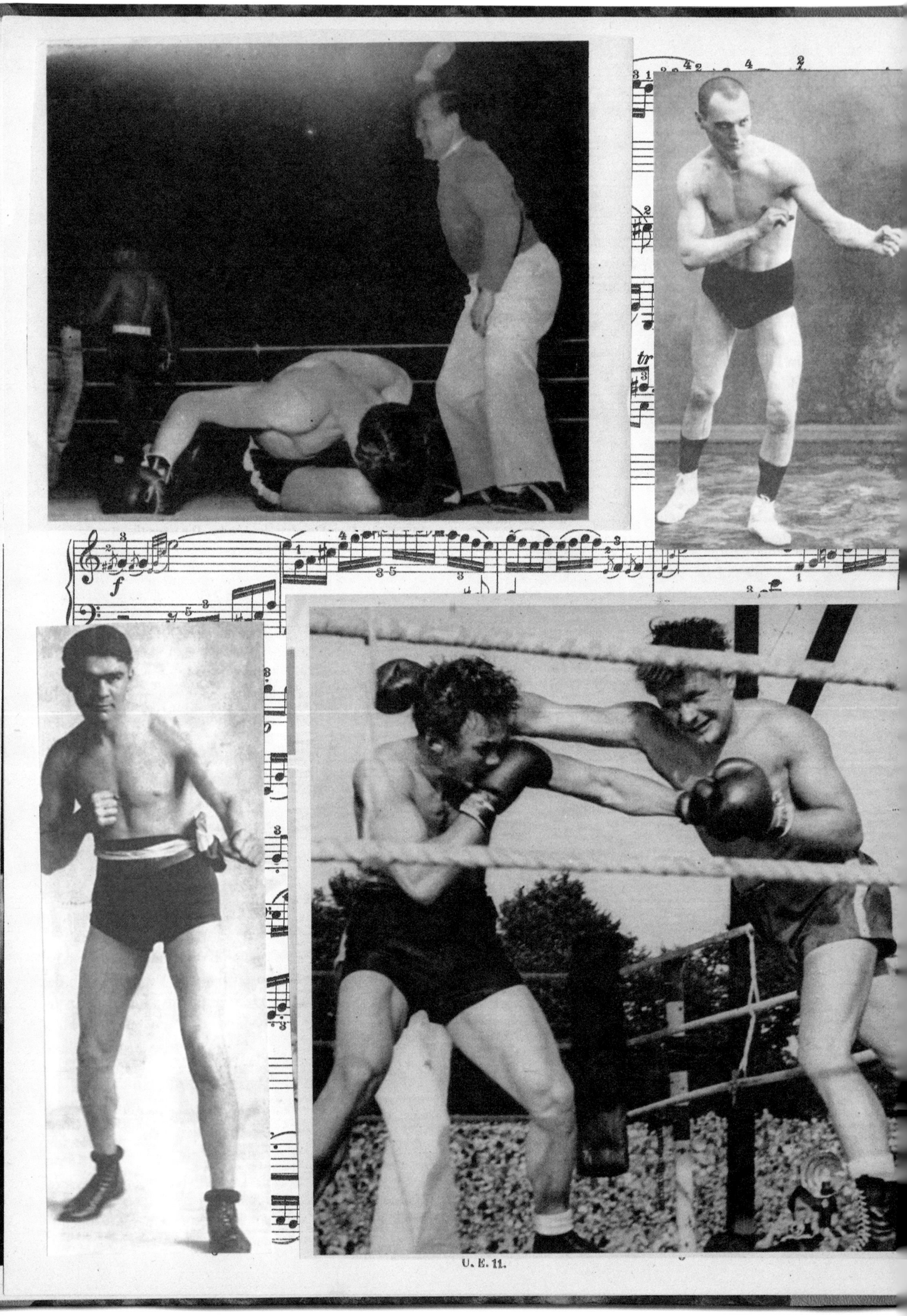
U. E. 11.

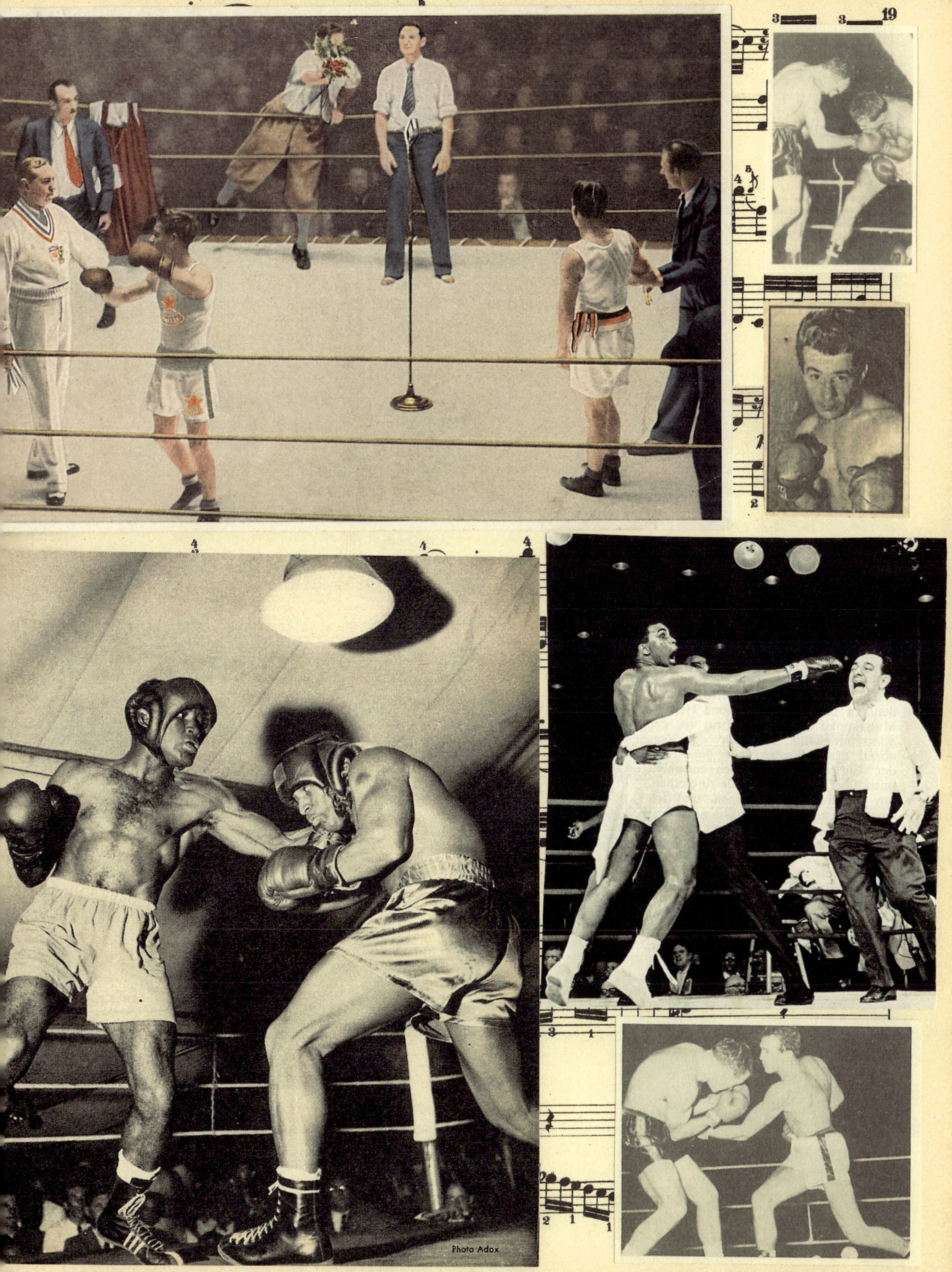
Photo Adox

# Avantgarde in Metall
## Zur Aktualität der Skulptur

Dirk Luckow

← Hans-Peter Feldmann
*Ohne Titel (Boxer)*,
1980er Jahre–heute
Collage (Sammelalbum)
25 × 35 cm
Detail (4 Seiten)

Die Ausstellung *Heavy Metal. Die unerklärbare Leichtigkeit eines Materials* veranschaulicht die grundlegenden Entwicklungen des skulpturalen Denkens von 1960 bis heute. „Heavy Metal" steht dabei nicht nur für das Material Metall, sondern auch symbolisch, als verbindendes Element aller Werke, für eine Irritation der Welt des Betrachters. Diese Verunsicherung rufen die ausgestellten Skulpturen auf sehr unterschiedliche Weise hervor, und sie hat ihren Ausgangspunkt im Umdenkungsprozess der 1960er Jahre. Die damaligen Entwicklungen sind für die heutige Kunst so elementar wie das Abc fürs Schreiben, trotzdem sind sie einem breiten Publikum bisher weitgehend unbekannt. Die Ausstellung möchte dazu beitragen, die fundamentalen Veränderungen der Skulptur in den letzten vier Jahrzehnten stärker im öffentlichen Bewusstsein zu verankern. Dafür schien uns der Titel *Heavy Metal*, in Anlehnung etwa an die monumentale Fotografie *Iron Maiden Monument* Seite 98/99 ← (2007) von Candice Breitz, ← Werk treffend. Die schrille Musik ist ein Unterton, der zur Diversität künstlerischen Materialumgangs heute passt. Die Beschränkung auf „ein" Material als spezifisches künstlerisches Kennzeichen wiederum ermöglicht es, die skulpturale Erneuerung vergleichend zu begreifen und die Denkmuster zeitgenössischer Skulptur in ihrer epochalen Qualität zu verdeutlichen. Paradoxerweise bot sich so das an sich konservative Genre der Skulptur als Ausgangspunkt für eine Betrachtung der Avantgarde an.

### Aufbruch in den 1960er Jahren

Das Jahrzehnt, in dem starre gesellschaftliche Normen zu Fall gebracht und neue politische Utopien verfochten wurden, war auch die Blütezeit von Minimalismus, Fluxus, Happening und Pop Art. Parallel zu diesen Kunstrichtungen, die sich von der die Kunstwelt dominierenden Malerei und einem post-Greenbergschen Formalismus abwandten, entwickelten sich in den 1960er Jahren neue, bis dahin ungesehene Formen der Skulptur. In den Kunstzentren von Europa, den USA und Lateinamerika artikulierten sich radikale Ansprüche an die künstlerische Freiheit, getragen von der Rebellion gegen eine Moderne, deren Zukunftsoptimismus unglaubwürdig geworden war. Unter der Last eines globalen Scherbenhaufens, im Angesicht der atomaren Bedrohung, der Eskalation des Vietnamkrieges und des Terrors blutdürstender Militärdiktaturen, gingen die Künstler auf Distanz zu der breitenwirksamen und kommerziell erfolgreichen modernen Skulptur. Selbst Pioniere der klassischen abstrakten Skulptur, Großmeister ihres Fachs wie Julio González, Katarzyna Kobro, David Smith oder Anthony Caro, galten in diesem Diskurs als überholt. In unserer Ausstellung stehen sie dennoch für den Ursprung der hier aufgezeigten Entwicklung zum Ende der klassischen Moderne.

Formalistische Tendenzen wurden nicht völlig ignoriert. Doch innerhalb eines unübersichtlichen Begriffskarussells aus Land-, Process-, Environmental-, Body-, Performance-, Concept- oder Anti-Art luden die neuen Skulpturformen zu immer neuen Zuordnungen ein. Was hatte der anthropologische Kunstgriff einer „sozialen Plastik" von Joseph Beuys noch mit herkömmlichen skulpturalen Maßstäben zu tun? Der offene Umgang mit Materialien, die die Wirklichkeit nicht mehr effektvoll repräsentieren, sondern ihr entsprechen sollten, entfaltete in dieser Zeit eine eigene, unberechenbare Energie. Zukunftsweisende Ausstellungen wie *9 at Castelli* 1968 in New York oder *When Attitudes Become Form* 1969 in der Kunsthalle Bern, die Künstler der Arte Povera, der rheinischen Kunstszene um Beuys und der Post-Minimal Art versammelten, vertraten eine kontext- und prozessbezogene Skulptur. Sie sollte die Lebenswirklichkeit umschließen, das Elitäre der Kunst ablegen, Kunst auf das Leben und nicht Kunst auf Kunst beziehen – und trotzdem Kunst bleiben. Unter den Beteiligten befanden sich die auch jetzt in Kiel gezeigten Künstler Giovanni Anselmo, Bill Bollinger, Donald Judd, Robert Morris, Bruce Nauman und Richard Serra. Das Gemeinsame der damals ausgestellten Werke lässt sich auf drei wesentliche Forderungen zurückführen. Ein wichtiger Zusammenhang ergab sich erstens durch die Verwendung ungewöhnlicher, teilweise fragiler Materialien als genuin skulpturale Ausdrucksmittel. Zweitens arrangierten die Künstler selbst die Materialien im Raum. Dieses installative „Skulpturieren" der Werke könnte man als einen der zentralen Aspekte der Erneuerung bezeichnen. Es umfasste auch die Reflexion der Bedeutung des Kunstwerkes in seiner Umgebung, was teilweise auf eine regelrechte Okkupation derselben durch Künstler wie Richard Serra oder Joseph Beuys hinauslief. Die Idee der site-specificity entstammte der Praxis der Minimal Art und zielte auf die Einheit von Kunstobjekt und Raum. Obwohl ad hoc am speziellen Ort aufgestellt, ist ein Werk trotz seines transitorischen Charakters zumindest für die Dauer einer Ausstellung unverrückbar gewesen. Die rege Reisetätigkeit der Künstler als Voraussetzung ihrer Anwesenheit vor Ort stellte ein echtes Novum dar.[1] Es grenzte sie von Künstlern ab, die ihre Werke nur verschickten. Die Freiheit des künstlerischen Gedankens war darüber hinaus – darin bestand die dritte Forderung – für diese Künstler eng verbunden mit einem aktiven Kontakt zur Gesellschaft. Ihre Arbeiten zielten teilweise auf eine unmittelbare Beteiligung des Publikums, das sich allerdings nicht selten heftig provoziert fühlte.

Der Weg von der Kunst zur Kontextualisierung war somit ein Spiel auf verschiedenen Ebenen. Das Leben selbst sollte von möglichst weit draußen in die exklusive Welt der Kunstinstitutionen einziehen. Wie veränderte sich der Umgang mit dem Material Metall durch diese Entwicklung? Hier zeigt sich der ungewöhnliche Ansatz der Kieler Ausstellung. Denn ihre These, die ich im Folgenden anhand einiger Positionen aus der Ausstellung genauer betrachte, lautet, dass selbst im Moment der größtmöglichen Erweiterung ihres Gattungsbegriffs in den 1960er Jahren die Skulptur weiterhin auf grundlegenden skulpturalen Wirkungen basiert. Steht doch die neue Form der Skulptur – Robert Morris bezeichnete sie 1968 in einem Artikel als „Anti-Form"[2] – für die Überwindung einer konventionellen Hierarchie der Werkstoffe und traditionellen Trennung der Gattungen. Und doch lässt sich diese Erneuerung in unserer Ausstellung anhand *eines* Materials verdeutlichen. Damals wie heute sind konkrete Verbindungen zur klassischen Skulptur zu erkennen, jedoch in überraschender Wendung und als spannungsvolle Balanceakte subtiler Kraftentfaltung.

---

1 Vgl. Harald Szeemanns Bericht über die Entstehung der Ausstellung *When Attitudes Become Form*, in: Jean-Christophe Ammann, Harald Szeemann, *Von Hodler zur Antiform. Geschichte der Kunsthalle Bern*, Bern 1970, S. 142–162.

2 Vgl. Robert Morris, *Anti-Form*, in: *Artforum*, 6/8, April 1968, S. 20–35.

## Die neue Skulptur: antiheroisch, sockellos, elementar

Um jeglichen „Stil“ zu vermeiden, verwendeten die Künstler in den 1960er Jahren sehr einfache Techniken und Verfahrensweisen, wie etwa den Abdruck oder das direkte Eingreifen in das Material. Sie wollten über die konkrete Materialwirkung eine antiheroische, sockellose, elementare, sinnliche Gegenwart der Skulptur und ihre Aktualisierung in Hinsicht auf den Menschen erreichen. Giovanni Anselmos in der Ausstellung gezeigtes Werk *Per un'incisione di indefinite migliaia di anni* von Seite 40 ← 1969 ← Werk ist ein gutes Beispiel für ein postminimalistisches Materialverständnis im Gegensatz zu klassischen Bronzen mit ihrem herkömmlichen Schönheitsideal, wie es etwa die Antike verkörpert. Gleichzeitig verliert sich vor seinem Werk alles historisch Illustrative. Die Kluft zu einer figurativen Skulptur – ganz gleich ob aus Stein oder Bronze, gegossen oder gemeißelt – könnte kaum größer sein. Anselmos Arbeit besteht lediglich aus einer an die Wand gelehnten, von einem glitschigen Fettfilm überzogenen Eisensäule. Mit seiner ernsten und fordernden Sprache spielt das Objekt etwa auf die Korrosion des bronzenen Glanzes bei archäologischen Fragmenten an. Es vermittelt einen langen zeitlichen Prozess und wirkt zugleich beiläufig, als sei es erst kurz zuvor abgestellt worden. Schließlich fallen der rohe, industrielle Charakter und die vertrackte Stofflichkeit des Werkes auf, die sich bildhaft im Verhältnis der zum Abrutschen und Absinken neigenden, seltsam flüssigen „Hülle“ gegenüber der Grundform äußert. Das Schockierende an Anselmos Skulptur bestand nicht etwa in einer demonstrativen Botschaft, sondern in dem für damalige Sehgewohnheiten ungewöhnlichen Ausdruck des Desolaten. Werke wie dieses ließen nach konventionellen Vorstellungen jeglichen Kunstcharakter vermissen. Sie erschienen dem Publikum als völlig wert- und belanglos.

Raue, ungeglättete Oberflächen mit stehengelassenen Dellen hatte es schon zuvor in der Geschichte der Kunst und ihrer speziellen Gussverfahren gegeben. Richard Serras Schnitte an ansonsten unbehandelten Bleiplatten wie in dem Werk Seite 7 ← *Sign Board Prop*, ebenfalls von 1969, ← Werk waren unregelmäßig, unkorrigiert, die Plattenflächen verbogen, die Rohre unbegradigt und die Bleibahnen schräg aufgerollt. Elemente, die, mochte auch alles so vorgefunden worden sein, dennoch die Handschrift des Künstlers verraten und zeigen, dass Serra alles beim Prozess der Entstehung gleich wichtig war und zum konstituierenden Bestandteil der Skulptur wurde. Zugleich tragen die Oberflächenspuren und die prekäre Balance der massiven Bleiplatte dazu bei, das Wuchtige und Bedrängende der Skulptur ausdrucksvoll zu steigern. Bei Serra ergibt sich alles aus den realen physischen Bedingungen seines Werkes – 210 kg heißes Blei benötigte er zum Beispiel für sein *Splashing* 1969 in Bern[3] – bis hin zur konkreten Bedrohung und Gefährdung des Betrachters. Seine verunsichernden Bleiwerke und die späteren rostigen Stahlskulpturen stehen für Schwere, Härte und Schnörkellosigkeit – buchstäblich Heavy Metal.[4]

Seite 84 ← Joseph Beuys' Werke ← Werke wirken luftiger als die Serras, auch jene, in denen er sich nicht mit Filz und Fett, sondern mit Kupfer und Blei oder anderen Metallarten beschäftigt. Beuys erweiterte den Bedeutungshorizont der Skulptur, indem er bereits den Denkprozess selbst als plastischen Vorgang definierte. Die bei seinen Aktionen häufig am Boden liegenden, an Tempelaccessoires erinnernden Gegenstände, ob gestaltet oder ungestaltet, können als mysteriöse Markierungen eines magisch-religiösen Bezirks gelesen werden. Das Prozesshafte steigert sich ins Bildhafte und Mythologische, die Materialien verdichten sich in ihrer geheimnisvollen Sprache zu Bildsymbolen humaner Kräfte. Gilt Beuys als Schamane, Heiler, Prophet und Beschwörer, so zeigt eine fotografische Aufnahme Serra als „Mann des Feuers" und deutet damit auf die mythologische Figur des Schmieds.[5] Der himmlische Schmied vollendete die Schöpfung, „ordnete die Welt und stiftete die Kultur", wohinter sich der Wunsch nach einer radikalen *Renovatio* verbirgt, der Rettung von Mensch und Natur durch den Metallurgen.[6]

Metalle zeichnen sich durch ihren spezifischen Glanz, ihre Fähigkeit, Licht zu absorbieren, und ihre besondere Verformbarkeit aus. Robert Morris wählte Blei für seine frühen Reliefs vor allem wegen seiner Weichheit und Flexibilität aus. Werk→ → Seite 30 / 31 Ihm ging es aber nicht nur um die Gestaltungsfähigkeit des Materials. Blei stand bei ihm insbesondere für die *prima materia* und die in der Natur vorkommenden Zerfallsreihen, in denen natürliche radioaktive Elemente auftreten: die Uran-Radium-Reihe, die Thorium-Reihe, die Uran-Aktinium-Reihe und die Neptunium-Reihe, die alle bei Isotopen des Bleis enden. Seine Bleiwerke werden von der Wirkung der Schwerkraft, des Ein- und Absinkens des Bleis, und der bedrückenden Graphitfarbigkeit dominiert. Sein Künstlerkollege Robert Smithson schreibt 1966 in einem Artikel mit dem Titel *Entropy and the New Monuments* über Morris, dass dieser besonders das Phänomen der Unmöglichkeit einer fixen Erfassung der sich stets in fortlaufenden Handlungen ausdrückenden Wirklichkeit habe bewusst machen wollen.[7] Die Bleireliefs geben darüber hinaus wohl in besonderem Maß die Einkerkerung des Kreativen in Form des Stillstandes, des Zum-Erliegen-gekommen-Seins und einer allgemeinen Langsamkeit wieder. Die Tilgung des Kreatürlichen könnte als eine düstere Zukunftsvision im Zentrum der Bildaussage seiner Reliefs gelesen werden.

Dinge, wie von unsichtbarer Hand mit Blei überzogen, Handlung, die als Abdruck im formbaren Material unmittelbar in Erscheinung tritt, die Verwendung eines Bleigrautons – all dies findet sich ebenfalls in einigen Werken von Jasper Johns, etwa in seinem Relief *Light Bulb* von 1969. Werk→ → Seite 75 Johns benutzte Grau, um „emotionale und dramatische Eigenschaften" auszuschließen.[8] Auch Morris spricht von „neutral hues", von der Neutralität der Farbe Grau, wie sie seine Bleireliefs oder die Aluminium-Werke aus den späten 1960er Jahren zeigen. Werke→ → Seite 30 / 31, Seite 50 Es war aber gerade dieses schwere Grau, welches das Publikum damals befremdete. Verwundert wurde über die „graue Grenze" berichtet, die etwa die Filz- und Bleiarbeiten von Joseph Beuys „gegenüber dem Kunstpublikum aufrichten."[9]

Die physisch bedrängende, bei Morris geradezu apokalyptische Symbolkraft des Bleis, die die Welt wie unter einem undurchdringbaren Schleier unserem Zugriff entzieht, thematisierte auch Bruce Nauman. Der Titel seines in der Kieler

---

3 Vgl. Ammann / Szeemann 1970, S. 155.

4 Vgl. Ditmar Daths Bemerkungen über die Härte von Heavy Metal Musik in: ders., *Vier Väter im Steinbruch ihrer Werke, Rezension der Platte* Death Magnetic *von Metallica*, in: *Frankfurter Allgemeine Zeitung*, 13. Sept. 2008.

5 Die Fotografie von Gianfranco Gorgoni zeigt Serra Blei werfend im Castelli Warehouse, New York 1969 (Abb. S. 145).

6 Vgl. Mircea Eliade, *Schmiede und Alchemisten. Mythos und Magie der Machbarkeit*, Freiburg, Basel, Wien 1992, S. 185; vgl. Dirk Luckow, *Joseph Beuys und die amerikanische Anti Form-Kunst*, Berlin 1998, S. 278–279.

7 Robert Smithson, *Entropy and the New Monuments*, in: *The Writings of Robert Smithson*, hrsg. v. Nancy Holt, New York 1979, S. 16.

8 Vgl. Richard Francis, *Jasper Johns*, München 1985, S. 37.

9 Peter Iden, *Moralist in Grau*, in: *Frankfurter Rundschau*, 6. Okt. 1967.

Seite 45 ← Ausstellung gezeigten Werkes *Henry Moore Bound to Fail* (1967) ← Werk spielt auf das vermeintliche Scheitern des erfolgreichsten Bildhauers jener Zeit an. Laut eigener Aussage wandte Nauman sich damit allerdings nicht gegen Henry Moore (1898–1986), sondern gegen eine jüngere Generation von englischen Bildhauern, die sich abwertend über dessen Werk geäußert hatten.[10] Nauman sprachen insbesondere die im Freien lagernden und langsam zerfallenden Gipsabgussformen der Skulpturen von Moore an, sie dürften seine eigenen großen Skulpturen mit Gipsabgüssen beeinflusst haben. *Henry Moore Bound to Fail* lehnt sich, ausgehend von einem Wachsguss, an die weich und bewegt erscheinende Oberflächengestaltung von Moores „liegenden Gewandfiguren" an. Das Relief zeigt die Fesselung der Arme auf Naumans eigenem Rücken, ein Motiv, das Gewalt und die Ohnmacht des Künstlers unmittelbar sichtbar macht. Die Oberfläche erscheint wie eingedrückt, als handle es sich um einen aus einem Grab geborgenen Toten. Bruce Naumans Arbeiten aus dieser Zeit spiegeln das zunehmend aggressive Klima aus Angst, Destruktion und Rebellion in den USA der späten 1960er Jahre wider, zeigen das Zwanghafte menschlicher Handlungen. In dem Video *Violin Tuned D.E.A.D.* von 1969 spielte Nauman die vier Seiten der Geige anstelle des gewöhnlichen G, D, A und E in den Tönen D, E, A und D, fast ein vorweggenommener Bezug auf Heavy Metal.

## Wegbereiter und Erweiterungen: Duchamp, Zero, lateinamerikanische Avantgarde

Alle hier angeführten Künstler erweiterten entscheidend den Kunstbegriff, bei gleichzeitigem Rückgriff auf das Genre der Skulptur. Ihre fundamentale Kritik richtete sich nicht gegen skulpturale Gesetzmäßigkeiten, sondern gegen gesellschaftliche Zustände und das Unverständnis des Publikums gegenüber dem skulpturalen Maßstab. Ihre Exponate sind Skulptur in einem universellen Sinn, in dem Schwere und Leichtigkeit miteinander verbunden sind – wie es im Übrigen
Seite 82 ← auch Bill Bollingers Röhrenobjekt *Pipe Piece* (1968) ← Werk in dem Wechsel von Aluminium und Kunststoff zeigt, ein Innehalten zwischen körperbetonten, erdschweren und in ihrem metallischen Glanz leicht wirkenden Materialien.

Zugleich gab es wichtige Anknüpfungspunkte in der Kunstgeschichte. Marcel Duchamp wurde in den 1960er Jahren eine wegweisende Rolle zugeschrieben. Der in New York lebende französische Künstler galt als eine Art Befreier von der erdrückenden Übermacht der Malerei und wurde von der jungen Künstlergeneration gefeiert. Seine Ready-mades, die Verwendung alltäglicher Materialien aus der maschinellen Arbeitswelt, sein Operieren in Tautologien und Selbstverweisen inspirierten die Künstler. Die zerbrechlichen Industrieprodukte strahlten eine
Seite 88 ← libidinöse, ungemein animierende und körperhafte Wirkung aus. ← Werk Und sie waren humorvoll, wie der Abguss eines Ausgussstopfens von Duchamp aus dem
Seite 93 ← Jahr 1964 belegt. ← Werk Er erhält in unserer Ausstellung mit Thomas Rentmeisters
Seite 94 ← Bronzeabguss zweier Tampons (*ob,* 2007) ← Werk ein ebenso schrilles wie hintergründig-ironisches zeitgemäßes Pendant.

Die Ausstellung *Heavy Metal* lenkt unseren Blick auch weg von der US-amerikanischen oder europäischen Avantgarde und ihren kompromisslosen Erfindungen
Seite 78, 79 ← gen hin zur Kunstszene Lateinamerikas, etwa mit Arbeiten von Lygia Clark ← Werk
Seite 96 ← und Lygia Pape. ← Werk Sie stehen für eine geografische Erweiterung des Umgangs

mit skulpturalen Materialien von den *cultural centers* zu den *subaltern cultures*. In äußerst sinnlicher Weise werden die Betrachter dieser Werke in ein geradezu artistisches Spiel der Bedeutungen ihrer fragilen Formen einbezogen. Die schwebenden, harmonischen und zarten und gerade deshalb so irritierenden Werke Papes bestechen durch ihre scheinbare Spontaneität und diskrete Ironie gegenüber der reduktionistischen Trockenheit ihrer US-amerikanischen Bildhauerkollegen. Lygia Clarks kühne, potenziell rotierende Metallformen, die rudimentär an utopische Architekturentwürfe erinnern, hängen zudem an Scharnieren, die ihre Betrachter dazu einladen, an der Gestaltung schöpferisch teilzuhaben und die Einzelteile der Skulpturen in Bewegung zu halten.

Luis Camnitzer wiederum ist ein herausragender Vertreter einer politischen, im Spannungsfeld zwischen Lateinamerika und den USA angesiedelten Konzeptkunst. Der in Südamerika groß gewordene und heute in der Nähe von New York lebende gebürtige Lübecker Künstler vergegenwärtigt konkrete politische Geschichte und macht in seinen poetischen, düster-melancholischen Installationen und Objekten häufig etwas sichtbar, was ansonsten unsichtbar bliebe. Sein Beitrag zur Ausstellung *Heavy Metal* ist ein auf dem Wasser ruhender Betonkubus, der wie ein obskures Stück Treibgut an die schwimmenden Bunkerschiffe der US-Marine erinnert. Werk→ Betonboote sollten einmal ihre gepanzerten Gefährten → Seite 76/77 auf den Meeren dieser Welt, Kriegsschiffe aus Stahl und Eisen, ergänzen. Eine Metapher für die menschlichen Irrwege und die extrem negative Energie, die Menschen entwickeln können. Etwas hoffnungsvoller stimmt demgegenüber das Werk eines weiteren mit Objektkunst operierenden Konzeptkünstlers. Geoffrey Hendricks' VW-Käfer *Sky Car* von 1978 Werk→ persifliert sich selbst als Spiegelbild → Seite 14 des Himmels, in dem die Träume der 70er-Jahre-Generation verpackt sind. State of the Art heißt bei Camnitzer wie Hendricks: zwischen Mythos und Aufklärung hin- und herzuwandern, Stand- und Spielbein aus der Sicht des 20. Jahrhunderts in ungewöhnlicher Weise auszutarieren.

Den Anspruch, eine ethisch fundierte Kunst zu entwickeln, teilen diese Künstler mit den Zero-Heroen Heinz Mack und Günther Uecker. Mack huldigt mit seinem acht Meter langen Relief aus Aluminiumformen und -fächern von 1966 dem *Garten Eden* Werk→ und damit dem paradiesischen Licht. Uecker hingegen zeigt → Seite 18/19 mit *Kubus-Kubus* von 1967 im Verbarrikadiertsein der Form auch die Verdunkelung und die Verletzung der Menschen in der Geschichte an. Werk→ Beide grenzten → Seite 33 sich in den 1960er Jahren programmatisch von der konventionellen Abstraktion der Nachkriegszeit ab, deren Ästhetik und intellektuelle Unterfütterung sich als zu schwach erwiesen. Die beiden Düsseldorfer Künstler behaupteten sich an gleicher Front wie Lucio Fontana, der wegkommen wollte von Leinwand, Bronze und Gips. Werk→ Gemeinsam ist ihnen, dass sie in ihren Werken und Aktionen sehr → Seite 60 grundsätzliche Dimensionen und Verhältnisse der Welt erkennbar machen und deren sinnlich-intuitive Erfahrung präzisieren wollten. Diese Wirklichkeitsauffassung wurde schon dadurch signalisiert, dass die Künstler über ihre metallenen Objekte hinaus in groß angelegten Environments neue Dimensionen im freien Raum erprobten.

---

10 Vgl. Willoughby Sharp, *Nauman Interview*, in: *Arts Magazine*, 44, 5. März 1970, S. 27.

## Zeitgenössische Positionen zwischen Aneignung und Neuschöpfung – Spiel mit Kontexten

Heute stellt sich die Situation der Kunst als noch offener und vielfältiger dar. Naheliegenderweise arbeiten Künstler, unter anderem im Rekurs auf die 1960er Jahre, mit mehreren Medien und Genres parallel oder vermischen sie. In unserer Ausstellung fällt das vielschichtige strategische Spiel mit Inhaltlichkeiten auf, mit politischen oder kulturellen Kontexten, mit Werbung oder Alltag. Konzeptuelle Ansätze Seite 97 ←, Seite 27, 73 ← wie Mark Leckey ← Werk und Jonathan Monk ← Werk mit zwanglosen Interpretationen und direkten Bezügen zu Skulpturen von Jeff Koons und Carl Andre öffnen das Feld weiter. Gleichzeitig verbindet sich dieses Spiel über Volumen, Größe, Oberfläche oder Farbe mit traditionelleren Forderungen nach einer sinnlichen Ästhetik und purer Anschauung. Angesichts der zunehmend beschleunigten Wahrnehmung von Raum und Zeit erscheint die Skulptur vielleicht mehr denn je als schöpferischer Fels in der Brandung – wie es Tatiana Trouvés persönlich anmutendes Werk Seite 13 ← *Rock (different metals)* ← Werk symbolisieren könnte.

Eine dem unmittelbaren physischen Zugriff entzogene, immer flüchtigere Wirklichkeit hat Auswirkungen auf die bildhauerische Materialsuche, auf Methoden und Inhalte. Vieles bewegt sich in der Tradition einer visuell reduzierten Moderne mit abstrakten Konstruktionen, die, wie etwa Martin Boyces dreiteilige schwenkbare Wandarbeit aus Stahlgittern *We Are Fragile and Unstoppable. We Appear and* Seite 34, 35 ← *Disappear* von 2004, eine ambivalente Leichtigkeit suggerieren. ← Werk Schon der Titel verweist auf Brüche und schattenhafte Zwischenzustände. Die Aktualisierung der Skulptur findet hier wie in vielen weiteren zeitgenössischen Werken der Ausstellung zwischen Alltagszitat und Neuschöpfung statt. Sie besitzen einen abstrakten Kern im Inneren und sind zugleich neorealistisch. Einige lassen an gestaltete Ready-mades denken, etwa Mona Hatoums *Paravent* von 2008 aus geschwärz- Seite 25 ← tem Stahl. ← Werk Die zum innenarchitektonischen Raumteiler umfunktionierte überdimensionierte „Küchenreibe" zeigt das Vertraute des einfachen Haushaltsgeräts mit bedrohlich-dunkler, nahezu usurpatorischer Geste. Stefan Kerns farbige, täuschend echt wirkende, aber aus Stahl geformte Straßensperreninstallation *Aus* Seite 48, 49 ← *der Kurve geflogen*, 2007, ← Werk wie auch Jürgen Dreschers silbrig schimmernder Seite 85 ← Aluminiumsandguss eines Umzugskartons *Karton (freistehend VII)*, 2007, ← Werk sind nicht minder trick- und fintenreich. Ihre Skulpturen erzielen verblüffende Effekte und bringen unsere gewohnte Unterscheidung zwischen Realität und Vorstellung ins Schwanken.

Mit moderner *Trompe-l'œil*-Wirkung in Metall arbeitet Bertrand Lavier. Sein Seite 36 ← Bild *Arcadia*, 1991, ← Werk gleicht einer ironisierenden Suche nach einer Harmonie des Bildes parallel zum Gegenstand, einem Garagentor, das in metallischem Farbauftrag ein schwer auflösbares Puzzle aus Gegenstandsdarstellung und Abstraktion bildet. Man wird sich der Formlosigkeit des Werkes nur bewusst, weil es als Form definiert worden ist. Günther Förg beschreitet einen ebenso schmalen Grat zwischen angeeigneter Form und Neuschöpfung. Er spielt mit der Erwartungshaltung des Betrachters und dem möglichen Fehlen einer „inneren Notwendigkeit" Seite 21 ← (Kandinsky). Mit seinem Bronzerelief ← Werk reduziert er die komplexe europäische Tradition der Malerei eindrücklich auf einfache, chiffrenartige Elemente der Geste und des abstrakten Zeichens. Die durch das Fehlen eines authentischen modernen Erbes verursachte Leere wird in kühler Form offenkundig und eröffnet neue gestalterische Möglichkeiten.

Der chinesische Künstler Wang Du, alles andere als ein klassischer Bildhauer, ist mit einer seiner riesigen Skulpturen aus Bronze in dieser Ausstellung vertreten. Werk→ Seine mit Text bedruckten Papierknäuel aus dem Schmelzofen irritieren uns. Dazu trägt die groteske Maßstabs- und Materialverschiebung bei. Joseph Beuys übertrug 1975 das Fliegengewicht einer Postkarte in seinem Multiple *Magnetische Postkarte* ins Bleischwere. Werk→ Bei Wang Du wächst ein zusammengeknülltes Stück Zeitungspapier ins Gigantische und lässt uns als Betrachter im selben Moment schrumpfen. Bei einem Papierknäuel reicht normalerweise schon der leiseste Windhauch, um seine Lage entscheidend zu verändern. Nun thront dieses in seiner ganzen Bronzelast vor uns, verweist auf die Allmacht der Printmedien und wird zum Ausdruck des Schwankens der Welt und des Bodens, auf dem wir vermeintlich sicher stehen.

→ Seite 10, 11

→ Seite 84

In Nachwirkung des klassischen Kontraposts haben sich Künstler mit Phantasie, Imagination und Abstraktionsvermögen auch noch im 20. Jahrhundert an den Gesetzmäßigkeiten der Gravitation und einer festen Tektonik gerieben, sie modifiziert oder fast aufgehoben. An diese Freiheit knüpfen Künstler der heutigen Generation an. Ihnen geht es um überlieferte, dabei modern interpretierte und semantisch möglichst facettenreiche Aspekte der Skulptur. Ein starkes Profil zeichnet zum Beispiel die kompakten oder offenen Skulpturen von Richard Deacon, Olafur Eliasson, Aleana Egan und Anish Kapoor aus. Ihr Gespür für Formen, Rhythmus, Oberfläche, Kontur und Schönheit steht einerseits für Abstraktion und die Überwindung der klassischen Tradition. Andererseits knüpfen sie an die modernistische Skulptur an – von Auguste Rodins (1840–1917) orts- und geschichtslosen Figuren mit ihren fließenden Konturen und ihrem Muskelspiel bis zu Henry Moores organisch geschwungenen Bronzen. Licht verfängt sich in Carol Boves von der Decke hängendem filigranen Meer aus Bronzestäben, gleich einer frei schwebenden Orgel. Werk→ Ihre Installation erinnert daran, dass die biblische Figur Tubalkain einst neben der Schmiedekunst auch die Instrumentalmusik erfand.[11]

→ Seite 4, 5

Schwermetalle wie Blei, Eisen oder Chrom bestechen durch ihre Dauerhaftigkeit, und selbst ein Leichtmetall wie Aluminium ist praktisch unvergänglich, ganz im Gegensatz zu dem, was daraus mancherorts gebaut wird. Ein Film von Michael Sailstorfer demonstriert die suspekte Bewegtheit, die unruhigen Schwingungen der Außenwände eines in verschneiter Landschaft entdeckten Wellblechcontainers. Werk→ Er besteht aus einem speziellen Zusammenschnitt von 16 mm Aufnahmen kurz vor der Explosion dieser Blechbutze – so als erinnere Sailstorfer an das erste Manifest des *Spazialismo* von Lucio Fontana aus dem Jahr 1947. Dort heißt es, dass eine Geste, „egal ob sie eine Sekunde oder ein Jahrtausend lebt", für ewig sei. Mit seinem *Concetto spaziale* (Raumkonzept) strebte Fontana zum universellen, in der Luft schwebenden Bild – metallenen Spiegelungen, deren verschattete Löcher Tiefe erzeugen. Werk→

→ Seite 70, 71

→ Seite 60

Auch Tim Nobles und Sue Websters von einem Lichtspot angestrahltes abstraktes Eisenskelett wird erst durch seinen Schatten zum eigentlichen Kunstwerk. Werk→ Der Schattenriss bildet völlig überraschend die Konturen der Körper der beiden Künstler an der dahinterliegenden Wand ab. Nichts an der wuchtigen Eisenskulptur deutet auf die ihr wie im Märchen entsprungene Schattenform hin. „Truth to the material" und „theatricality" – zwei konkurrierende und grund-

→ Seite 26

11 Vgl. Norbert Wolf, *Meisterwerke der Skulptur*, Stuttgart 2007, S. 323.

legend unterschiedliche Auslegungen von Skulptur erscheinen hier, Rücken an Rücken und zum Duell bereit, als unzertrennliches Paar. Auch Sonja Vordermaiers Seite 29 ← Hängeinstallation *Teslasmog* ← Werk suggeriert eine nahezu poetische Leichtigkeit. Ihr Gebilde aus Fernsehantennen, Nägeln und Eisenspänen, die magnetisch gehalten werden, beschäftigt sich mit der Verstofflichung von Schatten.

Seite 39 ← Thomas Schüttes *Große Geister (Figur Nr. 6)* von 1996, ← Werk mutmaßliche Antwort auf *Terminator 2*, erinnert an ein überdimensioniertes Pirellimännchen. Es fasst die Horrorspielzeugästhetik (King Kong), den Hochglanzwahnsinn und Kühlerhaubenfigurenfetischismus unserer Zeit prägnant zusammen. Henk Vischs staksige, sensible Kinderzimmerfigur erträgt tapfer Kränkungen: *I know your* Seite 69 ← *face but forgot your name* (2007). ← Werk Beide Figuren machen kurzen Prozess mit der lange Zeit sakrosankten formalistischen Moderne und ihrer Inhaltslosigkeit. Schüttes Standskulptur räumt zugleich polemisierend mit der Illusion der guten Gestaltung auf und behauptet dennoch ihre Sinnlichkeit. Vischs menschliches Bauteil mit neugierig-sentimentalem Conditio-humana-Ausdruck kann man sich kaum auf einem Sockel in einem griechischen Rundtempel vorstellen. Ein Vorbild für die Werke von Schütte und Visch mag der belgische CoBrA-Künstler Constant ge- Seite 68 ← wesen sein. Dessen *Leiterlabyrinth* von 1967 ← Werk verdeutlichte schon damals die Haltung des Künstlers zur Gesellschaft und die Beziehung von Skulptur und Architektur zur menschlichen Umwelt in einer selbstverständlicheren Form als die Kontemplation und Distanz erfordernde Klassik.

Thomas Zipp hat auf einer massiven Bronzeglocke einen Schriftzug mit den Seite 55 ← Worten „Geist ohne Körper“ ← Werk sowie das klassische Symbol des Totenkopfs anbringen lassen. Der Künstler spielt auf die Endlichkeit und Kurzlebigkeit der menschlichen Existenz an. Ein wahrhaft düsteres *Memento-mori*-Symbol, auf das wir ausgerechnet bei einem kirchlichen Gegenstand blicken. Diesen als „Geist ohne Körper“ zu brandmarken, kommt einem Sakrileg gleich. Die Glocke erinnert ans Mittelalter und weckt unsere religiösen oder spirituellen Grundkonditionierungen. Ein Körper ohne Geist jedenfalls ist die materialistische Aneignung einer Form, die sonst Symbol schlechthin ist. Kris Martins auf dem Boden liegendes martialisches, sieben Meter langes Schwert könnte nicht minder als *deadly vision* Seite 22, 23 ← bezeichnet werden. ← Werk Es wirkt wie die schmerzhafte Huldigung an einen der Gruft entsprungenen apokalyptischen Reiter und verdeutlicht die ausufernde Selbstüberschätzung und den Maßstabsverlust der heutigen Zeit. Martins Werk manipuliert unser Zeit- und Raumgefühl durch das perspektivisch Unfassbare. Es changiert zwischen der Spekulation auf einen Eintrag ins Guinness-Buch der Rekorde, einer Referenz an Claes Oldenburgs (geb. 1929) *Blow-ups* und gemorphte Bilder aus dem Alltag der Computerspiele. Mark Manders' *Staged Android*, 1999/ Seite 64 ← 2000, ← Werk lässt ebenfalls an eine symbolische Kampfzone denken, die in eine düstere, leere Zukunft verweist. Dennoch ist seine Arbeit ganz anders gelagert, introvertiert und verschlossen statt extrovertiert und gebärdenreich wie die von Martin. Manders vermindert Proportionen, reduziert Räumlichkeiten, verschafft uns einen Überblick. Seine Arbeit bildet durch den Abguss eine Einheit. Doch der Zusammenhang der verdeckten Gegenstände bleibt geheimnisvoll.

Das pure Leben spricht hingegen aus der in der Ausstellung gezeigten Eisen- Seite 47 ← skulptur *Barcelona Rose* (1987) von Anthony Caro. ← Werk Die teils ornamentale, teils abstrakt-plastische Formensprache kommt aus dem Kubismus, sie erinnert an Matisse, versprüht mediterranen Charme und bewahrt darüber den Sinn fürs Leben. Ihr Titel spielt auf die glorreichen Anfänge des bildhauerischen Umgangs mit Eisen in den späten 1920er Jahren an. Julio González, Werk→ und nach ihm Pablo → Seite 59 Picasso (1881–1973) und Pablo Gargallo (1881–1934), tastete sich damals in der katalanischen Metropole mit ihren berühmten Schmiedewerkstätten erstmals wieder an Eisen als bildhauerisch verwendbares Material heran.[12] Bei ihm wie auch bei den stärker objekthaften Metallskulpturen von John Chamberlain Werk→ oder → Seite 8/9 Jean Tinguely, Werk→ die auf dem Konzept des *objet trouvé* basieren, entspringt → Seite 43 jeweils das Leichte aus dem Schweren, das Schöne aus dem vermeintlich Hässlichen. Chamberlain zeigte als einer der ersten, dass Schrott das Potenzial zu kühner gestalterischer Virtuosität birgt. Wie sein europäischer Zeitgenosse César ist er heute legendär. Werk→ Jean Tinguely gelingt es auf ebenso raffinierte Weise, → Seite 58 einfache Schrottteile mechanisch in Bewegung zu versetzen. Alexander Laner spitzt Tinguelys Prinzip, Dinge mithilfe von Motoren zu bewegen, auf erzhumoristische Weise zu, wenn dass er dessen motorisierte Apparate aus den Museen zurück in die Garage holt. Er verleiht den Maschinenkunstwelten Tinguelys, *Méta-mécaniques* genannt, mit größtem Vergnügen zusätzlich handfeste Funktionen. In *Plattenspieler* (2005) Werk→ stehen In- und Output – ein Automotor treibt einen → Seite 16, 17 Plattenspieler an – in einem unfassbar unvernünftigen energetischen Verhältnis.

All diese Werke voller leidenschaftlicher oder spröder Schönheit konzentrieren sich in einem antiutopischen Sinn auf das ureigenste Potenzial des Materials als immer wieder zu variierendes Urmuster plastischer Gestaltungen, entlocken ihm starke physische und psychologische Wirkungen und beziehen sich auf den Raum. Schon in den 1960er Jahren waren skulpturale Werke von einem gesamträumlichen Verständnis bestimmt. In dieser Auffassung, Plastik und plastischen Raum zu verbinden, äußert sich – damals wie heute – die Sehnsucht des Künstlers nach größeren Zusammenhängen, nach dem Gesamtkunstwerk. Vergleichbar etwa den Renaissance-Figuren, die sich als Teil des Gebäudes mit der Architektur verbinden – man denke etwa an Michelangelos (1475–1564) Neue Sakristei (1520–1534) in der Basilica di San Lorenzo –, rückt die Skulptur von der autonomen Stellung des Kunstwerkes ab, ohne dabei ins Dekorative abzugleiten. Sie zielt auf eine radikale Beeinflussung des Betrachters, die den Körper unmittelbar anspricht. Die Karyatiden an antiken Gebäuden hatten die Funktion, Architektur und Mensch in ein richtiges Verhältnis zu bringen, damit die Menschen sich beim Anblick der Architektur ihres Maßes bewusst würden. 1966 reflektiert Robert Morris in *Notes on Sculpture* über die Bedeutung der Größenverhältnisse bei Skulpturen.[13] Er unterscheidet zwischen kleinen Objekten, die in einer intimen, privaten Weise wahrgenommen werden, und monumentalen Maßen, die für den Betrachter die Distanz zwischen sich und dem Objekt körperlich erfahrbar machen. Mit der Skulptur des Post-Minimalismus wurde diese körperliche Beziehung zwischen Objekt und Betrachter forciert, auf die nachhaltige Irritation des Besuchers bei der Wahrnehmung oder dem Abschreiten des jeweiligen Werkes ausgerichtet – die äußere Bewegung soll dabei das innere Bewegtsein beeinflussen – und sie ist bis heute höchst aktuell. Dies führt wieder zum Ausgangsgedanken zurück, denn eben diese Wirkung üben all die leichten oder massiven Verstörungen aus, die die Ausstellung *Heavy Metal* wie ein roter Faden durchziehen.

---

12 Wolf 2007, S. 323.

13 Vgl. Robert Morris, *Notes on Sculpture. Part 2*, in: *Artforum*, 5/2, 1966, S. 20–23, S. 21.

# Widerstand gegen die Abwertung der Welt oder Skizzen aus der Geschichte der Skulptur

Thomas Wagner

> „Skulptur ist das, woran du stößt, wenn du zurücktrittst, um ein Gemälde zu betrachten."
> Barnett Newman

> „Jedes Material hat seine Individualität, die wir nicht nach unserem Belieben zerstören dürfen, sondern die wir nur in ihrer eigenen Sprache zum Sprechen bringen können."
> Constantin Brancusi

## Erstens: Der Traum eines Händlers der Blicke

„Mir träumte", schreibt John Berger, „ich sei ein merkwürdiger Händler: ein Händler für Blicke und Erscheinungen. Ich sammelte sie und verkaufte sie weiter. In meinem Traum hatte ich gerade ein Geheimnis entdeckt! Diese Entdeckung hatte ich ganz allein gemacht, ohne Hilfe oder Rat. Das Geheimnis bestand darin, daß ich bei allem, was ich betrachtete, in das Innere gelangen konnte – ein Eimer Wasser, eine Kuh, eine Stadt aus der Vogelperspektive (sie ähnelte Toledo), eine Eiche – und, war ich einmal im Innern, die Erscheinung besser zu arrangieren verstand. *Besser* meinte weder, daß das Ding schöner erschien oder in sich harmonischer, noch, daß es den Typus charakterisierte, so daß zum Beispiel die Eiche für alle Eichen stehen könnte; es bedeutete einfach, die Dinge mehr sie selbst sein zu lassen, so daß die Kuh oder die Stadt oder der Eimer Wasser ganz offensichtlich unverwechselbar wurden. Dies zu *tun*, machte mir Freude, und ich hatte den Eindruck, daß die kleinen Veränderungen, die ich von innen vornahm, den anderen gefielen. Das Geheimnis, in die Dinge hineinzuschlüpfen, um sie so zu arrangieren, wie sie sich dem Blick darbieten, war so einfach wie das Öffnen einer Schranktür. Vielleicht ging es nur darum, gerade da zu sein, wenn die Tür von selbst aufsprang. Doch als ich erwachte, konnte ich mich nicht mehr daran erinnern, auf welche Weise dies vor sich gegangen war, ich hatte vergessen, wie man das Innere der Dinge betritt."[1]

John Bergers Traum ist unverkennbar der eines Malers und Schriftstellers. Ist es tatsächlich nur unser Blick, der ins Innere der Dinge vordringen, Ding und Welt erobern kann? Oder zeigt sich im Traum, „in die Dinge hineinzuschlüpfen, um sie so zu arrangieren, wie sie sich dem Blick darbieten", der Vorrang des Sehens, der Malerei, Fotografie und Video, nicht aber Skulptur und Installation auszeichnet? Die Dinge mehr sie selbst sein zu lassen – dazu bedarf es mehr als einer schattenhaften Existenz, und eine solche besitzt allein die Skulptur. Und wo reale Körper im Raum erscheinen, spielt das Material notwendig eine entscheidende Rolle.
In einer Zeit des Zuschauens wird es zum Widerpart der Verirrung, Welt erschließe sich allein unserem optischen Sinn.

## Zweitens: Skulptur als erweitertes Feld

Aus der Skulptur[2] ist seit den sechziger Jahren des vergangenen Jahrhunderts und in Auseinandersetzung mit den historischen Avantgarden wahrlich ein „erweitertes Feld"[3] geworden. Derart vielfältig tritt sie seither in Erscheinung, und derart bis an die Grenze des Unverbindlichen gedehnt wurde ihr Begriff, dass es einem so vorkommt, als sei alles Vertraute und Konventionelle vollständig aus ihren Erscheinungsformen entwichen, nahezu alle traditionellen Kriterien ihres Auftretens zerfallen. Ob Tunnel oder Korridore, schwebende Räume oder in die Landschaft gefräste Zeichen, ob weitläufige Observatorien, architektonische Modelle oder mittels Fotografien dokumentierte Wanderungen, ob den Raum von einem Moment zum nächsten deformierende Explosionen oder mittels Kettensäge, Computerfräse oder Zuckerstückchen hergestellte Figurationen, ob Lichtinstallationen oder präparierte, in Formaldehyd eingelegte Haifische, ob widerborstige Denkmäler, hintersinnige Materialassemblagen oder gut gefüllte Warengestelle, ob Fetische oder performativ erkundete Raumareale – die dreidimensionale künstlerische Produktion gehorcht längst keiner wie auch immer gearteten Norm mehr, sondern erblüht in einer überreichen, aber kontingenten Vielfalt. Nahezu alles scheint in der Skulptur heutzutage möglich; es triumphieren Relativität und Kontextbezogenheit, was sich nicht zuletzt daran ablesen lässt, dass, mangels Alternativen, zwar noch von Bildhauerei, kaum mehr aber von Skulptur die Rede ist. Tendenziell ist heute alles, selbst die hier und da feststellbare Wiederkehr der klassischen Bronzeplastik auf einem Sockel, Installation. „Die Installation", bemerkt der Philosoph Peter Sloterdijk, „erweist sich so als das stärkste Instrument der zeitgenössischen Kunst, eingebettete Situationen als Ganze in den Beobachtungsraum zu stellen."[4] Und die Behälter einer solchen Einbettung „demonstrieren immer deutlicher ihren Anspruch auf Vorrang vor den Inhalten."[5]

Gleichwohl wird das vermeintlich Neue nach wie vor fassbar gemacht, indem es zu etwas Vertrautem, das man aus der Geschichte kennt, in Beziehung gesetzt wird.[6] Paul Valérys Satz, das Beste am Neuen in der Kunst entspreche stets einem alten Bedürfnis,[7] erweist sich, trotz des Ressentiments, das er befördert, auch auf dem Feld der Skulptur als eigentümlich aktuell. Denn der Blick zurück vermag nicht nur Quellen freizulegen, die nach wie vor sprudeln. Er offenbart auch verborgene Zusammenhänge und entdeckt im Prozess der Transformation des Bestehenden Verfälschtes und Verdrängtes, das selten unverändert wiederkehrt. Vor allem aber vermag ein kritischer Rückblick darüber aufzuklären, weshalb Skulptur heute mehr und anderes ist als vor fünfzig oder hundert Jahren. Dabei tut eine historische Fundierung gut daran, sich der Ausgangslage ohne jede Ambition

---

1 John Berger, *Schritte zu einer kleinen Theorie der Sichtbarkeit*, Ostfildern 1996, S. 28–29.

2 Da es weder um eine Begriffsbestimmung noch um eine generelle Darstellung des gesamten Feldes bildhauerischen Arbeitens geht, verwende ich die Begriffe Skulptur und Plastik weitgehend synonym als Oberbegriff für sämtliche Material aufbauenden oder Material entfernenden Arbeitsweisen inklusive des raumbezogenen Vorgehens von Installation und Environment.

3 Rosalinde E. Krauss, *Skulptur im erweiterten Feld*, in: dies., *Die Originalität der Avantgarde und andere Mythen der Moderne. Geschichte und Theorie der Fotografie*, Bd. 2., hrsg. v. Herta Wolf, Amsterdam und Dresden 2000, S. 331–346.

4 Peter Sloterdijk, *Sphären III.*, Frankfurt/M. 2004, S. 527.

5 Sloterdijk 2004, S. 813.

6 Rosalinde Krauss spricht bereits Ende der 1970er Jahre davon, die verborgene Botschaft des vordergründig im Namen der Avantgarde-Ästhetik und der Ideologie des Neuen stattfindenden Ziehens und Zerrens „eines Begriffs wie Skulptur" sei die des Historismus (Krauss 2000, S. 331).

7 Zit. nach: Theodor W. Adorno, *Ohne Leitbild*, in: ders., *Ohne Leitbild, Parva Aesthetica*, Frankfurt/M. 1973, S. 12.

zu versichern, die Produktion der Gegenwart mittels einer historischen Betrachtung ins Unrecht setzen zu wollen.

Das gilt nicht nur für die Zeiten des Umbruchs und der Überschreitung der Grenzen der Konvention, für die späten zehner und zwanziger Jahre wie für die sechziger Jahre des 20. Jahrhunderts, als Größe und Maßstab, Ort und Art der Aufstellung einer Skulptur einen grundlegenden Bedeutungswechsel erfuhren. Es gilt auch für die Materialien, die verwendet werden – vor allem für den Einsatz von Bronzeguss, für Eisen, Kupfer, Blei und Aluminium. Allein mit der postmodernen Formel des „Anything goes“ lassen sich die Verwerfungen im Bereich des Materials jedenfalls nicht erklären.

Denn unter den Konditionen einer zunehmend von Inseln des Immateriellen beziehungsweise Virtuellen durchsetzten Wirklichkeit und in der Folge der Ausbreitung digitaler Bildmedien schreitet nicht allein die Marginalisierung alles Materiellen fort, es gerät auch das objekthafte Ding als das „eigentliche Gegenüber unserer subjektiven Alltagsbewältigung“[8] aus dem Blickfeld unserer Wahrnehmung. Dabei spalten sich nicht nur „Leibraum“[9] und visuell erschlossener Raum voneinander ab. Innerhalb der Vielgestaltigkeit künstlerischer Produktion beansprucht Skulptur auch deshalb einen besonderen Platz, weil sie sich – anders als Fotografie, Malerei, Text oder Video – gerade nicht an „das isolierte Auge wendet, sondern an den wahrnehmenden ganzen Leib.“[10] Das verschafft ihr in der Gegenwart eine neue Art von Brisanz.

Ankerpunkt einer solch umfassend körperbezogenen Wahrnehmung ist die konkrete materielle Präsenz im Raum – und diese ist wesentlich mit der Verwendung bestimmter Materialien verbunden. Mögen Ausstellungen, die sich an einem Motiv oder einem Material orientieren, für gewöhnlich eher den taxonomischen Übereifer der Kunstgeschichte belegen und etwas Sekundäres zum *tertium comparationis* erklären, so verhält sich die Sache im Falle von „Heavy Metal“ grundsätzlich anders. Nicht nur hat das Arbeiten in Metall seit dem 19. Jahrhundert zahlreiche neue Impulse bekommen, und nicht nur haben Künstler, ob in Relief, Skulptur oder Installation, die Spannbreite der Ausdruckmöglichkeiten des Materials individuell erweitert – Metall ist selbst zum ambivalenten Symbol einer grundlegenden Transformation des Feldes der Skulptur und unseres Verhältnisses zu den Dingen im Raum geworden.

## Drittens: Spektakel und Materialismus

Die Beziehung zwischen dem Gesetz der Materie und dem der Form kannte stets ihre eigene Spannung. Doch erst Ende des 19., und in aller Deutlichkeit in den ersten Jahrzehnten des 20. Jahrhunderts, geriet das bis dahin geregelte Verhältnis von Inhalt, Form und Materie in Bewegung. „Kunsttheorie und Ästhetik“, so Thomas Raff, „untersuchen bis ins 19. Jahrhundert hinein fast ausschließlich das Spannungsverhältnis zwischen „Inhalt“ und „Form“, während die Materie als *quantité négligable* gar nicht oder eben nur als Negativposten abgehandelt wird.“[11] Der physische Stoff, aus dem Artefakte geschaffen werden, bleibt also lange im Hintergrund, wird oft sogar kaschiert. Er existiert als das, was durch künstlerische Arbeit, durch ein Konzept, übersteigert werden kann, und offenbar nur darauf kommt es an.[12] Materialien werden um ihrer metaphorischen Qualitäten willen geschätzt – das Erz wegen seiner Dauerhaftigkeit, das Gold wegen seines Glanzes –, nicht aber wegen ihrer sinnlich wahrnehmbaren stofflichen Qualitäten.[13]

„Alles, was man einander noch mitzuteilen hat", notiert John Berger, bevor er seinen eingangs zitierten Traum mitteilt, „ist das Spektakel, ein Spiel, an dem niemand teilnimmt, dem aber alle zuschauen. Als hätte es das nie zuvor gegeben, müssen die Menschen auf eigene Faust versuchen, ihrem Leben und ihrer Mühsal einen Ort in der unermeßlichen Arena der Zeit und des Raums zu geben."[14] Dem Zuschauer entspricht die Distanz des Bildes. Er ist nicht „eingebettet", sondern hält Abstand, um besser sehen zu können. Im Gegensatz dazu sucht die Skulptur in ihren erweiterten Erscheinungsformen einen konkreten Ort herzustellen – mit wechselndem Erfolg und unter zunehmend schwieriger werdenden Bedingungen. Denn Skulptur leistet – aufgrund ihrer Dreidimensionalität und mittels ihres widerständigen Materials – in einer Zeit des virtuellen und immateriellen digitalen Bildes, indem sie konkrete Körper und Dinge in einem konkreten Raum oder an einem bestimmten, von ihr selbst erzeugten Ort herstellt, Widerstand gegen die Abwertung der Welt.

Behauptet sich in der Möglichkeit der Manipulation digitaler Datensätze wie in der Malerei abermals ein sich selbst gewisses Subjekt, indem es seine Sicht auf die Welt kundtut, so stellt die Skulptur einer solchen Selbstherrlichkeit den Eigenwert der Dinge und Materialien entgegen. Schon 1788 schreibt Goethe in seinem Aufsatz *Material der bildenden Kunst,* selbst der „größte und geübteste Künstler" müsse sich dem Gesetz der Materie unterwerfen.[15] Mag er sich „noch so sehr zum Herrn der Materie machen, in welcher er arbeitet, so kann er doch ihre Natur nicht verändern."[16] Das Nachleben der unveränderlichen Materie setzt dem Schöpferdrang des Künstlers also eine Grenze, die aufgrund der Eigenschaften des Materials enger gesteckt erscheint als in der Malerei. Es ist die Arbeit im und am Realen, die Skulptur auszeichnet und von der Arbeit am Bild unterscheidet. Dabei hat es etwas Faszinierendes und Tiefes, mit einem Material zu arbeiten, das sich nicht von selbst allen Begehrlichkeiten fügt, das fester ist als Worte und eigenständiger als Datensätze. Erst am Widerstand bewähren sich Hand und Auge, Gerät und Körper, auf dass ein Ort entstehe, an dem sich der Betrachter zum Beteiligten wandelt.

Abgesehen von seiner natürlichen Beständigkeit, Widerstandsfähigkeit und Schwere und unabhängig davon, welchen Widerstand es dem Künstler entgegensetzt, ist dem Material Metall aber grundsätzlich keine überzeitliche Bedeutung eigen. Wie Holz oder Stein, kommt auch ihm keine ikonisch invariante Bedeutung zu. Was es als solches ist, als bloßes Eisen, Aluminium oder Blei, und was es im

---

8 Matthias Winzen, *Warum Skulptur?,* in: *Bodycheck,* Ausst.-Kat. Stadt Fellbach 2007, S. 9.

9 Vgl. Winzen 2007.

10 Winzen 2007, S. 10.

11 Thomas Raff, *Die Sprache der Materialien. Anleitung zu einer Ikonologie der Werkstoffe,* München 1994, S. 19.

12 Vgl. Günter Bandmann, *Der Wandel der Materialbewertung in der Kunsttheorie des 19. Jahrhunderts,* in: *Beiträge zur Theorie der Künste im 19. Jahrhundert,* Bd. 1, hrsg. v. Helmut Koopmann und J. Adolf Schmoll gen. Eisenwerth, Frankfurt/M. 1971, S. 129–157. Das ästhetische System, innerhalb dessen das Material nur ein Medium ist, um die Idee zu veranschaulichen, nennt Bandmann idealistisch. Diesem steht das seit mehr als hundert Jahren zu beobachtende materialistische Verhalten gegenüber dem Material gegenüber, das im 20. Jahrhundert zur Herrschaft gelangte.

13 Vgl. Bandmann 1971, S. 134.

14 Berger 1996, S. 28.

15 Raff 1994, S. 26.

16 Johann Wolfgang Goethe, *Material der bildenden Kunst,* zit. nach Raff: 1994, S. 26.

Zusammenhang einer Plastik oder Skulptur verkörpert, das hängt von seiner allegorischen Bedeutung in der jeweiligen Zeit und im jeweiligen Werk ab. Vor allem aber – und das erweist sich als besonders relevant für eine Revision der Skulptur auf der Basis der Verwendung eines bestimmten Materials – hat Metall in der Geschichte der Skulptur des letzten Jahrhunderts eine Veränderung seiner Bedeutung erfahren, die eng mit der Transformation der Skulptur selbst verbunden ist.

## Viertens: Brancusi, Duchamp und der Gegenstand

Der Einfluss, den Künstler wie Constantin Brancusi (1876–1957) und Marcel Duchamp (1887–1968)[17] auf die Entwicklung der Skulptur hatten, ist enorm und kann hier nur sehr skizzenhaft dargestellt werden. Hatten Skulpturen seit der Renaissance in Europa mimetische, repräsentative und inszenatorische Qualitäten, so bricht diese Konvention im Werk Brancusis ebenso auf wie in dem Duchamps, wenn auch auf gänzlich verschiedene Weise. Jetzt wird die Skulptur zu einem Gegenstand unter anderen, der in seiner Einzigartigkeit isoliert ist und sich nicht mehr ohne weiteres in die lange Kette von Vereinbarungen einfügt, die das, was eine Skulptur auszumachen habe, bis dato festgelegt hatten. Am deutlichsten erkennbar wird die Wende zur Skulptur als Gegenstand in Duchamps Ready-mades, Seite 88 ← etwa dem *Flaschentrockner*, ← Werk einem massenhaft industriell hergestellten Objekt, das die tiefgreifende Frage aufwirft, was es als Kunstwerk von einem identischen Exemplar aus dem Kaufhaus unterscheidet.

Bereits 1913 hatte Duchamp mit *Fountain* → Abb. 1 die Probe aufs Exempel gemacht. Aber es dauerte rund fünfzig Jahre, bis der Vorgang in seiner ganzen Tragweite bekannt und in seinen Konsequenzen offenbar wurde. Die Geschichte spielt bekannter Maßen in New York. Wir schreiben das Jahr 1917. Am 9. April wird im Grand Central Palace die erste juryfreie Ausstellung in den Vereinigten Staaten eröffnet. Getragen wird sie von der *Society of Independent Artists, Inc.*, deren Gründer sich am Vorbild des *Salon des Indépendants* orientieren, einer Pariser Institution, deren Wahlspruch seit 1884 lautete: „Ni récompense ni jury." So heißt es auch in den Statuten der im Dezember 1916 gegründeten Society, dass „jeder Künstler, der Staatsbürger der Vereinigten Staaten oder jedes beliebigen ausländischen Staates ist, Mitglied der Gesellschaft werden kann, indem er zu diesem Zweck ein Formular ausfüllt, einen einmaligen Betrag von einem Dollar sowie einen Jahresbeitrag von fünf Dollar bezahlt und an der Ausstellung der Gesellschaft in dem Jahr teilnimmt, in dem er Mitglied geworden ist."

Auf diese Weise kann jedermann Künstler sein, denn nirgendwo wird angegeben, woran man einen Künstler erkennen könne, außer an der Tatsache, dass er seinen Mitgliedsbeitrag bezahlt hat. Auch Richard Mutt nahm das Angebot der Gesellschaft zur Selbstproklamation als Künstler an. Eingereicht hat er ein Werk mit dem Titel *Fountain,* ein umgedrehtes und signiertes Pissbecken aus Porzellan. 2125 Werke von 1235 Künstlern wurden ausgestellt, Richard Mutts *Fountain* aber fiel der Zensur anheim, auch wenn niemand mehr mit Bestimmtheit zu sagen vermag, wo es abgeblieben ist. Am Tag nach der Vernissage verbreitete der Vorstand eine Pressemitteilung, die keinen Zweifel an der Ablehnung lässt: „Die *Fountain* ist vielleicht dort, wo sie hingehört, ein sehr nützlicher Gegenstand, aber er gehört nicht in eine Kunstausstellung und ist kein Kunstwerk nach welcher Definition auch immer." Die Ablehnung dieses Werks führt zum Rücktritt von Marcel Duchamp und Walter Arensberg (1878–1954) aus dem Direktorium der Gesellschaft.

Einen Monat später erscheint in der Künstlerzeitschrift *The Blind Man* ein Artikel, der den Vorfall aus der Sicht Duchamps und seiner Freunde zusammenfasst. Darin heißt es: „Sie sagen, jeder Künstler, der sechs Dollar bezahlt, könne ausstellen. R. Mutt sandte seine Fontäne ein. Ohne Diskussion verschwand dieser Artikel und wurde nie ausgestellt. Welches waren die Gründe, um die Fontäne von Mr. Mutt abzulehnen: 1. Einige behaupteten, sie sei unmoralisch, vulgär. 2. Andere, sie sei Plagiarismus, ein schlichtes Stück Klempnerei. Nun aber ist die Fontäne von Mr. Mutt nicht unmoralisch, das ist absurd, nicht mehr als eine Badewanne unmoralisch ist. Sie ist ein Zubehör, das man täglich im Schaufenster eines Klempners sieht. Ob Mr. Mutt die Fontäne mit eigenen Händen gemacht hat oder nicht, ist unwichtig. Er *wählte* sie aus. Er nahm einen gewöhnlichen Artikel des Lebens, stellte ihn so auf, dass seine nützliche Bedeutung verschwand hinter dem neuen Titel und Standpunkt, schuf einen neuen Gedanken für dieses Objekt. Was die Klempnerei angeht, ist das absurd. Die einzigen Kunstwerke, die Amerika hervorgebracht hat, sind seine Klempnereien und seine Brücken." Die Episode macht klar: Eine Skulptur ist nun ein Gegenstand, der seine Differenz zu seinem alltäglichen Double zuallererst der Institution verdankt, in der er auftritt.

Constantin Brancusi schlug einen anderen Weg ein, dessen Radikalität aufgrund der Tatsache, dass seine Plastiken stärker als die seines Freundes Duchamp in der Tradition verankert schienen, kaum weniger schwer zu erkennen war als im Falle der Ready-mades. Brancusi elektrisierte aber nicht nur die Frage der Plastik als Gegenstand, sondern auch die der Ausstrahlung auf ihre Umgebung. Er fragte sich, in welcher Beziehung seine Arbeiten zu dem sie umgebenden Raum und zu ihm selbst als Betrachter stehen, wie Masse und Raum zueinander in Beziehung treten, welches Wechselspiel sich aus dem Zusammenwirken einer Plastik mit der unmittelbaren Umgebung ergibt. Brancusi akzeptierte die Isoliertheit der Plastik nicht, ebenso wenig wie es ihm einleuchtete, dass diese durch den Sockel, auf dem sie präsentiert wurde, aus der Umgebung herausgehoben wurde.[18] Mit Hilfe von Fotografien untersuchte und entwickelte er seine Idee des plastischen Umraums. Er schuf so genannte *Groupe Mobiles,* bewegliche, aus mehreren Plastiken und deren „Sockeln" bestehende Ensembles, die untereinander in Beziehung zueinander standen und in der Kombination ein neues Werk darstellten. So wurde der Raum zwischen den Elementen zu einem Teil der Skulptur und Brancusis Atelier zu einem eigenen Raum-Kunstwerk. Der Betrachter, der sich in ihm bewegt, schafft „in gewissem Sinne erst das Kunstwerk oder doch jedenfalls die Art und Weise, es zu sehen. Der Raum wird so zu einer Demonstration des Zutrauens, des Glaubens an die Sensibilität der anderen Menschen oder doch jedenfalls an ihre Fähigkeit, durch seinen Reiz berührt zu werden."[19]

---

17 Verzichtet werden muss hier auf die Diskussion der nicht weniger wichtigen Rolle, die der russische Konstruktivismus und besonders Wladimir Tatlin (1885–1953) bei der Transformation der Skulptur gespielt haben. Vgl. Benjamin H. D. Buchloh, *Die Konstruktion (der Geschichte) der Skulptur,* in: *Skulptur Projekte Münster 1987,* Ausst.-Kat. Stadt Münster 1987, S. 349–377.

18 Einzig Kurt Schwitters (1887–1948) beschäftigte sich mit seinem *Merzbau* in den 1920er Jahren ebenfalls mit einem Raumzusammenhang, der die Isoliertheit einzelner Elemente negierte.

19 Pontus Hulten, *Brancusi und die Idee der Plastik,* in: ders., Alexander Istraki, Natakia Dumitresk, *Brancusi,* Stutgart 1986, S. 20.

1

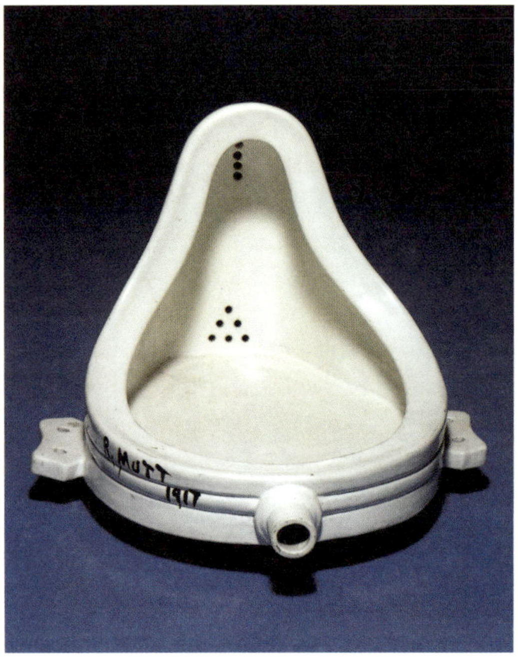

1 Marcel Duchamp
*Fountain*, 1917/1964
Ready-made (Pissoir)
Porzellan
60 × 23,5 × 18 cm
Sammlung Arturo Schwarz, Mailand

2 Constantin Brancusi
*Unendliche Säule*, 1938
Gusseisen, Kupfer
Höhe 29,35 m
Tirgu-Jiu, Rumänien

3 Constantin Brancusi
*Bird in Space*, 1941
Bronze, poliert
Höhe 193,6 cm
Musée national d'art moderne, Paris
Centre Georges Pompidou

4 Jasper Johns
*Painted Bronze*, 1960
Savarindose, Pinsel
Bronze, bemalt
34,3 × 20,3 cm
Besitz des Künstlers

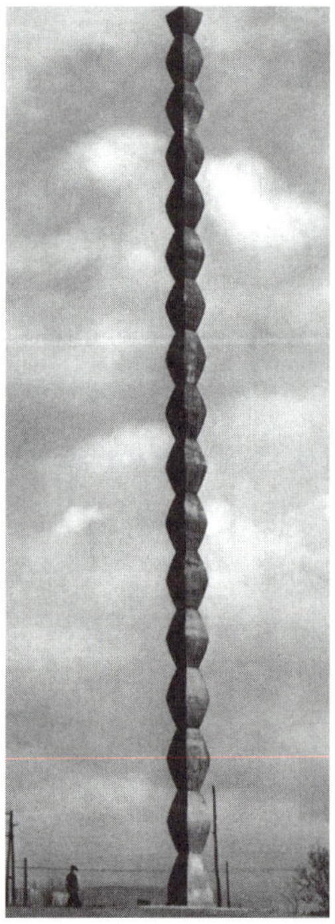

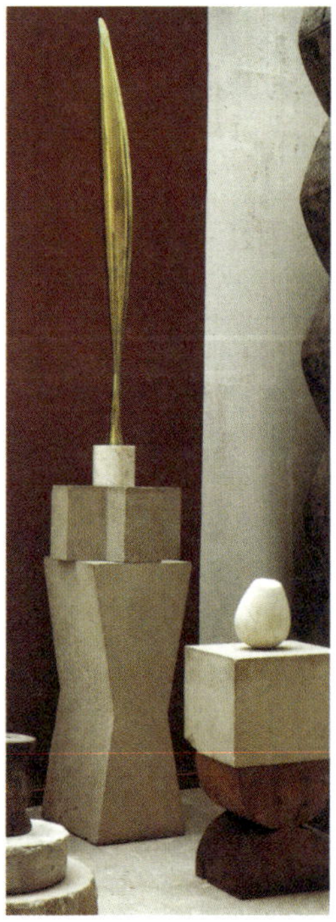

2
3

4

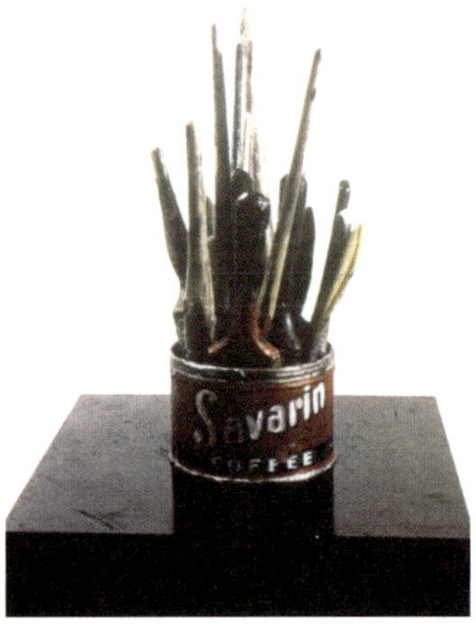

In seiner *Unendlichen Säule,* → Abb. 2 die aus dem Übereinanderstapeln einer Grundform besteht, nahm Brancusi die Struktur des Stapelns und einer seriellen Plastik vorweg, Verfahren, die später vom Minimalismus aufgegriffen wurden. Mit den *Groupe Mobiles,* der Idee vom Raum als Kunstwerk, der Installation aus mehreren Kunstwerken, die zusammen gesehen werden müssen, mit der „minimalisierten", auf ursprüngliche geometrische Formen reduzierten Plastik und der seriellen, sich endlos ausdehnenden Plastik hat also auch Brancusi die Plastik von ihren Fundamenten her transformiert. Dass sich seine Arbeiten, anders als die Ready-mades Duchamps, noch im Umkreis eines traditionellen Vokabulars bewegen, schmälert ihre Radikalität keineswegs. Auch sie reduzieren den Abstand zwischen der Plastik und ihrer Umwelt.

Um die Skulptur in den Raum ausstrahlen zu lassen, setzte Brancusi verschiedene Materialien ein, so wie er mehrere Teile übereinander stapelte, um dem Aufsteigen, dem Wunsch, den Raum zu erobern, Ausdruck zu verleihen. Überhaupt achtete er bei den Materialien, die er einsetzte, auf deren Eigenheiten, auch wenn es rätselhaft bleibt, wie er sie im Einzelnen einschätzte. Dabei glaubte er, dass alles Material, das der alltäglichen Dinge wie das der plastischen Arbeit, belebt sei, und die Aufgabe des Bildhauers darin bestehe, „das geistige Moment des Materiellen in der plastischen Essenz sichtbar zu machen."[20] Das Material, vor allem die auf Hochglanz polierte Bronze seiner „Vögel", in denen Licht und Material eins werden, verleiht ihnen eine vibrierende Lebendigkeit.[21] Material und Form strahlen beide in den Raum aus, wobei es die spiegelnde, die Umgebung einbeziehende Oberfläche der Bronze ist, die die Anwesenheit des Unvorhersehbaren garantiert. Wenn es stimmt, dass, wie John Berger behauptet, Brancusis letzte Vögel aus den 1930er Jahren überdies die Form der Concorde vorweg nahmen,[22] → Abb. 3 so leitet das auf überraschende Weise sogar über zu Duchamp und dessen Öffnung des Feldes der Skulptur für die anonymen und trivialen Gegenstände industrieller Produktion. Brancusi setzte also nicht einfach Material ein; er arbeitete sich physisch an ihm ab, bis es sich seiner Vorstellung fügte. Monate brachte er damit zu, seine Metallskulpturen zu polieren, das gehörte für ihn, der an der Grenze zwischen Handwerk und Industrieproduktion agierte, „fest zu dieser Reise zurück zur Reinheit, zu der Welt, die der Schwerkraft und dem Sündenfall vorausging."[23]

Die Schwere des Materials wird also zugleich festgehalten und transzendiert. Erst in den 1960er Jahren – und unter dem Einfluss von Duchamp – erfährt die Verwandlung von Materie in etwas Geistiges eine dialektische Umkehrung. Dann regiert in der Treue zu Eisen und Stahl – ob in den Plastiken von Richard Serra (geb. 1939) oder jenen Carl Andres (geb. 1935) – vor allem die Schwerkraft, dann preist der Maler Jasper Johns (geb. 1930) in seinen bronzenen „Bierdosen", „Glühbirnen" und in einer *Painted Bronze* genannten Kaffeedose voller Pinsel → Abb. 4 in guter Pop Art-Manier das Handwerkszeug des Malers sowie den trivialen Gegenstand, dann balanciert John Chamberlain (geb. 1927) das Verhältnis von

20 Friedrich Teja Bach, *Constantin Brancusi*, Köln 1987, S. 154.
21 Vgl. Bach 1987, S. 168.
22 John Berger, *Brancusi*, in: ders., *Gegen die Abwertung der Welt*, München und Wien 2003, S. 98.
23 Berger 2003, S. 100.

optischer Leichtigkeit und physischer Schwere in malerisch wirkenden Objekten aus, die aus deformierten Autoteilen bestehen.

## Fünftens: Last und Lust der Geschichte

Die Geschichte der Skulptur verlief in dialektischen Sprüngen, und sie musste, so konstatiert Benjamin Buchloh, dramatischer umgeschrieben werden als die parallel verlaufende der Malerei,[24] weil die Überschreitung der Grenzen weitreichender ausfiel und der Widerstand gegen sie heftiger. Mehr als einmal lässt sich beobachten, wie Kontinuität und Bruch paradox verschränkt sind. Ausdrücklich wird Bezug auf eine historische Position oder ein bestimmtes Stadium innerhalb der historischen Entwicklung genommen und zugleich behauptet, deren Defizitäre seien offensichtlich. Auf diese Weise lässt sich aus dem Anerkannten der Nektar der Bedeutsamkeit saugen. Das stärkt die eigene Position und ermöglicht es im selben Atemzug, diese vom angeblich Überholten abzuheben. Ein solches Tradieren mittels bewussten und im Ergebnis produktiven Missverstehens nennt Buchloh „diskursive Verdrängung."[25]

Der Prozess einer fortschreitenden Loslösung vom Mimetischen war nicht mehr aufzuhalten. Konventionen wie Größe und Maßstab, Ort und Art des Aufstellens oder Lagerns, vor allem der Einsatz des Bronzegusses büßten ihre Verbindlichkeit ein. Betrachtet man beispielsweise die Eisenkonstruktionen als Signatur der Industrialisierung, so lässt sich daran, wie sie Eingang in die Skulptur gefunden haben, der Übergang vom menschlichen Körper zum Körper der Technik, vom Handwerk zur Industrieproduktion, aber auch die Differenz zwischen bürgerlicher Kunst und Avantgarde ablesen.[26] Zumindest in den 1920er und 1930er Jahren sucht die Skulptur ihren Weg zwischen Handwerk und Industrieproduktion, sozialer Grundierung und Selbstzweck wie zwischen Skylla und Charybdis, wobei Spiritualität und Materialismus keinen einfachen Gegensatz bilden. Seit den 1960er Jahren tritt an die Stelle einer solchen Alternative sodann eine auf Wahrnehmung oder Kontextverschiebung gegründete Erfahrung, die mittels einer erweiterten Politik des Körpers und einer sozialen Definition des Raumes die Isolation des Subjekts aufzubrechen sucht. In deren Verlauf wird der Arbeits- und Entstehungsprozess mythisiert, das Material indes tritt weniger illusionistisch auf. Die Treue geht so weit, dass es gleichsam als Residuum des Mimetischen erscheint. Gleichwohl greift der Nouveau Réalisme, ähnlich wie die Pop Art, soziales und politisches Material auf, wohingegen die Arte Povera in der Hinwendung zu Materialien der ersten und zweiten Natur eine Überwindung der modernistischen Ideologie samt all ihrer Verdrehungen zu erreichen trachtet. Gemeinsam ist all diesen Versuchen, dass sie sich anschicken, mittels einer ins Soziale erweiterten Vorstellung von Raum und Objekt die Erfahrung von formaler, materieller und struktureller Radikalität zu vermitteln.

So stehen, um ein Beispiel aus den 1960er und 1970er Jahren herauszugreifen, die Materialien in Carl Andres Plastiken „nicht mehr in Beziehung zu anderen Materialien [...], sondern er betont die Materialität der Elemente durch Hervorkehrung ihrer *sichtbaren* (d.h. farbigen und haptischen) und *unsichtbaren,* aber bekannten chemischen Eigenschaften und Zusammensetzungen.[27] Auch bestimmte er die Struktur seiner hölzernen Elemente allein durch Masse und Gewicht, führte also die Schwerkraft programmatisch wieder ein als strukturelles und prozesshaftes Prinzip plastischer Gestaltung,[28] schaffte die Vertikalität ab und definierte die Plastik als Ort. „Das ist der Gang der Entwicklung: Plastik als Form/ Plastik als Struktur/Plastik als Ort."[29] → Abb. 5

Wie eng das Überschreiten der traditionellen Vorgaben auch an das Material gebunden war, zeigt Andres Beschreibung der Wandlung der Wahrnehmung der New Yorker „Freiheitsstatue": „Als Form wichtig war, war man an der *Freiheitsstatue* wegen der Modellierung von Bartholdi und der Modellierung der Kupferbleche für die Form der Statue interessiert. Dann war man an der Struktur interessiert, und nicht mehr an Bartholdis Form, und man interessierte sich für die Eisengusskonstruktion von Eiffel, als einer Innenstruktur aus Streben, Auslegern und Stützen. Nun sind die Plastiker nicht einmal mehr an Eiffels Struktur interessiert, sondern an Bedloe's Island und was man damit tun kann. So denke ich heute an Bedloe's Island als an einen Ort."[30]

## Sechstens: Weitere Impulse – Judd und Serra

Aus der willkürlichen Entmaterialisierung der konstruktiven Plastik in den 1950er Jahren und ihrem Heranrücken an die malerische Abstraktion, wie sie etwa David Smith (1906–1965) und Anthony Caro (geb. 1924) praktizierten, zogen Kritiker wie Donald Judd (1928–1994) die Konsequenz. Was Mitte der sechziger Jahre diskutiert wurde, waren *Specific objects.*[31] Es wurde mit dem Illusionismus der Malerei abgerechnet und eine Kunst propagiert, die den Raum selbst in seiner Tatsächlichkeit zu artikulieren sucht. Es ist ein Schlag gegen die letzten Relikte der europäischen Kunst, und Judd führt ihn mit Verve und mit Hilfe von Arbeiten, die weder Skulptur noch Malerei sind. Judd selbst vollzieht dann den Übergang von der Wand in den Raum, hin zu Kastenformen, in denen er die Polarisierung eines offenen und umschlossenen Raumes erprobt. → Abb. 6, 7 Alles liegt offen zutage, die Form, das Material, die Konstruktion. Alles ist überschaubar und präsent. Kein Geheimnis, nirgends. Donald Judds dreidimensionale Arbeiten erinnern an nichts als an sich selbst; jeder, der ihnen gegenübertritt, muss sich allein mit ihnen beschäftigen und kann sich nicht in Assoziationen flüchten, wie sie künstlerische Werke

24 Buchloh 1987, S. 349–377.
25 Buchloh 1987, S. 351.
26 „Während die gesamte Technik der kapitalistischen Gesellschaft auf den hochsten und letzten Errungenschaften aufbaut und eine Technik der Massenproduktion darstellt (Industrie, Radio, Transport, Zeitung, wissenschaftliches Laboratorium usw.) ist die bürgerliche Kunst im Prinzip handwerklich geblieben und deshalb aus der allgemeinen sozialen Praxis der Menschheit in die Isolierung, in den Bereich der reinen Ästhetik abgedrängt worden. [...] Der einsame Meister – das ist der einzige Typ des Künstlers in der kapitalistischen Gesellschaft, der Typ des Spezialisten der reinen Kunst, der außerhalb der unmittelbar utilitären Praxis arbeitet, wie diese auf der maschinellen Technik basiert. Von daher rührt die Illusion des Selbstzwecks der Kunst, von daher ihr ganzer bürgerlicher Fetischismus." (Boris Arwatow, *Kunst und Produktion. Entwurf einer proletarisch-avantgardistischen Ästhetik 1921–1930,* München 1972, S. 11–12, zit. nach: Buchloh 1987, S. 360).
27 Buchloh 1987, S. 374. Eva Hesse geht sogar so weit, 1968 einer Ausstellung in der Fischbach Gallery den Titel *Chain Polymers* zu geben, „womit sie unterstrich, in welchem Maße ihre Kunst von einem chemischen Prozess abhing. Denn bei beiden von Hesse präferierten Materialien handelt es sich um Polymere, wenn auch Latex eine natürliche, Fiberglas hingegen eine künstliche Substanz ist." (Annette Tietenberg, *Konstruktionen des Weiblichen. Eva Hesse. Ein Künstlerinnenmythos des 20. Jahrhunderts,* Berlin 2005, S. 115).
28 Buchloh 1987.
29 Carl Andre, zit. nach: Buchloh 1987, S. 374.
30 Carl Andre, zit. nach: Buchloh 1987, S. 375.
31 Vgl. Donald Judd, *Spezifische Objekte,* in: Gregor Stemmrich, *Minimal Art. Eine kritische Retrospktive,* Dresden und Basel 1995, S. 59–73. Judd bezieht seine Überlegungen hauptsächlich auf die Werke von Claes Oldenburg (geb. 1929) und Frank Stella (geb. 1936).

für gewöhnlich auslösen. Dabei unterläuft ihre Platzierung im Raum oder auf der Wand sowohl die Frontalität, mit der Gemälde dem Betrachter gegenübertreten, als auch die Konvention, Skulpturen müssten umrundet werden, um sich zu erschließen. Auch adelt die Hand des Künstlers nicht länger industriell gefertigte Materialien wie Plexiglas, Aluminium, Kupfer, Sperrholz oder Corten-Stahl. Was zählt, ist der Raum, den sie vernehmbar machen, und die Konsequenzen für die Wahrnehmung, die das Werk zeitigt.

Richard Serras Werke hingegen treten mit der Beharrlichkeit tonnenschwerer Gewichte auf, und doch sind es die für verändernde Tätigkeiten stehenden transitiven Verben, die es dem Bildhauer angetan haben. → Abb. 8 1967/1968 hat er sie aufgelistet: „rollen, falten, falzen, anhäufen, [...] krümmen, heben, einlegen, [...] stützen, fangen, aufhängen, ausbreiten, hängen, sammeln, der Spannung, der Schwerkraft, der Entropie [...].“[32] So paradox es scheinen mag, Serra – der berühmteste Stahlarbeiter unter den Bildhauern der Gegenwart, der, wie er einmal bemerkte, zum Stahl kam, weil er als Junge schon das Potenzial der industriellen Revolution begriffen hatte – trachtet danach, die innere Bewegtheit des Statischen hervorzuheben. Mystifizierungen des kreativen Prozesses lehnt er ab. Ihn interessieren Addition und Subtraktion, das Gleichgewicht von Gewicht und die Erfahrung der Skulptur an dem Ort, an dem sie residiert.[33]

Was den Minimalismus selbst angeht, so beschäftigt Serra hauptsächlich die Frage, ob Künstler wie Dan Flavin (1933–1996), Carl Andre und Sol LeWitt (1928–2007) in Werk und Theorie womöglich ein Konstruktionssystem darzustellen suchten, das nicht nur geschlossen, sondern überdies von didaktischer und autoritärer Überheblichkeit geprägt war. Wie für Bruce Nauman (geb. 1941) und Eva Hesse (1936–1970) ließ sich körperbezogene Wahrnehmung für Serra nicht von Ängsten und Zweifeln lösen und einem allgemeinen Lehrsatz unterordnen. Folglich lehnt er die a priori gegebene „Geometrie des kubistischen Raumgitters“ ab, wie sie die Minimalisten propagierten. Sein *Splash Piece* von 1968 → Abb. 9, 10 etwa hebt den rechten Winkel zwischen Wand und Boden ebenso demonstrativ auf, wie es die starre Definition des skulpturalen Körpers Lügen straft. Das flüssige Blei, das er in die Raumkante schleudert, wo es im Aufspritzen erkaltet, verunklärt die Raumgrenze, unterminiert den nur architektonisch definierten Raum und dokumentiert den Prozess der Werkgenese. Überdies verflüssigt es das Material wie beim Bronzeguss, setzt es aber völlig anders ein, indem er Formentwicklung und Guss ineins fallen lässt und zur Artikulation des konkreten Raumes nutzt.

Es ist die Beseitigung des Sockels, die für Serra, der nicht zufällig 1966 mehrere Monate in Brancusis Atelier in Paris verbrachte,[34] den größten Bruch in der Geschichte der Skulptur im 20. Jahrhundert darstellt. Also entwickelt er, statt in einer autonomen Skulptur eine vom Ort unabhängige ästhetische Ordnung zu bestätigen oder einfach im Atelier entstandene Objekte aufzustellen, Anti-Environments, die ihren eigenen Raum schaffen und sich in Widerspruch zur bestehenden Umgebung setzen. In der Offenlegung der operativen Logik der Skulptur und ihrem ausdrücklichen Ortsbezug wird Raum zudem neu definiert, wobei sich Form und Material gegenseitig bedingen, Objekt und Prozess in der Wahrnehmung des Betrachters zu einer plastischen Einheit zusammengefügt werden. Serras Skulpturen definieren eine „physische Struktur“ und generieren Kraftfelder, die Inhalt, Charakter und Struktur eines Ortes offenlegen, ohne das Bestehende zu bestätigen.

## Siebtens: Zur Aktualität des Skulpturalen

Die Skizze der jüngeren Geschichte der Skulptur, so unvollständig und vorläufig sie sein mag, zeigt: das Feld ist in viele Richtungen durchschritten und so offen und betretbar wie nie zuvor – auch im Einsatz unterschiedlicher Metalle und deren Bearbeitung. Nicht nur, was die Gattungen angeht, sind alle Grenzpfähle eingerissen. Auch wenn Immunität gegen den Zeitgeist als solche noch kein Verdienst ist, so fällt doch auf, dass Skulpturen, die heute entstehen, entweder Installationen sind, die eine Einbettung des Betrachters in unterschiedliche soziale, politische, narrative oder künstlerische Kontexte erproben oder Hybride, die an sich Heterogenes assoziativ zusammen zwingen. Innerhalb einer Situation nicht mehr zu überbietender Vielfalt wird sogar das Herstellen klassischer Bronzeskulpturen samt Sockel – der virtuose Dekonstrukteur Olaf Metzel (geb. 1952) führt es vor – abermals zu einer Möglichkeit unter anderen. → Abb. 11 Ob die Muse Handwerk oder Techne heißt, ob sich Skulptur abermals der erfolgreicheren Malerei an den Hals wirft oder theatralisch danach trachtet, soziale Abgründe auszuloten – die Invasion von Bruchstücken der Realität geht weiter. Auch wenn längst nicht alles, was auf dem weiten Feld der Skulptur entsteht, in Form und Auftreten der gestaltbaren Härte des Materials entspricht – der Möglichkeiten sind heute viele, nach einer außerästhetischen Realität zu greifen, um der Neutralisierung der Abstände und der Kompression des Raums in den Medien entgegenzuwirken.[35] Auch in der Skulptur probt das neue Raumdenken den „Aufstand gegen die geschrumpfte Welt."[36] Nicht selten sind seine Waffen aus Metall.

32 Richard Serra, *Schriften. Interviews. 1970–1989*, hrsg. v. Harald Szeemann, Bern 1990, S. 7–11.
33 Serra 1990, S. 139.
34 Hulten 1986, S. 41.
35 Vgl. Peter Sloterdijk, *Im Weltinnenraum des Kapitals*, Frankfurt/M. 2006.
36 Sloterdijk 2006, S. 399.

5

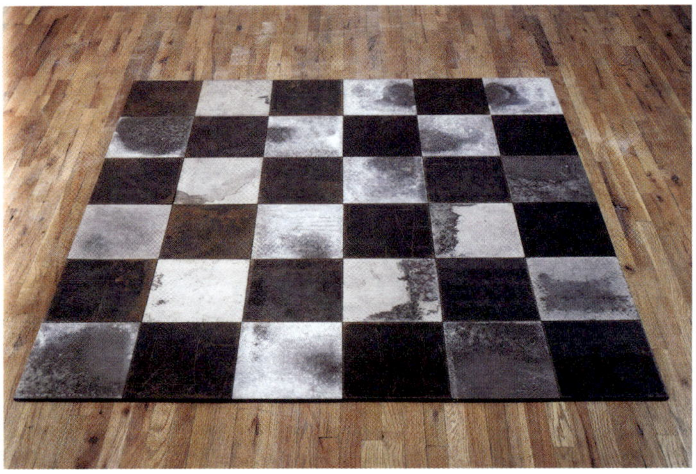

5 Carl Andre
*Steel-Magnesium Plain,* New York 1969
Stahl, Magnesium
36 Platten, je 1 × 30,5 × 30,5 cm
Privatsammlung Schweiz

6 Donald Judd
*Untitled,* 1985
Rostfreier Stahl, Hartglas
4 Teile, je 86,4 × 86,4 × 86,4 cm
Saatchi Collection, London

7 Donald Judd
*Untitled,* 1969
Messing, Plexiglas
10 Teile, je 15,2 × 68,6 × 62 cm
Hirshhorn Museum and
Sculpture Garden, Washington

7

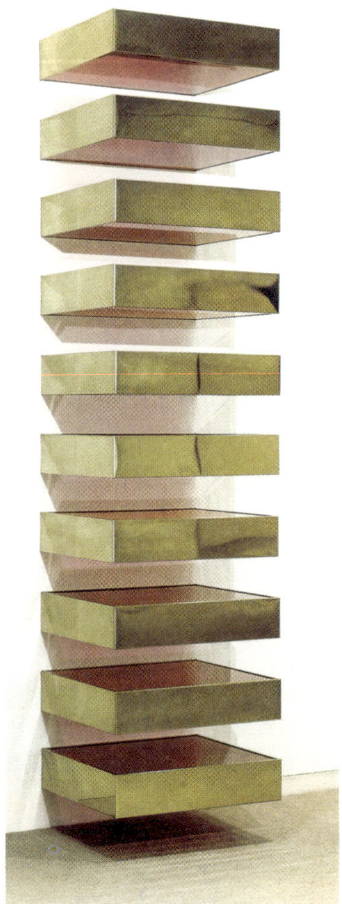

6

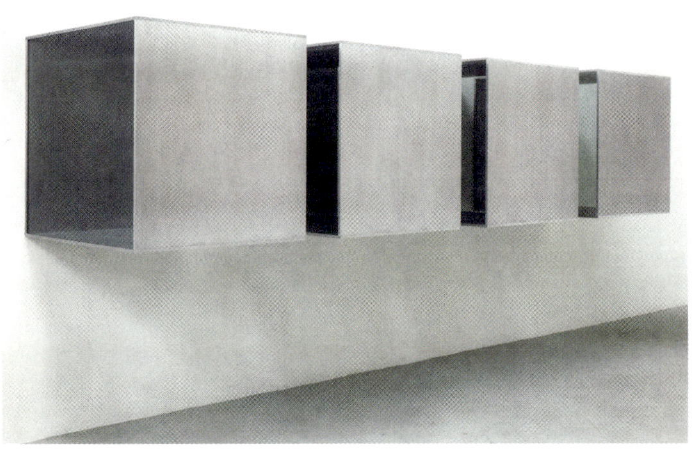

8

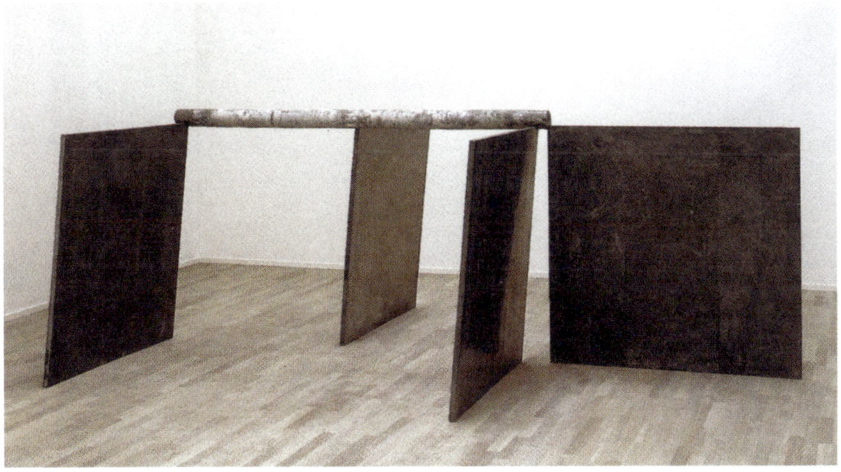

9

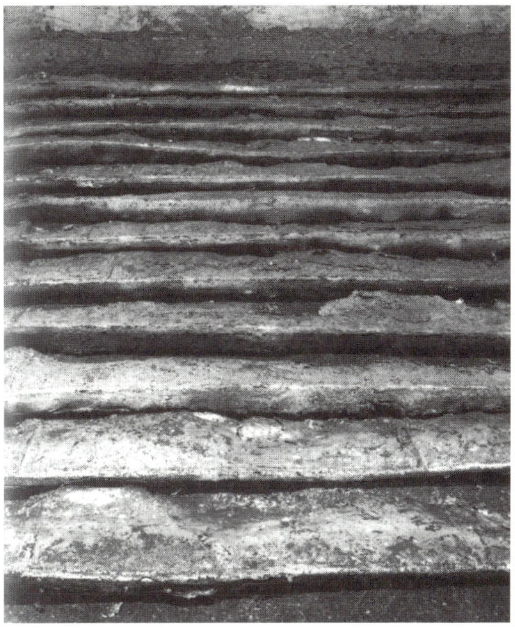

10

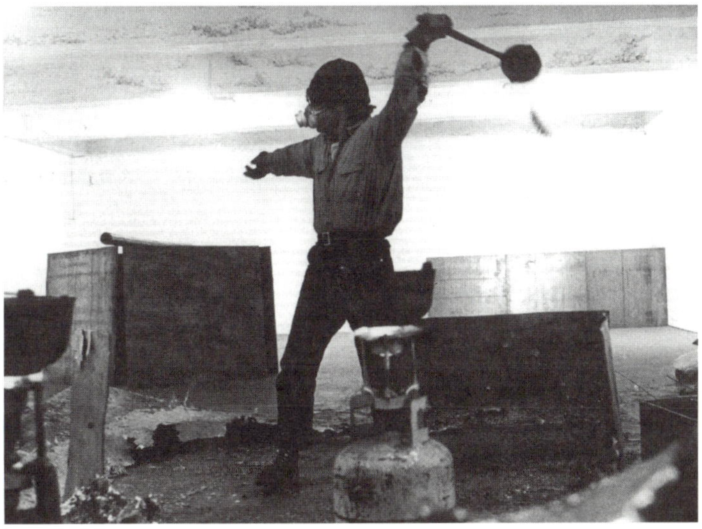

11

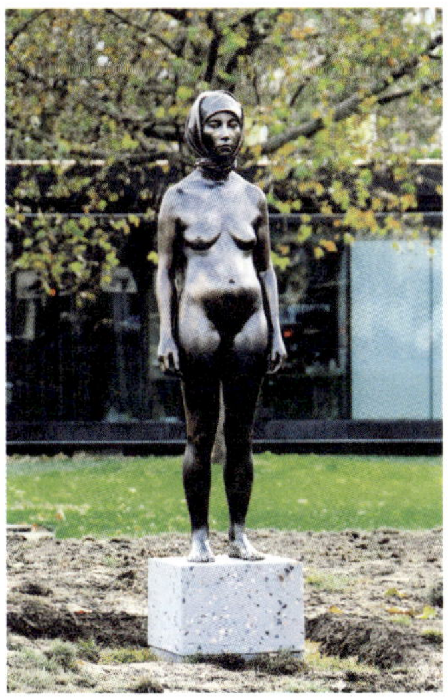

8 Richard Serra
*1-1-1-1*, 1969/1992
Blei, Antimon
4 Platten, je 122 × 122 × 2,5 cm; Rolle ca. 213 cm × 10 cm
Kunstsammlung Nordrhein-Westfalen, Düsseldorf

9 Richard Serra
*Casting*, 1969
Blei
1000 × 760 × 450 cm
Zerstört

10 Richard Serra, Blei werfend, 1969
Castelli Warehouse, New York

11 Olaf Metzel
*Turkish Delight*, 2006
Bronze, Sandsteinsockel
170 × 34 × 30 cm
Besitz des Künstlers

# „Die Künstler verherrlichen fortwährend"[1] Kunst im Spannungsfeld von Konvention und Freiheit

Dörte Zbikowski

„Wenn es etwas gibt, wofür zu leben lohnt, dann ist es die Betrachtung des Schönen."[2] Dass edler Kunstgeschmack und gefälliger Stil nicht mit industriell gefertigten Produkten zu erzielen sei, Vorgefertigtes nicht den Rang einer handgefertigten Skulptur einnehmen oder Schrott kein künstlerisches Material sein könne, beruht auf gesellschaftlichen Konventionen. Dagegen zu verstoßen, provoziert. In der Aufbruchsstimmung der 1960er Jahre wurde auch in der Kunst so manches möglich, was zuvor undenkbar schien. Und doch haben diese Accumulationen und Materialmixe, Pressungen und Zerrungen in den Collagen und Materialbildern der Kubisten ihre Vorläufer, und die Verwendung von Alltagsmaterial geht bis auf Marcel Duchamp (1887–1968) zurück. Aufgegriffen wurde das Innovative, das schon damals Provozierende. Doch was fasziniert uns heute? Welchen ästhetischen Wert haben so banale Dinge wie ein Flaschentrockner[3] ← Werk Seite 88 ← oder eine Stahlplatte? Unbearbeitete Stahlplatten, zusammengeschweißte Schrottteile, gebeulte und durchlöcherte Bleche – da wird dem Kunstfreund so einiges zugemutet. Entsteht mit Neuerungen in der Kunst auch eine neue Ästhetik?

Die Auffassung dessen, was Kunst sei, ist seit jeher Wandlungen unterworfen. Abstrahierend in der Prähistorik, detailgetreu in Gotik, Renaissance, Klassizismus, verklärend in der Romantik, war sie Spiegel von Weltauffassung und Lebensgefühl. Mit der Ausdrucksweise unterliegt auch die Symbolsprache einer Entwicklung. Stile ändern sich, die breite Akzeptanz hinkt gewöhnlich hinter den Innovationen her, doch verkannte Künstler, wie noch Ende des 19. Jahrhunderts etwa mit Vincent van Gogh (1853–1890), gibt es immer weniger. Ästhetisch innovative oder formal rigorose Werke sind dem Betrachter meist „unbequem". Auch wenn das Material unbearbeitet wirkt, die Arbeit sperrig ist oder schlichtweg im Wege steht (wie etwa für den öffentlichen Raum konzipierte Skulpturen Richard Serras oder die Raum besetzenden Arbeiten von Robert Morris und Donald Judd), drohen Streitigkeiten über die Grenzen des Machbaren und Zumutbaren zu eskalieren. Extreme, Wagnisse, Umwälzungen bis hin zu Tabubrüchen scheinen gefordert, wenn Kunst etwas bewegen soll, letztlich also ein unbefangener Umgang mit dem (vorgefundenen) Material und den etablierten Konventionen.

## Verherrlichung (Materialien und Produkte des Fortschritts)

Einhergehend mit seiner Verherrlichung während der Industrialisierung wurde Eisen (Stahl)[4] Ende des 19. Jahrhunderts zum Ausdruck und Symbol von Moderne und Fortschritt, wofür der 1889 zur Pariser Weltausstellung errichtete Eiffelturm gleichsam als Wahrzeichen stand. Wladimir Tatlin (1885–1953) etwa referiert mit seinem *Modell für das Denkmal der III. Internationale* (1919/1920)[5] auf dieses Wunderwerk der Technik. → Abb. 1 Beunruhigt über die fortschreitende Technisierung hatte Tatlin um 1915 als einer der ersten die Künstler aufgerufen, neue Wege zu beschreiten und darauf hinzuwirken, dass „all das Eisen, das gegenwärtig zu abgeschmackten Baugebilden herhalten muss", gestalterisch verarbeitet wird. Seine zeitgleich entwickelten Konterreliefs, sockellose Skulpturen aus weitgehend „rohem" Material, die in Raumecken aufgehängt werden, entstanden auf der Suche nach einer völlig abstrakten, rein geometrischen Formsprache. → Abb. 2

Etwa zur gleichen Zeit „schuf“ Marcel Duchamp (1887–1968) sein Ready-made *Flaschentrockner* (1914): „Ich habe das als bereits fertige Skulptur gekauft.“[6] Werk→ Seinerzeit wurde dies als Angriff auf das Schöpfertum des Künstlers verstanden, heute als bahnbrechender Geniestreich. Auch im Stolpern seiner Atelierbesucher über ein Garderobenbrett mit vier Haken sah Duchamp eine ästhetische Situation und schuf mit *Trébuchet* 1917 die erste sockellose Bodenplastik.[7] Constantin Brancusi (1876–1957) begann um 1920 eher beiläufig, dem Sockel Eigenständigkeit zuzuerkennen[8] und ebnete damit den Weg bis hin zu Carl Andres (geb. 1935) revolutionärem Konzept der Skulptur als Platz (*Element Series,* ab 1960), bei der das Kunstwerk vom Betrachter betreten wird. Julio González (1876–1942) wiederum, Sohn eines Goldschmiedes, arbeitete 1927, beeinflusst von kubistischen Materialbildern, als einer der ersten mit Alteisen. Fasziniert von der Leichtigkeit und Spontaneität, die ihm die Assemblage-Technik ermöglichte, schuf er Werke an der Grenze zwischen Gegenständlichkeit und Abstraktion, wobei die Auswahl der Einzelteile formalen Überlegungen folgt. Werk→

→ Seite 88

→ Seite 59

All diese Positionen waren weit entfernt von dem damals als Kunst Akzeptierten. Im Kunstschaffen jenseits der klassischen Disziplinen von Malerei und Bildhauerei wurden Grenzen aufgebrochen und neue Ausdrucksformen gefunden, die mit den herkömmlichen Kunstkriterien nicht zu fassen sind, neue Wege beschritten. Die Definition von Skulptur, ihrer Beschaffenheit und ihrem Material konnte so weit gefasst werden, dass alles möglich wurde.[9]

Doch Duchamp beteiligte sich schon seit 1912 nicht mehr an Ausstellungen. Trafen seine Ready-mades dennoch auf Publikum, so wurden sie als Alltagsobjekt übersehen oder als Scherz abgewertet. Ähnlich hat Tatlin zwar, obwohl die Öffentlichkeit sein Kunstschaffen ablehnte, seine Ziele weiterverfolgt, zeigte 1915 die Konterreliefs, fand auch zahlreiche Nachfolger unter den später als Konstruktivisten bekannten Künstlern, doch als in Russland die abstrakte Kunst bekämpft wurde, schuf er mit *Sangesi* 1922 sein letztes bekanntes Werk.

González' Werke, obschon im traditionellen Prozess des Schmiedens entstanden, wurden zu seinen Lebzeiten kaum gewürdigt. Nur zaghaft machten sich die Innovationen bemerkbar, etwa bei Pablo Picasso (1881–1973), der 1929–1932 mit González zusammenarbeitete und von ihm in die Techniken der Metallverarbeitung eingewiesen wurde, und bei David Smith (1906–1965), dem Pionier der amerikanischen Metallplastik seit 1933. Als sei die Zeit noch nicht reif, wurden die Ansätze erst in den 1960er Jahren auf breiter Front aufgegriffen und radikalisiert – und vom Publikum nach wie vor kritisiert.

---

1 Friedrich Nietzsche (1844–1900), *Die Fröhliche Wissenschaft*, Frankfurt/M. 1982, S. 103 (Nr. 85).
2 Platon (429–347 v. Chr.), *Symposion*, 211 d, zit. nach: Michael Hauskeller, *Was ist Kunst? Positionen der Ästhetik von Platon bis Danto*, München 1999, S. 9; vgl. Ernesto Grassi, *Die Theorie des Schönen in der Antike*, Köln 1962, Neuausgabe Köln 1980, S. 264.
3 Mittlerweile hat ein Flaschentrockner auch kulturhistorischen Wert.
4 Verwendung findet Eisen als Metall fast ausschließlich in Form von Legierungen wie z.B. Stahl, das chemisch eine Eisen-Kohlenstoff-Legierung ist.
5 Original zerstört, 1968 rekonstruiert, Holz, Höhe ca. 49 cm.
6 Marcel Duchamp, Brief an seine Schwester Suzanne, 15. Jan. 1916, zit. nach: Dieter Daniels, *Duchamp und die anderen. Der Modellfall einer künstlerischen Wirkungsgeschichte in der Moderne*, Köln 1992, S. 168.
7 Kleiderhaken, auf Eichenbrett, 100 x 11,9 x 18,8 cm, Original zerstört, 1964 rekonstruiert.
8 Vgl. Friedrich Teja Bach, *Constantin Brancusi. Metamorphosen plastischer Form*, Köln 1987, S. 57–67, bes. S. 65–66.
9 Dies spiegelt sich darin, dass die Begriffe Plastik (das modellierte Bildwerk) und Skulptur (das gehauene Bildwerk) wie auch der Ersatzbegriff Objekt (der eigentlich nur auf Werke aus Vorgefundenem anzuwenden ist) auf das neue Kunstschaffen kaum zutreffen.

1

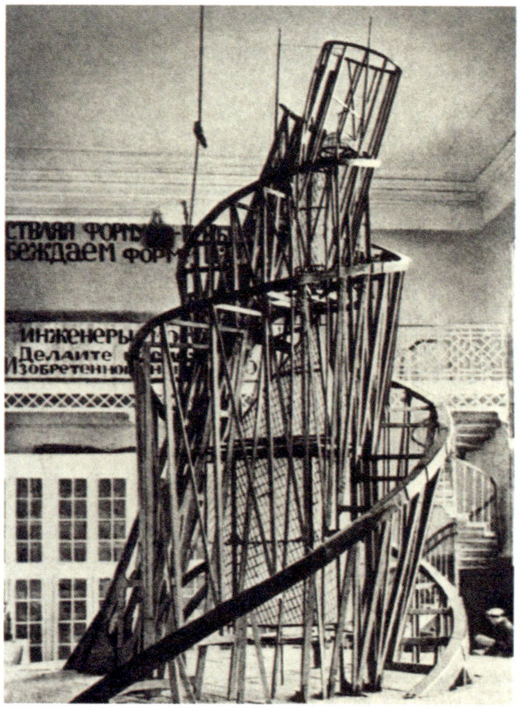

2

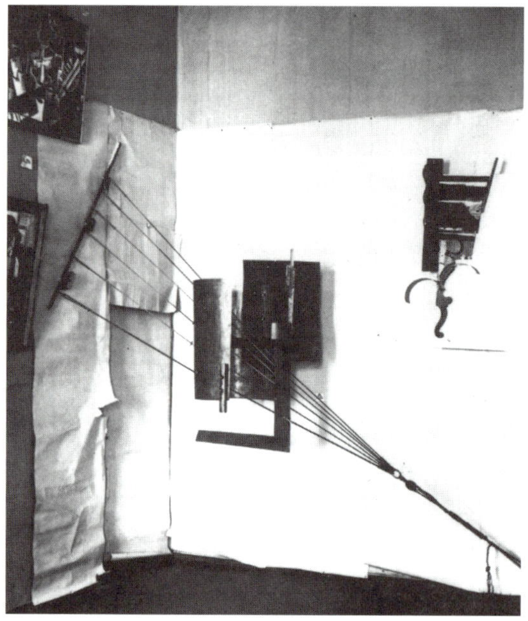

3

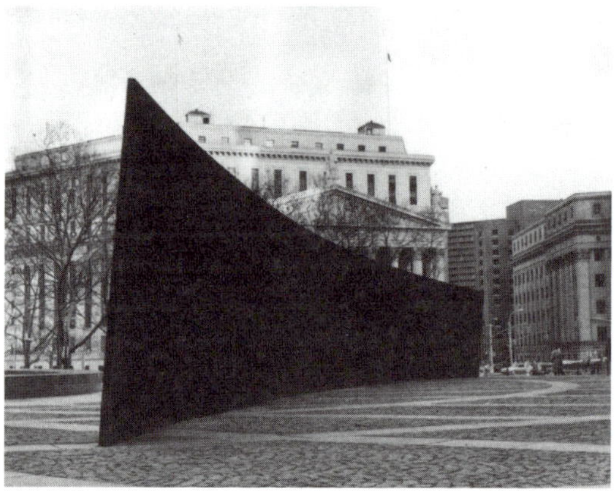

4

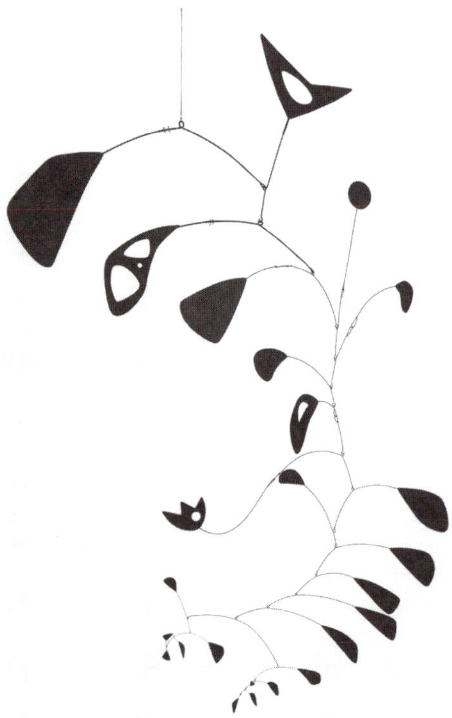

1 Wladimir Tatlin
*Modell für das Denkmal der III. Internationale,*
1919/1920
1920 in der ehemaligen Akademie der Künste, Petrograd

2 Wladimir Tatlin
*Eck-Konterrelief und Konterrelief mit Stuhlbein*
1915 in der Ausstellung *0,10*, Petrograd

3 Richard Serra
*Titled Arc*, 1981
Cortenstahl
365 × 3650 × 6 cm
Federal Plaza, New York (zerstört)

4 Alexander Calder
*S-Shaped Vine*, 1946
Blech, Draht, Farbe
250,2 × 175,3 cm
Privatsammlung

Zwei Schwerpunkte wären hier herauszustellen: führend vertreten mit Richard Serra (geb. 1939) das Arbeiten mit Eisen in der Rohform sowie Skulpturen aus Schrott in allen Variationen.

Richard Serra, dessen primäres Thema das Phänomen von Schwere und Schwerkraft ist, formte ab 1968 im Bleiwurf Raumkanten ab *(Splashings)* und schuf Skulpturen aus Bleiplatten, die sich durch ihr Gewicht gegenseitig stabilisieren *(Props)*. Werk→ 1969 entdeckte er den Corten- oder Walzstahl als sein künstlerisches Material. Cortenstahl, der schnell anrostet, aber nicht durchrostet, kann in entsprechenden Hochöfen hergestellt werden. Serra stellt die mächtigen, meist unbearbeiteten oder leicht geschwungenen Platten so auf, dass man den Eindruck hat, sie könnten jederzeit umfallen. Das wirkt bedrohlich, und zusammen mit dem Rohen, Sperrigen vielleicht auch aggressiv. Entsprechend wurden seine Skulpturen aus dem öffentlichen Raum, als Auftragsarbeiten entstanden, wiederholt entfernt.[10] → Abb. 3 Doch was Serra interessiert, ist, die Biegung und Schwerkraft beziehungsweise das Gewicht und Gegengewicht zweier sich gegenseitig haltenden Teile sorgfältig auszubalancieren, ein Gleichgewicht zu finden, und das meint auch eine Harmonie. Sein Material lässt nicht jene poetische Leichtigkeit zu wie etwa die Eisenblättchen von Alexander Calders (1898–1976) *Mobiles* (ab 1931).[11] → Abb. 4 Serras Material ist sperrig auch im übertragenen Sinn. Er wählte den Stahl aufgrund seiner Schwere, die über das rohe Erscheinungsbild noch gesteigert wird, aufgrund der Herausforderung, dieser Schwere allein über die Positionierung eine Leichtigkeit zu geben. Die Schwierigkeit, die Skulptur aufzustellen, also der Prozess, ist Teil des Werkes. Das, was das Ästhetische ausmacht, liegt hier also im Reiz des eigentlich Unvorstellbaren.[12]

→ Seite 7

Klaus Rinke (geb. 1939), der etwa mit stählernen Richtungsstäben Kraftlinien und Bewegungen in der Zeit zu Zeichnungen im Raum auslegt,[13] dessen explizites Material aber keineswegs Metall ist, sieht man einmal von den Stahlloten ab, benennt das Volksnahe als Motivation für das künstlerische Arbeiten mit rohem Eisen. „Darin existiert eine richtige demokratische Ästhetik – Arbeiterästhetik, Stahlarbeiter." Zu einer „richtigen klassisch-akademischen Attitüde" sei das geworden.[14]

Ähnlich ist es bei den Skulpturen, deren Material vom Schrottplatz stammt. Jean Tinguely (1925–1991) ist der wohl bekannteste Künstler, der Ready-made-Eisenteile zusammenschweißte. Er interessiert sich für alles, was sich bewegt – Schrauben, Räder – und baut Phantasiemaschinen, die, stets funktionstüchtig, ihren eigenen Kreislauf unablässig wiederholen, überwiegend ohne etwas zu produzieren.[15] Werk→ Tinguely fragt nach dem Sinn von Technik. Zwar stehen auch seine Konstruktionen den Konventionen einer traditionellen Skulptur entgegen,

→ Seite 43

10 Z.B. *Tilted Arc*, 1981, Federal Plaza, New York; *Terminal (Endstation)*, 1976/1977, Stadt Bochum. (Vgl. *Terminal von Richard Serra. Eine Dokumentation in 7 Kapiteln*, hrsg. v. Museum Bochum, 1980).

11 Der Begriff *Mobiles* wurde durch Duchamp geprägt, Calder selbst hatte sie *Constructions animées et sonores* genannt.

12 Auch Bruce Nauman (geb. 1941) interessierte sich Ende der 1960er Jahre, etwa in seiner Stahl/Blei-Arbeit *Untitled (Lead Piece with Wedge)* (1968, WVZ 133) für das Wirken von Kräften unterschiedlicher Materialbeschaffenheit. Vgl. auch *Untitled (Wedge Beetween Metal Plates)*, 1968, WVZ 135.

13 Z.B. *Orientierung rechts – links, hinten vorne*, 1974 (WVZ 444); *Expansiver Stab*, 1975 (WVZ 449); *Zwei Vertikalachsen, die sich im Mittelpunkt treffen*, 1975–1977 (WVZ 467). *Werkverzeichnis 1954–1991*, in: *Klaus Rinke. 1954–1991. Retroaktiv*, Ausst.-Kat. Kunsthalle Düsseldorf 1992.

14 Klaus Rinke, in: *Kunst und Medien. Materialien zur documenta 6*, hrsg. v. Horst Wackerbarth, Kassel 1977, S. 90.

15 Ausnahmen sind die *Méta-Matics*-Malmaschinen und die Maschinen, die sich selbst zerstören.

doch aufgrund ihrer spielerischen Leichtigkeit sind sie beliebt, ohne dass die ästhetischen Kriterien hinterfragt werden.

César (geb. 1921) wiederum, der 1957–1960 ebenfalls Schrottassemblagen nach dem Vorbild von Picasso und González schuf, provozierte 1960 auf dem Pariser Salon mit seinen ersten Kompressionen einen Skandal. Er hatte Autokarosserien und andere Metallobjekte in einer Metallverwertungsfabrik zu kompakten, quaderförmigen Skulpturen zusammengepresst.[→ Abb. 7] Auch John Chamberlain (geb. 1927) verwendet ab 1957 Autoschrott, ab 1959 presst und schweißt er Teile von Unfallwagen zu Skulpturen, die er auch bemalt, doch er unterwirft das Material seinem gestalterischen Formwillen. Auch bleibt die Form offener, so dass sich gegenständliche oder sogar figürliche Assoziationen, zu-
Seite 8/9 ← mindest aber erzählerische Momente einstellen können.[← Werk] Schöpfung erfolgt hier durch Weiterverarbeitung eines vorgefertigten, alltagsnahen Gegenstandes, der dadurch endgültig der Rückführung in seine ursprüngliche Bestimmung entledigt wird. Ästhetische Reize können etwa in den Faltungen und in den malerischen Werten der weitgehend zufälligen Farbkombinationen gesehen werden.

## Veredelung (Nicht alles was glänzt, ist Gold)

Nicht weniger problemorientiert arbeiten jene Künstler, die das Ästhetische herausstellen. Hier sind die bevorzugten Metalle vor allem Bronze und Edelmetall. Der Bronzeguss, seit vorgeschichtlicher Zeit eine wichtige Technik, wies dem Arbeiten mit Metall jahrhundertelang eine nicht eigenständige, gleichsam dienende Rolle zu: Die künstlerische Idee wurde in Ton, Wachs oder Gips eingefangen; die Bronze ist Mittel, der Idee Dauer zu verleihen und tritt in der Wertehierarchie hinter der eigentlichen Schöpfung zurück. Doch der Bronzeguss gilt bis heute als wertsteigerndes Reproduktionsmittel, er löst das Versprechen auf eine wertvolle Skulptur ein, er gibt der Komposition eine vereinheitlichende Form, verleiht ihr den letzten Schliff, macht „schön", muss deshalb aber ästhetischen Konventionen keineswegs entsprechen. Mit Bronze aus den festgelegten Strukturen auszubrechen, gelang Künstlern seit 1960, indem sie banale Alltagsdinge in Bronze gossen: Jasper Johns (geb. 1930) ließ 1960 zwei Bierdosen in Bronze gießen und bemalte sie authentisch (*Painted Bronze,* 1960).[16][→ Abb. 6] Giuseppe Penone (geb. 1947) schuf 1977 vergoldete Bronzekartoffeln *(Patate)*. Jeff Koons (geb. 1955) ließ 1985 Bälle, einen Schnorchel, eine Rettungsweste, ein Tauchgerät und ein Schlauchboot in Bronze gießen, kehrte also luftgleich Leichtes in sein extremes Gegenteil.[17][→ Abb. 5] Jürgen Drescher (geb. 1955) stellt Aluminiumsandabgüsse leerer, offener Kartons
Seite 85 ← aus *(Karton (freistehend),* 2007).[← Werk] Arthur Køpcke (1928–1977) wiederum homogenisierte seine Objektskulpturen, indem er sie silbern einfärbte (*Objektskulptur,* 1960/1961; *Kartoffelkiste,* 1963).[→ Abb. 8] Marc Quinn (geb. 1964) formte Ende der 1980er Jahre Büsten aus Brotteig, die er nach dem Backen in Bronze goss (*Dr Pangloss,* 1989/1990).[→ Abb. 9] Das mag zugleich anziehend und abstoßend wirken.

Dinge des Alltags werden veredelt, dadurch aber auch ihres ursprünglichen Gebrauchswertes entledigt. Sie alle würden zum Verhängnis, wollte man sie artgerecht benutzen. In dieser Übersteigerung hart an der Grenze zum Kitsch liegt das Interesse der Künstler im Ausloten dessen, was Kunst ist und sein kann.
Die eigentlichen, aus dem Alltag isolierten Protagonisten – die Bierdosen, die Kartoffeln, der Karton – werden nur in dem kurzen Moment des Auswählens in ihrer

Geschichte auf ungewöhnliche Wege geleitet, dann aber durch den veredelnden Abguss ersetzt. Nicht der jeweilige Protagonist, sondern ganz traditionell sein Abbild wird hier verewigt. Das wiederum ist Schöpfung. In dieser Loslösung vom banalen Realobjekt liegt eine Grundlage für die (auch) ästhetische Akzeptanz der Werke.

Andere Künstler, wie etwa Anish Kapoor (geb. 1954), bedienen sich des Edelmetalls; eines Materials also, das bereits im Begriff auf eine Qualitätsverbesserung verweist. Die auf Hochglanz polierten Objekte sind schön und faszinierend. Das hängt vor allem mit ihrem Glanz zusammen. Glatte, Licht reflektierende, je nach Beleuchtungssituation und Betrachterstandpunkt auch spiegelnde Flächen lenken die Aufmerksamkeit auf sich, dies umso mehr, wenn das Spiegelbild wie bei Kapoor malerische Wirkungen entfaltet, den Umraum also ästhetisiert (*Untitled*, 2004).Werk→ Diesen Effekt haben Künstler wie Brancusi bereits in ihren Skulpturen → Seite 3 aus Bronze zu erzielen gesucht. Die Glätte der makellosen Oberflächen, verbunden mit einer höchsten Konzentration des Ausdrucks, signalisiert eine Reinheit, die als ästhetisch empfunden wird. Da kann dann schon übersehen werden, dass etwa die bis auf äußerste Grundformen (Urformen) stilisierte *Prinzessin X* (1916), → Abb. 10 würde sie in einem anderen Material gezeigt, auf Ablehnung stieße.[18] Die Erfahrung von Schönheit erfolgt hier über die Oberfläche und wird vom Eindruck des golden Glänzenden gelenkt.[19]

Ähnlich entfaltet auch Carol Boves (geb. 1971) anmutige Hängeinstallation aus lichten, hochglänzenden Bronzestäben eine ästhetische Pracht (*The Night Sky over New York/October 21, 2007, 9 pm*, 2007).Werk→ Ebenso schlicht wie → Seite 4, 5 aufwendig, penibel ist die Wirkung im Raum ausgelotet. Der Eindruck von Leichtigkeit ist gefordert, trotz aller tatsächlichen Schwere. Indifferent mag dagegen Marc Quinns *Morphologie des Konkreten* (1996) → Abb. 11 wahrgenommen werden. Allein der Kopf der Figur ist ausgestaltet, während der Körper in Tropfen aufgelöst zu sein scheint; der Körper im Übergangsstadium, in Silber veredelt, unantastbar, trotz aller Oberflächenglätte den Betrachter auf Distanz haltend.

Daneben finden sich auch in der Gegenwartskunst realistische, in Edelstahl gegossene, hochglänzende Büsten (Sherrie Levine), → Abb. 12 Figuren oder Alltagsdinge (Jeff Koons).[20] Jeff Koons benennt Vertrautheit als ästhetisches Anliegen: „Das Edelstahlmaterial wählte ich, weil es ein Gefühl der Sicherheit ausstrahlt. Diese Sicherheit wird durch das Polieren noch unterstrichen und durch die Tatsache, dass die Töpfe, in denen Mutter früher das Essen kochte, auch aus Edelstahl waren. Man kann in den Edelstahlobjekten eine direkte Verbindung zu religiösen Reliquien sehen, die ja auch poliert sind. So wird der Betrachter spirituell angesprochen, und ihm wird Vertrauen eingeflößt."[21]

---

16 Johns stellte keine Alltagsgegenstände als Kunst aus, sondern fertigte mit den traditionellen Mitteln von Bildhauerei und Malerei Repliken, so etwa im trompe-l'œil bemalte Bronzeplastiken nach dem Gipsabguss echter Bierdosen. Original und Replik, Realität und Kunst zum Thema nehmend, kommentierte Johns „den Prozess, wie Objekte entstehen, und demonstrierte zugleich auf eindrucksvolle Weise, wie wir sie in der Welt wahrnehmen." (Diane Waldman, *Collage und Objektkunst vom Kubismus bis heute*, Köln 1993, S. 256).

17 *Basketball*, 1985; *Soccerball*, 1985; *Snorkel (Shotgun)*, 1985; *Snorkel Vest*, 1985; *Aqualung*, 1985; *Lifeboat*, 1985.

18 WVZ 130; Marmorfassung: WVZ 128.

19 Ganz anders liegt das Faszinierende bei Etienne-Jules Marey (1830–1904), bekannt für seine wissenschaftlich motivierten Chronofotografien von Bewegungsabläufen, im Unerwarteten seiner Bildidee: Er ließ die Aufzeichnung des Flugs einer Sturmmöwe in eine Bronzeplastik übertragen. Die weißen Linien auf schwarzem Grund werden zu einer abstrakten Plastik.

20 Jeff Koons, *Fisherman Golfer*, 1986; *Kiepenkerl*, 1987; *Pail (Eimer)*, 1986.

21 Jeff Koons, zit. aus: *Jeff Koons*, hrsg. v. Angelika Muthesius, Köln 1992, S. 71.

Es ist der Materialwert von Gold, geprägt durch das rare Vorkommen dieses Metalls und seine mühevolle Gewinnung – auch einhergehend mit der Empfindung von Sonnenstrahlen als warm, schön und golden –, der unsere Vorstellung von der Verbindung von Glanz, Schönheit und Wert grundlegend bestimmt. Materieller Wert, dekorativer Anspruch und positive Assoziation verblenden das, was vielleicht anstößig wirken könnte. Gezielt werden ideeller und Material-Wert gerade des Goldes aber auch eingesetzt, um ein Werk wertsteigernd zu vermarkten.[22] Die Palette reicht von Yves Kleins (1928–1962) monochromen Goldbildern (1959–1962) und Robert Rauschenbergs (1925–2008) *Gold Paintings* aus auf Stoff fixiertem Blattgold (um 1953–1955) über Alberto Burri (1915–1995), der 1953 Bilder aus Goldstaub auf Jutesäcken schuf, und Marcel Broodthaers (1924–1976), der 1971 Goldbarren zum doppelten Marktwert verkaufte, bis zu Damien Hirst (geb. 1965), der seinem jüngst in Formaldehyd gestellten Jungbullen neben Goldhufen und -hörnern auch einen Nimbus aus massivem Gold gab; eingeschlossen natürlich in einem vergoldeten Behältnis (*The Golden Calf,* 2008). Die Idee, über die Wahl des Materials einem Werk etwas Erhabenes zu verleihen, wird hier in Anspielung auf die alttestamentarische Geschichte überhöht.

## Verblendung (Normierte Wahrnehmung)

Schönheit wird bevorzugt, weil sie ein Gefühl der Erhabenheit verspricht. Und weil sie ein Kriterium ist, das auch der breiten Masse zugänglich zu sein scheint. Doch was ist schön? Was ist ästhetisch? Was macht ein Kunstwerk aus?[23] Die Perspektive des Künstlers ist der des Betrachters oftmals konträr. Die Empfindung von Schönheit ist eine konventionsgeprägte Gefühls- und Geschmackssache. Ein Künstler kann ihr auch bewusst zuwider handeln und das Unangenehme, Sperrige für „schön“, erquicklich und erhaben erklären. Grundlagen liegen in der prinzipiellen Autonomie der Kunst, die, seit der Goethe-Zeit, losgelöst von staatlichen und kirchlichen Maßgaben, neben Wissenschaft und Moral als unabhängige Ausdrucksform des Göttlichen gesehen werden kann, und die von jedem Kunstwerk immer wieder aufs Neue zu bekräftigen wäre.

Ästhetik (Aisthesis), die Wissenschaft von der sinnlichen Erkenntnis, wurde erst im 18. Jahrhundert als philosophische Disziplin begründet[24] und wurzelt in den Theorien des Schönen seit der Antike.[25] Über Schönheit, wortgeschichtlich eng verbunden mit scheinen, glänzen, schauen, wurde viel nachgedacht. Gewöhnlich wird sie als ein Ideal gesehen, das nie erreicht, sondern nur angestrebt werden kann. Mit Gesetzmäßigkeiten wie Lehren zur Harmonie,[26] mit Überlegungen zu Systemen etwa von Ordnung, Maß, Proportion, Symmetrie, Klarheit, Vollkommenheit, suchte man eine Objektivität des Schönen zu finden und das Unvollkommene in der idealen künstlerischen Form zu überhöhen. Denn nur schöne Dinge repräsentierten eine übersinnliche Schönheit als Ausdruck von Vollkommenheit. Maßgeblich ist hier Platon (429–347 v. Chr.), der die Idee des Schönen mit der Idee des Guten und letztlich auch der Idee der höchsten Wahrheit, verbunden mit einer Sehnsucht nach dem Göttlichen, ineinssetzte. Schönheit zeige sich nicht in Ähnlichkeit oder Übereinstimmung, sondern im Seinsgehalt, dem im höchsten Maße Typischen und damit Wahren. „Schön“ können also Dinge, Handlungen, Tugenden, Kenntnisse sein – nicht aber Werke der bloß nachahmenden Kunst der Maler, Bildhauer und Dichter, da diese im Sinnlich-Körperlichen verhaftet blieben. Platon verstand Schönheit – Maß, Proportion, Harmonie – als eine Idee, die durch Vernunft gefasst werden kann. Etwas Formloses, Chaotisches, Hässliches hingegen könne nicht „schön" sein.[27]

Alles, was positiv bewertet wird, gelte als „schön". Das hat Xenophon (um 430–nach 355 v. Chr.), ebenfalls Schüler des Sokrates, herausgestellt. Schön, so lehrt er, ist, was für seine Bestimmung gut und nützlich ist – also auch etwa ein Mistkorb. Schön und hässlich, gut und schlecht versteht er als Einheit („dasselbe"): „Denn alles ist gut und schön für das, wozu es gut passt, schlecht und hässlich aber, wozu es schlecht passt." Xenophon bezieht dies ausschließlich auf die Nützlichkeit eines Dinges im alltäglichen Gebrauch, nicht auf die Einheit von Idee und Erscheinung, von Inhalt und Form, also auch nicht auf Kunst: „Malereien aber und bunte Verzierungen beeinträchtigen mehr das Vergnügen als dass sie es erhöhen."[28]

Die noch heute populäre Idee von Schönheit als etwas, das sinnlich gefällt, wurde für die Kunst maßgeblich von Johann Joachim Winckelmann (1717–1768) geprägt.[29] In der vollkommenen menschlichen Gestalt sei das Göttliche zur sinnlichen Erscheinung zu bringen. Schönheit entstehe, wenn in der Nachahmung der schönen, vollkommenen Natur neue Eindrücke vermittelt werden, die dem Betrachter einen nicht-alltäglichen Genuss bereiten, die ihn aus seiner gewohnten Sicht der Dinge herausreißen. Schönheit, in der Kunst, verstanden als Mittel zur Erfahrung von Erhabenheit und Sinnlichkeit („edle Einfalt" und „stille Größe"[30]), war in der Folge also einmal mehr mit einer vollendeten Durchformung des Materiellen verbunden,[31] die das Naturschöne übertrifft.[32] Mit Friedrich Schlegel (1772–1829) wird diese Schönheit auch durch Herausarbeitung des Charakteristischen und Interessanten erzielt.[33]

---

22 Vgl. auch die Rolle von Gold im Herrscher- und Götterkult.

23 Vgl. u.a. *Beauty Now. Die Schönheit in der Kunst am Ende des 20. Jahrhunderts,* Ausst.-Kat. Hirshhorn Museum and Sculpture Garden, Washington 1999, Haus der Kunst, München 2000; Wieland Schmied, *Über Schönheit. Wahrheit und Schönheit – noch immer Schlüsselworte der Bildenden Kunst?,* in: Wieland Schmied, *Wohin geht die Reise der Kunst? Essays,* Stuttgart 2003, S. 35–64; *Schönheit I + II,* hrsg. v. Martin Seidel und Jürgen Rapp, *Kunstforum international,* Bde. 191 und 192, 2008.

24 Alexander Gottlieb Baumgarten (1714–1762), *Aestetica,* 2 Bde., 1750/1758, Reprint Hildesheim 1961.

25 Ernesto Grassi, *Die Theorie des Schönen in der Antike,* Köln 1962, Neuausgabe Köln 1980; Theodor W. Adorno, *Ästhetische Theorie,* Frankfurt/M. 1970, Reprint Frankfurt/M. 1992; Siegfried J. Schmidt (Hrsg.), *Schön. Zur Diskussion eines umstrittenen Begriffs,* München 1976; Hans-Georg Gadamer, *Die Aktualität des Schönen,* Stuttgart 1977; Kurt Bauch, *Meinungen über die Schönheit,* in: *Zeitschrift für Ästhetik und allgemeine Kunstwissenschaft,* Bd. 22, 1, 1977; Michael Hauskeller, *Was ist Kunst? Positionen der Ästhetik von Platon bis Danto,* München 1998; *Aisthesis. Wahrnehmung heute oder Perspektiven einer anderen Ästhetik,* hrsg. v. Karlheinz Barck, Peter Gente, Heidi Paris, Stefan Richter, Leipzig 1990.

26 Z.B. Goldener Schnitt.

27 Vgl. u.a. Platon, *Symposion,* 211 c: „[...] und von den schönen Gestalten zu den schönen Sitten und Handlungsweisen, und von den schönen Sitten zu den schönen Kenntnissen, bis man von den Kenntnissen endlich zu jener Kenntnis gelangt, welche von nichts anderem als eben von jenem Schönen selbst die Kenntnis ist, und man also zuletzt jenes selbst, was schön ist, erkenne. Und an dieser Stelle des Lebens [...] ist es dem Menschen erst lebenswert, wo er das Schöne selbst schaut [...]." (zit. nach: Grassi 1980, S. 263–264).

28 Xenophon, *Memorabilien,* III, 8, 3–10. *Die sokratischen Schriften,* Leipzig 1911, zit. nach: Grassi 1980, S. 238.

29 Johann Joachim Winckelmann, *Abhandlung von der Fähigkeit der Empfindung des Schönen in der Kunst und dem Unterrichte in derselben,* 1763, in: *Winckelmanns Werke in einem Band,* Berlin und Weimar 1969, S. 138–166; *Geschichte der Kunst des Altertums* (1764; 1767 durch die „Anmerkungen" ergänzt), Reprint Darmstadt 1982.

30 Johann Joachim Winckelmann, *Gedancken über die Nachahmung der griechischen Wercke in der Mahlerey und Bildhauer-Kunst,* 1755, Reprint Leipzig 1914.

31 Arthur Schopenhauer (1788–1860), *Die Welt als Wille und Vorstellung,* 1819, 1844, Reprint Stuttgart 1987, Buch III, § 41–45.

32 Georg Wilhelm Friedrich Hegel (1770–1831), *Vorlesungen über die Ästhetik,* 1835, 1838, in: *Theorie-Werkausgabe,* Bd. 13, Frankfurt/M. 1970.

33 Friedrich Schlegel, *Geschichte der alten und neuen Literatur,* 1812, in: *Kritische Schriften und Fragmente,* 6 Bde., Paderborn 1988.

Schönheit konnte also, je nach theoretischem Ansatz, seit jeher nicht nur die Sehnsucht nach einem Gefühl des Erhabenen meinen, sondern auch Komisches, Groteskes,[34] Kitsch oder gar als hässlich Empfundenes. Das Komische, mit Friedrich Theodor Vischer (1807–1887) verstanden als Zerstörung des Großen, Ernsten und Würdigen durch die Tücke des Banalen, vermag in der Negation auf das Erhabene zu verweisen.[35] Das Hässliche wiederum, das in der Natur als Missbildung, Brutalität, Unglück zum Ausdruck kommt, wirkt abstoßend, weil es beunruhigt. Hässlich sei, was von der göttlichen Formkraft nur ungenügend durchdrungen wird,[36] oder wo Gesetzmäßigkeiten willkürlich aufgehoben werden. Anders als in der realen Welt übt das Hässliche, worauf bereits Aristoteles (384–322 v. Chr.), Schüler des Platon, hingewiesen hat, in der Kunst eine seltsame Faszination aus und kann sogar mit Vergnügen betrachtet werden. Denn Aufgabe der Kunst sei es nicht, „mitzuteilen, was wirklich geschehen ist, sondern vielmehr, was geschehen könnte."[37] Das „Hässliche" war in Form von Fratzen, Dämonen, Gnomen seit jeher Teil der Kunst, ist als dialektische Negation integraler Bestandteil des Schönen[38] und wurde etwa mit Otto Dix' (1891–1969) schonungslosen Darstellungen, durch die das Wesen des Hässlichen und damit seine gesellschaftlichen Ursachen offenbart werden sollten, zum Programm erhoben.

Das Hässliche, Anstößige, Befremdliche ist als integraler Bestandteil unserer Welt unabdingbares Thema auch der Kunst. Es ist die Wirkung, das Gefühl, das eine Anschauung in uns auslöst, die die Weichen für seine Beurteilung stellt. Gerade moderne Künstler erkennen auch im Unscheinbaren, Vergessenen, Anstößigen, das gemeinhin als „hässlich" gelten würde, einen besonderen Reiz. Etwas Schönes zu sehen, erfreut. Aber Kunst will nicht nur erfreuen, obwohl es für die Künstler auch darum geht, Freude zu haben und zu bereiten. Wenn man den Sinn eines Werkes erkennt, eine Bedeutung auch für sich selbst findet, emotional bewegt wird, auch in Form von Abstoßung, kann ein Werk faszinieren, erhellen, erquicken. Wenn man seine Magie, den Esprit wahrnimmt, hat man die Chance, es auch als „schön" zu empfinden.

Die Kunstwerke in Metall der letzten Jahrzehnte, die im Extremfall das rohe Material zeigen oder aus Schrott gebildet sind, entstanden als sachlich-schlichte und als sinnlich-poetische Gebilde, die, oftmals bahnbrechend, über sich hinausweisen. Das Material selbst wird zum Sprechen gebracht, im materialgerechten Umgang, durchaus vereinbar mit Schlegels Theorie, das Charakteristische und Interessante herausgearbeitet. Der Schöpfungsprozess wird offengelegt, Gesten und Aussagen werden übersteigert, der Blick erweitert, Abwegiges realisiert. Nicht die objektive Darstellung, sondern, mit Aristoteles, die subjektive Glaubwürdigkeit ist entscheidend. Die Anonymität und Kälte, für die Metall im Kontext der modernen Technik gemeinhin steht, ist aufgehoben. Wozu aber „passen" die Äußerungen der modernen Kunst, damit sie mit Blick auf Xenophon als „gut und schön" gelten, was, so könnte man fragen, da Kunst stets auch Inhalte vermitteln will, ist ihr „Nutzen"? Oder genügt es heute, was bereits Aristoteles darlegt, dass die Kunst Freude bereite und so zu einer Erfahrung von Glück beitrage?[39] Ungebrochen zeigt sich Kunst als Ausdruck eines gesellschaftlichen Wandels. Wenn sich etwa Jonathan Monk (geb. 1969) 2007 mit seiner Puzzlearbeit *Fifteen* Seite 27 ← *Piece Puzzle Piece* ← Werk unverkennbar auf Carl Andre (1960er Jahre) bezieht, überblendet er das einst Revolutionäre mit einer spielerischen Ironie, popularisiert es, macht es gefälliger. In der Unabhängigkeit von Traditionen und Konventionen wird der Diskurs über das Machbare im Spannungsfeld zum gesellschaftlich Akzeptierten und seiner anregenden Wirkung auf den Betrachter weitergeführt, neue Mythen können entstehen.

---

34 Wolfgang Kayser, *Das Groteske in Malerei und Dichtung*, Hamburg 1960; Geoffrey G. Harpham, *On the Grotesque. Strategies of Contradiction in Art and Literature*, Princeton, N.J., 1982.

35 Friedrich Theodor Vischer, *Über das Erhabene und Komische*, 1837, Reprint Frankfurt/M. 1967.

36 Plotin (205–269/270 n.Chr.), *Ennedade*, I, 6: *Über das Schöne*, in: Grassi 1980, S. 315–324.

37 Aristoteles, *Poetik*, zit. nach: Hauskeller 1999, S. 16.

38 Christian Hermann Weiße (1801–1866), *System der Aestetik als Wissenschaft von der Idee der Schönheit*, Leipzig 1830, Reprint Hildesheim 1966; Karl Rosenkranz (1805–1879), *Ästhetik des Häßlichen*, Königsberg 1853, Reprint Leipzig 1990.

39 Vgl. Hauskeller 1999, S. 21.

5

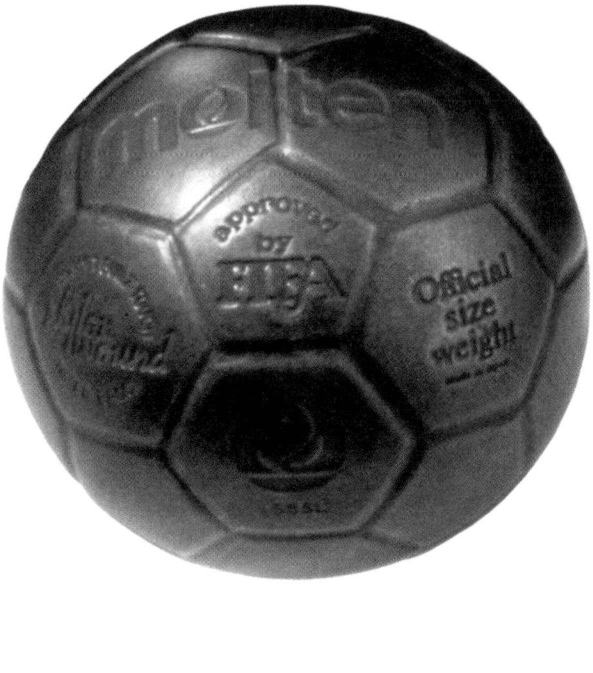


5 Jeff Koons
*Fußball/Soccerball (Molten)*, 1985
Bronze
ø 19,1 cm
Edition: 3 Ex.

6

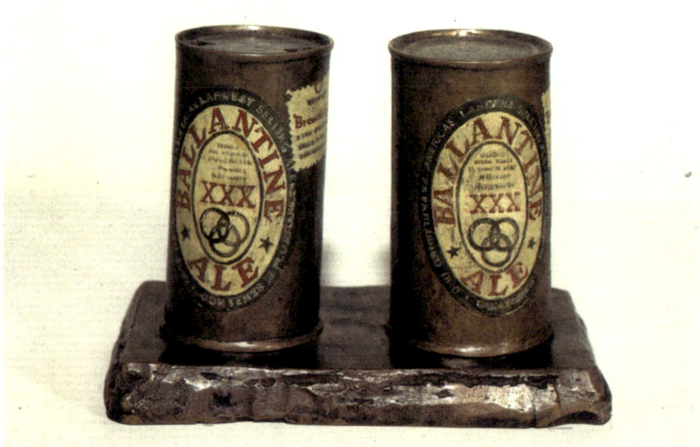


7

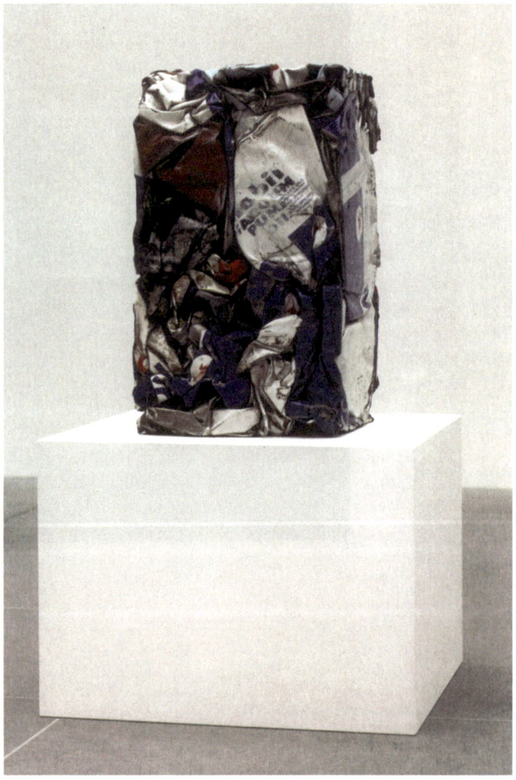

8

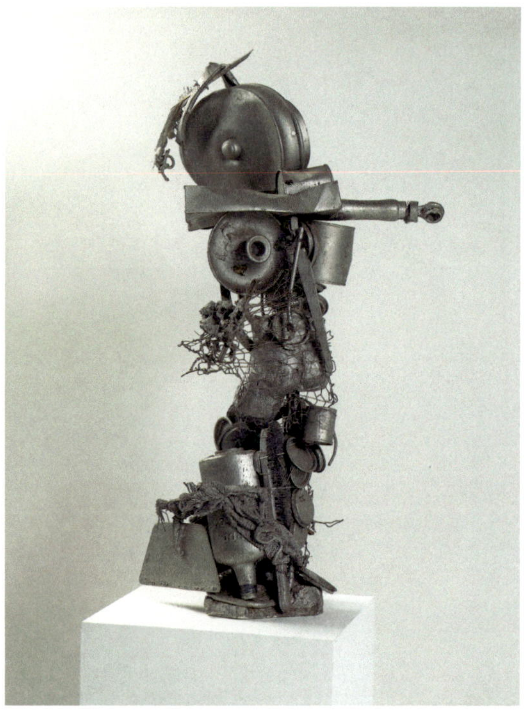

6 Jasper Johns
*Painted Bronze*, 1960
Bronze, bemalt
14 × 20,3 × 12,1 cm
Museum Ludwig, Köln

7 César
*Compression Mobil*, 1960
Ölkanister, gepresst
61 × 40 × 35 cm
Museum Moderner Kunst Stiftung Ludwig Wien

8 Arthur Køpcke
*Objektskulptur*, 1960/1961
Gebrauchsgegenstände, verschnürt, Silberlack
92 × 50 × 12 cm
Kunsthalle zu Kiel

9

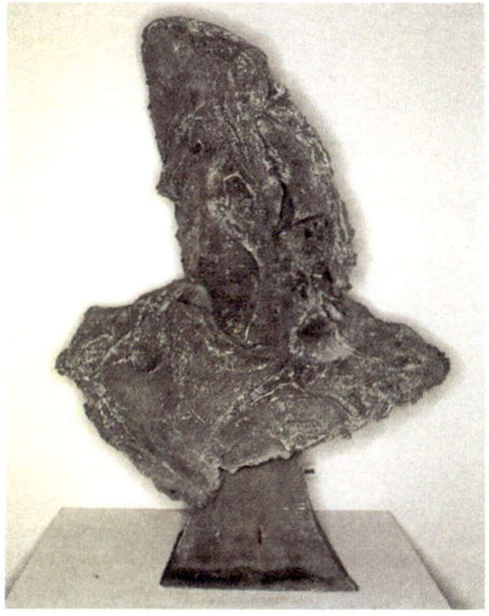

10

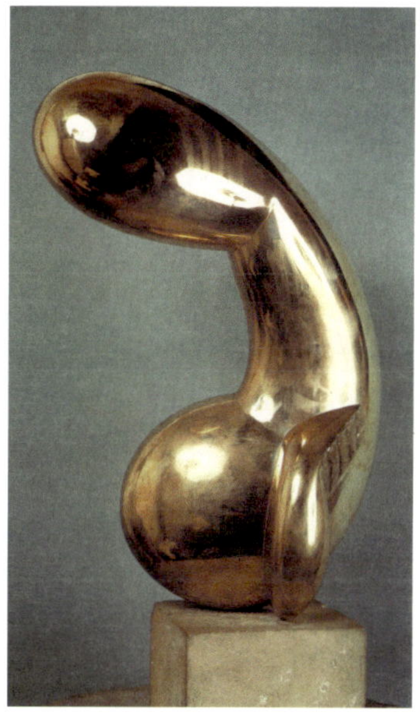

11

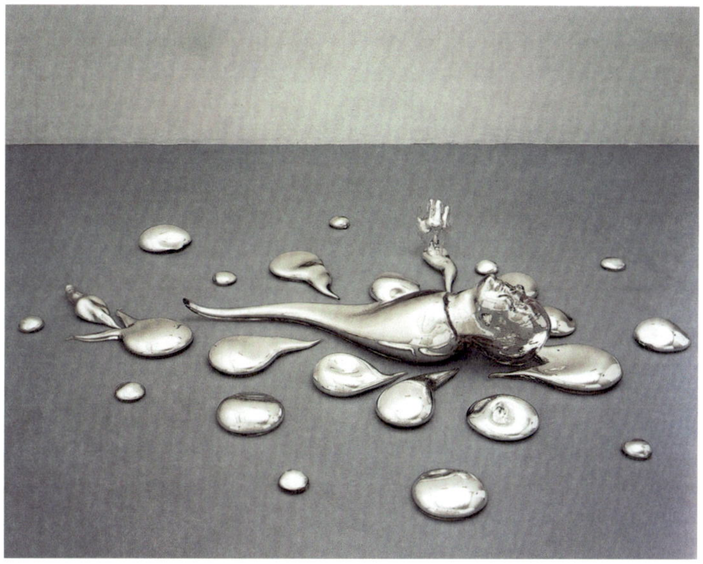

9 Marc Quinn
*Dr Pangloss*, 1989/1990
Bronze
88,9 × 50,8 × 40,6 cm
Besitz des Künstlers

10 Constantin Brancusi
*Prinzessin X (La Princesse X)*, 1916
Bronze, poliert
58,4 × 41,9 × 22,9 cm
Musée national d'art moderne, Paris
Centre Georges Pompidou

11 Marc Quinn
*Die Morphologie des Konkreten*, 1996
Glas, Silber
Maße variable
Saatchi Collection, London

12 Sherrie Levine
*L'enfant juif*, 2006
Bronze
Edition: 12 Exemplare
2 Teile, 22 × 16 × 16 cm (Kopf),
7,5 × 19 × 10 cm (Hand)

12

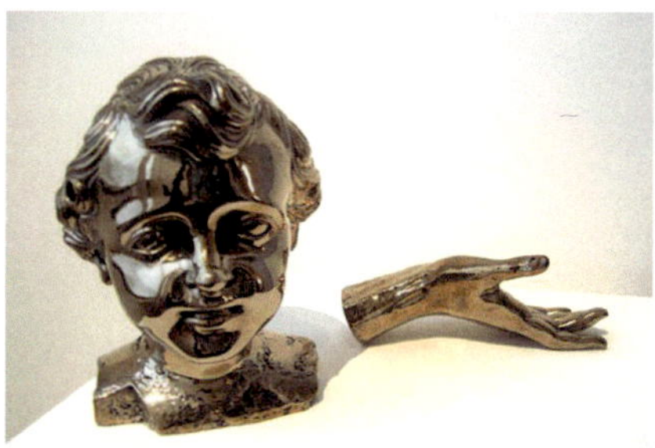

# Zum Verhältnis von Raum und Körper Metallplastiken von Künstlerinnen seit 1920

Hanne Loreck

Rosalind E. Krauss beschreibt in ihrer wichtigen Schrift *Passages in Modern Sculpture,*[1] zuerst 1977 erschienen, die einschneidenden Veränderungen der Idee und Praxis von Skulptur von Auguste Rodin (1840–1917) bis zur Minimal und Land Art vor allem in Bezug auf die unterschiedlichen Implikationen von Zeit. Dafür fasst Krauss das plastische Medium vornehmlich in Bezug zur Transformation seines Materials, aber auch in Relation zur Wahrnehmung und setzt ihre historischen Analysen gegen ein vormals statisch begriffenes, idealisiertes Medium. Zwar findet eine postminimalistische Künstlerin wie Eva Hesse (1936–1970) Erwähnung, das ändert jedoch kaum etwas an der Reproduktion einer männlichen Genealogie moderner Bildhauerei. Nur wenig später, 1981, und nun mit dem Materialfokus Metall, verzeichnete *100 Jahre Metallplastik*[2] unter gut 170 Positionen elf Künstlerinnen. Diese Bilanz aus dem westeuropäisch-US-amerikanischen Raum besagt vornehmlich zweierlei: zum einen das übliche historische Dilemma der Rezeptionslücke weiblicher Künstler, zum anderen die definitorische Schwierigkeit, überhaupt Metallbildhauerinnen in der Moderne zu finden. Gerade weil Metalle den zivilisatorischen Prozess der Menschheit symbolisieren – denken wir an die Eisen- oder die Bronzezeit –, dieser Prozess jedoch nicht über die kulturellen Leistungen von Frauen überliefert ist, sind Metalle mit einer Form von Herrschaft, von Technik und Tradition assoziiert, die sie nicht zum bevorzugten Werkstoff von Künstlerinnen werden ließen. So zumindest können wir, bei aller Pauschalisierung, spekulieren.

Gewiss haben eine Germaine Richier (1902–1959) → Abb. 1 oder, im lokaleren Kontext Berlins, eine Renée Sintenis (1888–1965) den Bronzeguss als dauerhafte und traditionellerweise Wert garantierende Umsetzung ihrer in Gips oder anderen Materialien modellierten Figuren genutzt. Aber erst die konstruktive, ja konstruktivistische Idee der Moderne verselbständigte die formalen, funktionalen und ästhetischen Eigenschaften von Materialien, von der Schwerkraft, dem Gewicht, der Stabilität oder der Biegbarkeit bis zur spezifischen Oberfläche von Metallen. Noch einmal anders rückte ein konzeptueller Umgang mit dem Medium jenseits des klassischen ästhetischen Werkstoffs die symbolische und die materielle Ordnung des Alltags, der Architektur, von Industrie, Warenverpackungen und Hightech in den Blick. Selbstverständlich eröffneten sich hier in einer konzeptuellen Verwendung metallischer Materialien neue Perspektiven für Künstlerinnen. Dennoch können wir keine weibliche Ästhetik – wie auch immer sich eine solche manifestieren mag – an den hier zur Diskussion stehenden Arbeiten festmachen.

Worüber können wir also sprechen, wenn es, wie bei *Heavy Metal,* um Arbeiten von Künstlerinnen geht, auf die das Etikett Metallbildhauerin nicht zutrifft, weil sie zwar auch, aber keineswegs nur plastisch oder gar ausschließlich mit Metall gearbeitet haben? Eine Möglichkeit wäre, ihre Metallarbeiten in einem Zeitquerschnitt miteinander und mit zeitgleichen Arbeiten männlicher Künstler zu diskutieren, eine andere wäre, sie werkimmanent zu betrachten. Letztere Methode werden wir zwangsläufig streifen. Denn Künstlerinnen der 1960er Jahre beispielsweise haben zuvor gemalt, und eine Künstlerin wie die in Brasilien geborene Lygia
Seite 78, 79 ← Clark (1920–1988) ← Werke hat, ähnlich wie Charlotte Posenenske (1930–1985), → Abb. 2 sich im Laufe ihres Lebens ganz vom Kunstfeld entfernt und sich – im Sinne einer

politisch-ästhetischen Einlassung – sozialer und/oder therapeutischer Arbeit zugewendet. Ihre jeweiligen Arbeiten mit Metall stehen daher in mindestens zwei Kontexten: im Kontext des individuellen Umgangs mit künstlerischen Medien und im Kontext einer Geschichte, die die individuellen künstlerischen Praktiken in Relation zu gesellschaftlich-kulturellen Praktiken verzeichnet und sich damit jenseits des modernen Diktums von den spezifischen Gesetzen einzelner ästhetischer Medien bewegt. Daher soll hier der Versuch unternommen werden, den Raum der Metallarbeiten von Künstlerinnen und ihre Idee von Körper und Handlung in den Blick zu nehmen. Das heißt vor allem, einen nach-modernen Begriff von Raum zu implizieren. Dieser nach-moderne, nicht-idealistische Raum zeichnet sich erst in letzter Hinsicht durch den formalen Aspekt der Dreidimensionalität aus und kann vor allem nicht als rein gelten: rein geometrisch, rein struktural, leer. Es ist der dichte oder auch körperhafte Raum, der abhängig von Zeit als historischer und biographischer Zeit gedacht werden muss und der sozial, kulturell und politisch markiert ist. Solche Markierungen machen aus der abstrakten Kategorie Raum und ihrer Implikation von Homogenität und Unendlichkeit Räume, deren Grenzen ebenso materiell aufgerichtet wie symbolisch organisiert werden. Denken wir Räume diskontinuierlich und opak, so ist einer der wesentlichen Faktoren dieser Re/Organisation die Geschlechterdifferenz.

Mona Hatoums *Paravent* (2008), Werk → ein massiver, stählerner Wandschirm → Seite 25 aus drei übermannshoch vergrößerten Teilen einer „Gemüsereibe", scheint dies regelrecht zu illustrieren. Der banale Küchengegenstand wird in seiner neuerlichen Größe zu einem Objekt mit Gefängnischarakter, denn seine unterschiedlich geformten, messerscharfen Löcher und Ritzen zeigen sich als Sehschlitze in einer schier unüberwindbaren Raumeinteilung. Die Interpretationen reichen von Hausfrauenarbeit, die zum Käfig werden kann, bis zur Geschichte des Paravents als Einrichtungsgegenstand weiblich konnotierter Räume wie dem Boudoir und dem Ankleidezimmer im bourgeoisen Wohnen. Dort sollte er zunächst Sichtschutz gewähren und war also ein eng mit dem – historisch männlich konnotierten – Voyeurismus verknüpftes Möbel. In dieser Funktion mögen wir auch an jene vergitterten Balkone denken, die es Frauen in arabischen Ländern – Hatoum ist, in Beirut geboren, palästinensischer Herkunft – ermöglichen sollen, etwas vom Straßenleben mitzubekommen, ohne erkannt zu werden. Wie ein zweiter Schleier, ein Raum gewordener eiserner Vorhang, verwehrt ihnen ein solches Gitter den Zugang zum öffentlichen Leben. Die Verwendung von Stahl kann sich auf die Funktionalität von Küchenutensilien beziehen, mit denen Hatoum bereits Installationen wie *Home* (1999), *Homebound* (2002) oder jüngst *Unhomely* (2008) bestritten hat. Mindestens ebenso scheinen symbolische Eigenschaften das Material zu motivieren, angefangen mit seiner sprichwörtlichen Härte.

Mona Hatoums *Paravent* ist eine der Metallplastiken, in denen das Interesse von Künstlerinnen am Raum als spezifische oder zu spezifizierende Umgebung besonders deutlich wird. In solchen Positionen geht es also nicht um eine spezifisch weibliche Materialästhetik, das heißt darum, ein (kunst-)historisch männlich konnotiertes und verwendetes Material weiblich umzugießen, sondern darum,

---

1 Rosalind E. Krauss, *Passages in Modern Sculpture* (1977), Cambridge, Mass., und London 1981.

2 Dietrich Mahlow, *100 Jahre Metallplastik. Bronzeguß, Construction, Materialsprache, Wahrnehmung*, Sonderausgabe anlässlich 100 Jahre Bestehen der Metallgesellschaft, Mitteilungen aus den Arbeitsbereichen, Ausgabe 23, 2 Bde., Frankfurt/M. 1981.

die Funktion von Räumen in der sozialen und kulturellen Konstruktion von Weiblichkeit / Männlichkeit und in ihrem sexuierenden Effekt auf die Körper zu erproben. Eine solche Haltung hat viele Geschichten; wir schauen hier vornehmlich auf die Kunst- und Raumgeschichte.

Obgleich überwiegend aus bemaltem Stahl, haben sich nur etwa fünfzehn Plastiken der polnischen Konstruktivistin Katarzyna Kobro (1898–1951) erhalten. Einige weitere konnten rekonstruiert werden, unter ihnen die frühe *Hängende Konstruktion II* (1921–1922). → Abb. S. 203 Aus Fertigelementen zusammengeschweißt – neben einem Stahlband ein Metallsägeblatt, ein Ring und ein Kreuz aus Eisen – scheint sich die Schleife, die der Streifen in die Luft schreibt, zu bewegen. Dieser optische Effekt wird durch die Drehung des Bandes verstärkt; das Auge gleitet wie auf dem bekannten Möbiusband im fließenden Übergang von Innen nach Außen über die Oberfläche. Als Künstlerin mit programmatischem Anspruch und in engem Austausch mit Kasimir Malewitsch (1878–1935) hatte Kobro zusammen mit Wladyslaw Strzeminski (1893–1952) die unistische Theorie entwickelt. Ganz im modernen Denken der Spezifik der ästhetischen Medien und gegen jeden Illusionismus in der Kunst forderten sie, Skulptur gegen Malerei und Architektur abzugrenzen; Skulptur müsse eine Verbindung mit dem Raum eingehen: „Räumliche Plastik, die mit dem Raum tatsächlich verbunden ist, hat keine Pfeiler mit vier Fassaden."[3] Kobros individuelle formale Lösung dieses Problems besteht, vor allem in den *Raum-Kompositionen,* in einer farbigen Fassung ihrer geometrischen Metallkonstruktionen. → Abb. 3 Deren lackierte Flächen gehen optisch unterschiedlich in den Umraum über oder heben sich auch von ihm ab und nehmen dabei eine Um/Ordnung der von der Plastik gegebenen Raumorganisation vor. Sie sind Setzungen im Raum und als Raum. Dabei geht der Begriff von Architektur nicht in dem von Konstruktion allgemein auf, denn „[d]ie Einheit von Mensch und Raum ist die Handlung des Menschen in jenem Raum. Wir erfahren den Raum über unsere Handlungen."[4] Hier entsteht ein produktiver Widerspruch zwischen dem unendlich, homogen und im Gleichgewicht befindlich imaginierten und einem handlungsdefinierten Raum, der keine dieser Eigenschaften aufweisen kann.

Es dauerte einige Jahrzehnte, bis eine Ausstellung und das Manifest der *neokonkreten Kunst*[5] in Rio de Janeiro die Abwendung von den geometrischen Kunstrichtungen Europas artikulierte, um eine von dogmatischen Prinzipien freie, experimentelle und investigative Kunst zu etablieren. In diesen neo-konkreten Zusammenhang gehörten Lygia Pape (1927–2004) und Lygia Clark, die Anfang der 1950er Jahre bei Fernand Léger (1881–1955) in Paris studiert hatte. Ihre *Bichos*
Seite 78 ← (Tiere) ← Werk erscheinen als die plastisch-materiellen Vorgaben dafür, Erfahrungen zu machen, die sich radikal von denen unterscheiden, die sich angesichts der als mechanistisch und rationalistisch disqualifizierten Positionen der meisten ungegenständlichen -ismen machen ließen. „Wir betrachten das Kunstwerk weder als ‚Maschine' noch als ‚Objekt', sondern vielmehr als *Beinahe-Körper,* ein Wesen, dessen Wirklichkeit sich nicht in den äußerlichen Beziehungen zwischen seinen Elementen erschöpft; ein Wesen, das sich, gerade weil es sich nicht analytisch zerlegen lässt, nur in einem direkten, phänomenologischen Herangehen ganz und gar gibt."[6] Voraussetzung dafür sei ein neuer, expressiver Raum.[7] Für Faltskulp-
Seite 79 ← turen wie *Bachiana* (1962) ← Werk hat Clark geometrisch zugeschnittene Aluminiumplatten mit Scharnieren verbunden, so dass die Konstruktionen flach liegen und plastisch aufgestellt werden können. 1960 unter dem Titel *Bichos* begonnen,

bezeichnete die Künstlerin sie trotz ihrer abstrakten Optik als lebende Organismen oder als organische Einheiten ohne Vorder- und Rückseite. Chronologisch lange vor Clarks sozialtherapeutischer Plastik liegend, ist es für die *Bichos* wesentlich, aus präzise maschinell geschnittenen Metallteilen gefertigt zu sein. Das bedeutet für Clark, die sie tragende Idee des Organischen im technisch-industriellen Bereich wiederzufinden und sie von dort aus poetisch-politisch zirkulieren zu lassen.[8] Das Gewicht des Materials und die flexiblen, jedoch keineswegs in alle Richtungen beweglichen Gelenke geben den ungegenständlichen Anatomien unter den Händen der Betrachter (die durch ihre Handlung keine bloßen Betrachter bleiben) eine Eigendynamik, die jede Figur, die die Betrachter/Benutzer imaginieren und dann realisieren wollen, möglicherweise konterkariert – das Intention-Reaktion-Schema wird zu einer Beziehung, zu einem Dialog, der keinen von beiden Partnern unterwirft, sondern Wendungen bereit hält. „Die sich entgegenstehenden Scharniere, die die zahlreichen Platten verbinden", so ein Erfahrungsbericht anschaulich, „zwingen einen dazu, bestimmte Bewegungen zu machen und halten einen von anderen Bewegungen ab, und dies immer unerwarteterweise. Wie ein Handschuh beispielsweise kehren sie ihre Innenseite nach außen, ohne dass man dies will oder es auch nur für möglich hält."[9] Wir können die *Bichos* in ihrer Unberechenbarkeit als Modell für einen Raum verstehen, der nicht länger von Koordinaten aufgespannt in seiner scheinbaren Neutralität von einem Subjekt erobert oder gar kolonialisiert werden kann. Subjekt und Objekt beziehungsweise Raum bedingen sich gegenseitig. Wie Clarks spätere performativ-partizipatorische Gruppenrituale wie *Baba Antropofágica* (Kannibalistischer Geifer, 1973) → Abb. 4 verdeutlichen, re/produzieren Körper und Räume persönliche, soziale und kulturelle Differenzen, denen eine interaktive Körperpolitik wiederum zu begegnen versucht.

Die nur wenig jüngere Lygia Pape Werk → war als Malerin, Choreographin und Performance-Künstlerin aktiv. Keine ihrer Arbeiten orientiert sich am immanenten ästhetischen Wert eines Materials; vielmehr motivieren eine Idee, ein Thema und besonders ein „polymathisches Interesse am Raum an sich" die Realisierung. Insofern sind Papes Variationen von Netz-Werken aus schimmernden Metallfäden wie *Teia* (1978) fragile und doch verbindliche Strukturen, deren Materialisierung wir durchaus als soziale Metaphern verstehen können. Ihre reduzierte Oberfläche, mehr ein Schimmer als Materie, erfüllt Papes Absicht einer „Epidermisierung jeder Idee".[10] Dieser Vorstellung nach geht es bei Kunst um den Ort der Berührung

→ Seite 96

---

3 Wladyslaw Strzeminski, *Kommuniqué Nr. 1 der Gruppe a.r.* (1930), in: *Pisma*, Wroclaw/Warszawa, Kraków/Gdansk 1975, S. 130–131, hier S. 131, zit. nach: Heinrich Olschowsky (Hrsg.), *Der Mensch in den Dingen. Programmtexte und Gedichte der Krakauer Avantgarde*, Leipzig 1986, S. 196. „a.r." ist die Abkürzung für artistes révolutionnaires de Lódz.

4 Katarzyna Kobro und Wladyslaw Strzeminski, *Composition of Space*, in: diess., *L'Espace uniste*, hrsg. u. übers. aus dem Poln. v. Antoine Baudin und Pierre-Maxime Jedryka, Lausanne 1977, S. 104, zit. nach: Yve-Alain Bois, *Painting as Model*, Cambridge, Mass., und London 1993, S. 146.

5 Lygia Clark, Lygia Pape u. a., *Neo-concretist Manifesto* (1959), in: *Lygia Clark, Nostalgia of the Body*, in: *October. The Second Decade*, 1986–1996, Cambridge, Mass., und London 1997, S. 31–35.

6 *Manifesto* 1959/1997, S. 33 (Übersetzung Hanne Loreck).

7 Vgl. *Manifesto* 1959/1997, S. 34 (Übersetzung Hanne Loreck).

8 Vgl. Suely Rolnik, *Molding a Contemporary Soul. The Empty-Full of Lygia Clark*, in: http://caosmose.net/suelyrolnik/pdf/molding%20_john_nadine.pdf; 20.10.2008. Noch in den 1960er Jahren wird es *Bichos* aus Gummi geben. Clark sah sie als den Anfang ihrer Erforschung von Sinnesenergien, die als Begehrensbefreiung eingesetzt ihr politisch-soziales Ziel darstellten.

9 Yve-Alain Bois, *Introduction to Nostalgia of the Body: Lygia Clark*, in: *Clark* 1997, S. 26 (Übersetzung Hanne Loreck).

10 Lygia Pape, zit. nach: Guy Brett, *The Logic of the Web*, in: *Lygia Pape, Gávea de tocaia*, São Paulo 2000, S. 305 (Übersetzung Hanne Loreck).

zwischen Körpern und Gesellschaft, um eine „soziale Membran". Diese hat die sinnlichen Eigenschaften von Haut als eine Form des Wissens und Bewusstseins und versteht es als permeable Grenze, die gesellschaftlich effektive Struktur der Dichotomie oder Konfrontation beispielsweise in der Ausschließung von Innen und Außen zu thematisieren. Dabei strahlen Papes Metallarbeiten eine Präsenz im Raum aus, die sicherlich auch ihrer hyperästhetischen Wirkung geschuldet ist, vielmehr jedoch aus der zähen Beiläufigkeit lebt, mit der eine Spinne ihr Netz noch in der letzten Ecke anbringt. Das Netz erweist sich also geradezu als ein Supermodell für Pape, weil es ihrer Ansicht nach die Opposition zwischen der Arbeit am Netz, daran, es zu weben, und der Unterwerfung unter existente Netzstrukturen, ob physischer oder virtueller Art, aufhebt.

Der phänomenologische Ansatz, den die brasilianischen Künstler und Künstlerinnen aus der Neo-Konkretion entwickelten, hatte eine Verbindung von Kunst und Leben zum Ziel. Er hält aber an den Prinzipien von Kunst als spezifischem kulturellem Feld und als einer quasi transzendentalen ästhetischen Erfahrung fest, die zwar ethnologische Züge trägt, jeden Rückgriff auf populäre Quellen oder gar auf Popkunst jedoch ablehnt. Clark, Pape und andere dieser Gruppierung waren erst in den 1990er Jahren im Rahmen performativer und identitätspolitischer Ansätze wieder entdeckt und von jüngeren Konzeptkünstlern und -künstlerinnen aktualisiert worden.

Wenn heute die in New York lebende Schweizerin Carol Bove (geb. 1971) und die in Paris ansässige italienisch-französische Künstlerin Tatiana Trouvé (geb. 1968) ihre künstlerischen Interessen und Schwerpunkte artikulieren, stellt das Biographische eine wesentliche Perspektive dar, und das kulturell aktuell Relevante plastisch-räumlicher ästhetischer Praktiken äußert sich in einem offenen, teilweise klassisch-skulptural anmutenden, teilweise improvisierten Einsatz von Materialien wie Metall.

Bove operiert im Allgemeinen in ihren Installationen mit einem komplexen Anspielungs- und Zitatsystem, dessen Referenzpunkte häufig die US-amerikanische Kunst und (Pop-)Kultur der 1960er und frühen 1970er Jahre bildet. Da diese Zeit jedoch noch vor ihrer Geburt oder in ihrer Kindheit lag, ist ihr Zugang keiner der Erinnerung, sondern der einer Archäologie oder historischen Forschung. Der Neugier und Faszination für jenen kulturellen Kontext, der zwar auch eine neue Ästhetik in Kunst und Design hervorbrachte, sich wesentlich aber im Verhältnis zu politischer und sozialer Revolte verstand, konnten die Widersprüche nicht verborgen bleiben. Historische Ikonen, die damals nach wie vor dominant männlichen Positionen in Kunst und Kultur eingeschlossen, bilden schließlich Oberflächen, Schichten, die sich entblättern und ausbreiten lassen. Der Demonstrationsgestus muss dabei nicht lieblos sein, denn die Generation der Eltern steht einem nahe, ihre Hintergründe und Vorlieben sind einem vertraut.

Seite 4, 5 ← Boves Installation *The Night Sky over New York, October 21, 2007, 9 pm* ← Werk setzt sich aus 475 Bronzestäben zusammen, die, von der Decke abgehängt, die am Abend des besagten Tages über der Galerie zu beobachtende Sternenkonstellation nachstellen. Die Installation kontextualisiert die riesige, hochpolierte Bronzesphäre des italienischen Metallbildhauers, Bühnenbildners und ehemaligen Landvermessers Arnaldo Pomodoro (geb. 1926), die vor dem UN-Hauptquartier in New York steht. → Abb. 5 Bove konfrontiert nun den repräsentativen Globus mit einer kosmischen Perspektive. Ihr bronzenes Sternengefunkel erscheint wie ein Kommentar auf die Massivität des Erdkugelsymbols samt seines heroischen Technogedärms. Vor allem erinnert es an die ideologischen Positionen, die mit dem Erdball – und der Weltalleroberung – verknüpft waren und sind. Nicht umsonst hatte sich in den 1950er und 1960er Jahren ein utopisches Denken gegen einen „kosmischen Bankrott" gewendet und Buckminster Fuller dafür beispielsweise das Konzept der „Ephemerisierung" – einen Einsatz immer effizienterer, da kleinerer und leichterer Technologien – entwickelt. Dass sich solche so genannte Minimalprinzipien ästhetisch übersetzen lassen und in der Transformation eine Verschiebung der Formen und Ideen des etwa zeitgleichen historischen Minimalismus aufscheinen kann, macht nicht zuletzt die Leichtigkeit der Bronzestäbe sichtbar. Bei der geringsten Erschütterung des Gebäudes beginnen sie zu zittern und in der Ausstellungsbeleuchtung zu glitzern (und außerdem auch zu summen) und reklamieren so eine Art von Eigenleben.

Trouvés Architekturen sind ebenso räumlich-materiell wie imaginär. In stabil anmutende Innenräume, beispielsweise mit der Kontur und den Einrichtungsgegenständen eines Büros,[11] brechen eigenartige Objektzustände ein, die einen realen Ort in Richtung eines Vorstellungsortes mit seinen körperlichen und psychischen Erinnerungs- und Wunschmomenten verschieben. In ihrem Werk finden sich zahlreiche Anspielungen auf die Form eines Archivs und seine Methoden, und wie für alle Archivstrukturen ist Zeit bedeutsam, für Trouvé allerdings nicht die deutliche Zeit historischer Ereignisse, sondern jene Zeit, die kein klares Bild produziere: „Diese Art, wie Zeit in Raum schlüpft, wie sich dies auf visuellen Ebenen, in skulpturaler Form, dem Korrespondieren mit direkter Erfahrung, mit Bewusstsein, mit der Erinnerung von Ereignissen, bestimmt, meine ich, die Umrisse eines bildhauerischen Territoriums [...]."[12] Dessen Apparate und Objektkonstellationen wirken technisch-industriell, ja funktional – allesamt erinnern sie an Räume, Instrumente und Utensilien, um Ordnung durchzusetzen –, doch beruht ihre Semantik auf Hypothesen und Spekulationen. Das schließt die herrisch-stählerne Grauzone zwischen Sport- und Sexmaschinen ein, deren Disziplinareffekt sich freilich als ebenso körperlich rigide wie fantasieabhängig darstellt. „Das Leder erinnert an Korsagen, die Stütze und Handicap zugleich sind,"[13] sagt Trouvé bezüglich eines Metallbaums, Werk → dessen karge Äste von schwarzem Leder umhüllt werden. → Seite 12 So abwesend der anthropomorphe, phänomenologische Körper in einer solchen Konstellation zu sein scheint – „Gegenüber meinen Plastiken ist der Körper nutzlos", konstatiert die Künstlerin[14] –, so präsent macht ihn das Leder, welches das Gestänge einschnürt. Schließlich findet schwarzes Leder kaum je bei medizinischen Stützkorsetts, sondern eher bei SM-Outfits Verwendung und hat dort seine Funktion zwischen Lust und Schmerz. Hier zwingt es die Besucher bei einem so harmlosen Objekt wie einer Baumstruktur unweigerlich an den Ort eines Voyeurs, der zwar wenig Explizites sieht, aber mit seinen eigenen Projektionen konfrontiert wird. Der Raum sei es, so Trouvé, „der den Körper eines potenziellen Subjekts"[15] konstruiere.

---

11 In einer Anspielung auf den Arbeitenkomplex des *Bureau d'Activités Implicites* (seit 1997), einer Art von Archiv über ihre Tätigkeiten, vornehmlich die Versuche, Arbeit zu finden, mit dem Trouvé bekannt wurde.

12 Vgl. Tatiana Trouvé, *The Longest Echo*, in: *Tatiana Trouvé*, Köln 2008, S. 12 (Übersetzung Hanne Loreck).

13 Tatiana Trouvé, zit. nach: Barbara Nolte, *Der Findling*, in: *ZEITmagazin LEBEN*, 24. Jan. 2008, Nr. 5.

14 Tatiana Trouvé, zit. nach: Catherine Millet, *Tatiana Trouvé's Bachelor Machines*, in: *Trouvé* 2008, S. 63.

15 Tatiana Trouvé, zit. nach: *Body without a face. A conversation between Tatiana Trouvé and Richard Schusterman*, in: *Trouvé* 2008, S. 136.

In dieser aktuellen künstlerischen Position wird schließlich die Dominanz des Raumes gegenüber dem Körper inszeniert und damit eine lange Tradition auf den Körper bezogener (Metall-) Plastik verkehrt. Das Subjekt ist nicht länger ein notwendigerweise körperlich definiertes, das, wie bei den konstruktiven und post-konstruktiven skulpturalen Arbeiten, im Raum wie auf einer Bühne agiert. Ebenso eindeutig wie uneindeutig zu definierende Einrichtungsgegenstände – unter ihnen Bettgestelle und Gerätschaften aus Stahl oder Eisen einschließlich Handschellen und Vorhängeschlössern – unterstützen nun die disziplinarische Funktion des Raumes für den Körper. Gleichzeitig wird der Raum mit Eigenschaften des Körperlichen aufgeladen und als eine Figur inszeniert, die begehrt und Sinnlichkeit kennt, deren Geschlecht jedoch offen bleibt.

1 Germaine Richier
*Gottesanbeterin (La mante precheuse)*, 1954
Bronze, 60 × 15 × 50 cm
Von der Heydt-Museum Wuppertal

2 Charlotte Posenenske
*Vierkantroh Serie D*
Flughafen Frankfurt, 1967
Stahlblech, feuerverzinkt
System aus 6 miteinander
verschraubbaren Elementen

3 Katarzyna Kobro
*Raum-Komposition 2*, 1928
Stahl, bemalt, 50 × 50 × 50 cm
Muzeum Sztuki, Łódź

4 Lygia Clark
*Baba Antropofágica*, 1973

5 Arnaldo Pomodoro
*Sphere Within a Sphere*, 1963–1965
Bronze, ø 330 cm

1

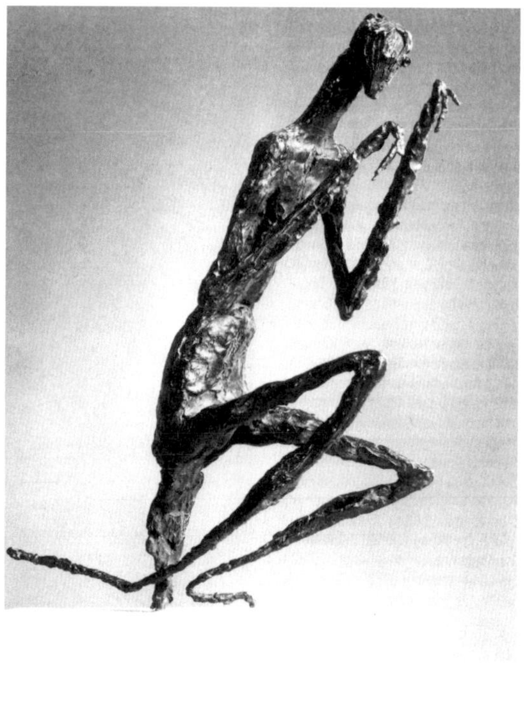

2

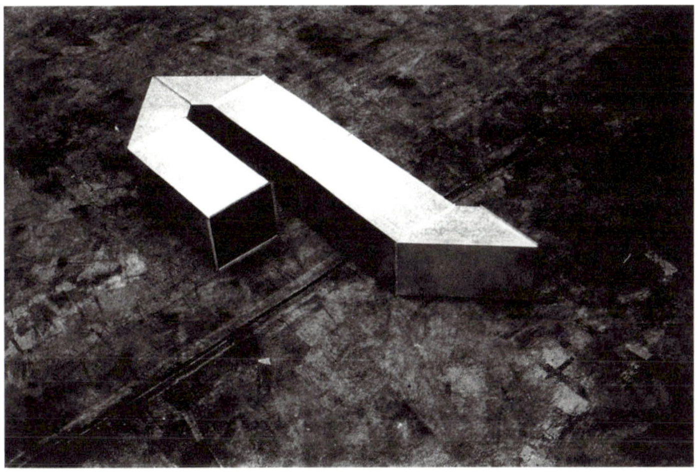

3

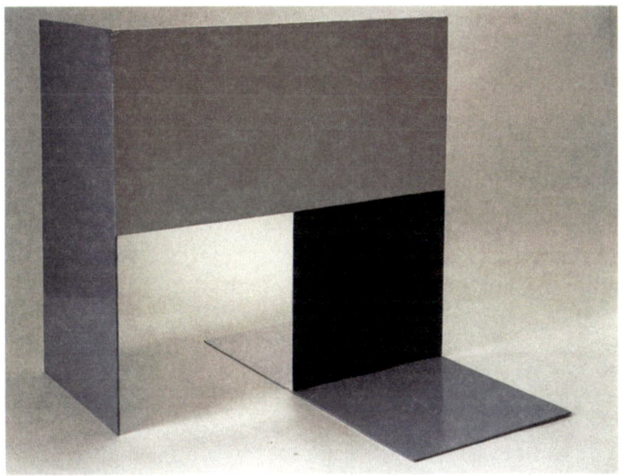

4

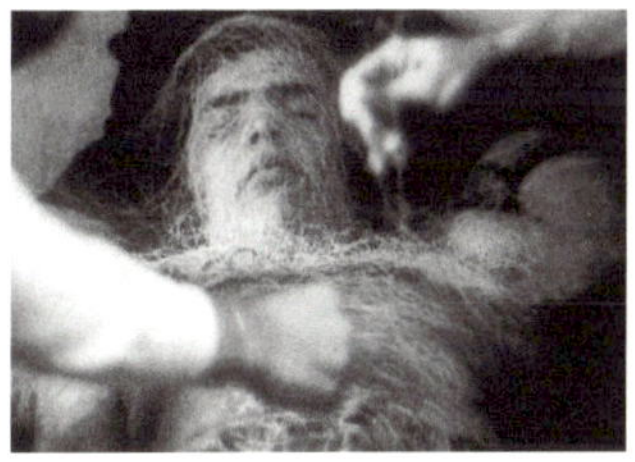

5

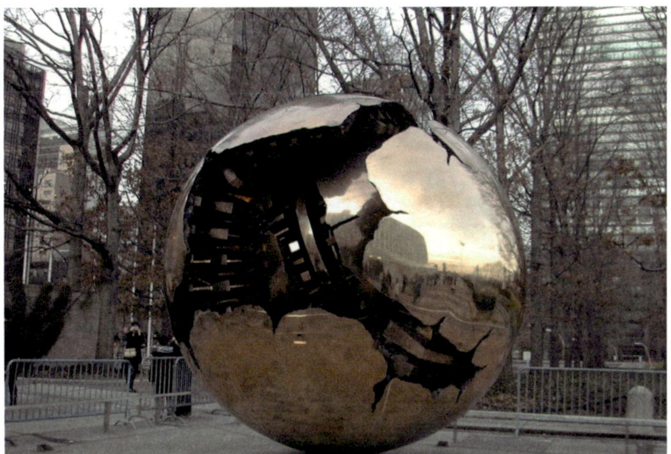

## Die emotionale Grundlage einer Plastik – Metalle verarbeiten

Anke Dornbach

„Den Wunsch, bildhauerische Werke nicht nur aus Marmor und Bronze, den beiden traditionellen Werkstoffen des Bildhauers, zu schaffen, äußerte Umberto Boccioni (1882–1916) bereits 1912, als er im *Technischen Manifest der futuristischen Plastik* formulierte: „Wir wollen die rein literarische und traditionelle Vornehmheit des Marmors und der Bronze zerstören."[1] Zu Beginn des 20. Jahrhunderts verwendeten Bildhauer vor allem Eisen, aber auch andere Metalle wurden häufig herangezogen. Geschichte und Eigenschaften dieser Metalle sowie ihre Verwendungsmöglichkeiten im Rahmen der Bildhauerei seien nachfolgend untersucht.

Einleitend gilt es jedoch festzuhalten, dass der Begriff *Skulptur* für bildhauerische Werke aus Metall im ursprünglichen Sinne des Wortes unzutreffend ist. Der Ausdruck geht auf *sculpere* (lat. schnitzen, meißeln, stechen, gravieren) zurück, meint also das Aushauen oder Schnitzen aus einem festen Stoff wie Holz, Gips oder Ton. Die meisten Metalle lassen jedoch nur leichte Bearbeitungen wie Feilen, Schleifen, Bürsten oder Polieren zu. Treffender ist die Verwendung des Begriffs *Plastik*. Dieser leitet sich vom griechischen *plastikos* (zum Gestalten gehörig) und *plassein* (bilden, formen, modellieren) ab. Plastiken werden aus amorphen Materialien modelliert oder durch Gusstechniken (sowie Prägen und Treibarbeiten[2]) geschaffen. Der Schmelzguss im Hochofen ist aus der Erkenntnis entwickelt worden, dass Metalle solcherart gut bearbeitet und geformt werden können.

Alle Metalle sind chemische Elemente und schwerer als Wasser. Sie können Legierungen[3] bilden, leiten Wärme und Elektrizität, sie sind grundsätzlich verformbar, ohne allzu leicht zu brechen und zeichnen sich durch Reflexionsvermögen aus. Einige Metalle sind zudem magnetisch.

Es gibt, abhängig von der physikalischen Dichte, Leicht- und Schwermetalle und, je nach chemischem Verhalten, halbedle und unedle Metalle. Nur die acht Edelmetalle (Ruthenium, Rhodium, Palladium, Silber, Osmium, Iridium, Platin und Gold), die in reiner (gediegener) Form in der Natur vorkommen, haben derart hohe chemische Beständigkeiten und sind gegenüber Sauerstoff reaktionsträge, so dass sie besonders glänzen. Funde belegen, dass bereits zwischen 8000 und 5000 v. Chr. gediegen vorkommende Metalle gezielt verwendet wurden. Alle anderen Metalle sind Erze, also Verbindungen mit fremden Elementen. Erst durch technische Verfahren wie Schmelzen, Zerkleinerung oder Elektrolyse können aus ihnen reine Metalle gewonnen werden. Dies ermöglicht einen innovativen Einsatz in der Kunst.

### Vielfältige Möglichkeiten – Gestalten in Bronze

Der Bronzeguss ist eines der ältesten Handwerke, seine Technik hat sich bis heute nur unwesentlich verfeinert. Bronze kommt nicht gediegen vor, sondern wird aus Metalllegierungen auf Kupferbasis hergestellt. Für den künstlerischen Bronzeguss wird zumeist die Zinnbronze, eine Legierung aus Kupfer und bis zu zwanzig Prozent Zinn, verwendet, weil diese elastisch, zäh und korrosionsbeständig ist. Von Nachteil ist, dass das Material sich nach dem Erkalten nur schwer korrigieren lässt. Die Farbpalette der Zinnbronze reicht von rotbraun über golden bis silbrig.

Je mehr Kupfer verwendet wird, desto rötlicher wird die Bronze, mit steigendem Zinnanteil geht die Farbe ins Graue bis Grau-Braune. Ersetzt man Zinn durch Zink, entsteht gelbliches Messing. Eine besondere Eigenschaft, die ansonsten nur Gold, Silber und Kupfer charakterisiert, ist die Patina, ein Edelrost auf der Oberfläche, der sich durch Witterungseinflüsse bildet, inzwischen aber auch künstlich hergestellt werden kann, um Alter vorzutäuschen oder weil es als „edel" empfunden wird.

Die frühesten Nachweise der Verarbeitung von Zinnbronze waren Werkzeuge aus der Mitte des dritten vorchristlichen Jahrtausends, die im Zweistromland gefunden wurden; um 2000 v. Chr. verbreitete sich das Arbeiten mit Bronze auch in Europa. Das Material Bronze war kostbar, denn das zur Herstellung benötigte Zinn musste aus Asien importiert werden. Bronze galt als edel und war daher für repräsentative Bildnisse beliebt. Im 19. Jahrhundert, mit Aufkommen des monumentalen Bronzegusses, entwickelten sich in Europa, vor allem in Deutschland und Frankreich, zahlreiche industrielle Bildgießereien. Heute wird Bronze fast ausschließlich für künstlerische Zwecke verwendet.[4]

Die beiden Arten von Bronzeplastik, Bronzevollguss und Bronzehohlguss, sind äußerlich kaum zu unterscheiden. Bronzevollgüsse, die besonders fest sind, sind äußerst formstabil, aber sehr schwer, weshalb sie nur noch selten hergestellt werden. Bronzehohlgüsse sind deutlich leichter. Sie können als „Guss in verlorener Form" (auch „Wachsausschmelz-Verfahren") und als „Guss in Dauerform" angefertigt werden. Die Technik des Gusses in verlorener Form entstand um 5000 v. Chr. in Indien. Ein Kern aus Ton, der grob die Form der zu erstellenden Plastik hat, wird mit einer Wachsschicht versehen und diese anschließend modelliert. Danach wird die Form mit einer dicken Schicht aus Lehm oder Ton überzogen, aus der einige Wachsröhrchen ragen. Durch Erhitzen schmilzt das Wachs. In den entstehenden Zwischenraum wird die Bronze gegossen, wobei die Luft durch die Löcher, die die Wachsröhrchen hinterlassen haben, entweicht. Nach dem Erkalten der Bronze wird die Negativform zerschlagen und der Kern herausgekratzt, damit ein Hohlraum in der Figur entsteht. Abschließend wird die Bronzeplastik überarbeitet (gefeilt, getrieben und poliert) und patiniert.[5] Die Vorteile dieser Gusstechnik haben Künstler wie Emil Cimiotti (geb. 1927) herausgestellt: „Die Bronze, [...], ist derjenige Stoff, welcher cire perdu[6] gegossen, die reichste Instrumentierung erlaubt: Robuste Volumen und feine Oberflächendifferenzen, kräftige, gespannte Formen und weiche, sensible Details. Geringste Querschnitte sind möglich, Volumen können vorgegeben oder negiert werden. Grate, Schnitte, Risse können die Oberfläche verletzen, weichste Verwerfungen können die Formen umspielen. Das Vorstadium im Wachs erlaubt unendlich häufige Korrekturen: erst im Arbeitsvorgang findet sich das eigentliche Thema."[7]

---

1 Umberto Boccioni, Manifest *Die futuristische Plastik*, zit. nach: Umbro Apollonio, *Der Futurismus. Manifeste und Dokumente einer künstlerischen Revolution 1909–1918*, Köln 1972, S. 73.

2 Prägen: Verformung metallischer Werkstücke durch Einwirkung von Druck; Treiben: ein Metall im erkalteten Zustand mithilfe von Werkzeugen in Form schlagen.

3 Gemenge aus zwei oder mehr chemischen Elementen, von denen mindestens eines ein Metall ist.

4 Es gibt nur noch ca. 20 bronzeverarbeitende Gießereien in Europa, acht davon in Deutschland. Vgl. Sabine Etzold, *Der verschollene Klang*, in: *DIE ZEIT*, 8. März 2007, Nr. 11.

5 Patinieren: Überzug der Oberfläche mit einer Lasur, die ggf. weiterbearbeitet wird (gekratzt, gebürstet, poliert, etc.).

6 Guss mit verlorener Form. Cire (franz.) = Wachs; perdu (franz.) = verloren.

7 *Emil Cimiotti. Werkverzeichnis der Plastiken 1955–1977*, hrsg. v. Dieter Brusberg, Hannover 1978, S. 24 (Brusberg Dokumente, Bd. 10).

Friedrich Schiller (1759–1805) wiederum beschrieb in seinem bekannten Gedicht *Das Lied von der Glocke* die Dramatik dieses Gussverfahrens:

> „Nun zerbrecht mir das Gebäude,
> Seine Absicht hat's erfüllt,
> Daß sich Herz und Auge weide
> An dem wohlgelungnen Bild.
> Schwingt den Hammer, schwingt,
> Bis der Mantel springt!
> Wenn die Glock' soll auferstehen,
> Muß die Form in Stücke gehen."[8]

Das alternative Verfahren, der Guss in Dauerform, seit dem 6. Jahrhundert v. Chr. verwendet, erhielt im 19. Jahrhundert starken Zuspruch. Heute wird es nur noch für besonders große Werke verwendet. Zunächst formt der Künstler aus Ton, Gips oder Wachs – aus Materialien also, die mehrfach und ohne drohendes Erstarren korrigiert werden können – ein Modell (um einen Gerüstkern) in Originalgröße. Darüber wird eine Negativform, die bei größeren Werken auch aus mehreren Teilen besteht, geformt. Aus ihr wird die Gussform hergestellt.

Die Hauptthemen, die im 20. Jahrhundert in Bronze dargestellt wurden, sind die Verletzlichkeit und Vergänglichkeit des Menschen sowie eine vor allem durch Constantin Brancusi (1876–1957) geprägte Entstofflichung, die sich auch bei anderen Künstlern in Form gespannter, schwellender Formen zeigt. → Abb. 1, 2 In jüngster Zeit verwenden Künstler Bronze auch selbstreflexiv und auf nahezu ironische
Seite 55 ← Weise. So schuf Thomas Zipp (geb. 1966) eine Glocke, ← Werk die sich der Funktion des Tonerzeugens entzieht. Seit dem Mittelalter werden neben Kanonen vor allem Glocken in Bronze gegossen, wobei der Klang der Glocken wichtiger ist als ihre optische Erscheinung. Zipps Glocke hingegen ist – der Titel umschreibt es trefflich – ein „Geist ohne Körper". Das hohe Gewicht der bronzenen Glocke steht dabei im klaren Gegensatz zu Geisterwesen, welche als unsichtbar und gleichsam gewichtslos gelten. Auf ähnliche Weise spielt auch Wang Du (geb. 1956) mit dem massiven Gewicht von Bronze. Zwei der Haupteigenschaften zerknüllter Papiere, geringes Gewicht und geringe Größe, kehrt er ins Gegenteil: er formt sie riesig
Seite 10, 11 ← und aus schwerer Bronze. ← Werk

## Rost – der Reiz des Eisens

Eisen ist weltweit das meistverwendete Metall. Es ist nach Aluminium das am zweithäufigsten vorkommende Metall und das zehnthäufigste Element im Universum überhaupt. Die Gewinnung aus Erzen[9] mithilfe von Rennfeueröfen wurde bereits für die Mitte des 2. Jahrtausends v. Chr. nachgewiesen. Seit Mitte des 18. Jahrhunderts, hauptsächlich aber in der zweiten Hälfte des 19. Jahrhunderts, wurde Eisen im Zuge der Industrialisierung wirtschaftlich zunehmend wichtiger. Es wird primär für die Herstellung von Land- und Wasserfahrzeugen sowie – als Bestandteil des Stahlbetons – in der Baubranche eingesetzt. Nicht nur infolge der Industrialisierung, sondern auch weil es sich in den frühen 1920er Jahren als ästhetisches Material in der Kunst durchsetzte, fand eine ideelle Werterhöhung dieses Metalls statt. Zahlreiche Bildhauer bedienen sich seitdem des Eisens, denn, worauf Jörn Merkert hinwies, „die dem Eisen gemäßen technischen Arbeitsprozesse kamen einer Vielzahl der damals zeitgenössischen bildnerischen Fragestellungen entgegen."[10] Zu diesen Eigenschaften zählt Merkert die Möglichkeit, Plastiken aus einzelnen – nicht wie bei den Kubisten vorgefundenen – Teilen zusammenzusetzen sowie das Streben danach, ausgehend vom Material neue Formensprachen zu entwickeln. Dabei wird eine der vermeintlich negativsten Eigenschaften von Eisen, das Rosten, von zahlreichen Künstlern sogar aus ästhetischen, Historie evozierenden oder konservierenden Gründen gezielt eingesetzt.

Eisen wird gegossen. In Legierungen zeichnet es sich durch Festigkeit und Zähigkeit aus. Es wird unterteilt in Roheisen, Schmiedeeisen, Gusseisen und Stahl. Roheisen hat einen sehr hohen Gehalt an Kohlenstoff, was es sehr spröde macht und eine mechanische Weiterverarbeitung ausschließt. Dennoch findet es gelegentlich in der Kunst Verwendung (Giovanni Anselmo, geb. 1934 Werk→). Schmiedeeisen ist vergleichsweise weich und mechanisch verformbar. Die Bezeichnung Gusseisen leitet sich von dem Verfahren zu seiner Formgebung ab. Es wurde erstmals im 15. Jahrhundert in Schweden hergestellt und ist wie Roheisen sehr spröde und nach dem Guss nicht mehr formbar. Es spielt, wie das Schmiedeeisen, im Kunstgewerbe eine Rolle und wird auch von Bildhauern verwendet, so etwa von Bruce Nauman (geb. 1941 Werk→).

→ Seite 40

→ Seite 45

## Edel, formstabil, geknautscht – Die Vielfalt des Stahls

Die Zusammensetzung von Stahl ist mit der des Gusseisens vergleichbar. Stahl wird ebenfalls, jedoch bei höherer Temperatur, gegossen. Im Gegensatz zu Gusseisen enthält es weniger Kohlenstoff und ist dadurch auch im warmen wie im erkalteten Zustand plastisch form-, schweiß- und schmiedbar. Stähle sind die am meisten verwendeten metallischen Werkstoffe überhaupt.

1811 entstand in Essen die erste deutsche Gussstahlfabrik. Die kostengünstige industrielle Massenproduktion von Stahl wurde 1856 von dem Briten Henry Bessemer (1813–1898) entwickelt. Heute werden sechzig Prozent allen Stahls durch das Schmelzen von Rohstoffen wie Eisenerz, Kalk und Kohle in Hochöfen produziert. Der übrige Anteil des erzeugten Stahls wird durch das Einschmelzen von Schrott unter Zufügung von Legierungselementen gewonnen.

Derzeit sind 2335 verschiedene Stahlsorten registriert,[11] von denen mehr als die Hälfte Edelstähle sind. Edelstahl zeichnet sich durch seine größere Reinheit und Gleichmäßigkeit aus. Die glänzende und gleichmäßige Oberfläche ist häufig die dominierende Eigenschaft von Kunstwerken aus Edelstahl (Richard Deacon, geb. 1949 Werk→; Anish Kapoor, geb. 1954 Werk→). Durch unterschiedliche Legierungen sowie plastische Formungen unter bestimmten thermischen Behandlungen (wie glühen, härten, vergüten,[12] kaltwalzen oder ziehen) der verschiedenen Stähle ist die Bandbreite ihrer mechanischen Eigenschaften sehr groß. So gibt es sehr harte und formstabile Stahlsorten, andere sind rost- und säurebeständig. Ähnlich

→ Seite 51, → Seite 3

8 Friedrich Schiller, *Die Glocke*, September 1799.
9 Gediegenes Eisen kommt nur in Meteoriten vor.
10 *Dimensionen des Plastischen. Bildhauertechniken*, Ausst.-Kat. Neuer Berliner Kunstverein, Berlin 1981, S. 70.
11 Stand Juni 2008. Vgl. http://www.stahldat.de/
12 Vergüten: Kombiniertes Wärmebehandlungsverfahren von Härten (Erwärmen und anschließendem Abkühlen) mit einem anschließenden Anlassen (Wärmebehandlung mit über 350 Grad Celsius).

sind die Eigenschaften des Corten-Stahls, den Richard Serra (geb. 1939) sich für seine monumentalen Plastiken im urbanen Raum zunutze macht. Corten-Stahl ist besonders witterungsbeständig, auf seiner Oberfläche bildet sich schnell eine Rostschicht, die jedoch weiteres Eindringen von Feuchtigkeit und Sauerstoff verhindert und so das darunter liegende Metall schützt. Wieder andere Stahlsorten können bis zu 26 Prozent plastisch verformt werden, bevor sie brechen oder reißen. Letztgenannte Eigenschaft kommt beispielsweise der Knautschzone von Seite 8/9 ← Autos zugute, die César (1921–1998) und John Chamberlain (geb. 1927 ← Werk) zu Arbeiten aus verschrotteten und damit auf kleinsten Raum zusammengestauchten Autoteilen inspirierte. → Abb. 3

## Schwer und weich – Blei

Blei ist seit dem dritten vorchristlichen Jahrtausend bekannt. Es wird aus Erzen extrahiert und ist eines der weichsten Metalle überhaupt. In der frühen Bronzezeit wurde es als Legierungsbestandteil der Bronze genutzt, dann jedoch durch Zinn ersetzt. Aufgrund seines niedrigen Schmelzpunktes, seiner einfachen Herstellung, seiner leichten Verarbeitung und Verformbarkeit, aber auch seiner Korrosionsbeständigkeit wird es für Rohre, Bleche und Draht, für Geschosse sowie für künstlerische Arbeiten verwendet. Antony Gormley (geb. 1950) bezieht sich in seiner Installation *Seeds III/V*, 1989/1993 auf die Verwendung von Blei für Waffenmunition. → Abb. 4 Der zerstörerischen Kraft von Patronenkugeln stellt er jedoch durch den Titel (dtsch. Samen) und die an Korn erinnernde Form der einzelnen Kugeln die fruchtbare und lebenbringende Eigenschaft von Saatgut gegenüber.

Seit dem 16. Jahrhundert findet der Bleiguss vor allem für kleinplastische Werke wie Medaillen, seit dem Barock zunehmend auch für größere Plastiken wie Brunnenfiguren Verwendung. Das Gewicht in Verbindung mit der Weichheit des Materials führt jedoch dazu, dass Bleiplastiken, werden sie nicht durch ein Gerüst gestützt, unter der eigenen Last zusammenbrechen. Daher werden für den Bleiguss meist Legierungen verwendet. Diese machen das Blei im Arbeitsprozess flüssiger, ausgehärtet aber stabiler und widerstandsfähiger. Eine problematische Eigenschaft des Bleis ist seine toxische Wirkung, aufgrund derer die Industrie Blei zunehmend durch andere, ungiftige Werkstoffe ersetzt.

## Altbekannt und teuer – Kupfer

Neben Gold und Silber war Kupfer eines der ersten Metalle, die die Menschheit nutzte. In der Natur kommt es selten in gediegener Form, sondern zumeist als Kupfererz vor. Es wurde vor etwa 10000 Jahren von Menschen für Werkzeuge und Gerätschaften verwendet und seit etwa 4500 v. Chr. verhüttet.[13] Kupfer gehört zu den teureren Metallen und wird primär für Münzen, Rohrleitungen, Stromkabel, Armaturen, Kessel, Schmuck, Besteck, aber auch für Kunstgegenstände und Musikinstrumente verwendet. Gelegentlich wird auch in der bildenden Kunst mit Kupfer gearbeitet. So experimentierte Günther Förg (geb. 1952) verschiedentlich mit vielfältigen Trägermaterialien, darunter auch Kupfer. → Abb. 5 Es hält schädigenden Umwelteinflüssen stand und ist relativ weich und daher gut formbar, was es ermöglicht, Kupferblech zu treiben. Kupfer kann gewalzt, gepresst, gezogen oder auch gegossen werden. Eine besondere Eigenschaft des Kupfers ist die

Bildung grüner Patina unter dem Einfluss von Wasser und Sauerstoff. Kupfer ist Bestandteil einiger Legierungen, darunter Bronze (mit Zinn) oder Messing (mit Zink).

## Glanz für geringe Kosten – Messing

Messing ist härter als Kupfer, aber weicher als Bronze, und lässt sich ebenso kalt wie warm verformen. Im Gegensatz zu flüssigem Kupfer entwickelt flüssiges Messing beim Gießen weniger Blasen. Die Festigkeit von Messing kann nur durch geeignete Legierungen und mechanische Behandlungen wie Walzen oder Schmieden verändert werden, nicht aber durch Wärmebehandlung wie beispielsweise bei Stahl- und Aluminiumlegierungen.

Messing ist der älteste künstlich hergestellte Metallwerkstoff überhaupt. Es war bereits im dritten Jahrtausend v. Chr. bekannt. Besonders im Mittelalter wurde es hauptsächlich zur Herstellung von Schmuck und Kunstgegenständen sowie liturgischen Gefäßen eingesetzt. Heute wird Messing – oft als Ersatz für die deutlich teurere Bronze – primär für Verzierungen, Beschläge und Blechblasinstrumente verwendet, was neben seinen materiellen Eigenschaften auch an seiner farblichen Ähnlichkeit zu Gold liegt. Kostenfaktor und Ähnlichkeit des Messings nutzt auch Sylvie Fleury (geb. 1961), wenn sie sprichwörtliche „Goldenen Käfige" für Fahrzeuge baut, die wie überdimensionale Kinderlaufgitter anmuten. → Abb. 6

## Wertsteigernd – Der Glanz des Goldes

Gold gehört zu den Edelmetallen, ist jedoch so weich, dass ihm für die Verarbeitung in der Regel andere Metalle zugesetzt werden. Es ist eines der ersten von Menschen verarbeiteten Metalle. Frühe Goldfunde in Mitteleuropa stammen aus dem 2. Jahrtausend v. Chr., in Südosteuropa sogar aus dem vierten vorchristlichen Jahrtausend. Gold kann gegossen, kalt geschmiedet, mit Werkzeugen verarbeitet, gelötet[14] und genietet[15] werden. Abschließend wird es zumeist geschliffen oder poliert.

Aufgrund seiner Seltenheit, seines Gewichtes, seiner Korrosionsbeständigkeit und der damit einhergehenden Beständigkeit des Glanzes wurde Gold primär für rituelle Gegenstände genutzt. Seit etwa der Mitte des 20. Jahrhunderts ist es vor allem die Thematisierung des materiellen Wertes und der damit einhergehende Symbolwert, der Künstler mit Gold arbeiten lässt. So veredelt Sylvie Fleury banale Alltagsgegenstände wie Reifen, Mülltonnen oder Einkaufswagen, indem sie sie mit Gold überzieht. → Abb. 7 Subodh Gupta (geb. 1964) wiederum verherrlicht in *1 kg War* das ein Kilogramm wiegende Stück 24-karätigen Goldes, dessen Gewichtsangabe sich nicht auf das Material, sondern auf den Krieg, ein weder wieg- noch messbares Geschehnis bezieht. Zugleich ist es eine Anspielung auf zahlreiche Kriege, die um Gold geführt wurden. → Abb. 8

---

13 Verhütten: Durch Hitze aus Erzen ausschmelzen.
14 Löten: Die oberflächliche Verbindung von zwei metallischen Bauteilen durch eine leicht schmelzbare Legierung. Das Löten wurde bereits um 3200 v. Chr. erfunden, um Teile aus Gold dauerhaft zu verbinden.
15 Die Verbindung zweier Teile durch ein plastisch verformbares zylindrisches Verbindungselement.

### Materialvielfalt – Draht

Anders als auf dem Gebiet der Kunst ist die Wahl des Metalls im technischen Bereich zumeist von der beabsichtigten Funktion abhängig. Allein Draht kann sowohl aus Edelstahl, Eisen, Kupfer, Messing, Aluminium, Silber als auch aus Gold hergestellt werden. Je nach Material und Dicke hat Draht verschiedenste mechanische Eigenschaften: Er ist nachgiebig, mit geringem Kraftaufwand formbar und auch sehr dünn noch reißfest. Darüber hinaus kann er Elektrizität und Wärme leiten. Diese Vielfältigkeit und damit verbundenen Eigenschaften werden von Künstlern wie – allen voran – Alexander Calder (1898–1976) genutzt, der schon als Kind Figuren aus Draht formte und Draht sogar für seine stärkste Ausdrucksmöglichkeit hielt, was seine Aussage „I think best in wire"[16] belegt. → Abb. 9

Auch Günther Ueckers Nagelwerke – Flächen, Gegenstände und Wände übersät mit systematisch geordneten oder auch frei gesetzten Nägeln – bestehen im Wesentlichen aus Drahtstiften. → Abb. 10

### Anwendungsmöglichkeiten, Eigenschaften, Wert und Wirkung – Gezielter künstlerischer Einsatz von Metallen

Naum Gabo wies 1937 auf die Rolle hin, die das Material für die Wirkung einer Plastik hat: „Die Materialien spielen in der Plastik eine der wichtigsten Rollen. Die Entwicklung einer Plastik wird durch ihre Materialien bestimmt. Das Material bildet die emotionale Grundlage einer Plastik, es gibt ihr den Grundakzent und bestimmt die Grenzen ihrer ästhetischen Wirkung."[17] Die Wahl des Materials spielt in der Bildhauerei eine weit bedeutendere Rolle als in anderen Bereichen der bildenden Kunst. Nicht nur die Erscheinung, sondern auch die technische Ausführung eines Objektes wird ganz entscheidend von den Eigenschaften des Materials geprägt. So kann das Material selbst, aber auch dessen Verarbeitung und die „Zeichen der Zeit", die Sauerstoff, Feuchtigkeit oder Kontakt zu anderen Werkstoffen an der Oberfläche hinterlassen, das Werk edel, alt, schroff, mechanisch, technisch, grob, fein oder kostbar wirken lassen.

Bei einigen wenigen Metallen spielen die Materialeigenschaften und ästhetischen Kriterien eine untergeordnete Rolle gegenüber dem materiellen Wert. Dem Gold wurde allerdings in Mittelalter und Renaissance weit mehr Bedeutung zugemessen als heute. Hier zeigt sich ein gewandeltes Wertebewusstsein. Auch der Stellenwert von Gold als Material des Bildhauers hat sich im 20. Jahrhundert geändert. Alexander Archipenko (1887–1964) etwa erläuterte: „Unter Berufung auf meine Erfahrung kann ich sagen, daß der neue Formenstil es ist, der andersartige Werkstoffe fordert, nicht aber umgekehrt die neuen Stoffe den neuen Stil schaffen. [...] Welche Materialien verwendet werden, ist an sich gleichgültig; Voraussetzung ist, daß das Material dem Stil völlig entspricht."[18]

Ein Künstler, der sich wie kaum ein anderer über Jahrzehnte mit den Eigenschaften von Metall beschäftigt hat, ist Carl Andre (geb. 1935). Prägnantes Beispiel für den freien Umgang mit den Werkstoffen und die Kombination verschiedenster Metalle sind seine *Plains,* flache, aus gleichgroßen Platten verschiedener metallischer Materialien bestehende Bodenarbeiten. Sowohl die Zahl der verwendeten Metalle als auch die Anzahl der Platten und die Form der Auslegung variieren. Neben der Anordnung nach ästhetischen Kriterien schuf Andre auch *Plains,* deren Einzelteile sich alphabetisch an dem chemischen Zeichen der verwendeten Metalle orientieren, und solche, deren Anordnung ihrer Reihenfolge im Periodensystem zugrunde liegen. → Abb. 11, 12 Andre verwendete für seine Bodenarbeiten auch wenig bekannte Metalle wie Bismut, Cadmium und Indium, die aufgrund ihrer stark changierenden Farben ungewöhnlich wirken und auch giftig sind. Nicht zuletzt spielt Andre mit der sich durch Oxidation verändernden Patina. So hat eine der beiden ursprünglich gleich aussehenden kupfernen Platten von *Copper Inside-Outside Piece,* 1969 im Laufe der Jahre ihre Farbe deutlich verändert, da sie – im Gegensatz zu ihrem im Innenraum befindlichen Gegenpart – dem Einfluss von Wasser und Sauerstoff ausgesetzt ist. → Abb. 13

16 Jean Lipman, *Calder's Universe,* Ausst.-Kat. Whitney Museum of American Art, New York; The High Museum of Art, Atlanta; Walker Art Center, Minneapolis; Dallas Museum of Fine Arts, Philadelphia 1989, S. 238.
17 Naum Gobo, *Plastik. Bildnerei und Konstruktion im Raum,* in: *Circle. International Survey of Constructive Art,* London 1937, zit. nach: Edurard Trier, *Bildhauertheorien im 20. Jahrhundert,* Berlin 1999, S. 62.
18 Erich Wiese, *Alexander Archipenko,* Leipzig 1923, zit. nach: Trier 1999, S. 72.

1 Constantin Brancusi
*Leda,* 1925
Bronze, poliert
54 × 70 × 24 cm
Musée national d'art moderne, Paris
Centre Georges Pompidou

2 Richard Deacon
*Body of Thought,* 1987/1988
Aluminium
280 × 846 × 419 cm
Courtesy Marian Goodman Gallery, New York

1
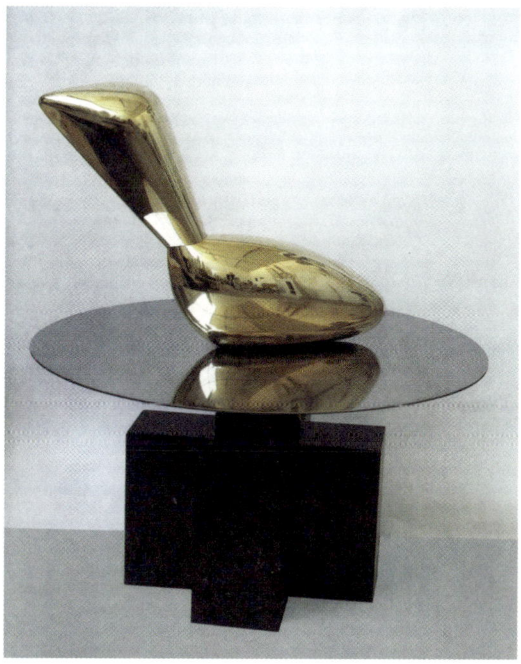

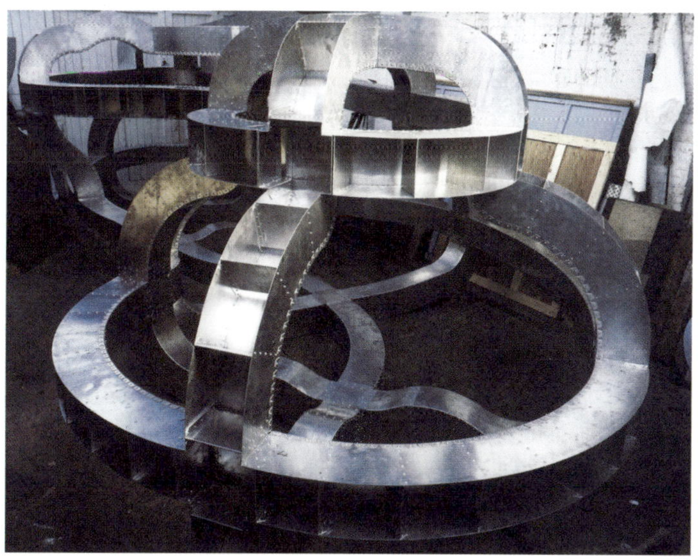
2

3

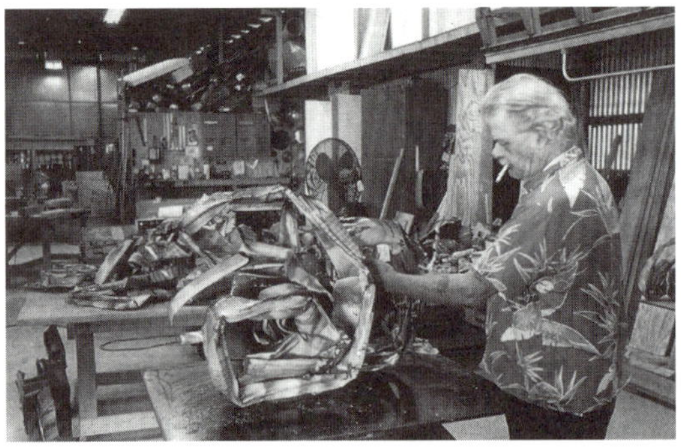

4

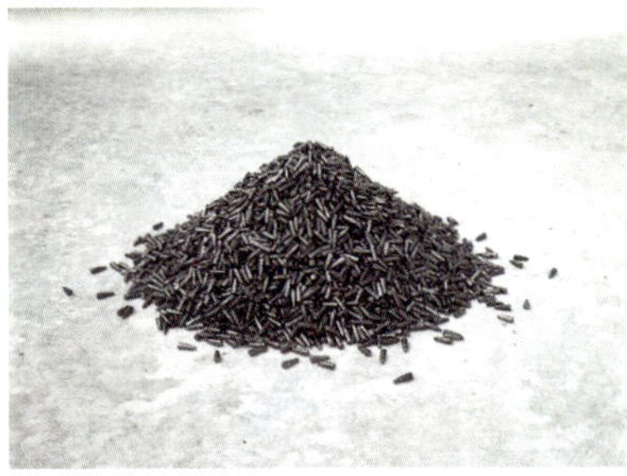

5

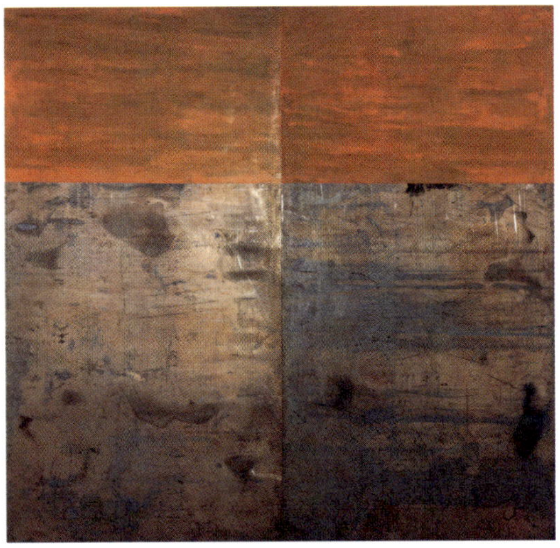

6

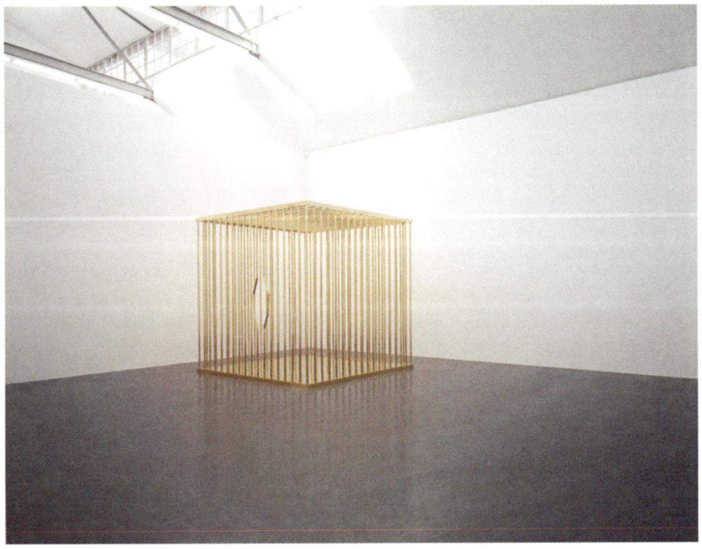

3 Richard Chamberlain
Studio, Sarasota, Florida 1991

4 Antony Gormley
*Seeds III/V*, 1989/1993
Blei
je 3,5 × 1,1 cm
Sammlung Würth

5 Günther Förg
*Ohne Titel*, 1991
Acryl auf Kupferblech auf Holz
2 Teile, je 300 × 150 cm
Kunstsammlung Nordrhein-Westfalen,
Düsseldorf

6 Sylvie Fleury
*(Gold) Cage LKW*, 2003,
Messing, 250 × 250 × 250 cm
Courtesy Monika Sprüth Philomene Magers,
Berlin, London
Copyright Sylvie Fleury

7 Sylvie Fleury
*ELA 75/K, Plumpity. Plump (Nr. 5)*, 2000
Einkaufswagen, vergoldet, Drehpodest
83 × 55 × 96 cm; Podest ø 100 cm
Courtesy Galerie Eva Presenhuber, Zürich

8 Subodh Gupta
*1 kg War*, 2007
Gold, 24 Karat
6 × 7,5 × 7,5 cm

7

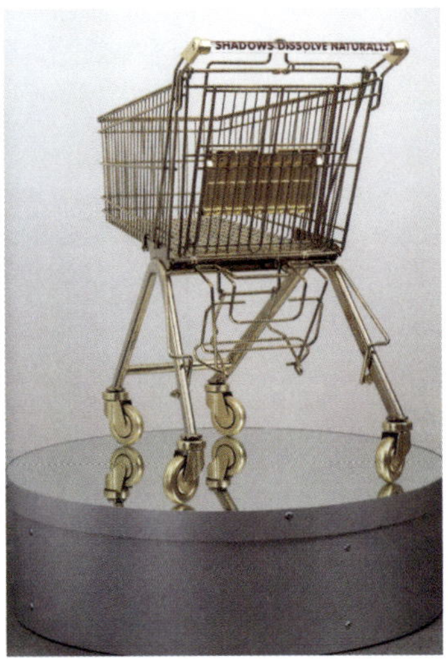


8

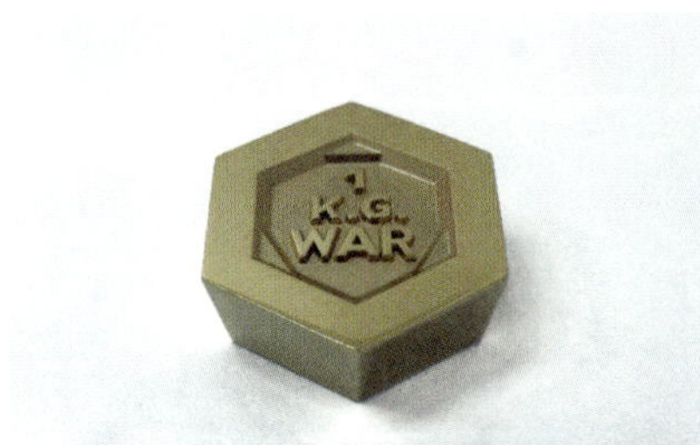

9

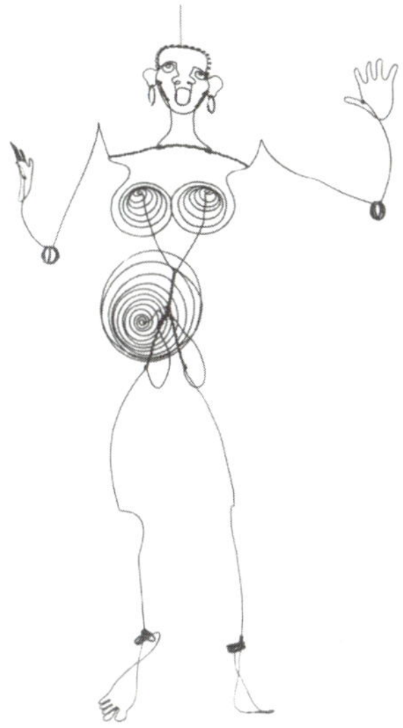

10

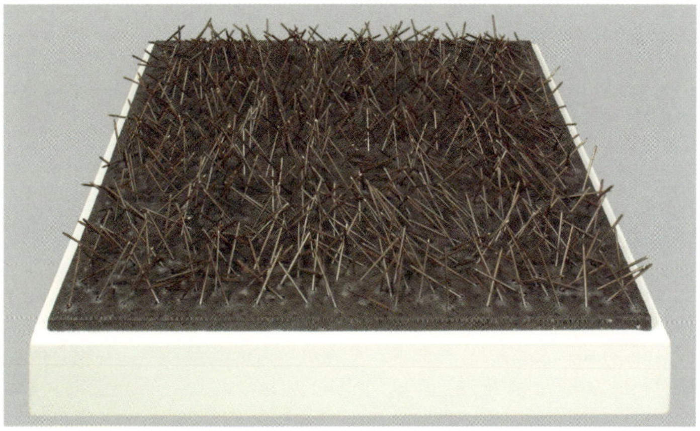

11

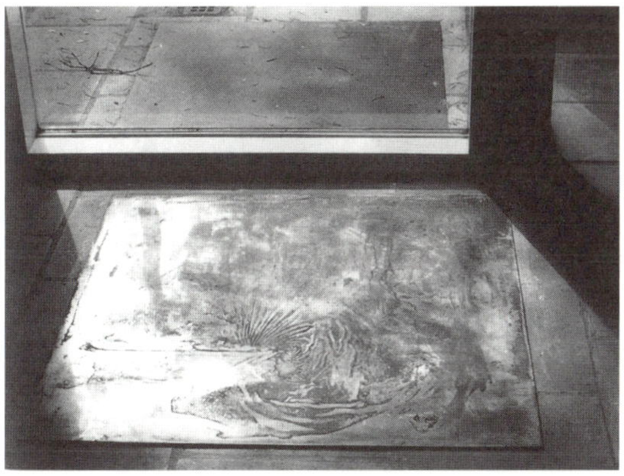

12

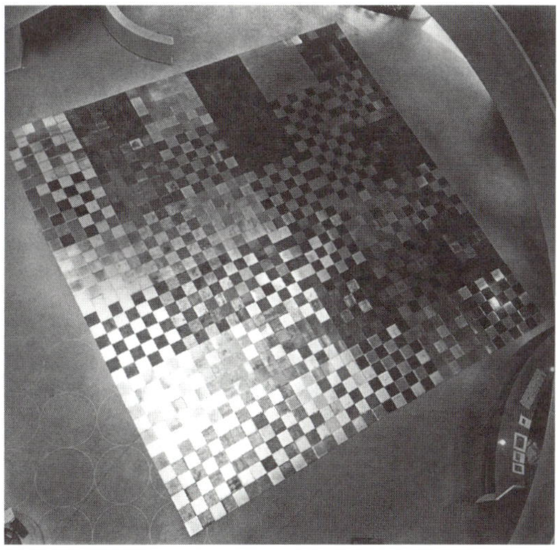

13

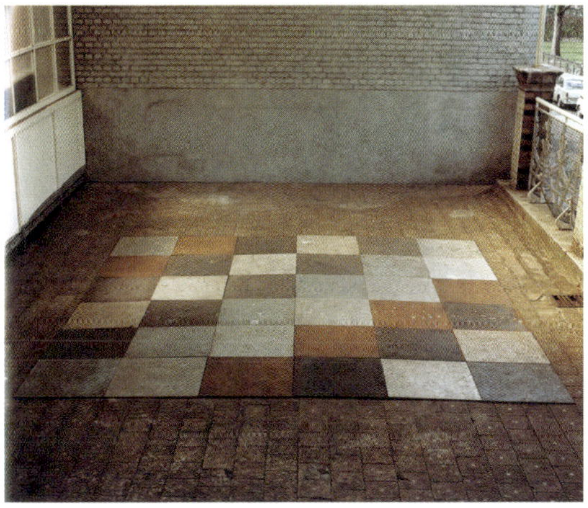

11 Carl Andre
*Weathering Piece*, Antwerpen, 1970
Aluminium, Kupfer, Stahl, Magnesium, Eisen, Zink
6 × 6 Platten, je 1 × 50 × 50 cm
Kröller-Müller Museum, Otterlo

9 Alexander Calder
*Josephine Baker*, 1927–1929
Stahldraht
99 × 56,6 × 24,5 cm
Museum of Modern Art, New York

12 Carl Andre
*Metal Fugue (for Mendeleev)*, Wolfsburg, 1995
Aluminium, Stahl, Kupfer, Zink, Eisen, Blei
1296 Platten, je 1 × 30 × 30 cm
Friedrich Christan Flick Collection

10 Günther Uecker
*Hindernis*, 1979
Nägel auf Blei auf Holz
14 × 90 × 90 cm
Kunsthalle zu Kiel

13 Carl Andre
*Copper Inside-Outside Piece, Düsseldorf*, 1969
Kupfer
2 Platten, je 0,5 × 100 × 100 cm
Kröller-Müller Museum, Otterlo

# Avant-Garde in Metal
## On the Contemporary Relevance of Sculpture

Dirk Luckow

The exhibition *Heavy Metal. On the Inexplicable Lightness of a Material* highlights the fundamental developments of sculptural thought from 1960 to the present. "Heavy metal" stands not only for the material metal, but also symbolically, as an element connecting all the works, for an irritation in the viewers world. This uncertainty is summoned up by the sculptures on display here in highly diverse ways, and it has its point of departure in the process of rethinking during the nineteen-sixties. The developments at that time are of just as elemental an importance for contemporary art as is the alphabet for writing; nonetheless they today continue to a large extent to be unfamiliar to a wide audience. The exhibition hopes to make a contribution towards anchoring the fundamental transformations of sculpture in the last four decades more firmly in public awareness. Accordingly the title *Heavy Metal*, in allusion to the monumental photograph *Iron Maiden Monument* (2007) by Candice Breitz, → work pp. 98/99 for example, seemed appropriate to us. The shrill music is an undertone which corresponds to today's diversity in artists' handling of their material. The restriction to "one" material as a specific artistic attribute makes it possible to comprehend the sculptural renewal in comparative terms and to clarify the thought patterns of contemporary sculpture in their epochal quality. Paradoxically, the intrinsically conservative genre of sculpture lent itself as a point of departure for a consideration of the avant-garde.

### Upheavals in the Nineteen-Sixties

The decade in which inflexible social standards were toppled and new political utopias were championed was also the heyday of Minimalism, Fluxus, Happening and Pop Art. Parallel to these artistic tendencies which were turning away from both the painting that had dominated the art world and a post-Greenberg formalism, the nineteen-sixties saw the development of new, heretofore unseen forms of sculpture. In the art centers of Europe, the USA and Latin America, radical claims to artistic freedom were articulated, sustained by the rebellion against a modernism whose optimism with regard to the future had become implausible. Under the burden of a global pile of shambles, in view of the atomic menace, the escalation of the Vietnam War, and the terror of bloodthirsty dictators, artists took up a distanced position to modern sculpture, with its widespread impact and commercial success. Even pioneers of classical abstract sculpture, grand masters of their genre such as Julio González, David Smith or Anthony Caro, were considered in this discourse to have fallen behind the times. In our exhibition, however, they stand for the origin of the development at the end of classical modernism which is presented here.

Formalistic tendencies were not fully ignored. But within a confusing terminological merry-go-round of Land-, Process-, Environmental-, Body-, Performance-, Concept- or Anti-Art, the new sculptural forms invited constantly new classifications. What did the anthropological artifice of a *soziale Plastik* by Joseph Beuys have to do with traditional sculptural criteria? During this period, the open handling of materials which no longer dramatically represented reality but were intended to correspond to it unleashed its own unpredictable energy. Forward-looking exhibition such as *9 at Castelli* (1968) in New York or *When Attitudes Become Form* (1969) at the Kunsthalle Bern, which featured artists of Arte Povera, the Rhenish art-scene centered around Beuys, and Post-Minimal Art, argued for a context- and process-related sculpture. It was supposed to enclose the reality of life, to remove the elitist element from art, and to relate art to life and not art to art—while all the while remaining art. Numbering among the participants were several artists who are also currently on display in Kiel—Giovanni Anselmo, Bill Bollinger, Donald Judd, Robert Morris, Bruce Nauman and Richard Serra. The common aspect of the works exhibited back then may be summarized in three essential demands. First, an important interconnection arose through the use of unusual, to some extent fragile materials as genuine means of sculptural expression. Second, the artists themselves arranged the materials in space. This installational "sculpting" of the works could be designated as one of the central aspects of the innovation. It also included a reflection upon the meaning of the work of art in its surroundings, something which in some cases resulted in a veritable occupation of the exhibition environment by such artists as Richard Serra or Joseph Beuys. The idea of site-specificity arose out of the practice of Minimal Art and aimed at the unity of the artistic object and space. Although it was displayed *ad hoc* at the special location, a work was unshiftable, at least for the duration of an exhibition, in spite of its transitory character. A real novelty was the frequent traveling of the artists as a prerequisite for their presence at the respective locations.[1] This distinguished them from artists who simply submitted their works from afar. Moreover, for these artists the freedom of the artistic thought—herein lay the third demand—was closely connected to an active contact to society. Their works aimed partly at a direct involvement of the public who, however, not infrequently felt itself to be severely provoked.

The path from art to contextualization was accordingly a game on various levels. Life itself was supposed to enter from as far away as possible into the exclusive world of the art institutions. How was the treatment of the material that is metal influenced by this development? It is here that the unusual approach of the Kiel exhibition becomes clear. For its thesis, which I intend in the following sections to examine more closely by means of a few positions from the exhibition, states that even in the moment of the largest possible extension of its genre-definition during the nineteen-sixties, sculpture continued to be based on fundamentally sculptural impacts. The new form of sculpture—Robert Morris defined it in an article during 1968 as "anti-form"[2]—stood for the overcoming of both a traditional hierarchy of materials and a traditional division of categories. And yet this renewal may be clarified in our exhibition on the basis of *one* material. At that time as well as today, concrete connections to classical sculpture may be recognized—but in surprising twists and as fascinating balancing-acts of the subtle unfolding of energies.

### The New Sculpture: Anti-heroic, Pedestalless, Elementary

In order to avoid each and every "style," during the nineteen-sixties artists used very simple techniques and procedures, such as the cast or direct intervention in the material. Through the concrete material effect, they wished to attain an anti-heroic, pedestalless, elementary, sensory presence of sculpture, as well as its updating with regard to human beings. Giovanni Anselmo's work *Per un'incisione di indefinite migliaia di anni* from 1969, → work p. 40 displayed in the exhibition, is a good example of a Post-Minimalist conception of material in contrast to classical bronzes with their traditional ideal of beauty, as is embodied by antiquity, for example. At the same time, all historically illustrative elements are lost in front of his work. The gap between it and a figurative sculpture—regardless of whether it is made out of stone or bronze, cast or chiseled—could scarcely be greater. Anselmo's work consists of a simple iron column leaned against the wall and covered by a slippery coating of grease. With its serious and demanding language, the object alludes, for instance, to the corrosion of the bronze lustre of archaeological fragments. It conveys an extended temporal process and at the same time has an incidental appearance, as if it had just recently been set down. What is ultimately striking is the raw, industrial character and complicated materiality of the work, which comes to visual expression in the relationship between the basic form and the strangely liquid "shell" with its tendency to slip and slide. What is shocking about Anselmo's sculpture is not perhaps a demonstrative message, but rather the expression of desolation which was shocking for the visual expectations of that era. According to conventional concepts, works such as this lacked all artistic character. The public considered them to be utterly devoid of value and significance.

Raw, unsmoothed surfaces with unremoved dents had already occurred in the history of art and its particular casting procedure. Richard Serra's incisions in otherwise untreated lead panels, such as in the work *Sign Board Prop*, likewise from 1969, → work p. 7 were irregular and uncorrected, the panel surfaces were bent, the tubes unstraightened, and the lead lengths crookedly unrolled. These aspects, even if everything was found in this state, nevertheless display the artist's hand and show that everything was of equal importance to Serra during the process of creation and became a constitutive element of the sculpture. At the same time, the surface tracings and the precarious balance of the massive lead panels tend to enhance expressively the massive and pressing impact of the sculpture. In the case of Serra, this all arises out of the real physical requirements of his work—for example, he needed 210 kilograms of hot lead for his *Splashing* work in Bern in 1969[3]—all the way to the concrete threat to and endangerment of the viewer. His unsettling works in lead and the later sculptures in rusty steel stand for heaviness, hardness and unadornedness—literally heavy metal.[4]

Joseph Beuys' works → works p. 84 have a more airy appearance than do those of Serra, even those in which he is involved, not with felt and grease, but with copper and lead or other types of metal. Beuys expanded the significatory horizon of sculpture by already defining the mental process itself as a plastic operation. The objects which, whether designed or undesigned, often lay about on the floor during his actions and recalled temple accessories may be read as mysterious markings of a magical-religious domain. The processual element is heightened into a pictorial and mythological aspect; in their mysterious language, the materials condense into visual symbols of human energies. If Beuys is considered to be a shaman, healer, prophet and conjurer, a photograph shows Serra as a "man of fire" and thereby alludes to the mythological figure of the blacksmith.[5] The heavenly blacksmith completed the creation, "ordered the world and founded culture," behind which actions lies the wish for a radical *renovatio*, the salvation of humanity and nature through the metallurgist.[6]

Metals are characterized by their specific lustre, their capacity for absorbing light, and their special malleability. Robert Morris chose lead for his early reliefs, above all because of its softness and flexibility. → work pp. 30/31 But he was not only concerned with the potential for shaping this material. For him, lead stood in particular for the *prima materia* and the radioactive decay series occurring in nature, in which natural radioactive elements appear: the uranium-radium series, the thorium series, the uranium-actinium series, and the neptunium series, which all end with isotopes of lead. His works in lead are dominated by the effects of both gravity, the sinking and subsiding of lead, and the oppressive graphite coloration. His artistic colleague Robert Smithson writes about Morris in 1966 in an article with the title "Entropy and the New Monuments" and states that he wished to focus awareness especially on the phenomenon of the impossibility of a fixed grasp with regard to a reality which expresses itself in constantly ongoing actions.[7] Furthermore, the lead reliefs doubtlessly depict to a particular degree the imprisonment of the creative urge in the form of a standstill, a running-down, and a general slowness of tempo. The extinction of the creaturely element could be read as a gloomy vision of the future at the heart of the pictorial expression of his reliefs.

Objects covered with lead as if by an invisible hand, actions which make their appearance directly as imprints in shapeable material, the utilization of a lead-gray tone—all this may likewise be found in several works by Jasper Johns, for instance in his relief *Light Bulb* from 1969. → work p. 75 Johns used gray in order to exclude "emotional and dramatic characteristics."[8] Morris as well speaks of "neutral hues," of the neutrality of the color gray, as is shown by his lead reliefs → work pp. 30/31 or the works in aluminum from the late nineteen-sixties. → works p. 50 But it was in particular this heavy gray which alienated the public of that time. With some astonishment there was reporting about the "gray border" which Joseph Beuys' works in felt and lead, for instance, "set up opposite to the audience of art."[9]

The physically oppressive, in the case of Morris downright apocalyptic, symbolical power of lead, which withdraws the world from our grasp as if beneath an impenetrable veil, was also thematized by Bruce Nauman. The title of his work exhibited in the Kiel, *Henry Moore Bound to Fail* (1967) → work p. 45 alludes to the supposed failure of the most successful sculptor of that era. According to his own testimony, Nauman was not, however, turning against Henry Moore (1898–1986), but against a younger generation of English sculptors who had spoken deprecatingly about Moore's work.[10] Nauman was particularly attracted by the plaster-cast forms of Moore's sculptures, which were stored outdoors and gradually decomposed; they certainly had an influence on his own large sculptures with plaster casts. *Henry Moore Bound to Fail*, proceeding from a waxen cast, alludes to the soft and seemingly motile surface-shaping of Moore's "lying draped figures." The relief depicts the tying-up of his arms behind Nauman's own back, a motif which give stark visual expression to violence and to the powerlessness of the artist. The surface appears to be indented, as if it were a matter of a corpse which had been removed from a grave. Bruce Nauman's works from this period reflect the increasingly aggressive climate of fear, destruction and rebellion in the USA during the late nineteen-sixties, depict the compulsive aspect of human actions. In the video *Violin Tuned D.E.A.D.* from 1969, Nauman played the four strings of the violin tuned, not to the customary G, D, A and E, but to the pitches D, E, A and D in what was almost an anticipated reference to heavy metal.

## Precursors and Expansions: Duchamp, Zero, Latin-American Avant-Garde

All the artists mentioned here decisively extended the definition of art, with a simultaneous recourse to the genre of sculpture. Their underlying criticism was directed, not against the conformity of sculpture to fixed rules, but rather against social conditions and the public's lack of understanding with regard to the sculptural criterion. Their exhibited works are sculpture in a universal sense, in which heaviness and lightness are mutually connected—as is also demonstrated, by the way, by Bill Bollinger's *Pipe Piece* (1968) → work p. 82 work in the alternation of aluminum and plastic, a momentary pause between materials which are pronouncedly corporeal, extremely heavy, and in their metallic lustre apparently light.

At the same time, there were important points of connection in art history. In the nineteen-sixties, a pioneering role was attributed to Marcel Duchamp. The French artist and New York resident was considered to be a sort of liberator from the oppressive supremacy of painting and was celebrated by the younger generation of artists. They were inspired by his ready-mades, his use of everyday materials from the working world of machines, his operation through tautologies and self-reference. The fragile industrial projects emanated a libidinous, immensely stimulating and corporeal effect. → work p. 88 And they were humorous, as is evidenced by Duchamp's cast of a drain stopper from 1964. → work p. 93 In our exhibition, with Thomas Rentmeister's bronze cast of two tampons (*ob*, 2007), he receives a contemporary counterpart which is both scurrilously striking and profoundly ironical.

The exhibition *Heavy Metal* also directs our attention away from the avant-gardes of the USA and Europe, with their uncompromising inventions, and towards the art-scene of Latin America, for instance with works by Lygia Clark → work pp. 78, 79 and Lygia Pape. → work p. 96 They stand for a geographical expansion of the handling of sculptural material from the cultural centers to the subaltern cultures. The viewers of these works are drawn in an extremely sensual manner into a genuinely artistic play of the meanings of their fragile forms. The hovering, harmonious, delicate and for that very reason so irritating works of Pape captivate through their seeming spontaneity and discreet irony with respect to the reductionist aridity of their sculptural colleagues from the USA. Lygia Clark's bold, potentially rotating metallic forms, which are a rudimentary reminder of utopian architectural designs, hang furthermore from hinges which invite the viewer to participate creatively in the artistic shaping and to maintain the movement of the individual parts of the sculptures.

Luis Camnitzer is an outstanding representative of a political Conceptual Art located in a dynamic field between Latin America and the USA. This artist, born in Lübeck, raised in South America and today living in the vicinity of New York, summons to mind concrete political history and, in his poetical, gloomily melancholic installations and objects, frequently brings to light something which otherwise would remain hidden. His contribution to the exhibition *Heavy Metal* is a concrete cube resting upon water and, like an obscure piece of flotsam, recalls the floating bunker-ships of the US Navy. → work pp. 76/77 At one time concrete ships were intended to accompany their armored associates upon the oceans of this world, the warships made of steel and iron. This is a metaphor for the human labyrinths and the extremely negative energy which people can develop. Somewhat more hope is conveyed, in contrast, by the work of another Conceptual artist who works with object art. Geoffrey Hendrick's VW automotive *Sky Car* from 1978 →work p.14 satirizes itself as a reflection of the sky in which the dreams of the generation from the nineteen-seventies are packed. In the case of both Camnitzer and Hendricks, "state of the art" means an oscillation between myth and enlightenment, the establishment of an out-of-the-ordinary equilibrium for both the supporting and free legs from the perspective of the twentieth century.

These artists share the endeavor of developing an ethically based art with the Zero heroes Heinz Mack and Günther Uecker. With his relief from 1966 measuring eight meters in length and made out of aluminum forms and compartments, Mack offers praise to the *Garten Eden* and thereby to the paradisiacal light. →work pp.18/19 With *Kubus-Kubus* from 1967, →work p.33 on the other hand, Uecker marks out, through a state of formal blockage, the benightedness and injury of people in history. During the nineteen-sixties, both artists distance themselves programmatically from the conventional abstraction of the post-war period, whose particular aesthetic and paucity of intellectual nourishment proved to be too feeble. These two artists from Düsseldorf asserted themselves on the same front as Lucio Fontana, who wished to free himself of canvas, bronze and plaster. →work p.60 Common to all of them is the fact that in their works and actions they bring to light quite fundamental dimensions and relationships in the world and seek to express precisely the sensory-intuitive experience of these aspects. This concept of reality was already signaled by the fact that, over and beyond their metallic objects, these artists explored new dimensions in free space through large-scale environments.

## Contemporary Positions between Appropriation and New Creation—Play with Contexts

Today the situation of art is even more open and diverse. As could be expected, artists—with recourse to the nineteen-sixties—work in parallel with several media and genres or combine them. What is striking in our exhibition is the complex strategic play with contentual aspects, with political or cultural contexts, with advertising or everyday life. Conceptual approaches such as those of Mark Leckey →work p.97 and Jonathan Monk, →work pp.27, 73 along with unconstrained interpretations and direct references to sculptures by Jeff Koons and Carl Andre, further open the field. At the same time, this play by means of volumes, dimensions, surface or color is connected with more traditional demands for a sense-oriented aesthetic and pure contemplation.
In view of the increasingly accelerated perception of space and time, sculpture perhaps seems more than ever to be a creatively solid rock amid surging seas—as has been ably symbolized by Tatiana Trouvé's personally tinged work *Rock (different metals)*. →work p.13

A reality which has withdrawn from direct physical access and become ever more fleeting has effects on the search for sculptural material, on methods and contents. There is much activity in the tradition of a visually reduced modernism with abstract constructions which—like Martin Boyce's three-part, rotatable wall-work made from steel grating and entitled *We Are Fragile and Unstoppable. We Appear and Disappear* (2004) →work pp.34, 35—suggest an ambivalent lightness. The title already makes reference to ruptures and shadowy, intermediate states.
Here as in many further contemporary works in the exhibition, the updating of sculpture occurs between quotation of everyday life and new creation. They possess an abstract core inside and at the same time are neo-realistic. A few recall shaped ready-mades, for example Mona Hatoum's *Paravent* dating from 2008 and made of blackened steel. →work p.25 The oversized "kitchen grater," converted into an interior-architectural room divider, displays the familiar aspect of the simple kitchen utensil with a darkly menacing, almost usurping gesture. Stefan Kern's colored, deceptively real-looking, but in fact aluminum roadblock-installation *Aus der Kurve geflogen* (2007), →work pp.48/49 as well as Jürgen Drescher's silvery, shimmering aluminum sand-cast of a cardboard packing-box *Karton (freistehend VII)* (2007) →work p.85 are no less richly endowed with tricks and feints. Their sculptures attain astounding effects and impart uncertainty to our customary differentiation between reality and imagination.

Bertrand Lavier works with modern *trompe-l'oeil* effects in metal. His image *Arcadia* (1991) →work p.36 resembles an ironicizing search for a harmony of the image in parallel to the object, a garage door, which in its metallic application of paint constitutes a puzzle which consists of objective representation and abstraction and is difficult to solve. One first becomes aware of the actual formlessness of the work because it has been defined as form. Günther Förg walks along an equally fine line between appropriated form and new creation. →work p.21 He plays with the expectant attitude of the viewer and the possible lack of an "inner necessity" (Kandinsky) for the creation of a non-objective art. With his bronze relief, he impressively reduces the complex European tradition of painting to simple, cipher—like elements of the gesture and abstract sign. The emptiness caused by the lack of an authentic modern inheritance is rendered apparent in cool form and opens up new creative possibilities.

The Chinese artist Wang Du, anything other than a classical sculptor, is represented in this exhibition with one of his giant sculptures in bronze. →work pp.10, 11 We are vexed by his crumpled papers printed with text and taken from the smelting furnace. This effect is heightened by the grotesque shifts in dimensions and material.
In 1975 with his multiple *Magnetische Postkarte*, →work p.84 Joseph Beuys transferred the slight weight of a postcard into the heaviness of lead. In the case of Wang Du, a crumpled piece of newspaper grows to gigantic proportions and simultaneously causes us as viewers to shrink in size. With a crumpled piece of paper, the slightest breath of wind is normally enough to alter its position decisively. Now it is enthroned before us in all its bronze massivity, makes reference to the omnipotence of the print media, and becomes an expression of the fluctuations in the world and the ground upon which we supposedly stand secure.

In the continuing influence of classical *contraposto*, artists still in the twentieth century took up an opposing stance towards the laws of gravity by means of fantasy, imagination and abstract capability, modifying or even nearly canceling its effects. Artists of the present generation take up contact to this freedom. They are concerned with traditional aspects of sculpture which are modernly interpreted and semantically as multifarious as possible. A vivid profile, for example, characterizes the compact or open sculptures of Richard Deacon, Olafur Eliasson, Aleana Egan and Anish Kapoor. Their sense for forms, rhythm, surface, contour and beauty stands on the one hand for abstraction and the overcoming of the classical tradition.
On the other hand, they establish a relationship to modernist sculpture—from Auguste Rodin's (1840–1917) figures devoid of specific location and history, with their flowing contours and play of muscles, all the way to Henry Moore's organically curving bronzes. Light is captured in Carol Bove's delicate sea of bronze rods hangingfrom the ceiling in resemblance to a hovering organ. →work pp.4, 5 Her installation issues a reminder that the Biblical figure Tubalcain once invented instrumental music in addition to metalworking.[11]

Heavy metals such as lead, iron or chrome have an appeal on the basis of their permanence, and even a light metal such as aluminum is practically imperishable, in stark contrast to that which is in many places built out of it. A film by Michael Sailstorfer demonstrates the suspicious motility, the restless vibrations of the outer walls of a corrugated-metal container discovered in a snow-filled landscape. →work pp.70, 71 The film consists of a special montage of 16 mm recordings shortly before the exploding of this sheet-metal apparition—as if Sailstorfer were recalling the first manifesto of the *spazialismo* of Lucio Fontana from 1947. There it was said that a gesture, "irrespective of whether it lives for a second or a millennium," exists for eternity.
With his concetto *spaziale* (spatial concept), Fontana strove for a universal image hovering in the air—metal mirrorings whose shadowed holes create depth. →work p.60

Tim Noble's and Sue Webster's abstract iron skeleton, illuminated by a floodlight, first becomes an actual work of art through its shadow. →work p.26 In an utterly surprising manner, the outlines of the shadow trace out the contours of the bodies of the two artists on the wall behind. Nothing in the massive iron sculpture gives an indication of the shadowy form which arises from it as if in a fairy tale. Truth to the material and theatricality—two competing and fundamentally different concepts of sculpture—appear here, back to back and ready to duel, as an inseparable couple. And Sonja Vordermaier's hanging installation *Teslasmog* [→ work p. 29] suggests an almost poetical lightness. In her structure consisting of television antennas, nails and iron shavings which are held magnetically, she focuses on the materialization of shadow.

Thomas Schütte's *Große Geister (Figure No. 6)* from 1996, [→ work p. 39] presumably an answer to *Terminator 2*, recalls an oversized Pirelli manikin. It is a striking combination of our era's aesthetic of horror-toys (King Kong), infatuation with mirror-finishes, and fetishism for engine-hood figures. Henk Visch's spindly, sensitive figure from a child's bedroom bravely endures sicknesses: *I know your face but forgot your name* (2007). [→ work p. 69] Both figures give short shrift to the formalistic modernism which was so long sacrosanct, as well as to its lack of contents. At the same time, Schütte's freestanding sculpture polemically does away with the illusion of good design and nonetheless asserts its sensory nature. Visch's human constructional element, with its curious and sentimental expression of the *conditio humana*, can certainly be imagined on the pedestal of a circular Greek temple.
The Belgian CoBrA artist Constant may well have been a model for the works of Schütte and Visch. His *Leiterlabyrinth* from 1967 [→ work p. 68] already clarified at that time the attitude of the artist to society and the relationship of sculpture and architecture to the human environment in a more self-evident manner than a classicism which required contemplation and distance.

Thomas Zipp has affixed to a massive bronze bell a lettering with the words *Geist ohne Körper* (spirit without body) [→ work p. 55] as well as a classical symbol of the skull. The artist is alluding to the finiteness and brevity of human existence. This is a truly gloomy *memento mori* symbol, which we contemplate on none other than an ecclesiastical object. To stigmatize it as "spirit without body" is tantamount to sacrilege. The bell recalls the Middle Ages and awakens our basic religious or spiritual conditioning. A body without spirit is in any case the materialistic appropriation of a form which is otherwise a symbol par excellence. Kris Martin's martial sword, lying upon the ground and measuring seven meters in length, could no less aptly be called a deadly vision. [→ work pp. 22, 23] It seems like the painful glorification of an apocalyptical horseman sprung from the grave, and it points up the excessive self-overestimation and loss of all sense of proportion which are so typical of our era. Martin's work manipulates our feeling for time and space through its perspectivally incomprehensible aspect. It oscillates among speculation about an entry in the Guinness Book of Records, a reference to Claes Oldenburg's (born 1929) *Blow-ups*, and morphed images from everyday life or computer games. Mark Mander's *Staged Android*, 1999/2000 [→ work p. 64] likewise recalls a symbolical battle zone which points towards a gloomy, empty future. Nonetheless his work has a totally different orientation, being introverted and closed-off rather than extroverted and gesturally rich like Martin's. Manders lessens proportions, reduces spatialities, provides us with an overview. Through the cast, his work constitutes a unity. But the interconnections between the covered objects remain mysterious.

In contrast, pure life comes to expression in Anthony Caro's iron sculpture *Barcelona Rose* (1987), [→ work p. 47] which is displayed in the exhibition. The partly ornamental, partly abstract-plastic formal language comes from Cubism; it recalls Matisse, exudes Mediterranean charm, and thereby preserves a sense for life. Its title alludes to the glorious beginnings of the sculptural treatment of iron in the late nineteen-twenties. At that time in the Catalan metropolis with its famous metalworking shops, Julio González, [→ work p. 59] and after him Pablo Picasso (1881–1973) and Pablo Gargallo (1881–1934), for the first time again approached iron as a material which could be used for sculptural purposes.[12] In his case just as with the more pronouncedly objective metallic sculptures of John Chamberlain [→ work pp. 8/9] or Jean Tinguely, [→ work p. 43] which are based on the concept of the *objet trouvé*, lightness arises out of heaviness, beauty out of supposed ugliness. Chamberlain was one of the first artists to use pieces of automotive scrap metal for sculptures, and he demonstrated that scrap metal contains the potential for bold creative virtuosity. Like his European contemporary César, [→ work p. 58] he is today a legend. Jean Tinguely is capable, in an equally subtle manner, of mechanically setting inmotion simple pieces of scrap metal. In an profoundly humorous approach, Alexander Laner sharpens Tinguely's principle of moving things with the help of motors. It is not only that he fetches that artist's motorized apparatuses and returns them to the garage. In addition, he takes great pleasure in providing Tinguely's worlds of machine art, known as *méta-mécaniques*, with further tangible functions. In *Plattenspieler* (2005), [→ work pp. 16, 17] input and output—a car motor runs the record player—stand in a stupefyingly unreasonable energetic relationship.

All these works, so full of passionate or brittle beauty, concentrate themselves in an anti-utopian sense on the most characteristic potential of the material as a constantly freshly varied, primal model of plastic shapings, draw vivid physical and psychological effects from it, and establish a relationship to space. Already in the nineteen-sixties, sculptural works were defined by a concept of the total spatial extent of the surroundings. In this approach of connecting sculpture and plastic space, there comes to expression—back then just as now—the yearning of the artist for more extensive interconnections, for the total work of art. Comparable to the Renaissance figures which associate themselves with the architecture as a part of the building—for example, Michelangelo's (1475–1564) New Sacristy (1520–1534) in the Basilica di San Lorenzo—the sculpture departs from the autonomous status of the work of art without, however, slipping into being mere decoration. The caryatids on ancient buildings had the function of bringing architecture and human beings into a correct relationship to each other, so that upon viewing the architecture, the individual would become aware of his own measure. In 1966 Robert Morris reflects in *Notes on Sculpture* upon the significance of proportions in sculpture.[13] He distinguishes between small objects which are perceived in an intimate, private manner, and monumental measurements, which allow the viewer to experience the distance between himself and the object in bodily terms. With the sculpture of Post-Minimalism, this physical relationship between object and viewer became forced, were oriented towards the enduring irritation of the visitor in his perception or perambulation of the respective work—the exterior movement was intended to influence the interior emotion—and it remains highly relevant today. This leads back to the initial observations, for precisely this effect is achieved by all the light or massive disruptions which run like a leitmotif through the exhibition *Heavy Metal*.

---

1 Cf. Harald Szeemann's report on the development of the exhibition *When Attitudes Become Form*, in: Jean-Christophe Ammann, Harald Szeemann, *Von Hodler zur Antiform. Geschichte der Kunsthalle Bern*, Bern 1970, pp. 142–162.
2 Cf. Robert Morris, *Anti-Form*, in: *Artforum*, 6/8, April 1968, pp. 20–35.
3 Cf. Ammann/Szeemann 1970, p. 155.
4 Cf. Dietmar Dath's remarks about the hardness of heavy metal music, in: ibid., *Vier Väter im Steinbruch ihrer Werke*, Rezension der Platte *Death Magnetic* von *Metallica*, in: *Frankfurter Allgemeine Zeitung*, Sept. 13, 2008.
5 The photograph by Gianfranco Gorgoni shows Serra splashing lead in Castelli Warehouse, New York 1969.
6 Cf. Mircea Eliade, *Schmiede und Alchemisten. Mythos und Magie der Machbarkeit*, Freiburg, Basel, Vienna 1992, p. 185; cf. Dirk Luckow, *Joseph Beuys und die amerikanische Anti Form-Kunst*, Berlin 1998, pp. 278–279.
7 Robert Smithson, *Entropy and the New Monuments*, in: *The Writings of Robert Smithson*, edited by Nancy Holt, New York 1979, p. 16.
8 Cf. Richard Francis, *Jasper Johns*, Munich 1985, p. 37.
9 Peter Iden, *Moralist in Grau*, in: *Frankfurter Rundschau*, October 6, 1967.
10 Cf. Willoughby Sharp, *Nauman Interview*, in: *Arts Magazine*, 44/5, March 1970, p. 27.
11 Cf. Norbert Wolf, *Meisterwerke der Skulptur*, Stuttgart 2007, p. 323.
12 Wolf 2007, p. 323.
13 Cf. Robert Morris, *Notes on Sculpture. Part 2*, in: *Artforum*, 5/2, 1966, pp. 20–23, p. 21.

# Resistance Against the Devaluation of the World or Sketches from the History of Sculpture

Thomas Wagner

> "Sculpture is what you bump into when you back up to see a painting."
> Barnett Newman

> "Every material has its individuality, which we may not arbitrarily destroy but which we can only bring to speak in its own language."
> Constantin Brancusi

## First: The Dream of a Dealer in Looks

"I had a dream," writes John Berger, "in which I was a strange dealer: a dealer in looks or appearances. I collected and distributed them. In the dream I had just discovered a secret! I discovered it on my own, without help or advice.

The secret was to get inside whatever I was looking at—a bucket of water, a cow, a city (like Toledo) seen from above, an oak tree; and once inside, to arrange its appearances for the better. Better did not mean making the thing seem more beautiful or more harmonious; nor did it mean making it more typical, so that the oak tree might represent all oak trees; it simply meant it more itself so that the cow or the city or the bucket of water became more evidently unique!

The doing of this gave me pleasure and I had the impression that the small changes I made from the inside, gave pleasure to others.

The secret of how to get inside the object so as to rearrange how it looked was as simple asopening the door of a wardrobe. Perhaps it was merely a question of being there when the door swung open on its own. Yet when I woke up, I couldn't remember how it was done and I no longer knew how to get inside things."[1]

John Berger's dream is unrecognizably that of a painter or writer. Is it in fact only our gaze which can penetrate to the core of things, can conquer objects and the world? Or does dreaming of the "secret of how to get inside the object so as to rearrange how it looked" indicate the pre-eminence of vision which characterizes painting, photography and video, but not sculpture and installation? Allowing things to be themselves to a greater degree—this requires more than a shadowy existence, one which is possessed solely by sculpture. And there where real bodies appear in space, the material necessarily plays a decisive role. In an era of viewing, it stands in opposition to the misapprehension that the world reveals itself only to our optical sense.

## Second: Sculpture as an Extended Field

Since the nineteen-sixties and in the encounter with the historical avant-gardes, sculpture[2] has truly become an "expanded field."[3] Since that time, it has emerged with such variety, and its definition has been stretched so far, right up to the border of non-binding terminology, that it seems as if all familiar and conventional aspects have utterly disappeared from the forms in which it appears, that almost all traditional criteria for its occurrence have broken down. Whether tunnel or corridor, hovering spaces or signs cut into the landscape, whether spacious observatories, architectural models or peregrinations documented by photographs, whether explosions deforming space from one moment to the next or figurations produced by chainsaws, computer-milling or pieces of sugar, whether light installations or sharks preserved in Formaldehyde, whether obstinate monuments, cryptic material-assemblages or well-stocked product racks, whether fetishes or spatial areas explored through performance—three-dimensional artistic production has long ceased to obey any standard whatsoever but instead is flourishing in an overabundant but contingent diversity. Today almost everything seems possible in sculpture; relativity and contextuality reign triumphant, a phenomenon which may be seen not least of all in that fact that, due to the lack of alternatives, there is still talk of *Bildhauerei* (the act of sculpting) but scarcely none of *Skulptur* (the product of sculpting). Today the trend is to consider everything an installation, even the return, apparent here and there, of the classical bronze sculpture onto a pedestal. "The installation," observes the philosopher Peter Sloterdijk, "thereby proves itself to be the most vigorous instrument of contemporary art for inserting embedded situations in their entirety into the viewing space."[4] And the containers of this type of embedding "demonstrate ever more clearly their claim to precedence over their contents."[5]

Although the supposedly new phenomenon continues to be made comprehensible by setting it into relation with something familiar which one knows from history,[6] Paul Valéry's statement that what is best in new aspects of art always corresponds to an age-old need[7] proves, in spite of the resentments which it raises, to be peculiarly applicable to the field of sculpture. For a retrospective view is not only able to lay open fountainheads whose bubbling continues unabated. It also reveals hidden interconnections and discovers, in the process of the transformation of the existent, falsified and repressed elements which seldom return unchanged. Above all, however, a critical review is capable of explaining why today sculpture is both more widespread and different than fifty or a hundred years ago. In this regard, an historical foundation is well-advised to make sure of the situational point of departure without harboring the ambition of doing injustice to contemporary production by means of a historical perspective.

That is not only true for the eras of revolution and violation of convention, for the later nineteen-tens and -twenties just as for the nineteen-sixties, when the size and proportion, site and manner of exhibiting a sculpture experienced a fundamental shift in meaning. It is also true for the materials which were utilized—above all for the use of bronze casting, for iron, copper, lead and aluminum. In any case, the post-modernist formula that "anything goes" is not sufficient for explaining the dislocation in the area of material.

For under the conditions of a reality which is increasingly permeated by islands of the immaterial or virtual, and as a consequence of the expansion of digital visual media, it is not only the case that everything material continues to be more and more marginalized, but also that the object itself as the "actual counterpart to our subjective mastering of everyday life"[8] is disappearing from our perceptual horizon. In this process, not only "corporeal space"[9] and visually accessed space come to diverge from each other. Within the extreme diversity of artistic production, sculpture also lays claim to a special place because—differently than in photography, painting, text or video—it "addresses, not the isolated eye, but rather the entire perceiving body."[10] This imbues it with a new type of explosiveness in the present.

The anchoring-point for this sort of comprehensive, body-related perception is the concrete material presence in space—and this is closely linked with the use of certain materials. If exhibitions which are oriented towards a motif or a material customarily give evidence of the taxonomical overzealousness of art history and elevate a secondary element to the status of *tertium comparationis*, the situation in the case of *Heavy Metal* is fundamentally different. Not only has working in metal received numerous new impulses since the nineteenth century, and not only have artists, whether in relief, sculpture or installation, individually extended the breadth of expressive possibilities inherent to their material, but metal itself has become the ambivalent symbol of a fundamental transformation of the field of sculpture and of our relationship to objects in space.

## Third: Spectacle and Materialism

The relationship between the laws of material and of form has always known its own tensions. But only at the end of the nineteenth century, and with full clarity during the initial decades of the twentieth century, was there movement in the relationship among content, form and material, which had been tightly ordered up to then. "Art theory and aesthetics," according to Thomas Raff, "investigate all the way into the nineteenth century almost exclusively the dynamic relationship between 'content' and 'form,' with material as *quantité négligeable* receiving no attention or being dismissed simply as a negative aspect."[11] Thus for a long time the physical substance out of which artifacts are created remains in the background, is often even hidden. It exists as that which can be surmounted through artistic work, through a concept, and apparently this is all that matters.[12] Materials are esteemed because of their metaphorical qualities—ore for its durability, gold for its lustre—but not because of their substantial qualities which are perceptible to the senses.[13]

"Consequently no experience is communicated" notes John Berger, before he relates his aforementioned dream, "is the spectacle, the game that nobody plays and everybody can watch. As has never happened before, people have to try to place their own existence and their own pains single-handedly in the vast area of time and the universe."[14]

Corresponding to the viewer is the distance to the image. He is not "embedded," but remains at a distance in order to be able to see better. In contrast, the sculpture endeavors, in the expanded formal range of its appearances, to generate a concrete site—with varying degrees of success and under increasingly difficult conditions. For sculpture—because of its three-dimensionality and by means of its resistant material—stands in opposition to the devaluation of the world in an era of the virtual and immaterial image, in as much as it produces concrete bodies and objects in a concrete space or in a certain position which it has itself created.

Whereas in the manipulation of digital datasets as in painting a self-confident subject asserts itself by communicating its view of the world, sculpture opposes this sort of self-importance with the intrinsic value of things and materials. Already in 1788 in his essay *Material der bildenden Kunst*, Goethe writes that even the "greatest and most experienced artist" must submit to the laws of material.[15] Even if he "makes himself an extreme master of the material in which he works, nonetheless he cannot alter its nature."[16] The ongoing life of the unalterable material confronts the creative urge of the artist with a limitation which, because of the characteristics of the material, appears more constricting than in painting. It is the work in and on the real which characterizes sculpture and distinguishes it from work on the image. But there is something fascinating and profound in working with a material which does not already in itself submit to all formal desires, which is more solid than words and more independent than datasets. Only through opposition do hand and eye, utensil and body prove their mettle, so that a place may be created where the viewer becomes the participant.

Irrespective of its natural durability, robustness and massivity, and independently of the resistance with which it confronts the artist, the material of metal does not, however, inherently possess a time-transcending significance. Just as with wood or stone, it is not assigned an iconically invariable meaning. That which it is as such, simply as iron, aluminum or lead, and that which it embodies in the context of a molded or chiseled sculpture, is dependent on its allegorical significance in the respective era and in the respective work. Above all, however—and this proves to be especially relevant to the revision of a sculpture on the basis of the utilization of a specific material—metal has experienced, in the history of the sculpture of the last century, a shift in its meaning which is closely connected to the transformation of sculpture itself.

## Fourth: Brancusi, Duchamp and the Object

The influence which artists such as Constantin Brancusi (1876–1957) and Marcel Duchamp (1887–1968)[17] had on the development of sculpture is enormous and can only be described here very sketchily. Whereas in Europe ever since the Renaissance sculptures had mimetic, representative and scenical qualities, this convention is broken in the works of Brancusi just as in those of Duchamp, even if in totally different manners. The sculpture now becomes one object among others which is isolated in its uniqueness and does not automatically accommodate itself to the long sequence of agreements which, up until then, had determined the characteristics that constitute a sculpture. The shift to sculpture as an object is most clearly evident in Duchamp's ready-mades, for instance in the *Bottle-Dryer*, → work p. 88 work a mass-produced industrial object which raises the profound question as to what distinguishes a work of art from an identical specimen from the department store.

Already in 1913 with *Fountain*, → ill. 1, p. 138 Duchamp had put the rule to the test. But around fifty years passed before the operation became known to its full extent and its consequences became fully apparent. As is well-known, the story takes place in New York. The year is 1917. On April 9 in Grand Central Palace, the first jury-free exhibition in the United States is opened. It is organized by the Society of Independent Artists, Inc., whose founders orient themselves on the model of the Salon des Indépendants, a Parisian institution whose motto since 1884 had been *ni récompense ni jury*. Thus it was stated in the statutes of the Society, established in 1916, that "any artist who is a citizen of the United States or of any foreign country whatsoever may become a member of the society by filling out a form, paying a one-time fee of one dollar as well as an annual contribution of five dollars, and participating in the exhibition of the Society in that year in which he became a member."

In this way everyone can become an artist, for it is not indicated anywhere how an artist may be recognized, except by the fact that he has paid his membership fee. Richard Mutt also took up the offer of the Society to self-proclamation as an artist. He submitted a work with the title *Fountain*, a porcelain urinal turned upside-down and signed. 2,125 works by 1,235 artists were exhibited, but Richard Mutt's *Fountain* fell victim to censorship, even if no one can any longer say with certainty where it ended up. On the day after the exhibition opening, the board of directors issued a press release which allows no doubt as to the rejection: "The Fountain is perhaps a quite useful object there where it belongs, but it has no place in an art exhibition and is not a work of art, according to any definition whatsoever." The rejection of this work led to the resignations of Marcel Duchamp and Walter Arensberg (1878–1954) from the Board of Directors of the Society.

One month later there appeared in the artists' periodical *The Blind Man* an article which summarizes the incident from the perspective of Duchamp and his friends. It states: "They say that any artist who pays six dollars may exhibit. R. Mutt submitted his fountain. This article disappeared without any discussion and was never exhibited. What were the reasons for rejecting the fountain of Mr. Mutt: 1. Some claimed that it is immoral, vulgar. 2. Others said that it was plagiarism, a simple piece of plumbing. But the fountain of Mr. Mutt is not immoral, that is absurd; it is no more immoral thana bathtub is. It is a fixture which one sees each day in the display window of a plumber. It is unimportant whether Mr. Mutt made the fountain with his own hands. He *selected* it. He took a common article of everyday life and positioned it so that its useful meaning disappeared behind the new title and point of view, created a new concept for this object. As for plumbing, that is absurd. The only works of art that America has produced are its plumbing fixtures and its bridges." The episode makes it clear that a sculpture is only an object which owes the difference to its everyday double primarily to the nstitution in which it appears.

Constantin Brancusi embarked upon another path whose radicalism, because of the fact that his sculptures seemed to be more firmly anchored in tradition than were those of his friend Duchamp, could be recognized with scarcely less difficulty than in the case of the ready-mades. Brancusi was electrified, not only by the issue of the sculpture as an object, but also by the question of its radiance onto its surroundings. He inquired into the relationship in which his works stood to the space enveloping them and to him as viewer, asked how mass and space entered into mutual connection, what interplay arises between a sculpture and its immediate surroundings. Brancusi did not accept the notion of the isolation of the sculptural work, nor did it make sense to him that it was detached from its environment by the pedestal upon which it was presented.[18] With the help of photographs, he investigated and developed his idea of the plastically surrounding space. He created so-called *Groupes Mobiles*, moveable ensembles which consisted of several sculptures and their "pedestals" and which entered into reciprocal relationship and, in this combination, constituted a new work. Thus the space between the elements became a part of the sculpture, and Brancusi's studio turned into his own spatial artwork. The viewer who moves about inside it first creates "the work of art in a certain sense, or at least the manner of seeing it. The space thereby becomes a demonstration of trust, of belief in the sensitivity of other people, or at least in their capacity for being affected by its appeal."[19]

In his *Endless Column*, → ill. 2, p. 138 which consists of the piling-up of a basic form, Brancusi anticipated the structure of stacking and of serial sculpture, a procedure which was later taken up by Minimalism. With the *Groupes Mobiles*, the idea of space as a work of art, the installation consisting of several works of art which must be seen together, with the "minimalized" sculpture reduced to primal geometric forms and the serial, endlessly extended sculpture, Brancusi as well transformed the sculpture right down to its fundamentals. The fact that his works, in contrast to the ready-mades of Duchamp, still move within the radius of a traditional vocabulary does not in any way diminish their radicalism. They also reduce the distance between the sculpture and its environment.

In order to cause the sculpture to radiate its presence into the surrounding space, Brancusi utilized various materials just as he stacked several segments in order to give expression to the act of climbing, the wish to surmount space. He paid consistent attention to the particular characteristics of the materials which he used, even if it remains a puzzle as to how he evaluated them individually. He believed that all material, both that of everyday objects and that of plastic works, is animated, and he considered the task of the sculptor to consist of "rendering visible the spiritual aspect of the material in its plastic essence."[20] Material, above all the luminously polished bronze of his "birds," in which light and material become one, imbues them with a vibrant vitality.[21] Both material and form radiate into space, and it is the mirroring surface of the bronze, encompassing the surroundings, which guarantees the presence of the unpredictable. If it is true, as John Berger asserts, that moreover Brancusi's last birds from the nineteen-thirties anticipated the form of the Concorde,[22] → ill. 3, p. 138 then this leads in a surprising manner over to Duchamp and his opening up of the sculptural field to the anonymous and trivial objects of industrial production. So Brancusi did not simply use material; he wore himself out physically with it until it finally conformed to his concept. He spent months polishing his metallic sculptures; for him, in his activity along the border between handicraft and industrial production, that was an essential aspect of "this journey back to purity, to the world which preceded gravity and original sin."[23]

Thus the heaviness of a material is simultaneously fixated and transcended. Only during the nineteen-sixties—and under the influence of Duchamp—does the transformation of material into something spiritual undergo a dialectical reversal. Then in the faithfulness to iron and steel—whether in the sculptures of Richard Serra (born 1939) or those of Carl Andre (born 1935)—gravity reigns supreme; then the painter Jasper Johns (born 1930), with his bronze "beercans" and "light-bulbs" and in a coffee-can named *Painted Bronze* and filled with paintbrushes, → ill. 4, p. 138 praises in the typical manner of Pop Art the tools of the painter's trade along with the everyday object; then John Chamberlain (born 1927) balances the relationship between optical lightness and physical heaviness in objects appearing in painterly terms and consisting of deformed automobile parts.

## Fifth: Demands and Delights of History

The history of sculpture proceeded in dialectic leaps and required, as Benjamin Buchloh observes, a more dramatic paraphrasing as the parallel history of painting,[24] because the violation of boundaries was much more extensive and occasioned far more vigorous opposition. It may be observed more than once how continuity and rupture are paradoxically interlinked. Reference is made expressly to a historical position or to a certain phase within a historical development, and the claim is made simultaneously that their deficiencies are obvious. In this way it is possible to suck the nectar of significance out of that which is being recognized. This strengthens one's own position and makes it possible at the same time to distance it from that which is supposedly out-of-date. Buchloh designates this sort of handing-down by means of deliberate and ultimately productive misunderstanding as "discursive repression."[25]

The process of an ongoing detachment from the mimetic function could no longer be impeded. Conventions such as size and standard, location and type of presentation or storage, above all the application of the bronze cast, all lost their binding character. If one considers constructions in iron, for example, as a signature of industrialization, then the manner in which they entered into the realm of sculpture provides information about the transition from the human body to the body of technology, from artisanry to industrial production, and also about the difference between bourgeois art and the avant-garde.[26] At least during the nineteen-twenties and -thirties, sculpture seeks a path between artisanry and industrial production, social orientation and the end in itself as if between Scylla and Charybdis, even though it must be remarked that spirituality and materialism do not constitute a simple opposition. Ever since the nineteen-sixties, there emerges in place of this sort of alternative an experience based upon perception or contextual shifting which, by means of an extended politics of the body and a social definition of space, seeks to abrogate the isolation of the subject. During this course of development, the process of work and creation is mythologized, but material is highlighted in a less illusionistic manner. The faithfulness goes so far as to appear as a residue of the mimetic aspect, as it were. Nonetheless, Nouveau Réalisme, in similarity to Pop Art, takes up social and political material, whereas Arte Povera, in its orientation towards materials of first and second nature, seeks to overcome modernist ideology and all its distortions. Common to all these undertakings is the fact that they endeavor, by means of a socially expanded conception of space and the object, to convey the experience of formal, material and structural radicalism.

Thus the materials in Carl Andre's sculptures, to select an example from the nineteen-sixties and -seventies, "no longer stand in relation to other materials [...], but instead he emphasizes the materiality of the elements by bringing to the fore their *visible* (i.e. colorful and haptic) and *invisible*, but familiar, chemical characteristics and combinations.[27] He also defined the structure of his wooden elements solely in terms of mass and weight, thereby programmatically reintroduced gravity as a structural and processual principle of plastic design,[28] canceled verticality and defined the sculpture as a place. "That is the course of development: sculpture as form / sculpture as structure / sculpture as place."[29] → ill. 5, p. 144

The degree to which the overstepping of the bounds of traditional guidelines was also linked to the material is demonstrated by Andre's description of the changes in the perception of New York's Statue of Liberty: "When form was important, there was interest in the Statue of Liberty because of Bartholdi's modeling and the shaping of the copper sheets in the contours of the statue. Then interest arose in the structure rather than in Bartholdi's form, and the focus was on the iron-casting constructions of Eiffel as an interior structure consisting of struts, beams and supports. Now sculptors are no longer interested in Eiffel's structure, but rather in Bedloe's Island and what may be done with it. So today I think of Bedloe's Island as a site."[30]

## Sixth: Further Impulses—Judd and Serra

Critics such as Donald Judd (1928–1994) drew conclusions from the arbitrary dematerialization of constructive sculpture of the nineteen-fifties and its approach to painterly abstraction such as was practiced by David Smith (1906–1965) and Anthony Caro (born 1924). The subject of discussion during the middle of the nineteen-sixties was specific objects.[31] There was a settling of accounts with illusionism in painting, and a type of art was propagated which seeks to articulate space itself in its actuality. This is a blow against the last remains of European art, and Judd strikes it with verve and through the help of works which are neither sculpture nor painting. Judd himself then carries out the transition from the wall into the room, to the box-forms in which he tries out the polarization of an open and a contained space. → ill. 6, 7, p. 144 Everything is open to view: the form, the material, the construction. Everything is straightforward and present. There is no mystery, nowhere. Donald Judd's three-dimensional works call to mind nothing other than themselves; anyone who approaches them must occupy himself with them alone and cannot flee in associations such as are generally triggered by artistic works. But their placement in the room or on the wall undermines the frontality with which paintings appear to the viewer as well as the convention that sculptures must be circled round in order that they come to reveal themselves. And the hand of the artist no longer ennobles industrially produced materials such as Plexiglas, aluminum, copper, plywood or Corten steel. What counts is the space which they render perceptible and the consequences for perception to which the work give rise.

Richard Serra's works, on the other hand, appear with the insistence of massive weights, and yet it was transitive verbs standing for transformational activities which made the sculptor so enthusiastic.→ ill. 8, p. 145 In 1967/1968 he made a list of them: "roll, fold, crimp, stack, [...] bend, lift, insert, [...] support, catch, hang, expand, fasten, collect, tension, gravity, entropy [...]."[32] As paradoxical as it may seem, Serra—the most famous worker in steel among contemporary sculptors who, as he once remarked, came to steel because as a boy he had understood the potential of the industrial revolution—seeks to emphasize the inner movement of the static element. He rejects any mystification of the creative process. He is interested in addition and subtraction, in the equilibrium of weights, and in the experiencing of the sculpture at the site where it resides."[33] → ill. 9, p. 145

As far as Minimalism itself is concerned, Serra's attention is directed mainly to the question as to whether artists such as Dan Flavin (1933–1996), Carl Andre and Sol LeWitt (1928–2007) sought, in work and theory, to represent wherever possible a construction system which not only was closed, but in addition was characterized by didactic and authoritarian arrogance. Just as for Bruce Nauman (born 1941) and Eva Hesse (1936–1970), for Serra body-related perception could not be separated from fears and doubts and become subordinated to a general doctrine. Consequently, he rejects the a priori "geometry of the Cubist spatial grid" such as was propagated by the Minimalists. His *Splash Piece* from 1968,→ ill. 10, p. 145 for example, annuls the ninety-degree angle between wall and floor just as demonstratively as it belies the inflexible definition of the sculptural body. The liquid lead which he flings into the corner of the room, where it cools in the act of splashing, blurs the spatial border, undermines the room defined solely in architectural terms, and documents the process of the creation of the work. Moreover, he liquefies the material just as with a bronze cast but applies it in a completely different manner, inasmuch as he causes the formal shaping and the act of casting to become one and utilizes them for the articulation of the concrete space.

It is the removal of the pedestal which for Serra, who not by chance spent several months in 1966 in Brancusi's studio in Paris,[34] represents the greatest rupture in the history of sculpture during the twentieth century. He accordingly—instead of confirming with an autonomous sculpture an aesthetic order which is independent of location or simply setting up objects which were created in the studio—develops anti-environments which create their own space and enter into contradiction to the existing environment. Moreover, in the disclosure of the operative logic of the sculpture and in its explicit site-relatedness, space is redefined in such a manner that form and material condition each other reciprocally, and object and process are combined in the perception of the observer into a plastic unity. Serra's sculptures define a "physical structure" and generate energy fields which reveal the contents, character and structure of a site without confirming that which is already established.

## Seventh: Concerning the Contemporary Relevance of the Sculptural Element

This sketch of the recent history of sculpture, as incomplete and provisional as it may be, demonstrates that the field has been crisscrossed in many directions and is more open and accessible than ever before—also with regard to the utilization of various metals as well as their handling. Not only with respect to the genres have all boundary posts been pulled up. Even if immunity against the zeitgeist is no achievement in itself, nevertheless it is evident that sculptures being created today are either installations which explore an embedding of the viewer in various social, political, narrational or artistic contexts, or hybrids which compel heterogeneous elements to cohere associatively.
In the situation of an unsurpassable diversity, even the creation of classical bronze sculptures including a pedestal—the virtuoso deconstructionist Olaf Metzel (born 1952) offers an apt demonstration—again becomes one possibility among others.→ ill. 11, p. 145 Whether the muse is called artisanry or techne, whether sculpture once more forces itself upon successful painting or theatrically seeks to plumb the darkest social depths—the invasion of fragments of reality continues. Even if not nearly everything which arises upon the wide field of sculpture corresponds in form and appearance to the malleable hardness of the material, nevertheless there are today many possibilities of reaching towards an extra-aesthetic reality in order to oppose the neutralization of intervening distances and the compression of space in the media.[35] In sculpture as well, the new spatial thinking practices the "insurrection against the shrunken world."[36]
Not infrequently, its weapons are made of metal.

---

1 John Berger, *Steps Towards A Small Theory of the Visible (For Yves)*, in: John Berger, *The Shape of a Pocket*, New York 2003, p. 9.
2 Since it is a matter of neither a terminological definition nor or a general representation of the entire field of sculptural work, I use the terms *Skulptur* and *Plastik* to a large extent as synonyms for all working procedures which build up or remove material, including the space-related approaches of installation and environment.
3 Rosalind E. Krauss, *Sculpture in the Expanded Field*, in: *The Originality of the Avant-Garde and other Modernist Myths*, Cambridge 1985, pp. 30–44.
4 Peter Sloterdijk, *Sphären III.*, Frankfurt/M. 2004, p. 527.
5 Sloterdijk 2004, p. 813.
6 Already at the end of the nineteen-seventies, Rosalinde Krauss speaks about the fact that historicism is the hidden message inherent to the pulling and twisting of "a term such as sculpture" which takes place superficially in the name of the avant-garde aesthetic and the ideology of the new (Krauss 1985, p. 30).
7 Quoted in: Theodor W. Adorno, *Ohne Leitbild*, in: ibid., *Ohne Leitbild, Parva Aesthetica*, Frankfurt/M. 1973, p. 12.
8 Matthias Winzen, *Warum Skulptur?*, in: *Bodycheck*, exhib. cat. City of Fellbach 2007, p. 9.
9 Cf. Winzen 2007.
10 Winzen 2007, p. 10.
11 Thomas Raff, *Die Sprache der Materialien. Anleitung zu einer Ikonologie der Werkstoffe*, Munich 1994, p. 19.
12 Cf. Günter Bandmann, *Der Wandel der Materialbewertung in der Kunsttheorie des 19. Jahrhunderts*, in: *Beiträge zur Theorie der Künste im 19. Jahrhundert*, vol. 1, edited by Helmut Koopmann and J. Adolf Schmoll gen. Eisenwerth, Frankfurt/M. 1971, pp. 129–157. The aesthetic system within which material is only a medium for bringing to view the idea is designated by Bandmann as "idealistic." Contrasting with this system is the materialistic approach with regard to artistic material, which has been observable for more than a hundred years now and became predominant during the twentieth century.
13 Cf. Bandmann 1971, p. 134.
14 Berger, *Steps* 2003, p. 9.
15 Raff 1994, p. 26.
16 Johann Wolfgang Goethe, *Material der bildenden Kunst*, quoted in: Raff 1994, p. 26.
17 It is not possible here to pursue a discussion of the no less important role played by Vladimir Tatlin (1885–1953) in the transformation of sculpture. Cf. Benjamin H. D. Buchloh, *Die Konstruktion (der Geschichte) der Skulptur*, in: *Skulptur Projekte Münster 1987*, exhib. cat. City of Münster 1987, pp. 349–377.
18 Only Kurt Schwitters (1887–1948) with his *Merzbau* turned his attention during the nineteen-twenties towards a spatial interconnection which negated the isolation of individual elements.
19 Pontus Hulten, *Brancusi und die Idee der Plastik*, in: Pontus Hulten, Alexander Istrati, Natakia Dumitresco, *Brancusi*, Stuttgart 1986, p. 20.
20 Friedrich Teja Bach, *Constantin Brancusi*, Cologne 1987, p. 154.
21 Cf. Bach 1987, p. 168.
22 John Berger, *Brancusi*, in: ibid., *The Shape of a Pocket*, New York 2003, p. 121–129.
23 Berger, *Brancusi* 2003, p.121–129.
24 Buchloh 1987, pp. 349–377.
25 Buchloh 1987, p. 351.
26 Cf. Boris Arwatow, *Kunst und Produktion. Entwurf einer proletarisch-avantgardistischen Ästhetik 1921–1930*, Munich 1972, pp. 11–12, quoted in: Buchloh 1987, p. 360).
27 Buchloh 1987, p. 374. Eva Hesse even goes so far in 1968 as to entitle an exhibition in the Fischbach Gallery *Chain Polymers*, "whereby she emphasized the degree to which her art was dependent on a chemical process. For with both the materials preferred by Hesse, it is a matter of polymers, even if Latex is a natural substance and Fiberglas, on the other hand, is an artificial one." (Annette Tietenberg, *Konstruktionen des Weiblichen. Eva Hesse. Ein Künstlerinnemythos des 20. Jahrhunderts*, Berlin 2005, p. 115).
28 Buchloh 1987.
29 Carl Andre, quoted in: Buchloh 1987, p. 374.
30 Carl Andre, quoted in: Buchloh 1987, p. 375.
31 Cf. Donald Judd, *Spezifische Objekte*, in: Gregor Stemmrich, *Minimal Art. Eine kritische Retrospktive*, Dresden and Basel 1995, pp. 59–73. Judd relates his considerations mainly to the works of Claes Oldenburg (born 1929) and Frank Stella (born 1936)
32 Richard Serra, *Schriften. Interviews. 1970–1989*, edited by Harald Szeemann, Bern 1990, pp. 7–11.
33 Serra 1990, p. 139.
34 Hulten, *Brancusi* 1986, p. 41.
35 Cf. Peter Sloterdijk, *Im Weltinnenraum des Kapitals*, Frankfurt/M. 2006.
36 Sloterdijk 2006, p. 399.

# "Artists Constantly Apotheosize"[1] Art in the Dynamic Field of Convention and Freedom

Dörte Zbikowski

"If there is something for which it is worth living, then that is the contemplation of the beautiful."[2] The fact that a noble taste in art and a pleasing style cannot be attained with industrially manufactured products, that a ready-made object does not possess the status of a hand-made sculpture or that scrap metal cannot be considered to be an artistic material is based upon social convention. To offend is a provocation. In the revolutionary atmosphere of the nineteen-sixties, in art as well many things became possible which before had seemed inconceivable. And yet these accumulations and combinations of materials, stresses and strains have their predecessors in the collages and material-pictures of the Cubists, and the utilization of everyday material goes back to Marcel Duchamp (1887–1968). What was seized upon was the innovative aspect which even back then was provocative. But what is it that fascinates us today? What aesthetic worth is possessed by such banal things as a bottle-dryer[3] → work p. 88 or a steel plate? Unfinished steel plates, welded-together pieces of scrap metal, dented and perforated sheet metal—the art lover is confronted with quite a lot to digest. Do innovations in art also bring with them a new aesthetic?

The conception of what art actually is has always been subject to changes. Abstracting in pre-history, remaining true to details in Gothic, Renaissance and Classicism, transfiguring in Romanticism, art was the mirror of various world views and attitudes to life. Along with the manner of expression, symbolic language also undergoes a development. Styles change, and widespread acceptance customarily lags behind innovations, but there are less and less often unrecognized artists, such as was still the case at the end of the nineteenth century with figures like Vincent van Gogh (1853–1890). Aesthetically innovative or formally rigorous works are mostly "uncomfortable" for the viewer. And when the material seems to be unfinished, the work is extremely bulky or simply seems to be standing in the way (such as Richard Serra's sculptures conceived for public spaces, or the space-encompassing works of Robert Morris and Donald Judd), disputes about the limits of what is feasible and reasonable threaten to escalate. Extremes, acts of risk taking, upheavals all the way to breaches of taboos seem to be called for when art is supposed to set something in motion, so ultimately what is required is an unprejudiced treatment of the (found) material and the established conventions.

## Glorification (Materials and Products of Progress)

Along with its apotheosis during the period of industrialization, iron (steel)[4] became at the end of the nineteenth century an expression and symbol of modernity and progress, for which the Eiffel Tower, built for the 1889 Paris World Exposition, stood as a sort of trademark. Vladimir Tatlin (1885–1953), for example, referred with his *Model for the Monument to the Third International* (1919/1920)[5] to this marvel of technology. → ill. 1, p. 148 Uneasy about ongoing technologization, Tatlin around 1915 was one of the first artists to issue a summons to travel new paths and to endeavor that all the iron which presently is required to serve tasteless architectural forms be handled in a creative manner. His simultaneously developed counter-reliefs, sculptures which lacked pedestals, were made out of predominantly "raw" material and were hung in the corners of rooms, arose out of the search for a fully abstract, purely geometrical formal language. → ill. 2, p. 148

At about the same time, Marcel Duchamp (1887–1968) "created" his ready-made *Bottle-Dryer* (1914): → work p. 88 "I sold it as an already finished sculpture."[6] In his own era, this was considered to be an attack on the creativity of the artist, but today it is regarded as an act of genius. Constantin Brancusi (1876–1957) began around 1920, more or less by chance, to attribute an independent status to the pedestal[7] and thereby opened a path all the way to Carl Andre's (born 1935) revolutionary concept of sculpture as place (*Element Series*, from 1960), in which the work of art is stepped into by the viewer. Julio González (1876–1942), on the other hand, the son of a goldsmith, worked in 1927 as one of the first artists—influenced by Cubist material-pictures—with scrap iron. Fascinated by the lightness and spontaneity which the assemblage technique allowed him, he created works on the border between objectivity and abstraction, with the selection of the individual parts being made according to formal considerations. → work p. 59

All these positions were quite far from that which was accepted as art at the time. In artistic production beyond the classical disciplines of painting and sculpture, borders were over come, new forms of expression were found outside the referential frame of traditional criteria for art, and innovative pathways were embarked upon. The definition of sculpture, of its character and of its material could be formulated in such broad terms that everything became possible.[8]

But Duchamp had ceased to participate in exhibitions ever since 1912. If his ready-mades were nonetheless encountered by the public, they were disregarded as everyday objects or devalued as a joke. Similarly Tatlin, although the public rejected his artistic production, continued to pursue his goals, exhibited the counter-reliefs in 1915, and also found numerous successors among the artists who would later be known as Constructivists; but while abstract art was being attacked in Russia, he created with *Sangesi* in 1922 his last known work.

González' works, on the other hand, although arising through the traditional process of forging, scarcely received recognition during his lifetime. The innovations only gained attention in a tentative manner, for instance in the case of Pablo Picasso (1881–1973), who from 1929 to 1932 worked with González and was introduced by him to the techniques of metalworking, and in the case of David Smith (1906–1965), the pioneer of American sculpture in metal ever since 1933. As if the times were not yet ripe, it was only in the nineteen-sixties that these approaches were attacked and radicalized on a broad front—and, as always, criticized by the public.

Two major emphases should be focused upon here: the working with iron in its raw form, eminently represented by Richard Serra (born 1939); and sculptures made from scrap metal in all their variations.

Richard Serra, whose primary theme is the phenomenon of heaviness and gravity, began in 1968 to mold the corners of rooms with tossed molten lead (*Splashings*) and to create sculptures out of lead plates which stabilize each other through their weight (*Props*). → work p. 7 In 1969 he discovered Corten or rolled steel as his artistic material. Corten steel, which rusts quickly but doesn't rust all the way through, can be formed in suitable blast furnaces. → work p. 148 Serra arranges the massive, mostly untreated or slightly bent panels in such a manner that one gains the impression that they could topple over at any time. This seems menacing and, together with the rough and bulky aspect, perhaps also aggressive. Accordingly his sculptures which arose as commissioned works have repeatedly been removed from public spaces.[9] But what interests Serra is the careful balancing of the curvature and gravity, or the weight and counterweight, of two mutually supporting segments, the discovery of an equilibrium which is simultaneously a harmony. His material does not allow the poetical lightness which characterizes, for example, the iron blades of Alexander Calder's (1898–1976) *Mobiles* (from 1931).[10] → ill. 4, p. 148 Serra's material is also cumbersome in a figurative sense. He selected steel because of the massiveness which is enhanced by its raw appearance, because of the challenge of imbuing this heaviness with lightness solely through its positioning. The difficulty of setting up the sculpture, in other words the process, is part of the work itself. Thus that which constitutes the aesthetic element here lies in the appeal of something which is in fact unimaginable.[11]

Klaus Rinke (born 1939), on the other hand, who uses steel directional rods to lay out lines of force and movements in time as spatial drawings,[12] but whose explicit material is in no way metal, if one disregards the steel-and-weight works, cites the populist aspect as a motivation for artistic work with crude iron. "Therein lies a truly democratic aesthetic—workers' aesthetic, steel workers." This has become a "genuinely classical-academic attitude."[13]

The situation is similar with sculptures whose material comes from the scrap heap. Jean Tinguely (1925–1991) is doubtlessly the best-known artist to have welded together ready-made pieces of iron. → work p. 43 He is interested in everything that moves—screws, wheels—and constructs fantasy-machines which, always capable of functioning, ceaselessly repeat their own loop, mostly without producing anything.[14] Tinguely inquires into the meaning of technology. His constructions admittedly stand in opposition to the conventions of traditional sculpture, but because of their playful levity they enjoy great popularity without their aesthetic criteria being questioned.

César (born 1921), in turn, who from 1957 to 1960 likewise created assemblages from scrap material after the models of Picasso and González, provoked a scandal in 1960 at the Paris Salon with his first *Compressions*. At a metal-recycling factory, he had crushed car bodies and other metallic objects into compact, cuboid sculptures. → ill. 5, p. 155 John Chamberlain (born 1927) as well utilized scrap metal from automobiles starting in 1957, and from 1959 he compacted and welded parts of cars involved in accidents into sculptures which he also painted, but he subjected the material to his urge towards formal design. The form also remains more open, so that objective or even figurative associations can arise, but in any case narrative elements are present. → work pp. 8, 9 Creation occurs here through the further processing of a ready-made, prefabricated object which is thereby definitively divorced from a return to its original purpose. An aesthetic appeal may be discerned in the foldings and in the painterly values of the predominantly random combinations of colors.

## Ennoblement (Not everything that shines is gold)

The artists who highlight the aesthetic aspect work in a manner which is no less problem-oriented. Here the preferred metals are above all bronze and precious metal. The bronze cast, since prehistoric times an important technique, for hundreds of years assigned to metalworking a non-independent, as it were subservient role: The artistic idea was captured in clay, wax or plaster; bronze is a means of imparting duration to the idea and plays a secondary role in the hierarchy of values behind actual creation. But down to today, the bronze cast is considered to be a value-enhancing means of reproduction; it redeems the promise of a valuable sculpture, imparts a unifying form to the composition, gives it a final polish, makes it "beautiful," but must not for these reasons conform to aesthetic conventions. From 1960 onwards, artists were able to use this metal to break out of fixed structures by casting banal, everyday objects in bronze: Jasper Johns (born 1930) had two beer-cans cast in bronze in 1960 and painted them authentically (*Painted Bronze*, 1960).[15] → ill. 6, p. 156 Giuseppe Penone (born 1947) created in 1977 gilt bronze potatoes (*Patate*). In 1985 Jeff Koons (born 1955) had balls, a snorkel, a life jacket, a piece of diving equipment and a rubber boat cast in bronze, so that he transformed air-like lightness into its extreme opposite.[16] → ill. 7, p. 156 Jürgen Drescher (born in 1955) exhibits aluminum-sand casts of empty, open cardboard boxes (*Karton (freistehend)*, 2007). → work p. 85 Arthur Koepcke (1928–1977), on the other hand, homogenized his object-sculptures by coloring them silver (*Objektskulptur*, 1960/1961; *Kartoffelkiste*, 1963). → ill. 8, p. 156 At the end of the nineteen-eighties, Marc Quinn (born 1964) fashioned busts out of bread dough which he cast in bronze after the baking process (*Dr Pangloss*, 1989/1990). This can simultaneously have an attractive and repellent effect. → ill. 9, p. 157

Objects from everyday life are uplifted and refined, but in the process they are relieved of their original, practical value. They would all become fatal if they were to be used in an originally appropriate manner. It is in this exaggeration, so near to the border of kitsch, that the artists' interest lies in probing the question of what is and can be art. The actual protagonists which are isolated out of everyday life—the beer-cans, the potatoes, the cardboard box—are only in the short instant of selection guided upon uncustomary paths in their history, but then are replaced by the ennobling cast. Not the respective protagonist is immortalized but instead, in an utterly traditional manner, its representation. This is in turn creation. In this disengagement from the banally real object lies a basis for the (concomitantly) aesthetic acceptance of the works.

Other artists, for example Anish Kapoor (born 1954) make use of precious metal, a material which already in its designation refers to an improvement of quality. The objects polished to a sheen are beautiful and fascinating. This has to do above all with their shine. Smooth, light-reflecting and also—according to illumination situation and viewer perspective—mirroring surfaces direct attention to themselves, all the more when the reflection, as in Kapoor's case, gives rise to painterly effects and thereby aestheticizes the surrounding space (*Untitled*, 2004). → work p. 3 In their bronze sculptures, artists such as Brancusi already endeavored to attain this effect. The smoothness of the faultless surfaces, connected with a highly concentrated expressivity, signalizes a purity which is perceived in aesthetic terms. It can thereby be overlooked that, for instance, the work *Princesse X* (1916), stylized right up to the ultimate basic forms (primal forms), would encounter rejection were it to be presented in another material.[17] The experience of beauty takes place here by means of the surface and is driven by the impression of a golden effulgence.[18] → ill. 10, p. 157

Similarly, Carol Bove's (born 1971) gracefully hanging installation made out of brightly shining bronze rods unfolds an aesthetic resplendence (*The Night Sky over New York, October 21, 2007, 9 pm*, 2007). → work pp. 4, 5 The spatial effect is probed in a both simple and laborious, even fastidious manner. The impression of lightness is called for in spite of the actual weightiness. In contrast, Marc Quinn's *The Morphologie of Specifics* (1996) may be perceived as indifferent. Only the head of the figure is definitely shaped, whereas the body seems to have dissolved into drops; the body in a state of transition, sublimated in silver, inviolable, holding the viewer at a distance in spite of all superficial smoothness. → ill. 11, p. 157

There also may be found in contemporary art realistic busts made in stainless steel or branze (Sherrie Levine, born 1947), → ill. 12, p. 157 figures or everyday objects (Jeff Koons)[19] which are cast in high-gloss stainless steel. Familiarity for Koons enters into play as an aesthetic concern: "I chose high-grade steel as my material for the sense of security it emanates. The polish only emphasizes that security, as does the fact that the saucepans Mom used to cook in were steel too. In the high-grade steel works there's a direct link with religious relics, which are polished too. So they make a spiritual appeal to the beholder and fill him with confidence."[20]

It is the material value of gold, established by the paucity of this metal and its laborious extraction—accompanied by the sensation of the rays of the sun as warm, beautiful and golden—which fundamentally determines our concept of the connections among luster, beauty and value. Material value, decorative pretension and positive association mask something which could possibly be objectionable. The ideal and material values of gold in particular are also deliberately utilized in order to enhance the market value of a work.[21] The spectrum runs from Yves Klein's (1928–1962) monochromatic pictures in gold (1959–1962) and Robert Rauschenberg's (born 1925) *Gold Paintings* made out of gold leaf affixed to cloth (around 1953–1955) past Alberto Burri (1915–1995), who in 1953 created pictures out of gold dust upon jute bags, and Marcel Broodthaers (1924–1976), who in 1971 sold bars of gold at double their market price, all the way to Damien Hirst (born 1965), who has given his most recent young bull preserved in Formaldehyde, in addition to golden hooves and horns, also a halo out of massive gold, and enclosed the animal in a gilded container (*The Golden Calf*, 2008). The idea of imparting a sublime aspect to a work through the choice of material is here exaggerated with an allusion to the story from the Old Testament.

## Dazzlement (Standardized Perception)

Beauty is preferred because it promises a feeling of sublimity. And because it is a criterion which also seems to be accessible to the broad masses. But what is beautiful? What is aesthetic? What constitutes a work of art?[22] The perspective of the artist is often contrary to that of the viewer. The sense of beauty is a matter of feelings and taste determined by convention. An artist can also deliberately work against it and deem the unpleasant and cumbersome to be "beautiful," delightful and exalted. The foundations lie in the principal autonomy of art which, ever since the era of Goethe, freed from state and church requirements, can be viewed along with science and morality as an independent form of expression of the divine, and which could be affirmed by each new work of art again and again.

Aesthetics (Aisthesis), the science of sensory cognition, was first established in the eighteenth century as a philosophical discipline[23] and has been rooted in theories of the beautiful ever since antiquity.[24] There has been much thought about beauty (*Schönheit*), etymologically closely connected in German to the verbs "to shine, to gleam, to look" (*scheinen, glänzen, schauen*). It is commonly considered to be an ideal which can never be attained but only striven towards. Through fixed patterns such as the model of harmony,[25] with investigations of systems of order, measure, proportion, symmetry, clarity and perfection, there was an endeavor to discover the objectivity of the beautiful and to overcome the imperfect in the ideal artistic form. For only beautiful objects represented a supersensory beauty as the expression of perfection. Of fundamental importance here is Plato (429–347 B.C.E.), who unified the idea of the beautiful with the idea of the good, and ultimately with the idea of the highest truth, connected with a longing for the divine. Beauty was revealed, not in similarity or correspondence, but in essential content, in that which is typical to the highest degree and therefore true. "Beauty" can be a quality of things, actions, virtues, acts of cognition—but not of works in the simply mimetic art of the painter, sculptor and poet, for they remain caught in the sensory-physical realm. Plato conceived of beauty—measure, proportion, harmony—as an idea which can be grasped by reason. Something which is formless, chaotic, ugly, on the other hand, could not be "beautiful."[26]

Everything which is evaluated in positive terms counts as being "beautiful." This was emphasized by Xenophon (circa 430–after 355 B.C.E.), who was likewise a pupil of Socrates. He taught that beauty is a quality of that which is good and useful for its purpose—hence even something like a basket for manure. He considers the qualities of beautiful and ugly, good and bad as a unity ("the same"): "For everything is good and beautiful with regard to that for which it is suitable, but bad and ugly with regard to that for which it is unsuitable." Xenophon relates this exclusively to the usefulness of an object in everyday life, not to the unity of idea and appearance, of content and form, and accordingly not to art: "Paintings and colorful decorations interfere with pleasure more than they increase it."[27]

The idea of beauty, still popular today, as something which appeals to the senses was definitively formulated by Johann Joachim Winckelmann (1717–1768).[28] In the perfect human figure, the divine is to be brought to sensory appearance. Beauty arises, he argued, when in the imitation of beautiful and perfect nature new impressions are conveyed which offer the viewer an out-of-the-ordinary pleasure, which draw him out of his customary view of things. Beauty in art, considered to be a means for experiencing sublimity and sensuousness ("noble simplicity" and "calm grandeur")[29] was subsequently once again connected with a perfected shaping of material[30] which exceeds the beauty of nature.[31] With Friedrich Schlegel (1772–1829), this beauty is also attained through the extraction of the characteristic and interesting.[32]

So from time immemorial beauty, according to the specific theoretical approach, can designate not only the longing for a feeling of sublimity, but also something comic, grotesque,[33] kitschy or even perceived to be ugly. The comic, understood by Friedrich Theodor Vischer (1807–1887) to be the destruction of the grand, serious and dignified through the spitefulness of the banal, is capable through negation of pointing towards the sublime.[34] For its part, the ugly, which comes to expression in nature as abnormity, brutality or misfortune, has a repellent effect because it is unsettling. Ugliness is a quality of that which is insufficiently infused with the divine shaping power,[35] or where rule-governed patterns are arbitrarily canceled. In a different manner than in the real world, the ugly exercises—as Aristotle (384–322 B.C.E.), a pupil of Plato, long ago pointed out—a strange fascination in art and can even be contemplated with pleasure. For it is not the task of art "to communicate what really happened, but instead what could happen."[36] The "ugly" has always been a part of art in the form of grimaces, demons and gnomes, is an integral part of the beautiful as dialectic negation,[37] and was elevated to a programmatic status in such works as Otto Dix's (1891–1969) unsparing representations, which were intended to reveal the essence of ugliness and thereby its social origins.

As an integral part of our world, the ugly, repellant and offensive is an indispensable theme of art as well. It is the impact, the feeling which an act of contemplation occasions within us, which paves the way for the subsequent evaluation of the work of art. Modern artists in particular find an especial appeal in insignificant, forgotten or shocking aspects which would commonly be considered to be "ugly." It is pleasing to see something beautiful. But art does not only desire to be pleasing, even though artists are also concerned with experiencing and causing pleasure. When one recognizes the sense of a work, finds a meaning for oneself as well and is emotionally moved, even in the form of repugnance, a work can fascinate, illuminate, stimulate. If one perceives its magic, its spirit, then there is also a chance of feeling it to be "beautiful."

The works of art done in metal during recent decades which, in extreme cases, present the raw material or are made out of scrap metal arose as objective-simple and sensual-poetical formations which often point beyond themselves in a seminal manner. The material itself is endowed with language: in a technical handling which does justice to the material, in close correspondence to Schlegel's theory, the characteristic and interesting aspects are drawn forth. The creative process is disclosed, gestures and statements are exceeded, perspectives extended, digressions realized. What is decisive is not the objective representation but rather, to speak in Aristotles' terms, the subjective credibility. The qualities of anonymity and chillness, for which metal generally stands in the context of modern technology, are canceled. For what are the expressions of modern art "suitable," however, so that with reference to Xenophon they may be considered to be "good and beautiful"? Wherein, one could ask—since art always intends to convey contents—lies its "utility"? Or today is it enough, as Aristotle long ago demonstrated, that art convey delight and thereby contribute to a new experience of happiness?[38] Art proves ceaselessly to be an expression of social transformation. When in 2007, for example, Jonathan Monk (born 1969) makes clear reference with his puzzle work *Fifteen Piece Puzzle Piece* → work p. 27 to Carl André (nineteen-sixties), then he blanks out that which was once revolutionary with a playful irony, popularizes it, makes it more pleasing. In its independence from traditions and conventions, the discourse about what is doable in the dynamic field of that which is socially accepted and of its invigorating impact is extended to the viewer—new myths can arise.

---

1 Friedrich Nietzsche (1844–1900), *Die Fröhliche Wissenschaft*, Frankfurt / M. 1982, p. 103 (No. 85).

2 Plato (429–347 B.C.E.), *Symposium*, 211 d, quoted in: Michael Hauskeller, *Was ist Kunst? Positionen der Ästhetik von Platon bis Danto*, Munich 1999, p. 9; cf. Ernesto Grassi, *Die Theorie des Schönen in der Antike*, Cologne 1962, new edition Cologne 1980, p. 264.

3 In the meantime, a bottle-dryer has come to have cultural-historical value.

4 Iron is used as a metal almost exclusively in the form of alloys such as steel, for example, which in chemical terms is an iron-carbon alloy.

5 Original destroyed, reconstructed in 1968; wood, height ca. 49 cm.

6 Marcel Duchamp, letter to his sister Suzanne, 15.1.1916, quoted in: Dieter Daniels, *Duchamp und die anderen. Der Modellfall einer künstlerischen Wirkungsgeschichte in der Moderne*, Cologne 1992, p. 168.

7 Cf. Friedrich Teja Bach, *Constantin Brancusi. Metamorphosen plastischer Form*, Cologne 1987, pp. 57–67, esp. pp. 65–66.

8 This is reflected in the fact that the terms "plastic" (the modelled work) and "sculpture" (the chiseled work) as well as the substitute term "object" (which actually should only be used with regard to works consisting of found material) are scarcely appropriate for the new artistic production.

9 E.g. *Tilted Arc*, 1981, Federal Plaza, New York.

10 The term *"mobiles"* was coined by Duchamp. Calder himself had called them *"constructions animées et sonores."*

11 Bruce Nauman (born 1941) as well became interested at the end of the nineteen-sixties, for example in his steel-lead work *Untitled (Lead Piece with Wedge)* (1968, Cat. of Works 133) in the effect of the energies of various types of materials. Cf. also *Untitled (Wedge Between Metal Plates)*, 1968, Cat. of Works 135.

12 E.g. *Orientierung rechts – links, hinten vorne*, 1974 (Cat. of Works 444); *Expansiver Stab*, 1975 (Cat. of Works 449); *Zwei Vertikalachsen, die sich im Mittelpunkt treffen*, 1975–1977 (Cat. of Works 467). *Werkverzeichnis 1954–1991*, in: *Klaus Rinke*. 1954–1991. *Retroaktiv*, exhib. cat. Kunsthalle Düsseldorf 1992.

13 Klaus Rinke, in: *Kunst und Medien. Materialien zur documenta 6*, ed. Horst Wackerbarth, Kassel 1977, p. 90.

14 Exceptions are Meta-Matics painting machines and machines which destroy themselves.

15 Johns did not exhibit any everyday objects as art but instead used the traditional techniques of sculpture and painting to create replicas, for instance in the bronze

sculptures painted in trompe-l'oeil style and modelled after the plaster casts of genuine beer-cans. Thematizing the original and the replica, reality and art, Johns commented upon "the process through which objects arise, and at the same time demonstrated in an impressive manner how we perceive them in the world." (Diane Waldman, *Collage, Assemblage and the Found Object*, Cologne 1993, p. 256).

16 *Basketball*, 1985; *Soccerball*, 1985; *Snorkel (Shotgun)*, 1985; *Snorkel Vest*, 1985; *Aqualung*, 1985; *Lifeboat*, 1985.

17 *La Princesse X*, 1916, bronze, polished, Cat. of Works 130; version in marble: Cat. of Works 128.

18 Quite differently in the case of Etienne-Jules Marey (1830–1904), known for his scientifically motivated chrono-photographs of motion-sequences, the fascination lies in the unexpectedness of his visual idea: He had the sketch of the flight of a mew gull transferred into a bronze sculpture. The white lines upon a black background become an abstract sculpture.

19 Jeff Koons, *Fisherman Golfer*, 1986; *Kiepenkerl*, 1987; *Pail*, 1986.

20 Jeff Koons, quoted from: *Jeff Koons*, edited by Angelika Muthesius, Cologne 1992, p. 71.

21 Cf. also the role of gold in the cults of rulers and gods.

22 Cf. *Regarding Beauty. A View of the Late Twentieth Century*, exhib. cat. Hirshhorn Museum and Sculpture Garden, Washington 1999, Haus der Kunst, Munich 2000; Wieland Schmied, *Über Schönheit. Wahrheit und Schönheit–noch immer Schlüsselworte der Bildenden Kunst?*, in: Wieland Schmied, *Wohin geht die Reise der Kunst? Essays*, Stuttgart 2003, pp. 35–64; *Schönheit. Widerstand der Ästhetik. Die Selbst-Verpflichtung der Schönheit*, edited by Martin Seidel and Jürgen Rapp, *Kunstforum international*, vol. 192, 2008; et al.

23 Alexander Gottlieb Baumgarten (1714–1762), *Aestetica*, 2 vols, 1750/1758, reprint Hildesheim 1961.

24 Ernesto Grassi, *Die Theorie des Schönen in der Antike*, Cologne 1962, new edition Cologne 1980; Theodor W. Adorno, *Ästhetische Theorie*, Frankfurt/M. 1970, reprint Frankfurt/M. 1992; Siegfried J. Schmidt (ed.), *Schön. Zur Diskussion eines umstrittenen Begriffs*, Munich 1976; Hans-Georg Gadamer, *Die Aktualität des Schönen*, Stuttgart 1977; Kurt Bauch, *Meinungen über die Schönheit*, in: *Zeitschrift für Ästhetik und allgemeine Kunstwissenschaft*, vol. 22, 1, 1977; Michael Hauskeller, *Was ist Kunst? Positionen der Ästhetik von Platon bis Danto*, Munich 1998; *Aisthesis. Wahrnehmung heute oder Perspektiven einer anderen Ästhetik*, edited by Karlheinz Barck, Peter Gente, Heidi Paris and Stefan Richter, Leipzig 1990.

25 E.g. the golden section.

26 Cf.. Plato, *Symposium*, 211 c: "[...] and from beautiful figures to beautiful customs and courses of action, and from beautiful customs to beautiful cognitions, until from the cognitions one finally arrives at that cognition which is the knowledge of nothing other than beauty itself, so that one ultimately recognizes that which itself is beautiful. And at this point [...] for the human being, life first becomes worthy of being lived, there where the beautiful itself is contemplated." (quoted in: Grassi 1980, pp. 263–264), et al.

27 Xenophon, *Memorabilia*, III, 8, 3–10. *Die sokratischen Schriften*, Leipzig 1911, quoted in: Ernesto Grassi, *Die Theorie des Schönen in der Antike*, Cologne 1980, p. 238.

28 Johann Joachim Winckelmann, *Abhandlung von der Fähigkeit der Empfindung des Schönen in der Kunst und dem Unterrichte in derselben*, 1763, in: *Winckelmanns Werke in einem Band*, Berlin/Weimar 1969, pp. 138–166; *Geschichte der Kunst des Altertums* (1764; 1767 expanded through the "Explanatory Notes"), reprint Darmstadt 1982.

29 Johann Joachim Winckelmann, *Gedancken über die Nachahmung der griechischen Wercke in der Mahlerey und Bildhauer-Kunst*, 1755, reprint Leipzig 1914.

30 Arthur Schopenhauer (1788–1860), *Die Welt als Wille und Vorstellung*, 1819, 1844, reprint Stuttgart 1987, Book III, § 41–45.

31 Georg Wilhem Friedrich Hegel (1770–1831), *Vorlesungen über die Ästhetik*, 1835, 1838 in: *Theorie-Werkausgabe*, vol. 13, Frankfurt/M. 1970.

32 Friedrich Schlegel, *Geschichte der alten und neuen Literatur*, 1812, in: *Kritische Schriften und Fragmente*, 6 vols., Paderborn 1988.

33 Wolfgang Kayser, *Das Groteske in Malerei und Dichtung*, Hamburg 1960; Geoffrey G. Harpham, *On the Grotesque. Strategies of Contradiction in Art and Literature*, Princeton, N.J., 1982.

34 Friedrich Theodor Vischer, *Über das Erhabene und Komische*, 1837, reprint Frankfurt/M. 1967.

35 Plotinus (205–269/270 C.E.), *Ennedade*, I, 6: *Über das Schöne*, in: Grassi 1980, pp. 315–324.

36 Aristoteles, *Poetics*, quoted in: Hauskeller 1999, p. 16.

37 Christian Hermann Weiße (1801–1866), *System der Aestetik als Wissenschaft von der Idee der Schönheit*, 1830, reprint Hildesheim 1966; Karl Rosenkranz (1805–1879), *Ästhetik des Häßlichen*, 1853, reprint Leipzig 1990.

38 Cf. Hauskeller 1999, p. 21.

# On the Relationship between Space and Body
## Sculptures in Metal by Female Artists since 1920

Hanne Loreck

In her important piece of writing *Passages in Modern Sculpture,*[1] which first appeared in 1977, Rosalind E. Krauss describes the drastic changes in the idea and practice of sculpture from Auguste Rodin (1840–1917) to Minimal Art and Land Art, especially in relation to the various implications of time. To this purpose, Krauss views the plastic medium principally in relation to the transformation of its material, but also with respect to perception, and she sets her historical analyses as a counterweight to a medium which was formerly idealized and conceived to be static. Even though mention is made of a Post-Minimalist artist such as Eva Hesse (1936–1970), this changes almost nothing at all in the reproduction of a male genealogy of modern sculpture. Only a little later, in 1981, and now with a focus on the material metal, *100 Jahre Metallplastik* [2] listed eleven female artists among more than 170 positions. This result from the space of Western Europe and the USA points towards two major phenomena: on the one hand, the typical historical dilemma of the reception-gap for female artists; and on the other, the definitional difficulty of discovering in modernism any sculptresses in metal at all. Precisely because metals symbolize the civilizing process of humanity—the Iron Age or Bronze Age comes to mind—but because this process is not said to have been due to the cultural achievements of women, metals are associated with a form of authority of technology and tradition, which did not allow it to become the preferred material of female artists. At least we can speculate in this manner, in spite of all generalizations.

Doubtlessly such women as Germaine Richier (1902–1959) → ill. 1, p. 164 or, in the more local context of Berlin, Renée Sintenis (1888–1965) used the bronze cast for the permanent and traditionally status-guaranteeing realization of their figures modeled in plaster or in other materials. But only the constructive, even constructivist idea of modernism assigned independence to the formal, functional and aesthetic characteristics of materials: from gravity, weight, stability or elasticity all the way to the specific surface of metals. And only a treatment of the medium beyond the classical, aesthetic material brought into view the symbolical and physical order of everyday life, architecture, industry, merchandise packaging and high tech. Obviously new perspectives for female artists were opened through the conceptual utilization of metallic materials. Nevertheless we cannot make out a feminine aesthetic—however such a phenomenon would manifest itself—in the works which are the subject of the present discussion.

So about what can we speak when, as in the case of *Heavy Metal,* it is a matter of works by female artists for whom the label "sculptress in metal" does not apply, inasmuch as they also worked with metal, but not only plastically or even exclusively with metal? One possibility would be to discuss their works in metal in a temporal cross-section and in conjunction with contemporary works by male artists; another would be to consider them from a work-immanent point of view. We will inevitably have occasional encounters with the latter method. Female artists of the nineteen-sixties, for example, painted earlier in their careers, and an artist such as the Brazilian Lygia Clark (1920–1988), in similarity to Charlotte Posenenske (1930–1985), → ill. 2, p. 165 came over the course of her life to distance herself entirely from the field of art and—in the sense of a political-aesthetic statement—dedicated herself to social and/or therapeutic work. Her various works in metal are thus situated in at least two contexts: in the context of an individual handling of artistic media and in the context of a history which records individual artistic practices in relation to social-cultural practices, and which thereby moves in a domain beyond the modern dictum concerning the specific laws of individual aesthetic media. Accordingly, an attempt will be made here to focus upon the space of the works in metal by female artists, as well as upon their idea of body and activity. Above all, this means the implication of a post-modernist concept of space. This post-modernist, non-idealist space is only in the final analysis characterized by the formal aspect of three-dimensionality, and above all it cannot be considered to be pure: purely geometrical, purely structural, totally empty. It is the dense or even corporeal space which, in a dependent relationship to time, must be conceived of as historical or biographical time and is socially, culturally and politically marked. Markings such as these transform the abstract category of space and its implication of homogeneity and infinity into spaces whose borders are not only materially erected but also symbolically organized. If we think of spaces as discontinuous and opaque, then one of the essential factors of this reorganization is the gender difference.

Mona Hatoum's *Paravent* (2008), → work p. 25 a massive steel screen consisting of three enlarged, above-head-height sections of a "vegetable grater," seems to be a proper illustration of this. In its newly-found size, the banal kitchen utensil becomes an object with the character of a prison, for its variously formed, razor-sharp holes and gaps prove to be observation slits in an utterly insurmountable spatial division. The interpretations extend from the domestic work of housewives, which can become a cage, to the history of the folding screen as a furnishing of femininely connotated spaces such as the boudoir and the dressing room in bourgeois living spaces. There it was supposed to guarantee a protection from being seen, and thus was a piece of furniture closely connected with a voyeurism which has been masculinely connotated over the course of history. In this function, we are also inclined to think of the bar-red balconies which were intended to allow women in Arabian countries—Hatoum, born in Beruit, is of Palestinian origin—to see something of street life without themselves being recognized. Like a second veil, an iron curtain transformed into space, a gridwork such as this prohibits women from entering into public life. The use of steel can relate to the functionality of those kitchen utensils with which Hatoum has already set up installations such as *Home* (1999), *Homebound* (2002) or most recently *Unhomely* (2008). To an at least equal degree, symbolical characteristics seem to motivate the material, beginning with its proverbial hardness.

Mona Hatoum's *Paravent* is one of the sculptures in metal which makes particularly clear the interest of female artists in space as a specific or specifiable environment. In positions such as these it is not a matter of realizing a specific feminine material aesthetic—i.e. casting in a feminine manner a material which in (art) history has been masculinely connotated and utilized—but of exploring the function of spaces in the social and cultural construction of femininity/masculinity and in their sexualizing effect upon the body. This sort of attitude has many histories; here we are looking primarily at the history of art and space.

Although predominantly made out of painted steel, only around fifteen sculptures by the Polish Constructivist Katarzyna Kobro (1898–1951) have been preserved. It was possible to reconstruct a few additional ones, including the early *Suspended Construction II* (1921–1922). → ill. p. 203 Welded together out of prefabricated elements—in addition to a steel strip a metallic saw blade, a ring and a cross made of iron—the loop which writes the streaks in the air seems to be moving. This optical effect is increased by the rotation of the strip. Just like on the familiar Möbius strip, the eye glides across the surface in a flowing transition from inside to outside. As an artist with programmatic intentions and in close exchanges with Kasimir Malevich (1878–1935), Kobro had developed the unistic theory together with Wladyslaw Strzeminski (1893–1952). Entirely in harmony with the modern concept of the specificity of aesthetic media and in opposition to all illusionism in art, they demanded that sculpture be demarcated from painting and architecture. Sculpture was expected to enter into a connection with space: "Spatial sculpture which is actually linked to space has no columns with four façades."[3] Kobro's individual formal solution for this problem consists above all of the *Spatial Compositions-,* in a colored version of her geometrical constructions in metal. → ill. 3, p. 165 Their variously enameled surfaces blend optically with the surroundings in different ways or are silhouetted against them and thereby undertake a re/ordering of the spatial organization established by the sculpture. They are formulations in space and as space. Here the idea of architecture does not merge overall with that of construction, for "the union of man and space is the action of man in that space. We come to know space through our actions."[4] Here there arises a productive contradiction between the infinite, imagined space, homogeneous and established in equilibrium, and a space defined by activity and unable to manifest any of these qualities.

It took several decades, until an exhibition and the *Neo-Concretist Manifesto*[5] in Rio de Janeiro articulated a turning away from the geometrical orientations of European art, for an art that was free of dogmatic principles, experimental and investigative to be established. Belonging in this neo-concretist context were Lygia Pape (1927–2004) and Lygia Clark, who had studied with Fernand Léger (1881–1955) in Paris at the beginning of the nineteen-fifties. Her *Bichos* (Animals) → work p. 78 appear as the plastic-material standards for having experiences which are radically different from those which could be had in view of the positions of most of the non-figurative -isms which were disqualified as mechanistic and rationalistic. "We neither consider the work of art a 'machine' nor an 'object,' but rather, as an *almost-body,* which is to say, a being whose reality is not exhausted in the external relationships between its elements; a being which, even while not decomposable into parts through analysis, only delivers itself up wholly through a direct phenomenological approach."[6] The prerequisite for this was felt to be a new, expressive space.[7] For folding sculptures such as *Bachiana* (1962), → work p. 79 Clark outfitted geometrically-cut aluminum panels with hinges, so that the constructions can lie flat and be arranged plastically. Begun in 1960 under the title *Bichos* (Animals), they were described by the artist, in spite of their abstract optical appearance, as living organisms or as organic unities without a front- and back-side. Chronologically situated long before Clark's social-therapeutic sculpture, the *Bichos* evince the crucial characteristic of being produced out of metal segments cut precisely by machines. For Clark this means finding the fundamental idea of the organic element in the technical-industrial domain and causing it to circulate from there in a poetical-political manner.[8] The weight of the material and the flexible joints which are not, however, movable in every direction impart to the abstract anatomies, in the hands of the viewers (who because of their activity do not remain simple viewers), an internal dynamism which possibly thwarts every figure which the viewers / users imagine and then wish to realize—the intention-reaction schema becomes a relationship, a dialogue which does not suppress either of the partners but instead maintains in readiness a series of shifts. The experiential report offers a graphic description: "The conflicting directions of the hinges connecting their many plates force you to make certain movements and prevent you from making others, and this always unexpectedly; they turn inside out like a glove, for example, without your wanting them to or even thinking it possible."[9] We can comprehend the *Bichos* in their unpredictability as the model for a space which, spanned by coordinates, can no longer in its apparent neutrality be conquered or even colonized by a subject. Subject and object, or alternatively space, determine each other reciprocally. As is made clear by Clark's later performative-participatory group rituals such as *Baba Antropofágica* (Cannibalistic Slobber), 1973) → ill. 4, p. 165 bodies and spaces re/produce personal, social and cultural differences which an interactive bodily politics seeks in turn to encounter.

The only slightly younger Lygia Pape → work p. 96 was active as a painter, choreographer and performance artist. None of her works are oriented towards the immanent aesthetic value of a material; instead the realization is motivated by an idea, a theme, and especially a "polymathic interest in space per se." In this respect, Pape's variations of net-works out of shimmering metallic threads such as *Teia* (1978) are fragile and yet compelling structures whose materialization may legitimately be understood as social metaphors. Their reduced surface, more shimmer than material, fulfills Pape's intention to create an "*epidermização* of any idea."[10] According to this concept, art is concerned with the points of contact between bodies and society, with a "social membrane." This possesses the sensual characteristics of skin as a form of knowledge and consciousness, and views as a permeable border the thematization of the socially effective structure of dichotomy or confrontation, for instance in the exclusion of the inner or outer aspects. Pape's works in metal radiate a presence which is certainly also due to their hyper-aesthetic impact, but which lives much more from the tough casualness with which a spider attaches its net even to the very last corner. The net thus proves to be a veritable supermodel for Pape, because from her perspective it annuals the opposition between the work of spinning the net and the subjugation amid existing net-structures, whether physical or virtual in nature.

The phenomenological approach developed by Brazilian artists, both male and female, out of Neo-Concretism had as its goal a connection between art and life. But it adheres to the principles of art as a specific cultural field and as a quasi-transcendental aesthetic experience which, even though it has ethnological characteristics, nonetheless rejects any recourse to popular sources or even to Pop Art. Clark, Pape and others from this grouping were only rediscovered in the nineteen-nineties in the framework of performative and identity-political approaches and were brought up to date by younger Concept artists of both sexes.

When today Carol Bove (born 1971), a Swiss citizen living in New York, and the Italian-French artist and Parisian resident Tatiana Trouvé (born 1968) articulate their artistic interests and focuses, then the biographical aspect represents an essential perspective, and the culturally current relevance of plastic-spatial, aesthetic practices is expressed in an open, partially classical-sculptural, partially improvised utilization of materials such as metal.

In her installations, Bove generally operates with a complex system of allusion and quotation whose points of reference frequently consist of the US-American art and (Pop) culture of the nineteen-sixties and early nineteen-seventies. But since this era was situated before her birth and during her childhood, her access is not that of memory but instead one of archaeology or historical research. The curiosity and fascination for that cultural context which, even though it gave rise to a new aesthetic in art and design, nonetheless saw itself in relation to political and social revolt, could not remain unaware of the contradictions. Historical icons ultimately form surfaces and levels which may be stripped away and spread out. But the demonstrative gesture does not have to be unfeeling, for the parental generation is close to one, their backgrounds and preferences are familiar to one. Bove's installation *The Night Sky over New York, October 21, 2007, 9 pm* → work pp. 4, 5 consists of 475 bronze rods which, hanging from the ceiling, represent the stellar constellation which could be observed above the gallery on the evening of that particular day. The installation contextualizes the gigantic, highly polished bronze sphere of the Italian metallic sculptor, set designer and former surveyor Arnaldo Pomodoro (born 1926) which stands in front of the headquarters of the United Nations in New York. → ill. 5, p. 165 Bove confronts the prestigious globe with a cosmic perspective. Her bronze twinkle of the stars appears like a commentary upon the massivity of the symbol of the terrestrial globe with its heroic techno-intestines. Above all, it recalls the ideological positions which were linked to the globe—and to the conquest of space. It was not without reason that, during the nineteen-fifties and -sixties, a utopian intellectual current had opposed a "cosmic bankruptcy," and Buckminster Fuller, for example, had developed the concept of "ephemerization"—an application of increasingly efficient, because smaller and lighter, technologies. The fact that this type of so-called minimal principles may be aesthetically translated and that, in this transformation, a shift in the forms and ideas of the more or less contemporary historical Minimalism may be observed brings to the fore, not least of all, the lightness of the bronze rods. At the slightest shock to the building, they begin to tremble and to glitter in the exhibition lighting (and also to hum), thereby claiming a sort of independent existence for themselves.

Trouvé's architectures are both spatial-material and imaginary. Breaking into interior spaces which appear to be stable, for example with the contours and furnishings of an office,[11] are strange object-states which shift an authentic place in the direction of an imaginary site, with its physical and psychological aspects of remembering and wishing. To be found in her work are numerous allusions to the form of an archive and its methods, and as for all archival structures, time is significant. For Trouvé, however, it is a matter, not of the distinct time of historical events, but of that time which does not produce a clear image: "These slippages of time into space, their manifestations on visual planes, their sculptural forms, their points of correspondence with direct experience, with

consciousness, with the memory of events, determine, I think, the contours of a sculptural territory [...]."[12] Its apparatuses and constellations of objects have a technical-industrial, even functional appearance—all in all, they raise up associations of spaces, instruments and utensils for establishing order—but their semantics rest upon hypotheses and speculation. This includes the dictatorial-steely gray zone between sport- and sex-machines whose disciplinary effect turns out to be both physically rigid and dependent on fantasy. "The leather recalls corsets which are simultaneously a support and a handicap,"[13] says Trouvé with respect to a metallic tree → work p. 12 whose bare branches are shrouded in black leather. As absent as the anthropomorphic, phenomenological body seems to be in this sort of constellation—"In front of my sculptures, the body is simply of no use,"[14] the artist observes.—it becomes just as present through the leather which constricts the arrangement of rods.
In the last analysis, leather is scarcely used in corsets for medical support, but instead for SM-outfits, where it finds its function between pain and pleasure. Here it inevitably compels the visitor, with so harmless an object as a tree structure, to take up the position of a voyeur who, even though seeing little which is explicit, nonetheless is confronted with his own projections. It is space, according to Trouvé, which "constructs the body of a potential subject."[15]

Ultimately in this current artistic position, the dominance of space over the body is staged, so that a long tradition of (metallic) sculpture oriented towards the body is reversed.
The subject is no longer a necessarily physically-defined presence which, as in Constructivist and Post-Constructivist sculptural works, acts in space as upon a stage. Furnishings which may be defined ambiguously and unambiguously in equal measure—among them bed-frames and equipment made out of steel or iron, including handcuffs and padlocks—support the disciplinary function of the space for the body.
At the same time, the space is charged with bodily characteristics and is staged as a figure which knows desire and sensuality, but whose gender remains open.

---

1 Rosalind E. Krauss, *Passages in Modern Sculpture* (1977), Cambridge, Mass., and London 1981.
2 Dietrich Mahlow, *100 Jahre Metallplastik. Bronzeguß, Construction, Materialsprache, Wahrnehmung,* special edition on the occasion of the hundredth anniversary of the Metallgesellschaft, messages from the fields of work, edition 23, 2 vols., Frankfurt/M. 1981.
3 Wladyslaw Strzeminski, *Kommuniqué Nr. 1 der Gruppe a.r.* (1930), in *Pisma,* Wroclaw, Warszawa, Kraków, Danzig 1975, pp. 130–131, here p. 131, quoted in: Heinrich Olschowsky (ed.), *Der Mensch in den Dingen. Programmtexte und Gedichte der Krakauer Avantgarde,* Leipzig 1986, pp. 195–197, here p. 196. "a.r." is the acronym for "artistes révolutionnaires de Lódz."
4 Katarzyna Kobro and Wladyslaw Strzeminski, *Composition of Space,* in: ibid., *L'Espace uniste,* edit. and transl. from the Polish by Antoine Baudin and Pierre-Maxime Jedryka, Lausanne 1977, p. 104, quoted in: Yve-Alain Bois, *Painting as Model,* Cambridge, Mass., and London 1993, p. 146.
5 Lygia Clark, Lygia Pape et al., *Neo-Concretist Manifesto* (1959), in: Lygia Clark, *Nostalgia of the Body,* in: *October. The Second Decade,* 1986-1996, Cambridge, Mass., and London 1997, pp. 25–49, here pp. 31–35.
6 *Manifesto* 1959/1997, p. 33.
7 Cf. *Manifesto* 1959/1997, p. 34.
8 Cf. Suely Rolnik, *Molding a Contemporary Soul. The Empty-Full of Lygia Clark,* in: http://caosmose.net/suelyrolnik/pdf/molding%20_john_nadine.pdf; 10.20.2008. During the nineteen-sixties there will still be Bichos out of rubber. Clark saw them as the beginning of her research into sense energies which, utilized as liberation from desire, represent her political-social goal.
9 Yve-Alain Bois, *Introduction to Nostalgia of the Body: Lygia Clark,* in: Clark, *Nostalgia* 1997, pp. 25–28, here p. 26.
10 Lygia Pape, in: Guy Brett, *The Logic of the Web,* in: Lygia Pape, *Gávea de tocaia,* São Paulo 2000, pp. 305–315, here p. 305.
11 In an allusion to the work complex of *Bureau d'Activités Implicites* (since 1997), a sort of archive concerning her activities, principally the attempts to find work, through which Trouvé became widely known.
12 Cf. Tatiana Trouvé, *The Longest Echo,* in: *Tatiana Trouvé,* Cologne 2008, pp. 9–12, here p. 12.
13 Tatiana Trouvé, quoted in: Barbara Nolte, *Der Findling,* in: *ZEITmagazin LEBEN,* January 24, 2008, No. 5, http://www.zeit.de/2008/05/Atelier-Trouv-05; Oktober 25, 2008.
14 Tatiana Trouvé, quoted in: Catherine Millet, *Tatiana Trouvé's Bachelor Machines,* in: *Trouvé* 2008, pp. 49–66, here p. 63.
15 Tatiana Trouvé, quoted in: *Body without a face. A Conversation between Tatiana Trouvé and Richard Schusterman,* in: *Trouvé* 2008, pp. 117–144, here p. 136.

## The Emotional Basis of a Sculpture—Working with Metals

Anke Dornbach

The wish to create sculptural works not only out of marble and bronze, the two traditional materials of the sculptor, was already expressed by Umberto Boccioni (1882–1916) during 1912, when in the *Technical Manifesto of Futurist Sculpture* he stated: "We intend to destroy the purely literary and traditional elegance of marble and bronze."[1] At the beginning of the twentieth century, sculptors used iron above all, but other metals were also frequently employed. This essay will examine the history and characteristics of these metals along with their possible utilizations in a sculptural context.

By way of introduction, it should be noted that the term *sculpture* for works out of metal is inappropriate in view of the original sense of the word. The expression goes back to the Latin verb *sculpere* ("to carve, chisel, prick, engrave") and hence refers to the process of clearing away or carving out a solid material such as wood, plaster or clay. Most metals, however, permit only limited treatment such as filing, grinding, brushing or polishing. More apposite is the use of the German term *Plastik*. This is derived from the Greek adjective *plastikos* ("pertinent to shaping") and verb *plassein* ("to form, mold, model"). *Plastiken* are modeled out of amorphous materials or created through casting techniques (as well as through embossing and hammering).[2] Smelting and casting in a blast furnace was developed out of the recognition that metals could be effectively handled and formed in this manner.

All metals are chemical elements and are heavier than water. They can form alloys,[3] conduct heat and electricity, are fundamentally malleable without easily breaking, and are characterized by a reflective capability. In addition, some metals are magnetic.

There are light and heavy metals, depending on their physical density, as well as half-precious and non-precious metals, according to their chemical behavior. Only the eight precious metals (ruthenium, rhodium, palladium, silver, osmium, iridium, platinum and gold) which occur in pure (solid) form in nature possess such high chemical invariance and are so unresponsive to oxygen that they shine with a particular intensity. Discoveries confirm that, between 8000 and 5000 B.C.E., metals occurring in pure form were already being used for specific purposes. All other metals are ores, in other words compounds with foreign elements. It is only through technical processes such as smelting, crushing or electrolysis that it is possible to extract pure metals from them. This allows an innovative approach in art.

### Diverse Possibilities—Shaping in Bronze

Casting in bronze is one of the oldest crafts, and right down to today its technique has been refined only in incidental aspects. Bronze does not exist in solid form, but is produced from metallic alloys based on copper. For artistic bronze-casting, use is made mostly of tin bronze, an alloy made out of copper and up to twenty percent tin, because this mixture is elastic, tough and corrosion-resistant. One disadvantage is that this material, once having cooled down, can only be corrected with extreme difficulty. The scale of colors for tin bronze ranges from red-brown past golden to silvery. The more copper that is used, the more reddish the bronze becomes; with an increasing percentage of tin, the color shifts into gray or gray-brown. If tin is replaced by zinc, yellowish brass is created. A special characteristic, which is otherwise shared only by gold, silver and copper, is the patina, a coating upon the surface which forms through the influence of atmospheric conditions, but which in the meantime can also be artificially created, in order to simulate old age or because it is felt to be "precious".

The earliest evidence for the processing of tin-bronze consists of tools dating from the middle of the third millennium B.C.E. and found in Mesopotamia; around 2000 B.C.E. the working with bronze also extends to Europe. The material of bronze was very valuable, because the tin required for its production had to be imported from Asia. Bronze was considered to be precious, and accordingly enjoyed great popularity for representative likenesses. In the nineteenth century, with the emergence of the monumental bronze cast, numerous industrial bronze foundries were established in Europe, especially in Germany and France. Today bronze is used almost exclusively for artistic purposes.[4]

The two types of bronze sculpture, namely bronze full-casting and bronze hollow-casting, may scarcely be distinguished from each other on an external level. Bronze full-casts, which are particularly sturdy, have extremely stable forms but are very heavy, for which reason they are now only infrequently produced. Bronze hollow-casts are significantly lighter. They can be made as a "lost-form cast" (also known as the "lost-wax process") and as a "permanent-form cast." The technique of lost-form casting arose around 5000 B.C.E. in India. A core made out of clay in the approximate form of the intended sculpture is covered with a layer of wax and subsequently modeled. Afterwards the form is covered with a thick layer of loam or clay, from which protrude a few wax conduits. Through the application of heat, the wax melts. Bronze is poured into the intermediate space as it opens up, and the air escapes through the holes left by the wax conduits. After the bronze has cooled, the negative form is broken apart and the core is scraped away, in order to create an empty space within the figure. Finally the bronze sculpture is reworked (filed, hammered and polished) and patinated.[5] Artists such as Emil Cimiotti (born 1927) have described the advantages of this casting technique:

"Bronze [...] is that material which, when cast in *cire perdu*,[6] allows the richest instrumentation: robust volumes and finely differentiated surfaces; powerful, dynamic forms and soft, sensitive details. The slightest cross-sections are possible, volumes can be simulated or negated. Ridges, incisions, cracks can disrupt the surface; the gentlest distortions can play around the forms. The preliminary state in wax allows endlessly frequent corrections: Only in the working process is the actual theme found."[7]

Friedrich Schiller (1759–1805) described in his well-known poem *Das Lied von der Glocke* (The Song of the Bell) the drama inherent to this casting process:

> "Instant break the mold to pieces
> It has now its part well borne,
> That both heart and eye, delighted,
> May behold the perfect form.
> Swing the hammer, swing,
> 'Till the case shall spring.
> For the bell, to sight appearing,
> Must its outer shell be clearing."[8]

The alternative process, permanent-form casting, has been used since the six century B.C.E. and enjoyed great popularity in the nineteenth century. Today it is only employed for particularly large works. The artist first uses clay, plaster or wax—i.e. materials, which can be corrected repeatedly and without the threat of hardening—to create a full-sized model (around a central framework). Over this is molded a negative form which, in the case of larger works, may consist of several parts. This then gives rise to the casting form.

The principal themes which were represented in bronze during the twentieth century are the vulnerability and transience of the human being, as well as a dematerialization which was brought to particular expression by Constantin Brancusi (1876–1957), but which is also characteristic of other artists in the form of tensed, swelling forms. → ill. 1, 2, p. 173 In recent years, artists also utilize bronze in a self-reflective and almost ironic manner. For example, Thomas Zipp (born 1966) created a bell → work p. 55 which does not fulfill the function of making a sound. Ever since the Middle Ages, in addition to cannons, bells have been made, with the sound of the bells being more important than their optical appearance. Zipp's bell, on the other hand, is—the title describes it perfectly—a "spirit without a body" *(Geist ohne Körper)*. Here the great weight of the bronze bell stands in clear contrast to the ethereal beings who are considered to be invisible and, as it were, weightless. In a similar manner, Wang Du (born 1956) plays with the massive weight of bronze. He transforms into their opposites two of the main characteristics of crumpled paper, namely slight weight and tiny size: He produces them in giant proportions and out of heavy bronze. → work pp. 10, 11

### Rust—The Appeal of Iron

Iron is the most-utilized metal in the entire world. After aluminum, it is the second most frequently occurring metal, and in fact the tenth most common element in the universe. Its extraction from ore[9] by means of the bloomery furnace has been verified as early as the middle of the second millennium B.C.E. Starting in the middle of the eighteenth century, but especially in the second half of the nineteenth century, iron acquired increasing economic importance during the course of industrialization. It is used primarily for the manufacture of land- and water-vehicles, and—as a component of reinforced concrete—in the construction industry. Not only as a consequence of industrialization, but also because it established itself in the early nineteen-twenties as an aesthetic material in art, there was an ideal enhancement of the value of this metal. Since then numerous sculptors have utilized iron, because as Jörn Merkert states, "The technical processes appropriate for working in iron proved to be accommodating to a multitude of the sculptural inquiries which were current at that time."[10] Merkert includes among these characteristics the possibility of assembling sculptures out of individual—not found, as in the case of the Cubists—pieces, as well as the en-dea-vor, proceeding from the material itself, to develop new formal languages. And one of the supposedly negative characteristics of iron, its susceptibility to rust, is even deliberately employed by numerous artists for reasons having to do with aesthetics, the evocation of history, or considerations of preservation.

Iron is founded. In alloys it is characterized by solidity and durability. It is subdivided into pig iron, wrought iron, cast iron and steel. Pig iron contains a very high percentage of carbon, which makes it very brittle and excludes the possibility of further processing. It is occasionally used in art, however (Giovanni Anselmo, born 1934; → work p. 40). Wrought iron is comparatively soft and mechanically malleable. The term "cast iron" comes from the process of its shaping. It was first produced in Sweden in the fifteenth century and, like pig iron, is very brittle and cannot be further formed after being cast. Like wrought iron, it plays a role in the applied arts and is also used by sculptors, for instance by Bruce Nauman (born 1941; → work p. 45).

### High-Grade, Formally Stable, Crumpled—The Diversity of Steel

The composition of steel is comparable to that of cast iron. Steel is likewise founded, but at a higher temperature. In contrast to cast iron, it contains less carbon and is accordingly—in both warm and chilled states—capable of being plastically formed, welded and forged. Varieties of steel are those metallic materials which find the most practical applications.

In 1811 the first German cast-steel factory was built in Essen. The inexpensive, industrial mass production of steel was developed in 1856 by the Englishman Henry Bessemer (1813–1898). Today sixty percent of all steel is produced by the smelting of raw materials such as iron ore, lime and coal in blast furnaces. The remainder of manufactured steel is obtained by the melting down of scrap metal and the addition of alloy-elements.

Currently 2,335 different types of steel are registered.[11] Of these more than a half are high-grade steels. High-grade steel is characterized by a higher purity and uniformity. The shining and smooth surface often constitutes the dominant quality of artworks made from high-grade steel (Richard Deacon, born 1949; → work p. 51; Anish Kapoor, born 1954; → work p. 3). By means of various alloys as well as plastic shapings during certain thermal treatments (such as calcining, hardening, annealing,[12] cold-rolling or drawing) of the various types of steel, the range of their mechanical qualities is extremely wide. Similar qualities are possessed by the Corten steel which Richard Serra (born 1939) utilizes for his monumental sculptures in urban spaces. Corten steel is particularly weatherproof; there quickly forms upon its surface a layer of rust which, however, hinders the further penetration of moisture and oxygen and thereby protects the underlying metal. Still other types of steel can be bent up to twenty-six percent before they break or crack. The latter characteristic is advantageous, for instance, in the crumpling impact-zones of automobiles which inspired César (1921–1998) and John Chamberlain (born 1927; → work pp. 8/9) to create works out of scrap auto parts that have been compacted into an extremely small space. → ill. 3, p. 174

### Heavy and Soft—Lead

People have known about lead since the third millennium B.C.E. it is extracted from ore and is one of the softest metals that exist. In the early Bronze Age, it was used as the alloy component of bronze, but was then replaced by tin. Because of its low melting point, its simple mode of production, its easy handling and malleability, but also its resistance to corrosion, lead is used for pipes, sheeting and wire, for bullets as well as for artistic works. Antony Gormley (born 1950) refers in his installation *Seeds III/V* (1989/1993) to the use of lead for the ammunition in weapons. → ill. 4, p. 174 He establishes a contrast, however, between the destructive power of cartridges and the fertile, life-giving quality of seeds through the title and the grain-shaped form of the individual bullets. Ever since the sixteenth century, lead casting has been used above all for small sculptural works such as medals, and starting with the Baroque era also increasingly for larger sculptures such as fountain-figures. The weight in combination with the softness of the material, however, causes lead sculptures which are not supported by a framework to collapse under their own heavy mass. Alloys are accordingly frequently used in lead casting. They make the lead in the work process more molten and hardened, but also more stable and resistant. One problematic quality of lead is its toxicity, because of which industrial lead is increasingly being replaced by other, non-poisonous substances.

### Long-Familiar and Expensive—Copper

Alongside gold and silver, copper was one of the first metals to be used by humanity. It seldom occurs naturally in pure form, but most often as copper ore. People used it approximately ten thousand years ago for tools and equipment, and at approximately 4500 B.C.E. it began to be smelted.[13] Copper belongs to the more expensive metals and is primarily used for coins, pipes, electrical wire, fittings, boilers, jewelry and cutlery, but also for artistic objects and musical instruments. Copper also sometimes finds a place in the visual arts. Thus Günther Förg (born 1952) experimented with diverse carrier-materials, including copper. → ill. 5, p. 174 This metal resists damaging influences from the environment and is relative soft and hence easily pliable, so that it is possible to hammer out copper sheeting. Copper can be milled, compressed, drawn or also cast. One special characteristic of copper is the formation of a green patina under the influence of water and oxygen. Copper is a component of several alloys, among them bronze (with tin) or brass (with zinc).

### Lustre at a Low Cost—Brass

Brass is harder than copper but softer than bronze; it can be shaped in both cold and warm states. In contrast to liquid copper, liquid brass develops less bubbles during casting. The solidity of brass can only be altered by suitable alloys and mechanical processes such as milling or forging, but not by heat treatments as is the case with steel- and aluminum-alloys, for example.

Brass is the absolutely oldest artificially produced metal substance. It was already known in the third millennium B.C.E. Especially during the Middle Ages, it was principally used in the manufacture of jewelry and art-objects as well as of liturgical vessels. Today brass—often as a substitute for significantly more expensive bronze—is mainly used for ornaments, fittings and musical instruments, something which is due not only to its material qualities but also to its similarity, in terms of color, to gold. Sylvie Fleury (born 1961) also uses the expense factor and the similarity of brass when she builds proverbial "golden cages" for vehicles which look like oversized playpens for children. → ill. 6, p. 174

### Value-Enhancing—The Brilliance of Gold

Gold numbers among the precious metals, but it is so soft that, as a rule, other metals must be added to it so that it can be effectively handled. It was one of the first metals to be worked by human beings. Early findings of gold in Central Europe date back to the second millennium B.C.E., in Southeast Europe even back to the fourth millennium B.C.E. Gold can be cast, cold-forged, worked with tools, soldered[14] and riveted.[15] Subsequently, it is mostly ground or polished.

Because of its rarity, its weight, its resistance to corrosion and the concomitant durability of its lustre, gold was primarily used for ritual objects. Since approximately the middle of the twentieth century, it is above all the thematization of the material worth and of the accompanying symbolic value which motivates artists to work with gold. Thus Sylvie Fleury ennobles banal everyday objects such as tires, garbage containers or shopping carts by covering them with gold. → ill. 7, p. 174 Subodh Gupta (born 1964), on the other hand, exalts in *1kg War* a piece of 24-karat gold weighing one kilogram whose weight indication refers, not to the material but to war, an occurrence which can be neither weighed nor measured. At the same time, it is an allusion to numerous wars which have been fought because of gold. → ill. 8, p. 174

## Material Diversity—Wire

In a different manner than in the field of art, the selection of a metal in the technical realm is mostly dependent on the intended function. Wire can be made out of high-grade steel, iron, copper, brass, aluminum, silver or even gold. According to material and gauge, wire possesses highly diverse mechanical characteristics: It is pliable, can be shaped with a minimum expenditure of strength, and is resistant to breaking even when very thin. Furthermore, it can conduct electricity and heat. This variety and other related characteristics are used by artists such as—first and foremost—Alexander Calder (1898–1976), who already as a child made figures out of wire and even considered wire to be his most intense means of expression, something which is documented by his statement "I think best in wire".[16] → ill. 9, p. 175 And Günther Uecker's nail-works—surfaces, objects and walls covered with systematically arranged or also freely placed nails—consist essentially of wire pins. → ill. 10, p. 175

## Possible Uses, Characteristics, Value and Impact—Specific Artistic Utilization of Metals

In 1937 Naum Gabo made reference to the role which the material plays in the effect created by a sculpture: "Materials play one of the most important roles in a sculpture. The development of a sculpture is determined by its materials. The material constitutes the emotional foundation of a sculpture; it provides it with a fundamental accent and defines the limits of its aesthetic impact."[17] The choice of material plays a far more significant role in sculpture than in other areas of the visual arts. Not only the appearance, but also the technical execution of an object is crucially influenced by the qualities of the material. Thus the material itself, but also its treatment and the "signs of time" which leave oxygen, moisture or contact to other substances on the surface, can cause the work to appear refined, old, jagged, mechanical, technical, coarse, fine or precious.

With a few metals, the material qualities and aesthetic criteria play a subordinate role in comparison with the material value. Much more significance was attributed to gold, however, during the Middle Ages and Renaissance than today. Here a changed awareness of value becomes apparent. And the status of gold as a sculptural material changed in the twentieth century. Alexander Archipenko (1887–1964), for example, explained: "On the basis of my experience I can state that it is the new formal style which requires different materials, but not conversely the new substances which create the new style. [...] Which materials are used is basically irrelevant; what is required is that the material fully correspond to the style."[18]

An artist who more than almost any other has occupied himself for decades with the characteristics of metals is Carl Andre (born 1935). A striking example of the free treatment of materials and the combination of highly diverse metals is offered by his *Plains*, which are flat floor works consisting of equally sized panels of various metallic materials. There is variation in not only the number of utilized metals, but also the quantity of the panels and the form of the layout. In addition to an arrangement according to aesthetic criteria, Andre also created *Plains*, whose individual parts are alphabetically oriented towards the chemical sign of the utilized metal, as well as works whose arrangement is based on their sequence in the periodic table. → ill. 11, 12, p. 175 For his floor works, Andre also used little-known metals such as bismuth, cadmium and indium, which because of their scintillating colors have an extraordinary effect and are also poisonous. Not least of all, Andre plays with the patina, which changes through oxidation. Thus one of the two originally identical copper sheets from *Copper Inside-Outside Piece* (1969) has clearly changed its color over the course of the years, because—in contrast to its counterpart located in an interior space—it is exposed to the influence of water and oxygen. → ill. 13, p. 175

---

1 Umberto Boccioni, Manifest *Die futuristische Bildhauerei*, quoted in: Umbro Apolloin, *Der Futurismus. Manifeste und Dokumente einer künstlerischen Revolution 1909–1918*, Cologne 1972, p. 73.
2 Embossing: the forming of metallic workpieces through the effects of pressure. Hammering: beating a metal in a cooled state into form with the help of tools.
3 Compounds of two or more chemical elements, of which at least one is a metal.
4 There now remain only around twenty bronze-processing foundries in Europe, eight of which are in Germany. Cf. Sabine Etzold, *Der verschollene Klang*, in: *DIE ZEIT*, March 8, 2007, No. 11.
5 Patination: the process of coating the surface with a glaze which in some cases is further treated (scraped, brushed, polished, etc.).
6 Lost-form casting: *cire* (French) = wax; *perdu* (French) = lost.
7 Emil Cimiotti, *Werkverzeichnis der Plastiken 1955–1977*, edited by Dieter Brusberg, Hannover 1978, p. 24 (Brusberg Dokumente, vol. 10).
8 Friedrich Schiller, *Das Lied von der Glocke*, September 1799, English translation by Thomas C. Zimmermann, 1896.
9 Pure iron occurs only in meteorites.
10 *Dimensionen des Plastischen. Bildhauertechniken*, exhib. cat. Neuer Berliner Kunstverein, Berlin 1981, p. 70.
11 Status June 2008. Cf. http://www.stahldat.de/.
12 Annealing: a combined heat treatment consisting of hardening (warming and afterwards cooling) and subsequent tempering (heat treatment at over 350 degrees Celsius).
13 To smelt: to extract from ore by means of heat.
14 To solder: the superficial joining of two metallic components by means of a easily meltable alloy. Soldering was already invented around 3200 B.C.E. as a means of permanently joining parts made of gold.
15 To rivet: the attachment of two parts to each other by means of a plastically shapeable, cylindrical connecting element.
16 Jean Lipman, *Calder's Universe*, exhib. cat. Whitney Museum of American Art, New York; The High Museum of Art, Atlanta; Walker Art Center, Minneapolis; Dallas Museum of Fine Arts, Philadelphia 1989, p. 238.
17 Naum Gobo, *Plastik. Bildnerei und Konstruktion im Raum*, in: *Circle. International Survey of Constructive Art*, London 1937, quoted in: Edurard Trier, *Bildhauertheorien im 20. Jahrhundert*, Berlin 1999, p. 62.
18 Erich Wiese, *Alexander Archipenko*, Leipzig 1923, quoted in: Trier 1999, p. 72.

## Von der Tradition zur Moderne Eine Dokumentation der Skulptur in Metall

Henrik M. Lungagnini

Im 19. Jahrhundert, mit den enormen Fortschritten in Wissenschaft und Technik, wurde Eisen, industriell verarbeitet, zum maßgeblichen Material vor allem für den Bau von Fabriken, Brücken und Eisenbahnen. Metalle prägten die Lebenswelt der Menschen zunehmend. Ein Symbol dieses optimistischen Ingenieurgeistes ist der 1889 zur Pariser Weltausstellung errichtete Turm von Gustave Eiffel. In der bildenden Kunst blieb bis Anfang des 20. Jahrhunderts der Bronzeguss weitgehend der einzige Bereich, in dem Metall zum Einsatz kam. Erst um 1920 wurden die Möglichkeiten der Metallverarbeitung zu wesentlichen Ausgangspunkten künstlerischen Gestaltens.

Diese Dokumentation skizziert anhand ausgewählter Inkunabeln den innovativen Umgang mit dem Material Metall in den ersten Dekaden des 20. Jahrhunderts. In vielfältiger Weise sind hier Ansätze der Skulptur ab 1960 vorgeprägt. Traditionell war bildhauerisches Arbeiten entweder Freilegen der Form (z. B. aus Stein) oder Modellieren (in Ton oder Wachs). Im modernen Prinzip der Konstruktion dagegen, führend vertreten mit Pablo Picasso, Naum Gabo und Julio González, wird die Skulptur aus vorgegebenen oder bereits bearbeiteten Elementen zusammengesetzt. Metalle, die in vielerlei Gestalt im Alltag begegnen, fanden Eingang in die Kunst.

Für andere moderne Plastiken ist die Auflösung der Masse kennzeichnend. Neben die traditionelle Kernplastik treten Arbeiten, bei denen die Form in den Raum geöffnet wird. Mit Rohren, Blech und Draht können Volumina bezeichnet werden, ohne eine geschlossene Form zu gestalten, beispielhaft sind Werke von Jacques Lipchitz und Katarzyna Kobro.

Eine weitere wichtige Neuerung ist die Objekthaftigkeit, die mit den Readymades von Marcel Duchamp einsetzt. Traditionell wurde eine Figur geformt, etwa eine Person aus Geschichte oder Mythologie oder eine Allegorie. Vom Bildhauer wurde eine entsprechende Erhabenheit des Sujets erwartet. Die moderne Skulptur hingegen ist zunehmend durch eine abstrakte oder industriell vorgeprägte Formsprache bestimmt, oft auch durch die sockellose Präsentation auf gleicher Raumebene wie der Betrachter.

Schließlich ist auf den Einfluss von zeittypischen ‚geistigen' Konzepten oder Strömungen zu verweisen, wie er sich etwa in Werken von Georges Vantongerloo und Max Ernst zeigt. Wissenschaft, Mathematik, Philosophie und Psychologie, Ausdruck für eine ungezwungene Neugierde auf allen Ebenen, geben wesentliche Anregungen, verbindliche Regeln sind aufgehoben, alles wird möglich.

## Jahrhundertwende

1
—
„Die gigantischen Konstruktionen der modernen Welt, die wunderbaren Entdeckungen der Wissenschaft, haben das Gesicht der Welt verändert, während die Künstler vollkommen neue Konzeptionen und Formen beisteuerten. In den Künsten und in den Gehirnen hat eine Revolution stattgefunden – sie entdeckt eine neue, kaum erforschte Welt."
(Antoine Pevsner)[1]

2
—
Eiffelturm, Paris
Erbaut 1887–1889 von Gustave Eiffel
Fotografie, aufgenommen 1889 während der Weltausstellung

„Eiffel war der erste Konstruktivist."
(Antoine Pevsner, Paris 1911)[2]

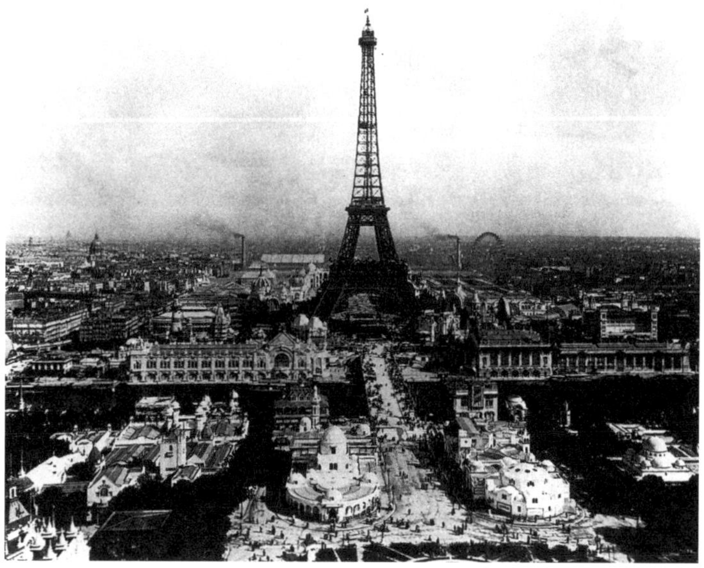

3
—
Man Ray
*Man*, 1918
Fotografie
50,7 x 38,5 cm
Unikat
Sammlung Galleria Schwarz, Mailand

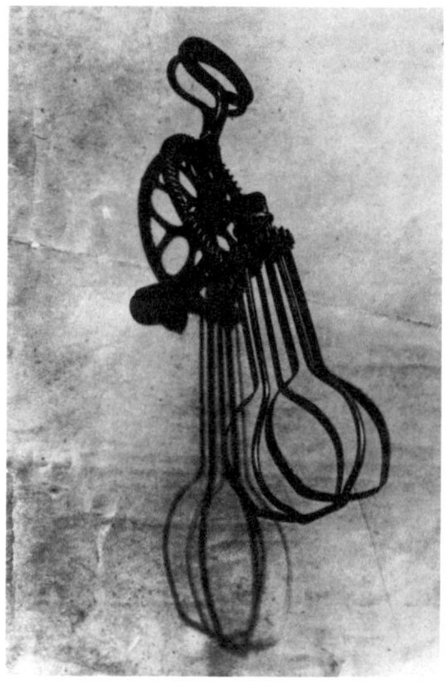

4

—

Marcel Duchamp
*Flaschentrockner,* 1914/1964
Eisen, verzinkt, 59 × 37 cm
(Original verschollen)
Sammlung Diana Vierny

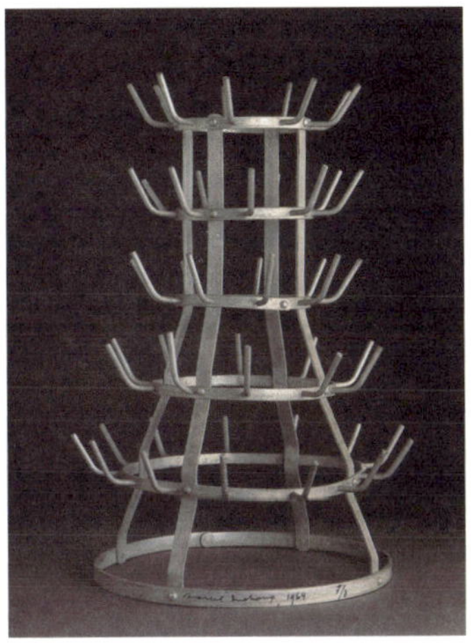

„Damals stieß ich auch auf das Wort ‚ready-made', das mir als Bezeichnung für diese Sachen sehr adäquat erschien, weil es sich bei ihnen ja weder um fertige Kunstwerke noch um Entwürfe handelte, sondern um Dinge, auf die keiner der herkömmlichen künstlerischen Gattungsbegriffe zutraf. Und gerade deshalb reizten sie mich."[3]

„Einen Punkt möchte ich besonders betonen, nämlich daß die Wahl dieser Ready-mades niemals von ästhetischem Genussempfinden diktiert war. – Die Wahl beruhte auf einer Reaktion visueller Gleichgültigkeit bei völliger Abwesenheit von gutem oder schlechtem Geschmack... in der Tat eine komplette Anästhesie (Abwesenheit von Bewusstheit). [...]

Ein anderer Aspekt der Ready-mades ist ihr Mangel an Einzigartigkeit [...] Die Reproduktion eines Ready-made übermittelt die gleiche Botschaft [...] tatsächlich ist kaum eines der Ready-mades, die heute existieren ein ‚Original' im konventionellen Sinne des Wortes." (Marcel Duchamp)[4]

5

—

„Die Kunst ist tot! Lang lebe die neue Maschienkunst Tatlins!" (Motto der *Ersten Internationalen Dada-Messe,* eröffnet am 15. Juni 1920 in Berlin)

6

—

Im Atelier von Constantin Brancusi
Fotografie des Künstlers, um 1927

Die *Unendliche Säule* gehört zu Brancusis berühmtesten Werken. Er schuf seit 1918 mehrere Fassungen, die in Größe und Material variieren. Die größte besteht aus Metall, ist 30 Meter hoch und wurde in der rumänischen Stadt Tirgu Jiu nahe Brancusis Geburtsort errichtet. Durch stets gleiche Module zusammengesetzt, ist die Säule grundsätzlich in beide Richtungen unendlich fortsetzbar.

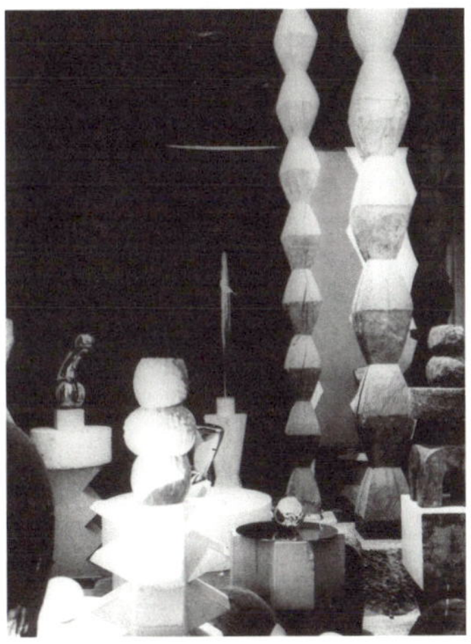

7

—

*Nike von Samothrake,*
Ende 2. Jahrhundert v. Chr.
Marmor
Höhe 328 cm
Musée du Louvre, Paris

Filippo Tommaso Marinetti in einem Auto
Fotografie von 1908
Istituto di Scriptura, Rom

„Wir erklären, daß sich die Herrlichkeit der Welt um eine neue Schönheit bereichert hat: die Schönheit der Geschwindigkeit. Ein Rennwagen, dessen Karosserie große Rohre schmücken, die Schlangen mit explosivem Atem gleichen [...] ein aufheulendes Auto, das auf Kartätschen zu laufen scheint, ist schöner als die Nike von Samothrake." (Aus dem *Manifest des Futurismus,* 20. Februar 1909)[5]

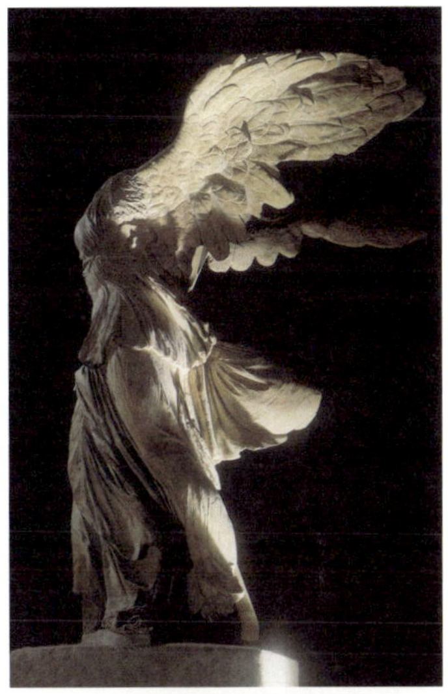

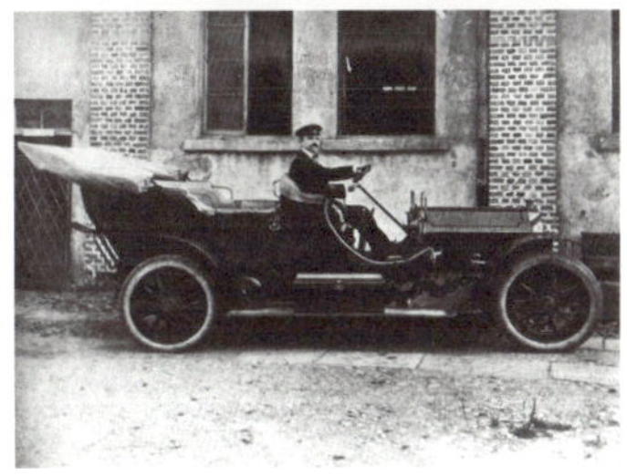

—

1 Zit. nach: Eduard Trier, *Bildhauertheorien im 20. Jahrhundert,* Berlin 1999, S. 30.
2 Zit. nach: Dietrich Mahlow, *100 Jahre Metallplastik. Bronzeguß, Construktion, Materialsprache, Wahrnehmung,* 2 Bde. Frankfurt/M., Bd. 1, 1981, S. 93.
3 Zit. nach: Pierre Cabanne, *Gespräche mit Marcel Duchamp,* Köln 1972, S. 66.
4 Marcel Duchamp, zit. nach: Hans Richter, *DADA – Kunst und Antikunst. Der Beitrag Dadas zur Kunst des 20. Jahrhunderts,* Köln 1978, S. 93, 94.
5 Zit. nach: Umbro Apollonio, *Der Futurismus. Manifeste und Dokumente einer künstlerischen Revolution 1909–1918,* Köln 1972, S. 33

## Aufbruch

1
—
Pablo Picasso
*Frauenkopf*, 1909
Bronze
Höhe 41 cm
The Museum of Modern Art, New York

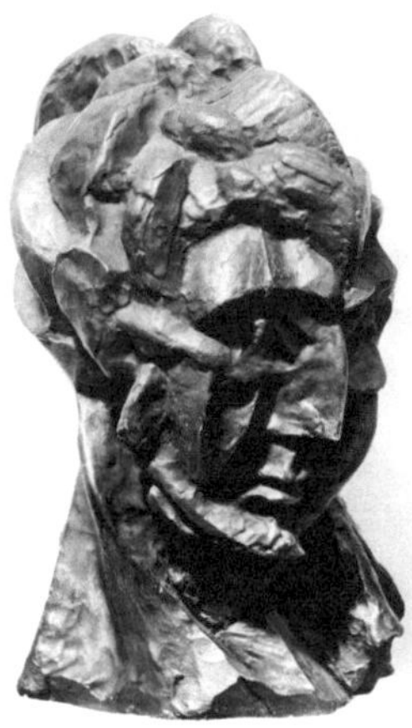

Der *Frauenkopf* von 1909, eine Darstellung von Picassos Lebensgefährtin Fernande Olivier, steht beispielhaft für Picassos frühen analytischen Kubismus. Nicht in ihrer Form als Kernplastik, in der ein herkömmliches Thema bearbeitet wird, sondern in der Umsetzung der kubistischen Bildsprache in die Dreidimensionalität liegt das Innovative. Charakteristisch ist die Zergliederung von Gesicht und Kopf in kleinteilige, deutlich voneinander abgegrenzte Flächen, die ein lebhaftes Spiel von Licht und Schatten bewirken.

2
—
Henri Matisse
*La serpentine*, 1909
Bronze
56 x 28,8 x 19,1 cm
The Hirshhorn Museum and Sculpture Garden, Smithsonian Institution, Washington

Matisse, der in seinen Gemälden die Illusion von Volumen schrittweise zurücknahm, flächiger und ornamentaler wurde, bezog in seine Skulpturen als einer der Ersten das sie umfließende Luftvolumen mit ein. Den menschlichen Körper verstand er als eine Architektur von Formen, die sich aneinanderfügen und gegenseitig stützen, ähnlich wie bei einem Gebäude, bei dem die verschiedenen Bestandteile ihre Rolle im Ganzen spielen.

*La serpentine* (1909) zeigt, wie Matisse die anatomische Ordnung des menschlichen Körpers in eine rhythmische Ordnung zu übertragen suchte.

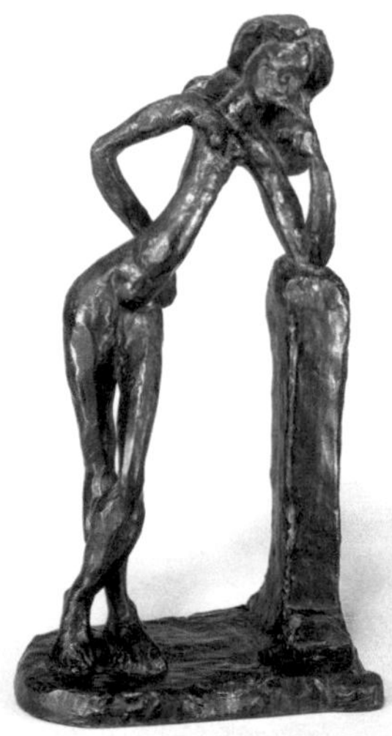

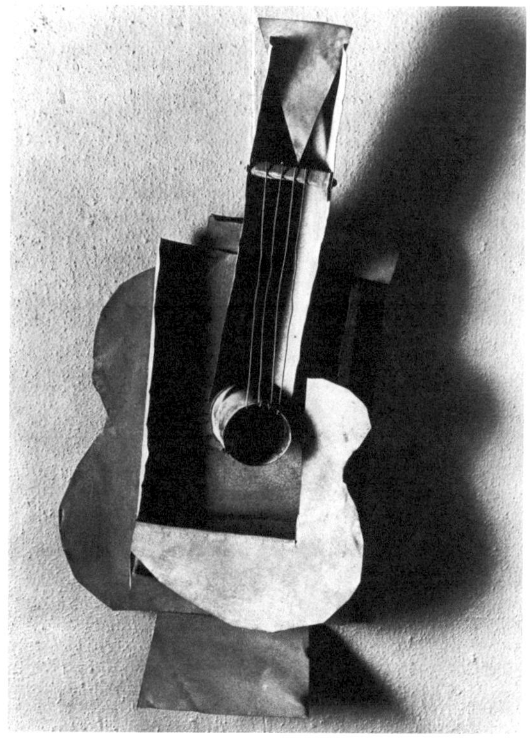

3
—
Pablo Picasso
*Gitarre*, 1912
Blech, Draht
78 x 35 x 18,5 cm
The Museum of Modern Art, New York

In der *Gitarre*, 1912 zunächst in Schnur und Pappe, dann auch in Eisendraht und Blech ausgeführt, hat Picasso erstmals die Erfahrungen des synthetischen Kubismus auf das Relief übertragen. Er lässt das Volumen in einem offenen Gefüge aus Flächen und stereometrischen Formen entstehen.

„Im Prinzip der ‚plans superposés', sodann im Austausch von ‚Masse' gegen ‚Volumen als Raum' und in der Betonung autonomer Linien- und Flächenwerte schafft Picasso eine neue plastische Wirklichkeit. [...] Der gegliederte, offene Raum wird zu einer autonomen Komposition verselbständigt." (Christa Lichtenstern, 1988) [1]

„Diese Konstruction Picassos ist eines jener äußerst seltenen Werke, die eine ganze Kunstgattung begründen: zum ersten Mal gibt es hier eine offene Skulptur. [...] Außerdem ist es nicht sicher, ist es sogar unwahrscheinlich, daß gerade jene sehr frühen Konstruktionen von Picasso in entscheidender Weise González oder später Smith oder gar Caro beeinflußt hätten. Doch steht fest, daß von der Gitarre, jenem Stück aus Blech von 1912, alles seinen Ausgang nahm."
(Dominique Fourcade, 1980) [2]

4

Marcel Duchamp
*Fahrrad-Rad,* 1913
Fahrrad-Rad, Hocker, 125 x 64,8 cm
(Original verschollen)
Sammlung Arturo Schwarz, Mailand

„Diese Maschine hat keine Intention, außer mich vom Schein des Kunstwerks zu befreien. Es war eine Phantasie. Ich nannte sie nicht ‚Kunstwerk'. Ich benannte sie übrigens gar nicht. Ich wollte der Lust, Kunstwerke zu schaffen, ein Ende setzen." (Marcel Duchamp)[3]

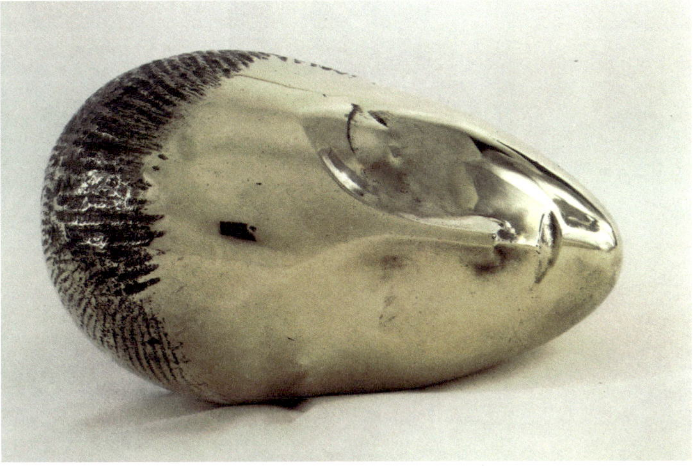

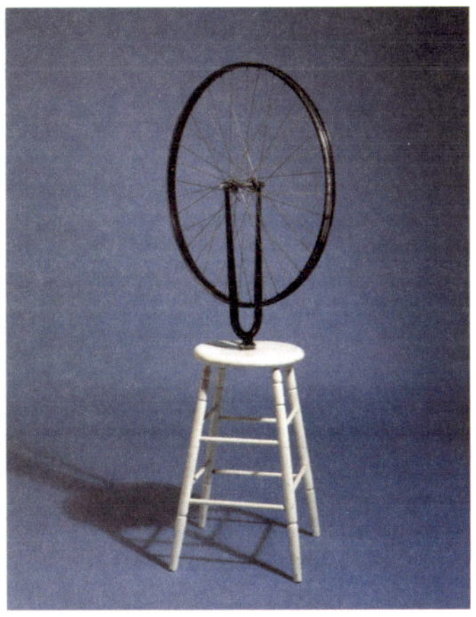

5

Constantin Brancusi
*Die schlafende Muse,* 1910
Bronze, goldpatiniert
Länge 26,7 cm
Sammlung Stavros Niarchos, Athen

„Kunst muß in den Geist der Natur eindringen und ebenso wie die Natur Wesen schaffen, deren Formen und Leben selbständig sind."
(Constantin Brancusi)[4]

Ziel war, unter Verzicht auf alles Individuelle, alles Zufällige an Oberflächenstruktur, zu einer allgemein gültigen Urform zu finden, deren entscheidendes Wesen eine konzentrierte Innerlichkeit sei. Symbol der letzten Vollkommenheit ist ihm die Eiform. Entsprechend sind seine Köpfe vollendete Ovale mit kaum angedeuteter Physiognomie. Das akribische Glätten und Polieren der Bonze-Oberfläche symbolisiert seelische Transparenz.

6

Constantin Brancusi
*Vogel im Raum,* 1928
Bronze
Höhe 137,2 cm
The Museum of Modern Art, New York

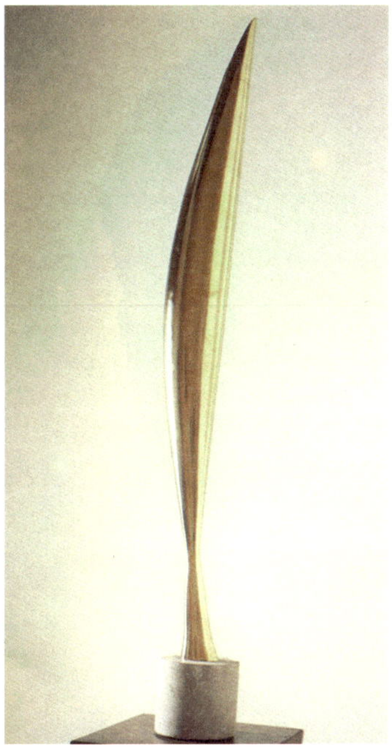

„Der Unermeßlichkeit des Raumes entgegen: das ist mein Vogel."
(Constantin Brancusi)[5]

Das Thema des Vogels, Ausdruck seiner Suche nach Archetypen, beschäftigte Brancusi seit 1910. In äußerster Abstraktion zu einer schmalen, sich aufschwingenden Form konzentriert, interessiert ihn am Vogel vor allem die Aufwärtsbewegung. Die Vogelskulpturen bezeichnen zugleich das „erste Erscheinen jener spiegelnden Hochpolitur [...] [als] äußerste Möglichkeit der Steigerung der Absolutheit einer Form. Sie ist nicht nur letzte Konsequenz und Steigerung der Klarheit und Strenge des von seinem Kontur geprägten Volumens, sondern hebt dessen Geschlossenheit zugleich wieder auf, irritiert die Klarheit der strengen Formgebung durch die Vielzahl der Reflexionen, die die Konturlinie umspielen. [...] ‚Es ist mir gleich, was sie reflektieren', sagt Brancusi über seine Skulpturen, ‚solange es nur das Leben selbst ist.'"
(Friedrich Teja Bach 1978)[5]

1 Christa Lichtenstern, *Pablo Picasso. Denkmal für Apollinaire. Entwurf zur Humanisierung des Raumes,* Frankfurt/M. 1988, S. 44–45.
2 Dominique Fourcade (geb. 1938, franz. Dichter und Kunstkritiker), *Einige Konsequenzen der modernen Skulptur,* in: *Skulpturen der Moderne. Julio Gonzalez, David Smith, Anthony Caro, Tim Scot , Michael Steiner,* Ausst.-Kat. Galerie de France, Paris, Kunsthalle Bielefeld, 1980, S. 7.
3 Zit. nach: Eduard Trier, *Bildhauertheorien im 20. Jahrhundert,* Berlin 1999, S. 47.
4 Zit. nach: Trier, 1999, S. 212.
5 Zit. nach: Friedrich Teja Bach, *Constantin Brancusi. Metamorphosen plastischer Form,* Köln 1987, S. 195.
6 Bach 1987, S. 23.

## Öffnung in den Raum

1

Alexander Archipenko
*Boxkampf*, 1913
Bronze
60 x 46 x 42 cm
The Donald Karshan Collection

„Archipenko baut Wirklichkeiten. Seine Kunst nähert sich mehr und mehr der absoluten Bildhauerei, die sich eines Tages der absoluten Malerei und der absoluten Architektur verschmelzen soll, um als reine Plastik zu erstehen, jenseits aller Stilarten, jenseits aller Techniken und Hilfsmittel." (Guillaume Apollinaire, 1912) [1]

Unter dem Einfluss des analytischen Kubismus verzichtete Archipenko auf die vollen Volumen der traditionellen Bildhauerei und baute seine Plastiken aus einem Beziehungsspiel von positiven und negativen Formen auf. Dass Leere und Materie folglich gleichermaßen bildkonstituierend sind, machte ihn zum Wegbereiter der modernen Bildhauerei.

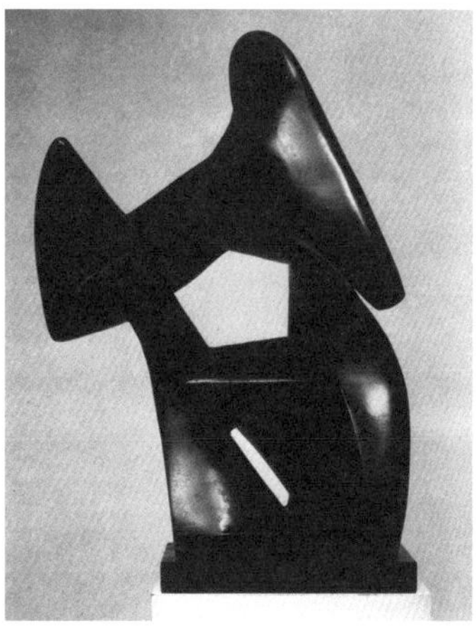

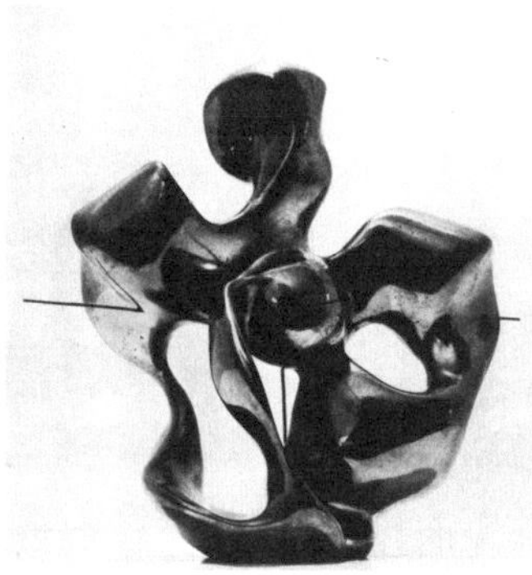

2

Georges Vantongerloo
*Construction dans la sphère*, 1917
Bronze
ø 17 cm
Max Bill, Zürich

„Masse + Leere schaffen Raum. Mit anderen Worten: die äußeren Umrisslinien eines Massenvolumens, bei denen die Leere (void) beginnt, müssen Leere und Massenvolumen ausgleichen und umgekehrt [...]." (Georges Vantongerloo) [2]

3

Jacques Lipchitz
*Chimène*, 1930
Bronze
Höhe 36,8 cm
The Estate of Jacques Lipchitz represented by Marlborough Fine Art AG

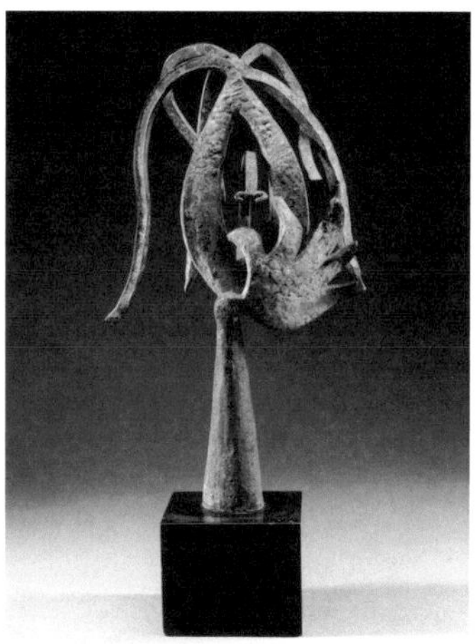

4

Jacques Lipchitz
*Frau und Gitarre*, 1926
Vergoldete Bronze
Höhe 26 cm
Ehem. Sammlung Curt Valentin, New York

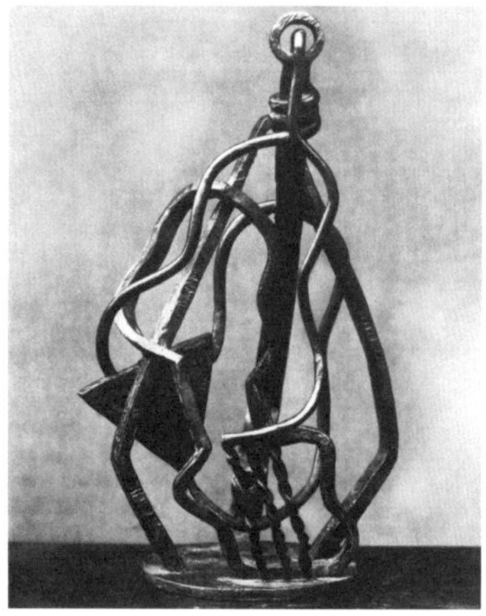

„[...] die vergoldete Bronze Frau und Gitarre [...] von Jacques Lipchitz [...] ist als durchsichtige Plastik gewollt und ausgeführt. Die körperliche Substanz der zarten geschwungenen oder in sich gedrehten Glieder erscheint im Volumen geringer als der Raum, den sie fingernd umgreifen. Diese Plastik, deren Entstehung geschichtlich aus den Erfahrungen von Kubismus und Surrealismus erklärt werden könnte, dokumentiert ein neues bildnerisches Wollen. Sie verzichtet auf den Primat der Körperform, auf Gewichtigkeit und geschlossenen Aufbau, um Licht und Luft durch ihr Inneres strömen zu lassen. [...] Durch die Transparenz wird die Plastik von der Einansichtigkeit befreit; sie gestattet das simultane Erlebnis der Räumlichkeit, ohne die Notwendigkeit, sie zu umschreiten." (Eduard Trier, 1960) [3]

5

Henri Matisse
*Rückenakt IV*, 1930
Bronze
190 x 114 x 16 cm
Staatsgalerie Stuttgart

„[...] ich habe Skulpturen gemacht wie ein Maler." (Henri Matisse, 1951) [4]

Matisse schuf vier große Flachreliefs mit Rückenakten. Die erste Fassung entstand 1909 unter dem Einfluss von Paul Cézanne. Die zweite Fassung, 1913, zeigt die Körperformen wie architektonische Elemente zusammengefügt. Die dritte Fassung, 1917, ist mit ihrer geometrisch vereinfachten Ausdruckssprache dem Kubismus verpflichtet. Die vierte Fassung, 1930, ist stark vereinfacht, stilisiert, konzentriert, der Körper ist kaum gegliedert, weiche Rundungen prägen die Erscheinung. In der Reduktion auf eine einfache, aber gleichwohl aussagekräftige Bildsprache findet Matisse zu einer monumentalen, in sich geschlossenen Komposition.

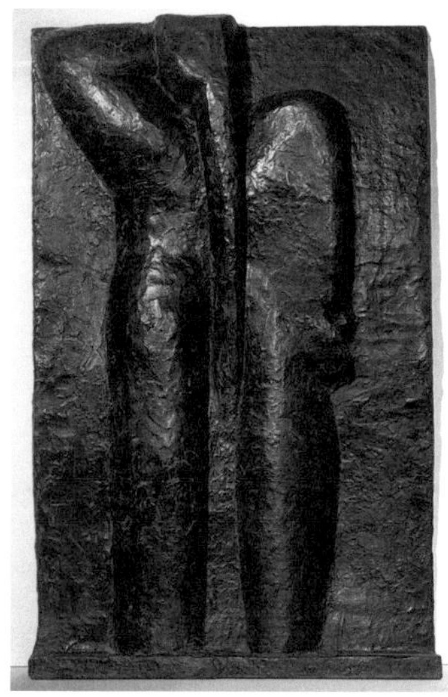

1 Guillaume Apollinaire, in: *Skulptur im 20. Jahrhundert. Archipenko, Arp, Belling, Giacometti, Lardera, Laurens, Wotruba*, Ausst.-Kat. Kunsthandel Wolfgang Werner, Berlin 2006, unpaginiert.
2 Georges Vantongerloo, in: *Georges Vantongerloo*, hrsg. v. Max Bill, Ausst.-Kat. Marlborough Gallery, London 1962, S. 8, zit. nach: Eduard Trier, *Bildhauertheorien im 20. Jahrhundert*, Berlin 1999, S. 105.
3 Eduard Trier, *Figur und Raum. Die Skulptur des XX. Jahrhunderts*, Berlin, 1960, S. 11.
4 Zit. nach: *Henri Matisse. Figur Farbe Raum*, Ausst.-Kat. K 20 Kunstsammlung Nordrhein-Westfalen, Düsseldorf 2005, S. 305.

## Die futuristische Bewegung

1

—

Die futuristische Kunst sollte in ihren Ausdrucksformen dem dynamischen Geist der modernen Technik und der großstädtischen Massengesellschaft entsprechen. Wichtige Schlagwörter dieser Kunstauffassung wie Bewegung, Geschwindigkeitsrausch, Dynamismus, und auch die Verherrlichung der technikbestimmten Gegenwart verweisen auf den Bruch mit den Traditionen.

2

—

Umberto Boccioni
*Entwicklung einer Flasche im Raum,* 1912
Bronze
Höhe 38 cm
Sammlung Mattioli, Mailand

Abstrakt zergliedert, erhebt sich die Flasche aus einem spiralartig aufstrebenden Sockelbereich. In der Durchdringung von Figur und Raum deutet sich eine dynamische Auflösung der Form an, was die im Manifest beschriebene „Milieu-Skulptur" visualisiert.

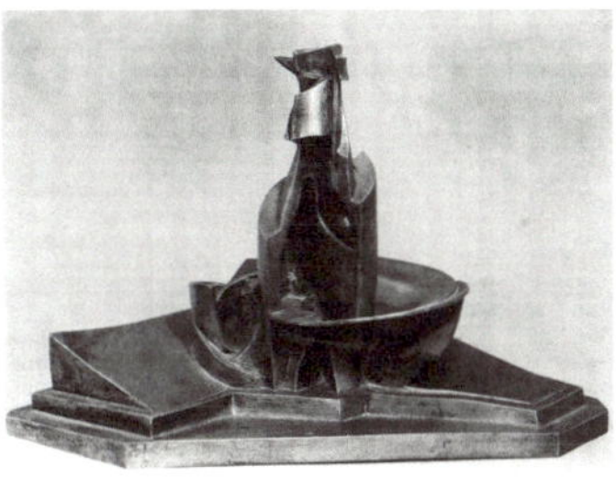

3

—

Umberto Boccioni
*Einzigartige Formen der Kontinuität im Raum,* 1913
Bronze
111,2 x 88,5 x 40 cm
The Museum of Modern Art, New York

Überraschend und neuartig ist die Art, wie Torso und Beine aus geschwungenen Formelementen gebildet werden, die aus der gewohnten Umrisslinie heraustreten. Boccioni will die Durchdringung von Körper und Raum und von Zeit als Dimension der Bewegung sichtbar machen. Nicht nur die Gestaltung als abstraktes Wechselspiel aus konvexen und konkaven Flächengliederungen, sondern auch das Motiv der kraftvoll-energisch voranschreitenden Figur unterliegt diesem Anspruch. Thema sind der Einfluss der modernen Technik auf den Menschen, Technikverherrlichung und Mensch-Maschine-Analogie.

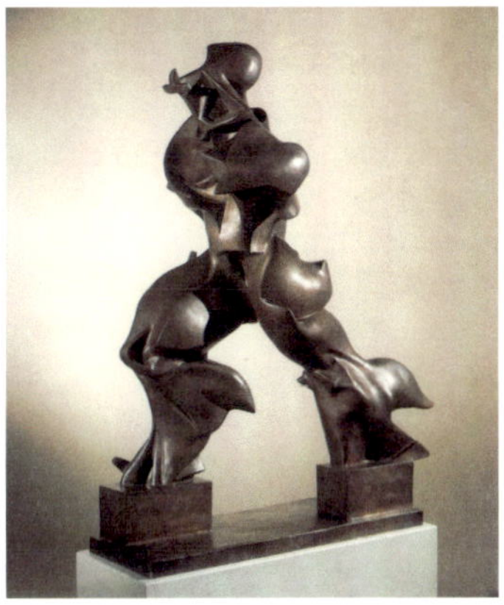

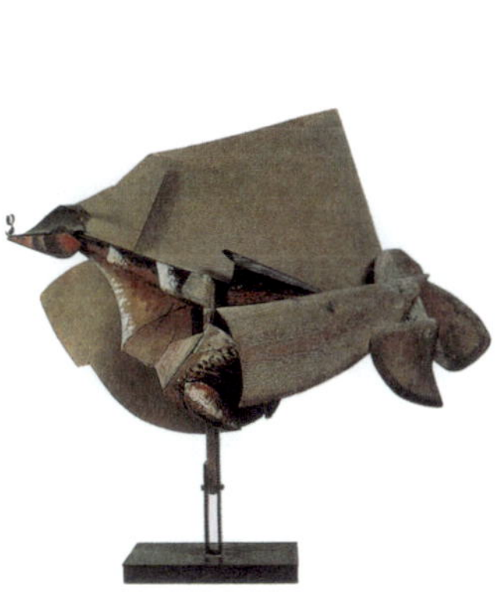

4

—

Umberto Boccioni
*Dynamische Konstruktion eines Galopps – Pferd – Haus,* 1913/1914
Holz, Pappe, Blech
110 x 80 cm
Peggy Guggenheim Museum, Venedig

„Wir dürfen nicht vergessen, daß das Tick-Tack und die sich drehenden Zeiger einer Uhr, das Auf und Ab eines Kolbens in einem Zylinder, das Ineinandergreifen von Zahnrädern mit dem ständigen Erscheinen und Verschwinden ihrer stählernen Zähne, daß die Wucht eines Lenkrades oder der Wirbel eines Propellers alles bildnerische und malerische Elemente sind, deren sich eine futuristische Plastik bedienen muß. Das Öffnen und das Schließen eines Ventils schafft einen ebenso schönen, aber unendlich viel neueren Rhythmus als der des Augenlides eines Tieres!"
(Aus dem Manifest *Die futuristische Bildhauerkunst,* 1912)[1]

5

—

Umberto Boccioni,
*Die futuristische Bildhauerkunst,* 1912

SCHLUSSFOLGERUNGEN

1. Wir proklamieren, daß das Ziel der Plastik die abstrakte Rekonstruktion der Ebenen und Volumen, die die Formen bestimmen, ist, nicht deren figurativer Wert.

2. Wir wollen in der Plastik genau wie in jeder anderen Kunstgattung DAS TRADITIONELL ERHABENE DER SUJETS ABSCHAFFEN.

3. [...] Wenn wir also die Körper und ihre Teile als BILDNERISCHE ZONEN ansehen, werden wir in einer futuristischen plastischen Komposition für einen Gegenstand Flächen aus Holz oder Metall, die unbeweglich oder mechanisch beweglich sein können, behaarte, kugelförmige Gebilde für die Haare, Halbkreise aus Glas für eine Vase, Eisendrähte und Drahtverhau für eine atmosphärische Ebene u.s.w. verwenden.

4. Wir wollen die rein literarische traditionelle Vornehmheit des Marmors und der Bronze zerstören. Wir lehnen die ausschließliche Verwendung eines einzigen Materials für die Gesamtgestaltung des plastischen Komplexes ab. Wir behaupten, daß auch zwanzig verschiedene Materialien in einem einzigen Werk zur Erreichung der bildnerischen Emotion verwendet werden können. Wir zählen nur einige davon auf: Glas, Holz, Pappe, Eisen, Zement, Roßhaar, Leder, Stoff, Spiegel, elektrisches Licht usw. usw.

5. Wir proklamieren, daß in der Überschneidung der Flächen eines Buches mit den Ecken eines Tisches, in den geraden Linien eines Streichholzes, im Rahmen eines Fensters mehr Wahrheit liegt als in all den Muskelbündeln, in all den Busen und Schenkeln der Helden und Liebesgöttinnen, die die Idiotie der modernen Plastik inspirieren;

6. daß nur eine ganz moderne Themenwahl zur Entdeckung neuer BILDNERISCHER IDEEN führen kann;

7. daß die gerade Linie das einzige Mittel ist, das zur ursprünglichen Reinheit einer neuen architektonischen Konstruktion der Massen oder plastischen Zonen führen kann;

8. daß allein durch die Umweltskulptur eine Erneuerung möglich ist, weil in ihr sich die Skulptur entwickelt und fortsetzt und dadurch die ATMOSPHÄRE, von der die Dinge umgeben sind, modelliert werden kann.

9. Das zu schaffende Ding ist nur die Brücke zwischen dem ÄUSSEREN BILDNERISCHEN INFINITUM und dem INNEREN BILDNERISCHEN INFINITUM, die Gegenstände enden folglich niemals und überschneiden sich in unendlichen Kombinationen von Sympathien und dem Aufeinanderprall von Abneigungen.

10. Man muß die systematische Aktdarstellung zerstören, die traditionelle Konzeption der Statue und des Denkmals!

11. Man muß mutig und um jeden Preis jede Arbeit zurückweisen, die nicht eine reine Konstruktion von völlig erneuerten bildnerischen Elementen in sich birgt.

—

1 Zit. nach: Umbro Apollonio, *Der Futurismus. Manifeste und Dokumente einer künstlerischen Revolution 1909–1918,* Köln 1972, S. 71–73.

## Russischer Konstruktivismus

1

Seit der Revolution von 1917 wurde die Avantgarde in Russland von offizieller Seite gefördert. In diesem regen Klima geistiger und künstlerischer Auseinandersetzung verfasste Naum Gabo (eigentlich Naum Pevsner) 1920 das *Realistische Manifest;* unterzeichnet wurde es auch von seinem Bruder Antoine Pevsner. Es fand große Beachtung, zunächst in Russland, dann auch in den westeuropäischen Zentren künstlerischen Aufbruchs. An Stelle von Kubismus und Futurismus, die die Abbildlichkeit noch nicht überwunden hätten, solle, so Gabo, als ein grundlegend neuer Ansatz die geometrisch-abstrakte Re-Konstruktion der Dinge treten. In der Skulptur solle die traditionelle geschlossene Volumenform durch Transparenz, lineare Raummarkierungen und „kinetische Rhythmen" ersetzt werden. Dabei sei die Arbeit des Künstlers der von Wissenschaftlern und Technikern vergleichbar. Nur so könne die neue Kunst, sozial-utopisch, eine wichtige Funktion im Aufbau der neuen Gesellschaft übernehmen.

2

Wladimir Tatlin
*Gegenrelief,* 1916
Palisander, Zink
100 x 64 x 24 cm
Staatliche Tretjakow-Galerie, Moskau

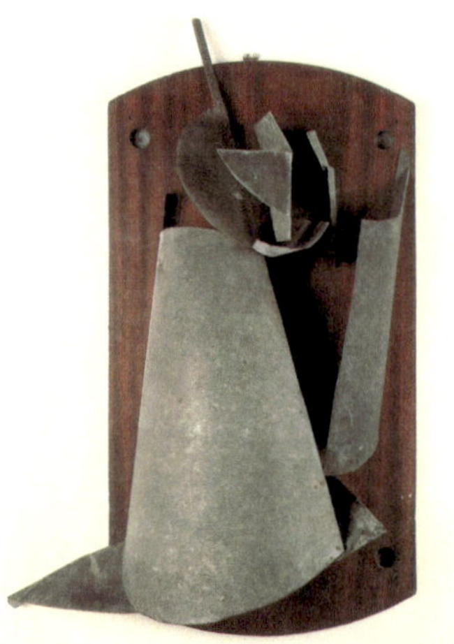

3

Naum Gabo und Antoine Pevsner
*Das Realistische Manifest,*
Moskau, 5. August 1920

„[...] Die Versuche der Kubisten und der Futuristen, die visuellen Künste über die Sümpfe der Vergangenheit hinauszuheben, haben nur zu neuen Täuschungen geführt. Der Kubismus endete, nachdem er mit der Vereinfachung der Darstellungstechnik begonnen hatte, mit der Analyse und erstarrte darin.

[...]

Das großsprecherische Wort von der ‚Geschwindigkeit' wurde von den Futuristen als Trumpf ausgespielt. Wir erkennen den Wohllaut dieser Parole an und wir sehen völlig ein, daß sie auch den strengsten Spießbürger umwerfen kann. Doch fragt man einen Futuristen, was er sich unter Geschwindigkeit vorstelle, dann erscheint ein ganzes Arsenal rasender Automobile, rasselnder Bahnhöfe, verwickelter Drähte, der Schall, der Lärm und das Geklirre kreisender Straßen ... ist es wirklich nötig, sie davon zu überzeugen, daß alles dieses für die Geschwindigkeit und ihre Rhythmen nicht notwendig ist?

Schau einen Sonnenstrahl an ... die stillste aller stillen Kräfte, er legt 300.000 Kilometer zurück ... Betrachte den Sternenhimmel ... wer hört ihn ... und doch, was sind unsere Bahnhöfe gegenüber den Bahnhöfen des Himmels? Was sind unsere irdischen Züge gegenüber diesen dahineilenden des Sternenhimmels?

[...] Weder der Futurismus noch der Kubismus haben uns gebracht, was unsere Zeit von ihnen erwartete. Neben diesen beiden künstlerischen Richtungen hat unsere jüngste Vergangenheit nichts Bedeutendes oder Beachtenswertes hervorgebracht. [...]

Wir messen unsere Arbeit nicht mit dem Ellenmaß der Schönheit, wir wägen sie nicht nach Pfunden an Zärtlichkeit und Schönheit ab. Die Lotleine in der Hand, mit Augen, so genau wie ein Lineal, in einem Geiste, so genau wie ein Zirkel ... konstruieren wir unser Werk wie das Universum das seine, wie der Ingenieur seine Brücken, wie der Mathematiker seine Formel der Planetenbahnen. [...]

1. Daher lehnen wir die Farbe als malerisches Element ab. Die Farbe ist das idealisierte optische Antlitz der Dinge, ein äußerlicher und oberflächlicher Eindruck. Die Farbe ist zufällig, sie hat nichts mit dem inneren Wesen der Körper zu tun.

Wir behaupten, daß die Tönung einer Substanz, das heißt, ihr lichtabsorbierender stofflicher Körper ihre einzige malerische Realität ist.

2. Wir verzichten bei einer Linie auf ihr Darstellungsvermögen. Es gibt im wirklichen Leben der Körper keine beschreibenden Linien. [...]

Wir behaupten, daß die Linie nur die Richtung statischer Kräfte und deren Rhythmus in den Dingen angibt.

3. Wir lehnen das Volumen als malerische und plastische Raumform ab. Man kann einen Raum ebensowenig nach seinem Umfang bestimmen wie man Flüssigkeit nach Metern messen kann: Seht unseren Raum an ... was ist er anderes als eine fortlaufende Tiefenausdehnung?

Wir behaupten, daß die Tiefe die einzige malerische und plastische Raumform ist.

4. Wir lehnen in der Skulptur die Masse als plastisches Element ab. Es ist jedem Ingenieur bekannt, daß die statischen Kräfte eines festen Körpers und seine materielle Stärke nicht von der Masse abhängig sind ... etwa bei einer Schiene, einem T-Träger usw.

Doch ihr, Bildhauer aller Schattierungen und Richtungen, ihr haltet immer noch an dem alten Vorurteil fest, man könne das Volumen nicht von der Masse befreien. So nehmen wir vier Flächen und bauen aus ihnen das gleiche Volumen wie aus vier Tonnen Masse. So geben wir der Skulptur die Linie als Richtungsweiser zurück und erklären damit die Tiefe zur einzigen Raumform.

5. Wir weisen den tausendjährigen, von der ägyptischen Kunst ererbten Irrtum zurück, daß die statischen Rhythmen die einzigen Elemente des bildnerischen Schaffens seien.

Wir erkennen in der bildenden Kunst ein neues Element, die kinetischen Rhythmen, als Grundformen unserer Wahrnehmung der realen Zeit.

Das sind die fünf Grundprinzipien unseres Werkes und unserer konstruktiven Technik.

Heute richten wir unsere Worte an euch Menschen. Auf die Plätze und Straßen tragen wir unser Anliegen in der Überzeugung, daß die Kunst keine Freistatt für den Müßigen bleiben darf, kein Trost für den Müden und keine Rechtfertigung für den Faulen. Die Kunst ist aufgerufen, den Menschen überall zu begleiten, wo sein unermüdliches Leben strömt und wirkt ... An der Werkbank, am Tisch, bei der Arbeit, bei der Erholung, beim Spiel, an Arbeitstagen und an Feiertagen ... zu Hause und auf der Straße ... damit die Flamme des Lebens in der Menschheit nicht verlösche.

Wir suchen keine Rechtfertigung, weder in der Vergangenheit noch in der Zukunft.

[...]

Wir erklären, daß das Geschrei um die Zukunft uns das gleiche ist, wie die Tränen über die Vergangenheit: die Erneuerung des Tagtraumes der Romantik."[1]

4

„Der Verwendungsbereich der Metalle wird nicht mehr nur von der Statik, sondern hauptsächlich von der Dynamik bestimmt.

Die künstlerische Entdeckung muss darauf ausgerichtet sein, die dem Metall eigene Natur zu begreifen und die in ihm verborgenen Kräfte und Möglichkeiten [...] zu klären.

Um die Herrschaft der Maschine zu besiegen und den Menschen aus der Sklaverei der Technik zu befreien, muss der Künstler Hinweise und Belehrungen aus derselben Quelle schöpfen, aus der die gesamte moderne Technik hervorgeht." (Sergei Konstantinowitsch Issakow)[2]

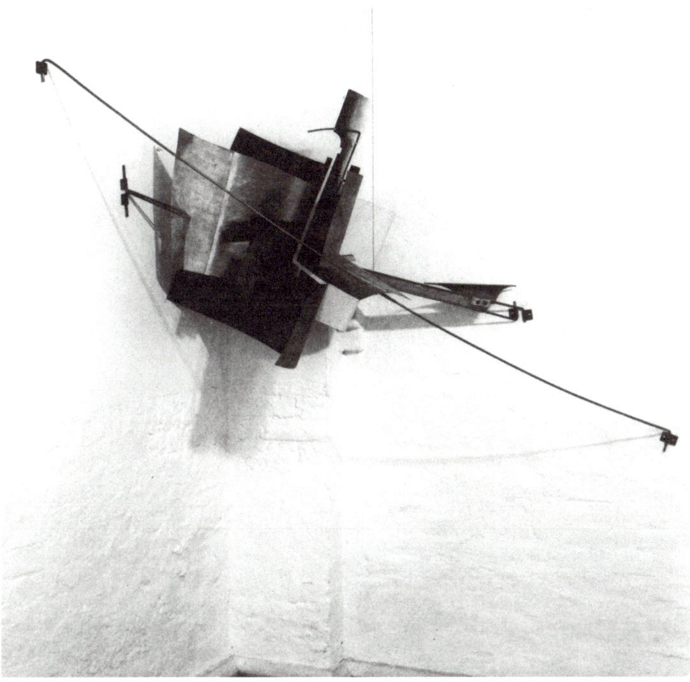

5

Wladimir Tatlin
*Eck-Gegenrelief*, 1915
Rekonstruktion 1979
Eisen, Zink, Aluminium
78,7 x 152,4 x 76 cm
Annely Juda Fine Art, London

Die konstruktivistische Kunst in Russland beginnt um 1915 mit den *Gegen-* oder *Konterreliefs* von Wladimir Tatlin. Diese Assemblagen aus verschiedenen Materialien, inspiriert durch die Begegnung mit Pablo Picasso 1914 in Paris, werden in einer Raumecke aufgehängt.

„In der Art, wie eine Eisenplatte gebogen wird, wie auf diese im rechten Winkel eine Aluminiumplatte gepresst wird und die andere Metallplatte durchschneidet, verbirgt sich eine ungeheure Spannung, eine ungeheure potenzielle Energie. Dieser Eindruck von Spannung wird noch durch Trosse verstärkt, die die Reliefs wie Pfeile durchdringen.

Wenn in den ‚Bildreliefs' Tatlins im vorigen Jahr die Betonung auf dem Material lag, dann räumen die ‚Winkelreliefs' dieses Jahres dem ‚Spannungszustand', der ‚Spannung' den ersten Platz ein. Deshalb hat der Künstler sie auch ‚Konterreliefs' genannt. Die ‚Konterattacke', der Gegenangriff als Reaktion, muss die Kraft der einfachen Attacke übertreffen. ‚Konterreliefs' sind Reliefs mit besonders ausgeprägter Spannung."
(Sergei Konstantinowitsch Issakow) [3]

6

Naum Gabo
*Konstruktiver Kopf Nr. 2*, 1916/1965
Corten-Stahl
90 x 61 x 61 cm
Universität Oslo

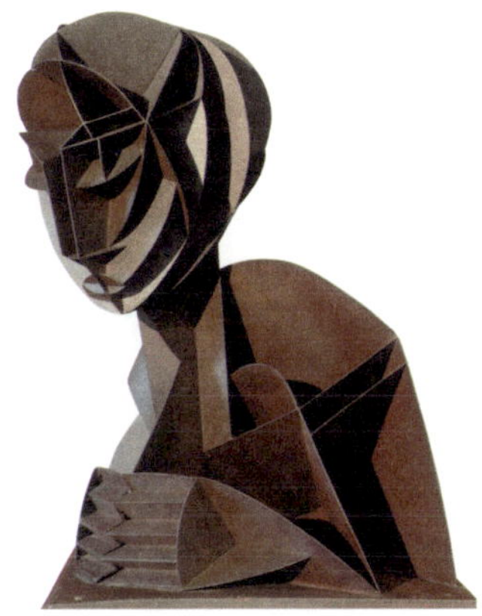

Naum Gabo, der für die Autonomie der Kunst eintrat, schuf 1915 in Stockholm seine ersten Plastiken: Köpfe, weibliche Büsten und Torsi, die nach den Gesetzen des Kubismus aufgebaut sind. Mit der Verwendung von Metall, Holz, Karton, Zelluloid wollte er – ähnlich wie Archipenko in Paris, Boccioni in Italien, Tatlin in Russland – Stein und Bronze, Volumen und dingliche Abbildlichkeit durch zeitgemäße Ausdrucksformen ersetzen.

„Wir mußten neue Mittel finden und neue Grundsätze einführen, und so wurden die Prinzipien des Raumes und der Struktur grundlegend. [...] Wir erkannten die Struktur als Kern eines konstruierten Gegenstandes und die Struktur verlangt nach einer größeren Beteiligung des Raumes als ein monolithisches Volumen."
(Naum Gabo) [4]

7

Wladimir Tatlin
*Modell für das Denkmal der III. Internationale*, 1919/1920
Eisen
Höhe 25 Meter
zerstört

1919/1920 entwarf Tatlin im Rahmen des Projekts der Monumentalpropaganda ein Denkmal zu Ehren der Oktoberrevolution, das er während der Arbeit in *Denkmal der III. Internationale* umbenannte. Das Modell war 25 Meter hoch, das Denkmal selbst sollte die stolze Höhe von 400 Metern erreichen und Versammlungs-, Konzert- und Ausstellungsräume enthalten. Der utopische Entwurf dieses architektonischen Denkmals, inspiriert durch den Pariser Eiffelturm, war Tatlins wichtigstes Werk. Es wurde nicht realisiert. Dennoch war der Entwurf mit der geplanten Verwendung von Glas und Stahl zukunftsweisend.

„Die Grundidee des Denkmals ging von einer organischen Synthese der Prinzipien in der Architektur, Bildhauerei und Malerei aus, es sollte einen neuen Typ der Monumentalbauten liefern, der die rein künstlerische Form mit der utilitären Form vereint."
(Nikolai Punin, 1920) [5]

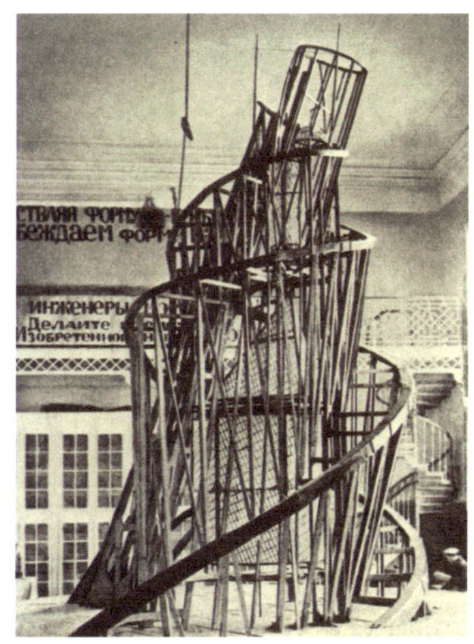

1 Zit. nach: Margit Rowell, *Skulptur im 20. Jahrhundert. Figur. Raumkonstruktion. Prozeß*, München 1986, S. 281–283.
2 Sergei Konstantinowitsch Issakow, *Über Tatlins Konterreliefs* (Kritik in einer Zeitschrift zu einer Ausstellung von Tatlin, 1915), zit. nach: *Tatlin*, hrsg. v. Larissa Alexejewna Shadova, Weingarten 1987, S. 359.
3 Issakow, 1915, zit. nach: Shadova 1987, S. 361.
4 Naum Gabo, *Bauten – Skulptur – Malerei – Zeichnungen – Grafik*, Neuchâtel 1961, S. 164.
5 Nikolai Punin, *Das Denkmal der III. Internationale*, 1920, zit. nach: Shadova 1987, S. 411.

## Kinetik

1

László Moholy-Nagy
*Licht-Raum-Modulator*, 1922–1930
Bewegliche Metallkonstruktion
151 x 70 x 70 cm
Harvard-University, Busch-Reisinger Museum

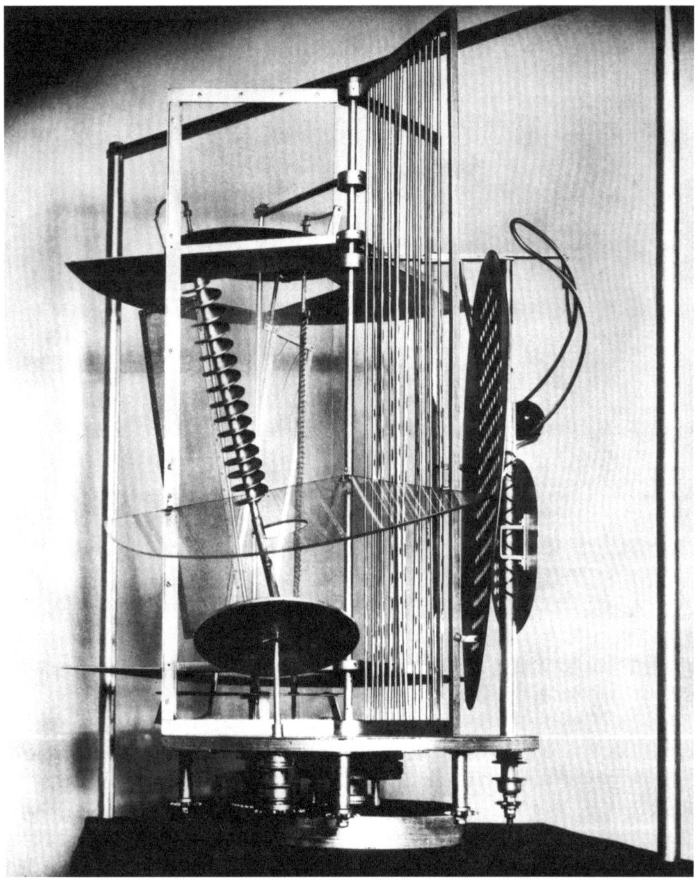

„Der Schatten des rotierenden ‚Licht-Requisiten'.
Die Überlagerung von Metalldetails und Schatten.
Wiederauftauchender Schatten; plötzlich der Schatten eines Ballons, umgeben von starkem Licht, der sich über dem ursprünglichen Schatten auf- und abbewegt.
Das Lichtrequisit dreht sich; es wird von oben, von unten, von vorn, von hinten sichtbar; in ruhiger, in beschleunigter, in verzögerter, in gegenläufiger Bewegung.
Eine Fülle von Details.
Ein dicker schwarzer glänzender Ball rollt von links nach rechts. Von rechts nach links. Unaufhörlich.
Positive und negative Bilder, Aufblenden, Prismen;
sich immer wieder auflösend.
Bewegungen, seltsam sich verschiebende Raster.
‚Betrunkene' Filter, Gitter.
Blicke durch kleine Öffnungen, durch sich automatisch verändernde Blenden.
Blendende, sich bewegende Licht-Blitze. Kreisende Spiralen, die immer wieder auftauchen.
Alle festen Formen lösen sich in Licht auf."
(László Moholy-Nagy)[1]

2

Naum Gabo
*Säule*, 1923
Höhe 104 cm
Glas, Kunststoff, Metall, Holz
Solomon R. Guggenheim Museum, New York

„Meine bis 1924 geschaffenen Arbeiten suchen alle das plastische und das architektonische Element miteinander zu vereinigen. Diese Säule betrachte ich als den Höhepunkt dieser Bemühungen."[2]

Gabo befasste sich um 1920 mit den Möglichkeiten, Zeit in die Skulptur einzubringen. „Mit der Zeit meine ich Bewegung, Rhythmus: sowohl wirkliche Bewegung als auch vorgetäuschte Bewegung, die man in der Andeutung von fließenden Linien und Umrissen in der Plastik und der Malerei wahrnehmen kann. Meiner Meinung nach ist der Rhythmus in einem Kunstwerk genauso wichtig wie der Raum, die Struktur, die Bildidee." (Naum Gabo)[3]

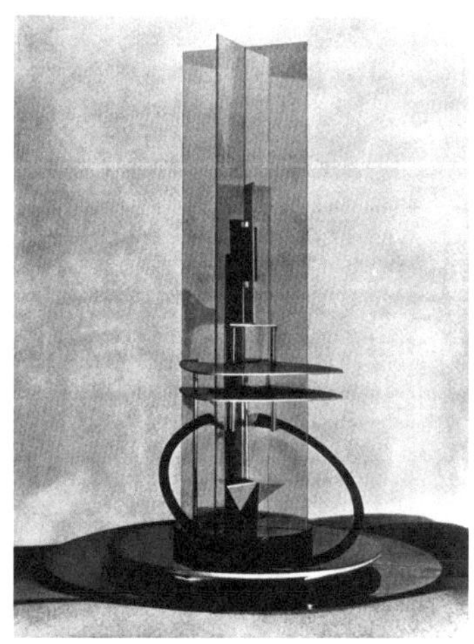

1 Zit. nach: Hannah Weitemeier, *Licht-Visionen. Ein Experiment von Moholy-Nagy*, Berlin 1972, S. 49.
2 Naum Gabo, *Bauten – Skulptur – Malerei – Zeichnungen – Grafik*, Neuchâtel 1961, S. 35.
3 Gabo 1961, S. 164.

## Linie im Raum

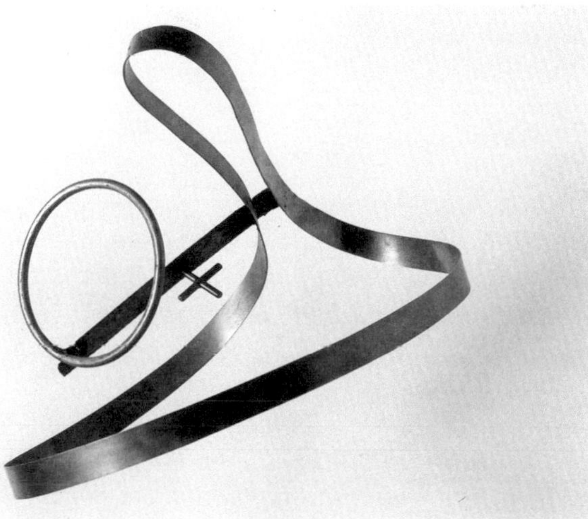

1

Katarzyna Kobro
*Hängende Komposition 2*, 1921/1922
Rekonstruktion 1971
Stahl, Sägeblatt, geschweißt
ca. 43 x 28 cm
Muzeum Sztuki, Lódz

„1. Die Skulptur ist ein Teil des Raumes. Ihre Einbeziehung in die Umwelt macht ihre organische Qualität aus.

2. Die Skulptur existiert nicht für sich selbst, sondern ist die Gestaltung des Raumes.

3. Die Energie der nacheinander folgenden Formen im Raum begründet den raumzeitlichen Rhythmus.

4. Die Quelle für die Harmonie des Rhythmus ist ein Zahlenmodul. [...]"
(Katarzyna Kobro und Wladyslaw Strzeminski, 1931) [1]

2

Alexander Calder
*Josephine Baker*, 1926
Eisendraht
101 x 95 x 25 cm
Musée national d´art moderne
Centre Georges Pompidou, Paris

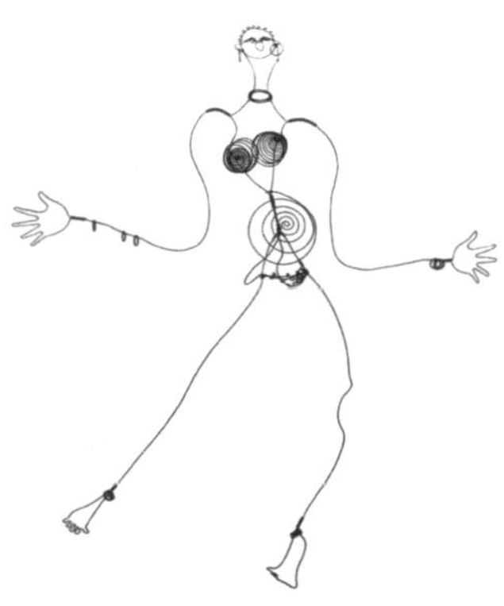

1926 schuf Alexander Calder in Paris seine ersten künstlerischen Drahtfiguren, neben humorvollen Zirkusfiguren auch Porträts. Mit den knappen, spontan wirkenden Formulierungen, mit denen Calder Charakteristisches herausarbeitete und Bewegungsabläufe einfing, bewegen sie sich zwischen der Festigkeit einer Metallskulptur und der Empfindlichkeit einer Zeichnung. Es sind Zeichnungen im Raum, ohne Volumen und mit viel Transparenz. Calder zeigte seine Drahtfiguren möglichst sockellos, also entweder hängend oder auf dem Boden stehend oder lehnend, unmittelbar und lebensnah.

3

Antoine Pevsner
*Konstruktion im Raum*, 1929
Messing, Glas
Höhe 69 cm
Kunstmuseum Basel

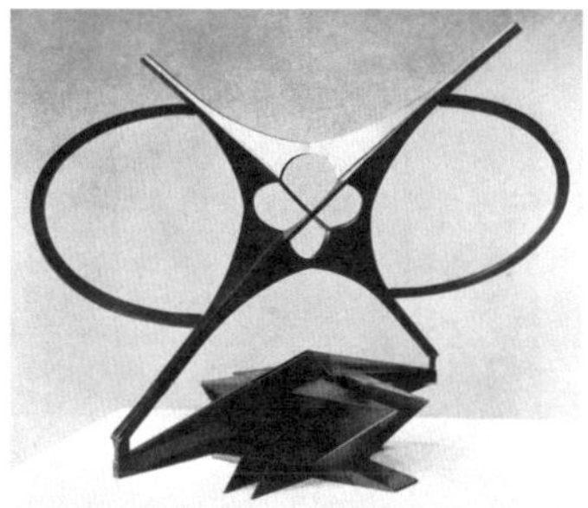

„Um die Grenzen des bildhauerischen Bereichs, wie er sich allein aus der Körpermasse ergibt, weiter zu ziehen, gestalten wir unsere Konstruktionen so, daß die Luft, die sie durchdringt, ein integrierender Bestandteil des Werkes wird. [...]

Wir benutzen den Raum als neues plastisches Element; eine Substanz, die für uns keine Abstraktion mehr ist, wird zu formbarem Material und in unsere Konstruktionen einbezogen. Der Raum wird so zu einem der elementaren Attribute der Plastik."
(Antoine Pevsner) [2]

4

Oskar Schlemmer
*Homo mit Rückenfigur, Koordinatenelement (Sonne und grossem Profil)*, 1930/1988
Detail linker Teil der dreiteiligen Drahtskulptur
Draht, Metallkugeln, auf Leinen auf Holzplatte, Rückenfigur in Zinkguss, verkupfert und vernickelt
292,5 x 234 cm (Drahtfigur),
309,5 x 257 cm (Platte)
Archiv und Familiennachlass Oskar Schlemmer, Oggebbio

„Für die Umwandlung des menschlichen Körpers [...] können grundsätzlich bestimmend sein: [...] Die Funktionsgesetze des menschlichen Körpers in Beziehung zum Raum; diese bedeuten Typisierung der Körperformen: die Eiform des Kopfes, die Vasenform des Leibes, die Keulenform der Arme und Beine, die Kugelform der Gelenke. Ergebnis: Die Gliederpuppe. [...] Aber alle Kostüme sind nicht imstande, die Bedingtheit der menschlichen Gestalt, das Gesetz der Schwere, dem sie unterworfen ist, aufzuheben."
(Oskar Schlemmer, 1925) [3]

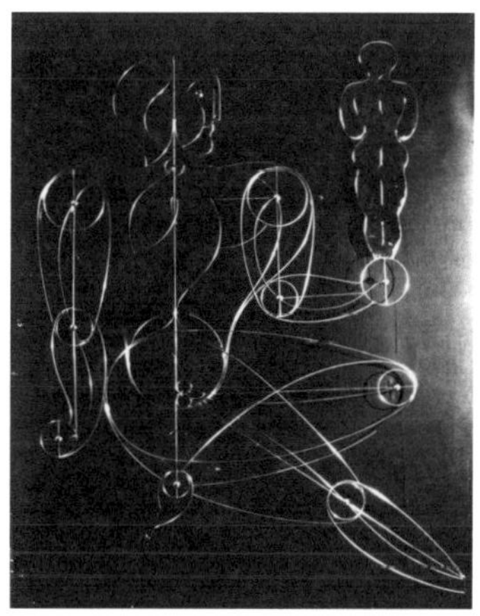

5
—
Pablo Picasso
*Figur,* 1928
Eisendraht, Blech
60,5 × 15 × 34 cm
Musée national Picasso Paris

„Dieses originelle Werk ist eine besonders eindringliche, rein plastische Umsetzung der geistigen Vision der Natur, die die Welt der organischen Form, den ursprünglichen Wesenszug des Lebens, zur Synthese bringt." (Julio González, 1931) [4]

Picasso, beauftragt, für die Grabstätte des 1918 verstorbenen Dichters Guillaume Apollinaire ein Denkmal zu schaffen, entwickelte 1924–1928, auch in Auseinandersetzung mit den Figurationen von Sternen, vier Entwürfe aus dünnem Eisendraht, transparente Raumentwürfe aus Punkt-Linien-Verbindungen, in deren Inneren sich eine ebenso nur angedeutete Figur befindet. Die vier Modelle wurden nach vorbereitenden Zeichnungen im Herbst 1928 unter der technischen Führung von Julio González realisiert. Picasso erdenkt mit seiner integralen, Figur und Raum umspannenden Eisenkonstruktion innere und äußere Raumdurchdringungen und findet zu einer spezifischen Form, Raum zu humanisieren. Mensch und Gehäuse bilden eine spannungsvolle Struktureinheit.

„Das Problem, das ihn interessierte war, eine abstrakte Skulptur zu schaffen, die dem leeren Raum eine solche Form gab, daß die Leute über seine Existenz nachdachten." (Françoise Gilot) [5]

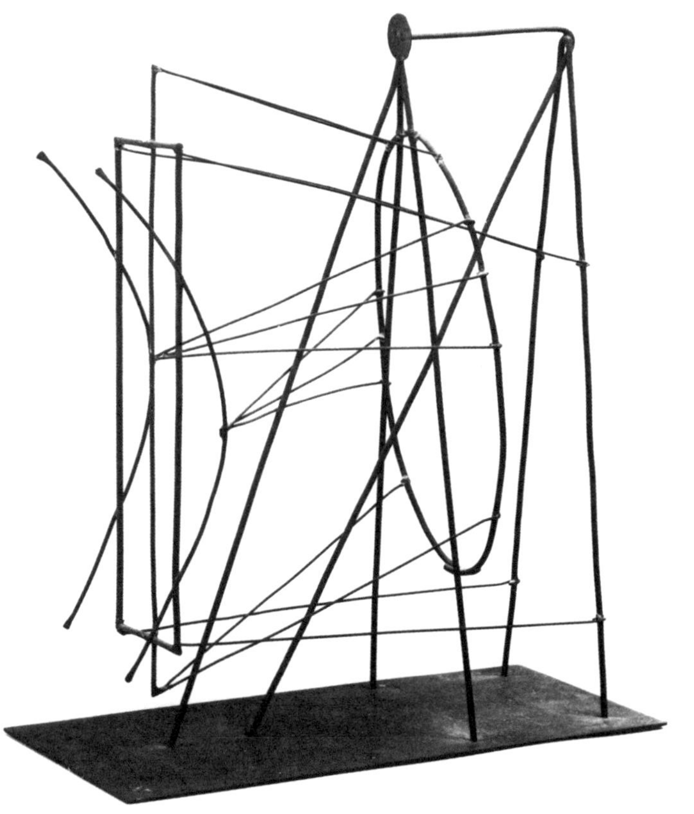

6
—
„Ich möchte ihm ein Standbild machen" sagte der Vogel des Langmütigen, denn ich bin nicht allein Maler, sondern auch Bildhauer." [...] „Ein Standbild in was?" fragte Tristouse. „In Marmor? In Bronze?"

„Nein, das ist zu altbacken", antwortete der Vogel des Langmütigen, „ich muß ihm ein tiefsinniges Standbild aus Nichts aushauen, wie die Poesie und wie der Ruhm."

„Bravo, bravo", sagte Tristouse händeklatschend, „eine Statue in Nichts, ins Leere, das ist prächtig [...]."
(Guillaume Apollinaire, *Der gemordete Dichter,* 1916) [6]

7
—
Alexander Calder
*Untitled,* 1942
Blech, Draht, Farbe
157,5 × 167,6 × 142,2 cm
Privatsammlung, New York

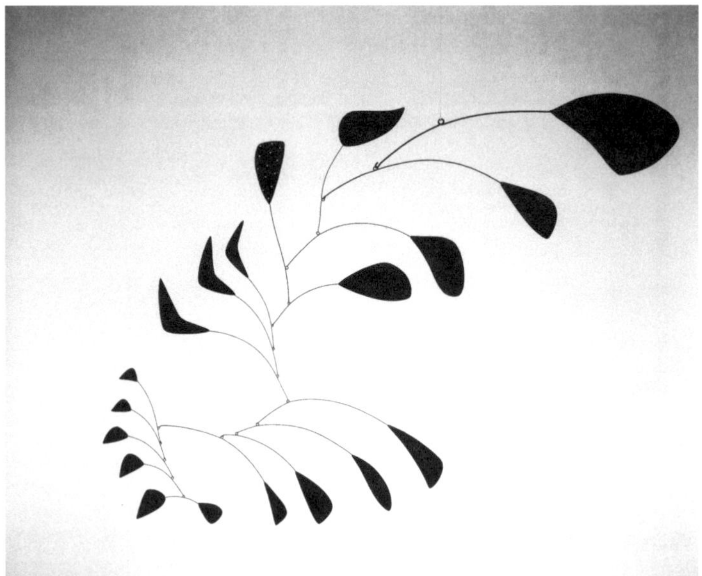

Die *Constructions animées et sonores,* denen Marcel Duchamp die etablierte Bezeichnung „Mobiles" gegeben hat, schuf Alexander Calder seit 1931. Diese „Abstraktionen, die nichts Lebendigem gleichen, außer durch ihre Art zu reagieren," [7] sind bewegliche Konstruktionen aus dünnem Eisendraht und leichten Blechscheiben in Gestalt schwebender Wesen oder zarter Blütenblätter, die anfangs durch einen Motor angetrieben wurden und ab 1932 durch Luftströmungen in Bewegung versetzt werden, sich also in immer wieder neuen Konstellationen entfalten. Calder verstand sie als Gleichnis des Universums, beweglich, schwebend, schwingend:

„Ich will damit sagen, [...] daß alle diese Körper mir als der ideale Ursprung der Formen erscheinen. Ich sehe gern, wie sie sich bald dicht beieinander, bald in ungeheuren Distanzen voneinander entfalten. Welch eine ungeheure Vielfalt in der Beschaffenheit wie in der Bewegung dieser Körper." (Alexander Calder) [8]

—

1 Katarzyna Kobro, Wladyslaw Strzeminski, *Raumgestaltung. Berechnungen eines raumzeitlichen Rhythmus,* 1931, zit. nach: *Kobro,* Ausst.-Kat. Städtisches Museum Abteiberg Mönchengladbach, Köln 1991, S. 82.
2 *Antoine Pevsner, Georges Vantongerloo, Max Bill,* Ausst.-Kat. Kunsthalle Zürich, 1949, zit. nach: Eduard Trier, *Bildhauertheorien im 20. Jahrhundert,* Berlin 1999, S. 109.
3 Oskar Schlemmer, *Mensch und Kunstfigur,* 1925, zit. nach: *Künstlerschriften der 20er Jahre,* hrsg. v. Uwe M. Schneede, Köln 1986, S. 169–171.
4 Julio González, *Der Bildhauer Picasso und die Kathedralen,* 1931, zit. nach: Margit Rowell, *Skulptur im 20. Jahrhundert. Figur. Raumkonstruktion. Prozeß,* München 1986, S. 288.
5 Françoise Gilot und Carlton Lake, *Leben mit Picasso,* Frankfurt/M. 1967, S. 305.
6 Guillaume Apollinaire, *Der gemordete Dichter,* Wiesbaden und München 1980, S. 106.
7 Alexander Calder, in: *Abstraction, Création, Art non figuratif,* Paris 1932, zit. nach: Will Grohmann, *Bildende Kunst und Architektur. Zwischen den Kriegen,* Bd. 3, Berlin 1953, S. 454.
8 Alexander Calder, in: *Alexander Calder,* Ausst.-Kat. Akademie der Künste, Berlin 1967, S. 17.

## Spanisches Eisen

1

—

„Die Eisenzeit hat vor Jahrhunderten (leider) damit begonnen, Waffen hervorzubringen, darunter einige sehr schöne. Heute ermöglicht sie darüber hinaus den Bau von Brücken, Industriegebäuden, Eisenbahngleisen usw. Es wird höchste Zeit, daß dieses Material aufhört, mörderisch zu sein oder lediglich ein Rohstoff für die mechanisierte Wissenschaft. Die Tür steht heute weit offen, damit dieses Material, das in den Bereich der Kunst eindringt, von friedlichen Künstlerhänden gehämmert und geschmiedet werde."
(Julio González, 1931)[1]

2

—

Pablo Picasso
*Frauenkopf*, 1931
Bronze
(nach einer Assemblage aus weiß bemaltem Eisen und zwei Salatsieben)
100 x 37 x 61 cm
Musée Picasso, Paris

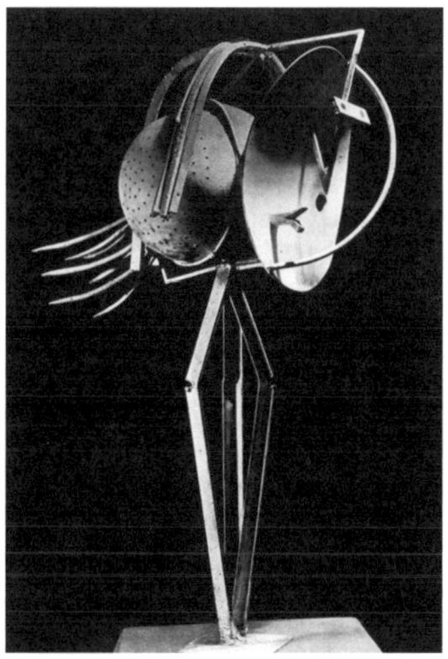

In den 1930er Jahren schweißte Picasso Skulpturen aus Eisenteilen, wobei er auch vorgefundene Gegenstände einbezog, hier zwei Salatsiebe. So sehr die Fundstücke die Gestalt der Skulptur auch prägen, Picasso hat sie unmissverständlich seinem eigenen Formwillen unterzogen. Davon zeugt ihre Entfremdung zum bildhauerischen Material und nicht zuletzt auch ihre weiße, vereinheitlichende Bemalung.

3

—

Hans Arp
*Concretion Humaine*, 1933
Bronze
57 x 56 x 34 cm
Mrs. James H. Clark

„*Concretion* bezeichnet die Verdichtung, die Masse des Steins, der Pflanze, des Tieres, des Menschen. *Concretion* ist etwas, das gewachsen ist. Alles, was ist, ist *Concretion*, also auch die Kunst, nur möchte sich die Kunst von der Natur entfernen, und diese Spaltung, diesen tragischen Riß bezeichne ich mit *humain*."
(Hans Arp)[2]

Innovativ an Arps Formgebilden, die an humane Urformen denken lassen, ist weniger die organische Formgebung als vielmehr die Leere als Ausdrucksmittel. Masse strebt zur geöffneten Form, in sich ruhende Bewegtheit veranschaulicht die Kräfte und Gesetze des Lebens.

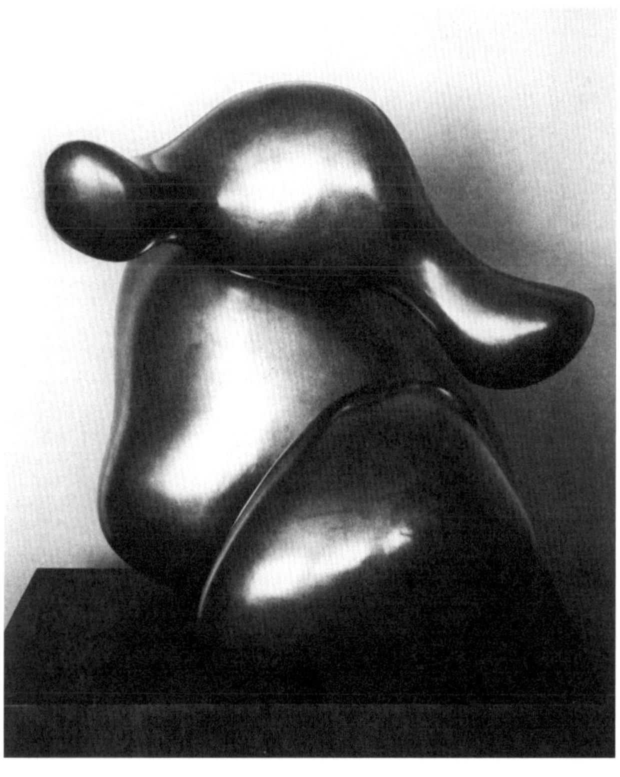

4

—

Pablo Gargallo
*Maske Greta Garbo*, 1930
Eisenblech
26,8 x 19,5 x 12 cm
Museo Nacional Centro de Arte Reina Sofia, Madrid

„Der Künstler, der stets Neues schöpferisch gestalten möchte, ist der reinste Selbstmörder. Anpassungsfähig wie ein Chamäleon zu sein, heißt nicht gleich, daß man auch schöpferisch ist."
(Pablo Gargallo, 1920er Jahre)[3]

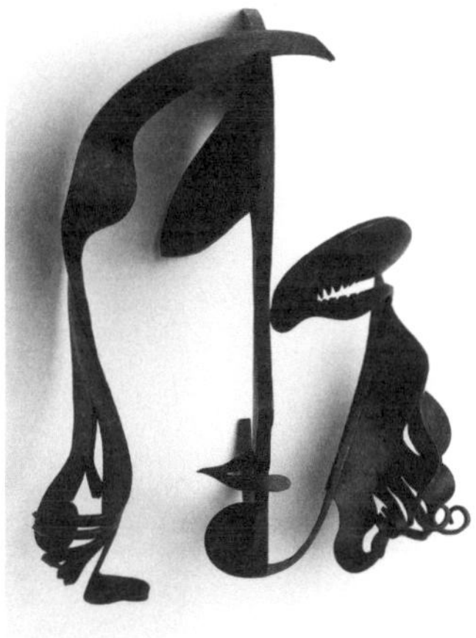

5

—

Pablo Gargallo
*Großer Prophet*, 1933
Bronze
233 x 75 x 54 cm
Museo de Bellas Artes de Bilbao

Pablo Gargallo war nach Picasso und González der dritte bedeutende Bildhauer aus Spanien, der Metallplastiken schuf. Er lebte zeitweilig in Paris und hatte in der ersten Hälfte der 1920er Jahre in Barcelona einen Lehrstuhl für Bildhauerei inne. „Gargallo ist nicht weit vom Kubismus Archipenkos, des großen Anregers, entfernt, hat ihn aber durch barocken Reichtum und spanische Theatralik bis an den Rand des Dekorativen vorgetrieben. Gargallo repräsentiert ein Endstadium. Der Versuch, mit soliden und negativen Formen figürliche Plastik zu erschaffen, fand in ihm Vollendung und Abschluß."
(Eduard Trier, 1954)[4]

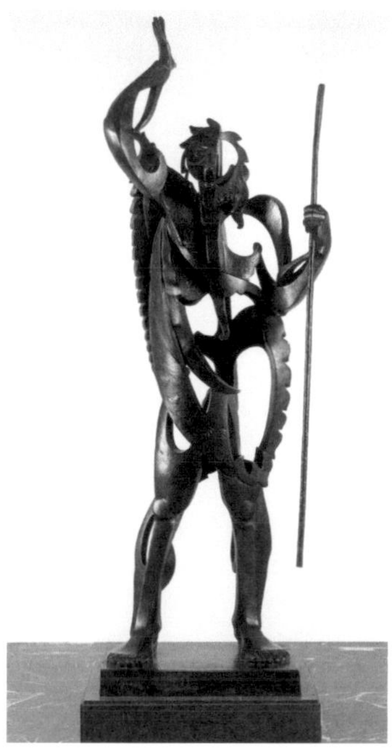

6

Julio González
*Sich kämmende Frau II*, 1934
Eisen, geschweißt
121 x 60 x 29 cm
Moderna Museet, Stockholm

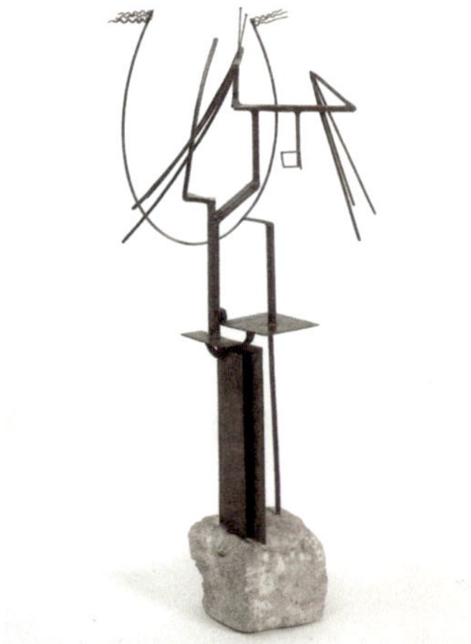

„Entwerfen und Zeichnen im Raum mit Hilfe neuer Mittel, diesen Raum nutzen und mit ihm so zu bauen, als handele es sich um ein neu gewonnenes Material, das ist mein ganzes Bemühen."
(Julio González) [5]

7

Julio González
*Madame cactus (L'homme cactus II)*, um 1939/1940
Bronze
79,3 x 25,6 x 19,2 cm
Hamburger Kunsthalle

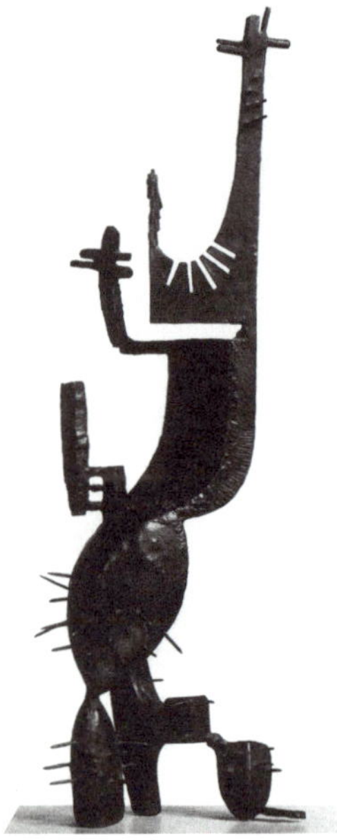

„Kein Zweifel, daß mein Vater das Eisen ob seiner besonderen Eigenschaften geliebt hat. [...] Indes zog er dies Metall nicht anderen Metallen vor, aber Eisen konnte er sich meist ohne Kosten auf Schrotthaufen beschaffen. Doch fand er nie einen Haufen Gold, Silber, Kupfer oder Bronze."
(Roberta González, 1968) [6]

1 Zit. nach: Dietrich Mahlow, *100 Jahre Metallplastik. Bronzeguß, Construktion, Materialsprache, Wahrnehmung*, 2 Bde., Frankfurt/M. 1981, Bd. 1, S. 35.
2 Zit. nach: *Hans Arp 1886–1966. Ankäufe des Landes Rheinland-Pfalz*, Ausst.-Kat. Landesmuseum Mainz, Wilhelm-Hack Museum Ludwigshafen, 1997, S. 13.
3 Tagebucheintrag, zit. nach: *Eisenskulptur aus Spanien*, Ausst.-Kat. Städtische Kunsthalle Mannheim, u. a., 1990, S. 33.
4 Eduard Trier, *Moderne Plastik. Von Auguste Rodin bis Marino Marini*, Berlin 1954, S. 68–69.
5 Zit. nach: *Stahlplastik in Deutschland 1993*, Ausst.-Kat. Staatliche Galerie Moritzburg Halle (Saale), Kulturpark Saaleaue (Peißnitz), 1993, S. 14.
6 Zit. nach: *Julio González, Skizzenblätter, Zeichnungen, Skulpturen*, Ausst.-Kat. Kunsthandel Wolfgang Werner KG, Berlin 2000, unpaginiert.

## Versatzstücke

1

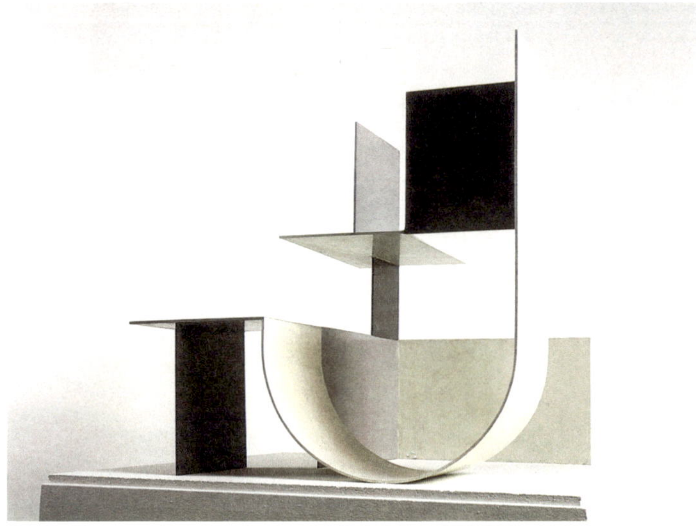

Katarzyna Kobro
*Raumkomposition*, um 1928
Stahl, geschweißt, bemalt
44,8 x 44,8 x 46,7 cm
Musée national d´art moderne, Centre Georges Pompidou, Paris

„[...] Die Skulptur ist einzig und allein die Gestaltung der Form im Raum. Die Skulptur wendet sich an alle Menschen in gleicher Weise. Ihre Sprache sind Formen und Raum. Daher beruht ihre Objektivität auf einer spontanen Formensprache. Mehrere Lösungen gibt es hier nicht; es gibt nur eine – die kürzeste und logischste Lösung.

[...] Die Skulptur dringt in den Raum und der Raum in die Skulptur ein. Die räumliche Konstruktion und die Einbeziehung der Skulptur in den Raum locken erst den Sinn ihrer Existenz heraus. Daher darf es in einer Plastik keine Zufallsformen geben. Man darf nur jene Formen anwenden, die das Verhältnis der Plastik zum Raum herstellen und sie mit ihm verbinden. [...] Indem sich die neue Skulptur mit ihrem Umraum verbindet, wird sie zu seinem am stärksten fühlbaren und komprimiertesten Teil. Das wird ermöglicht durch eine wechselseitige Beeinflussung ihrer Formen, die einen Rhythmus von Größen und Teilungen bilden. [...] Die Harmonie von Einheiten ist nichts anderes als die sichtbare Erscheinung von Zahlen."
(Katarzyna Kobro, 1929) [1]

## 2

Max Ernst
*Habakuk*, 1934
Bronze
52 x 17,7 x 18,5 cm
Skulpturenmuseum Glaskasten, Marl

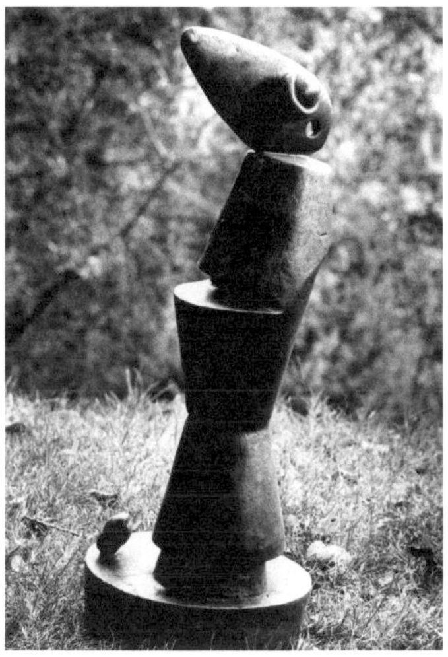

Max Ernst hat das Collageprinzip seiner Graphikzyklen auch auf seine Gemälde und Skulpturen übertragen. Fundobjekte verschiedener Herkunft, in *Habakuk* sind es Blumentöpfe, werden abgegossen, zusammengesetzt, bearbeitet und in Gips gegossen. Es entstehen doppeldeutige Mensch-Vogel-Gestalten mit glatten Oberflächen, wobei das Übereinanderstapeln auf Brancusis *Unendliche Säule* referiert.

„Stilistisch verbindet sich in diesen Arbeiten zweierlei: die Verwendung von Gußformen [...] und ein modellierendes Eingreifen, das die Kopfdarstellung zu einfachen, aus kugelförmigen und wulstigen Formteilen zustandegebrachten Abstraktionen konzentriert. In solchen plastischen Details [zeigt sich] eine Tendenz zu additiver Formgebung [...]." (Werner Spies, 1979)[2]

## 3

Max Ernst
*Les asperges de la lune (Mondspargel)*, 1935
Bronze
165 x 38 x 23,7 cm
Privatsammlung

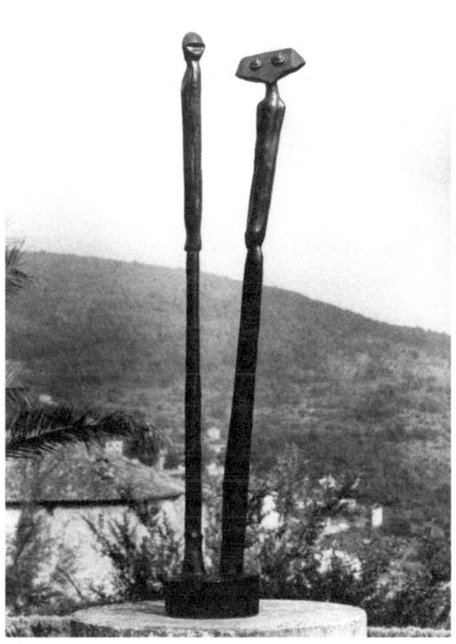

„In dieser Skulptur, die eine räumliche Beziehung zwischen zwei überlängten Figuren schafft, verwendet Max Ernst für die Schäfte eine Art Kannelierung. Diese mechanisch wirkende Belebung der Oberfläche [...] verweist bei Max Ernst auf die Strukturen, mit denen er in den Frottagen und Grattagen den Bleistift- oder Pinselstrich zu standardisieren und von der persönlichen Handschrift zu befreien suchte." (Werner Spies, 1979)[3]

## 4

Georges Vantongerloo
*Raumplastik* $y = ax^2 - bx^3 + cx$, 1935
Neusilber
Höhe 38,5 cm
Kunstmuseum Basel

Die Skulptur materialisiert eine algebraische Gleichung als konkrete Form im Raum.

„Wir sprechen von einem Mathematiker wie wir von einem Maler, Bildhauer, Musiker sprechen. Aber ist das, was der Mathematiker sucht, findet und als Gleichung festhält, wirklich nur Mathematik? Hat die Mathematik die Gesetze der Schöpfung entdeckt, oder hat sie nur dazu gedient, Ideen zu formulieren und festzuhalten? In der Kunst ist es nicht anders. Die Geometrie ist dazu da, um die Beziehungen eines neuen Kristalls, einer neuen Bildschöpfung, einer Komposition zu formulieren." (Georges Vantongerloo)[4]

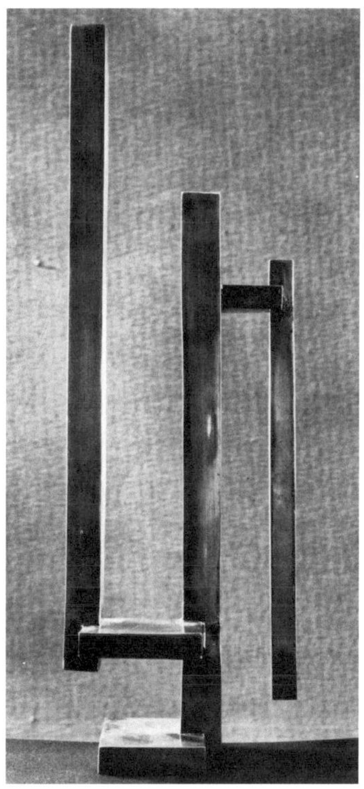

## 5

David Smith
*Voltri Bolton*, 1962
Stahl, bemalt
216 x 85 x 68 cm
Sammlung Lois und Georges de Menil, Paris

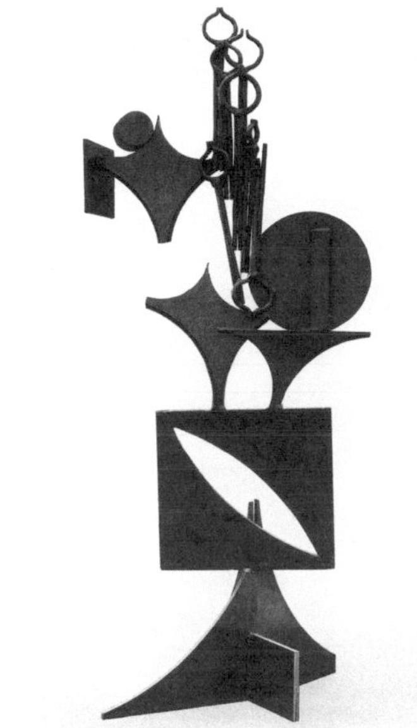

„In der Zeitschrift *Cahiers d'Art* begegnete ich 1931 den Eisenskulpturen von Picasso und González. Diese Begegnung war entscheidend für meine Arbeiten aus Stahl, den ich bis dahin nur als Vorwand für meine Berufstätigkeit benutzt hatte – eine Art Lebensunterhalt – die mir erlaubte, mich der Malerei zu widmen." (David Smith)[5]

1 Katarzyna Kobro, *Die Skulptur und der Körper*, zit. nach: *Kobro*, Ausst.-Kat. Städtisches Museum Abteiberg Mönchengladbach, Köln 1991, S. 73–74.
2 Werner Spies, in: *Max Ernst. Retrospektive 1979*, Ausst.-Kat. Haus der Kunst, München 1979, S. 300.
3 Spies 1979, S. 302.
4 Georges Vantongerloo, zit. nach: *Georges Vantongerloo*, Ausst.-Kat. Akademie der Künste, Berlin 1986, S. 24–25.
5 Zit. nach: *Eisenskulptur aus Spanien*, hrsg. v. Mariá Lluisa Borràs, Ausst.-Kat. Städtische Kunsthalle Mannheim; Museum Bochum; Haus am Waldsee, Berlin, 1990, S. 14.

## Freier Raum und geöffnete Form

1

Georges Vantongerloo
*Noyau*, 1946
Holz, bemalt, Silberlegierung
Ø 20 cm
Nachlass Vantongerloo, Zürich

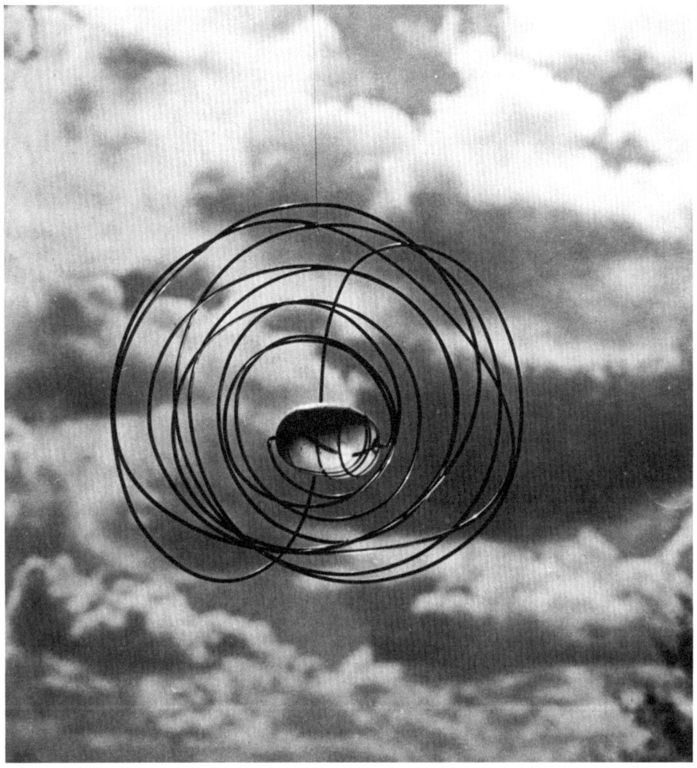

„Mein Thema war immer der Raum, die Volumen, die Konstruktion. Unter Raum verstehe ich nicht nur die räumliche Ausdehnung, sondern auch gewisse Raumelemente und deren Verhalten im Universum: Volumen, Hohlräume, Anziehung, Abstoßung, Reaktion, Ausstrahlung. [...] Von 1906 bis 1916 war das Problem der Raum, das aber mit Themen nach der Natur gelöst wurde.

Von 1917 bis 1936 fand meine Raumkonzeption ihre Verwirklichung durch Herstellung von Beziehungen zwischen Volumen, die ich mit Hilfe der Geometrie ausführte.

Von 1936 bis 1938 wurde die Lösung des Raumproblems mit Hilfe von Funktionen realisiert.

Von 1938 bis 1942 hieß die Lösung: freier Raum.

Von 1942 bis 1949 war die Lösung: Raum-Schöpfung.“ (Georges Vantongerloo) [1]

2

Hans Uhlmann
*Gruppierung*, 1948
Eisenstäbe
Höhe 77 cm
Galerie Brusberg, Berlin

„Ich arbeite an einer räumlichen Plastik, die mehr ist als nur eine 3-dimensionale, und bei der die Materie überwunden scheint.“ (Hans Uhlmann, 1930er Jahre) [2]

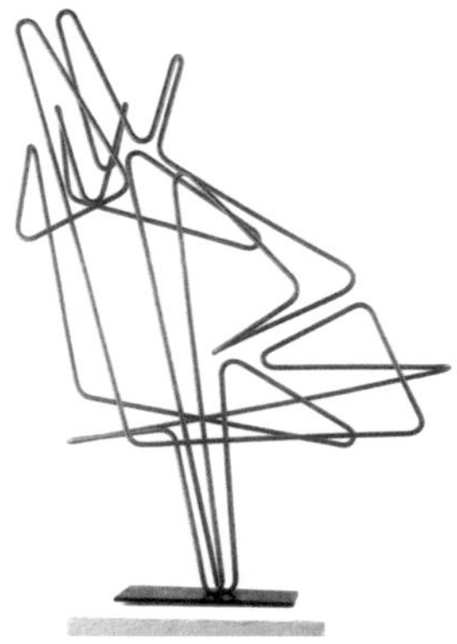

3

Isamu Noguchi
*Gregory*, 1946
Bronze
172 x 41 x 34 cm
Sammlung Walter A. Bechtler, Zollikon

Isamu Noguchis verschachtelte und verzahnte Skulpturen bestehen aus mehreren Formelementen, die ineinander gesteckt sind. Sie halten sich allein, indem sie sich gegenseitig durchdringen. Material und bildnerisches Verfahren versinnbildlichen die Fragilität der menschlichen Psyche sowie das Durchscheinende menschlicher Beziehungen und Verbindungen. “The very fragility gives a thrill [...] It’s like life – you can lose it at any moment.” (Isamu Noguchi) [3]

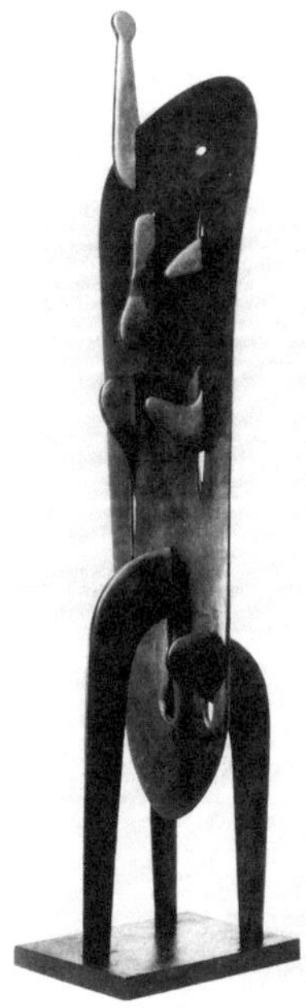

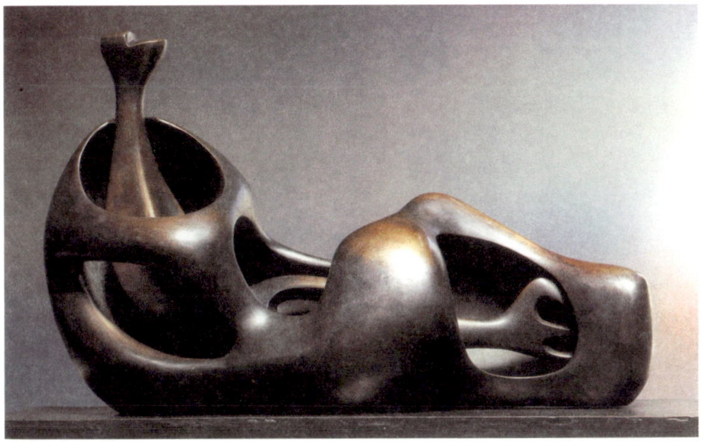

4

Henry Moore
*Arbeitsmodell für Liegende: Innere/Äußere Form*, 1951
Bronze
Länge 53,5 cm
Privatsammlung

„Es gibt drei grundlegende Posen für die menschliche Gestalt. Stehen, Sitzen und Liegen. [...]. Von den drei Stellungen bietet jedoch die liegende kompositorisch wie räumlich gesehen die größte Freiheit. Die sitzende Figur braucht etwas, worauf sie sitzt. Man kann sie von ihrem Postament nicht befreien. Eine ruhende Figur kann auf jedweder Fläche liegen. Sie ist frei und stabil zugleich."
(Henry Moore, 1947)[4]

5

Max Bill
*Unendliche Schleife*, 1935/1953
Bronze
125 x 125 x 80 cm
J. De Maeyer, Antwerpen

Max Bill hat sich in seinen Skulpturen intensiv mit „unendlicher" Bewegung auseinandergesetzt, vielfach unter Bezugnahme auf das sogenannte Möbiusband. Das Objekt *Unendliche Schleife* geht derart in sich selbst über, dass man, wenn man auf einer der zwei Seiten beginnt, die Fläche einzufärben, schließlich beide Seiten gefärbt beziehungsweise bemalt hat. Max Bill erkannte in seiner Skulptur eine ganz neue geometrische Form, musste dann aber feststellen, dass ihr Prinzip bereits 1858 von zwei deutschen Wissenschaftlern unabhängig voneinander entdeckt worden war: Johann Benedikt Listing (1808–1882) und August Ferdinand Möbius (1798–1868).

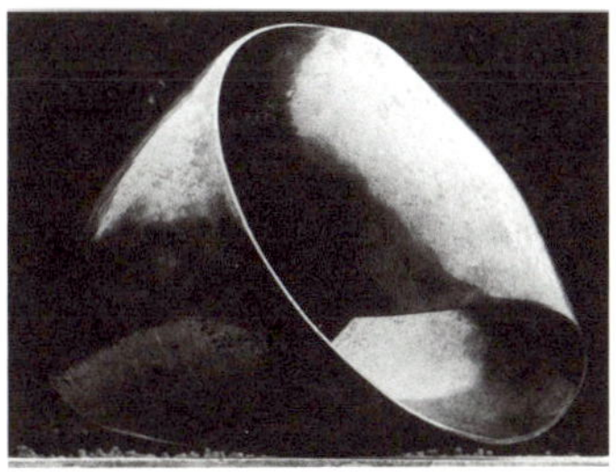

6

Norbert Kricke
*Raumplastik Weiß*, 1954
Stahl, gestrichen
15 x 31 x 12 cm

„Mein Problem ist nicht Masse, ist nicht Figur, sondern es ist der Raum und es ist die Bewegung – Raum und Zeit. Ich will keinen realen Raum und keine reale Bewegung (Mobile), ich will Bewegung darstellen. Ich suche der Einheit von Raum und Zeit eine Form zu geben."
(Norbert Kricke)[5]

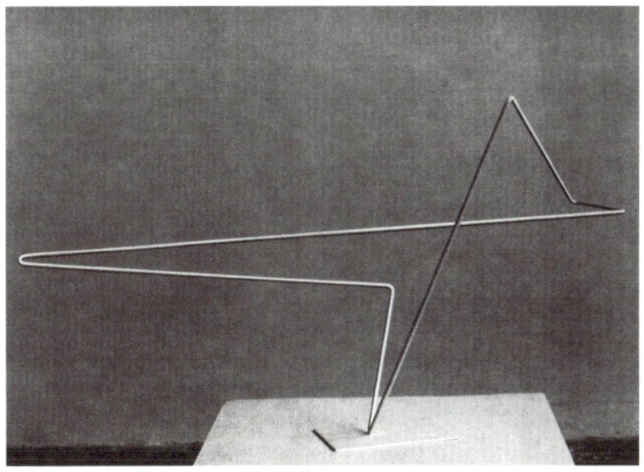

1 Georges Vantongerloo, in: *Antoine Pevsner. Georges Vantongerloo. Max Bill*, Ausst.-Kat. Kunsthaus Zürich 1949, zit. nach: Eduard Trier, *Bildhauertheorien im 20. Jahrhundert*, Berlin 1999, S. 110.
2 Hans Uhlmann, in: *Berliner Dialoge. Werner Heldt/Hans Uhlmann. Zwei Retrospektiven*, in: Ausst.-Kat. Galerie Brusberg, Berlin 2003, S. 7.
3 Isamu Noguchi, in: *Isamu Noguchi. Master Sculptor*, Ausst.-Kat. Hirshhorn Museum and Sculpture Garden, hrgs. v. Valerie J. Fletcher, Washington DC 2005, S. 94.
4 Zit. nach: *Henry Moore. Plastiken 1912–1980 mit Kommentaren vom Künstler*, hrsg. v. David Mitchinson, Stuttgart 1981, S. 86.
5 Zit nach: *Norbert Kricke*, Ausst.-Kat. Wilhelm-Lehmbruck-Museum Duisburg und Städtische Kunsthalle Düsseldorf, Düsseldorf 1975, S. 20.

## Schwingungen

1

Friedrich Kiesler
*The Arch as a Rainbow of Shells,*
1960–1966
Bronze
229,7 x 340,4 x 91,4 cm
Kiesler Stiftung, Wien

„Das traditionelle Kunstwerk, sei es ein Bild, eine Skulptur oder ein architektonisches Werk, wird nicht mehr als ein isolierter Gegenstand gesehen, sondern muß im Zusammenhang mit dem sich erweiterten Umraum betrachtet werden.“
(Friedrich Kiesler, 1965) [1]

Kiesler entwickelt in den 1930er Jahren seine Correalismus-Theorie, eine Wissenschaft, die unter Aufhebung aller Kunstgattungen und unter Einbeziehung naturwissenschaftlicher Kenntnisse Mensch und Umwelt als ganzheitliches System komplexer Wechselbeziehungen versteht. Seine Idee von Raum überträgt Kiesler in den *Shell Sculptures* oder *Bucephalus* ins Plastische. Sie vermitteln die Forderung einer Grenzüberschreitung von Malerei, Skulptur und Architektur.

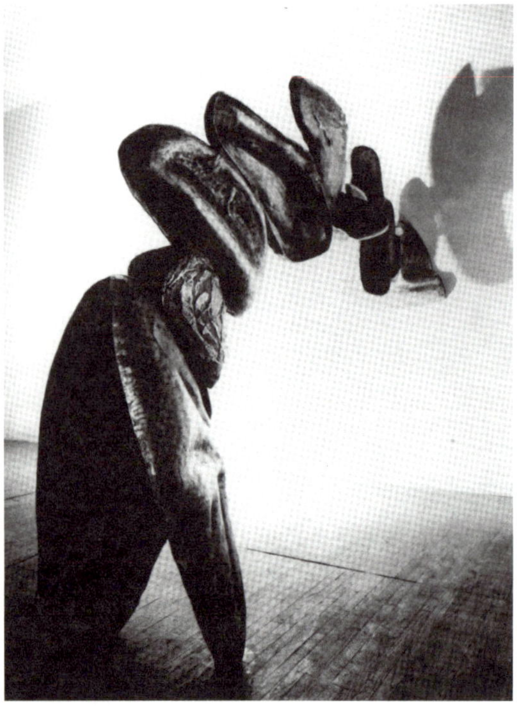

2

Bernhard Heiliger
*Der unbekannte politische Gefangene,*
1952
Bronze
Höhe 61 cm
Tate Gallery, London

Die Beteiligung am internationalen Wettbewerb für das „Mahnmal des unbekannten politischen Gefangenen“ markiert einen Höhepunkt in Heiligers künstlerischem Schaffen. Heiliger gewann den zweiten Preis mit seinem knienden Torso, der in einem aus übereinandergetürmten Strebepfeilern und -bögen gebildeten Käfig eingeschlossen ist. Die Umschließung nimmt dem Gefangenen den Bewegungsfreiraum, macht ihn zum Opfer. Aber dennoch scheint er sich seine Freiheit zu erkämpfen, eine Spitze des Gitters ist abgebrochen. Raum und Figur sind eine Einheit.

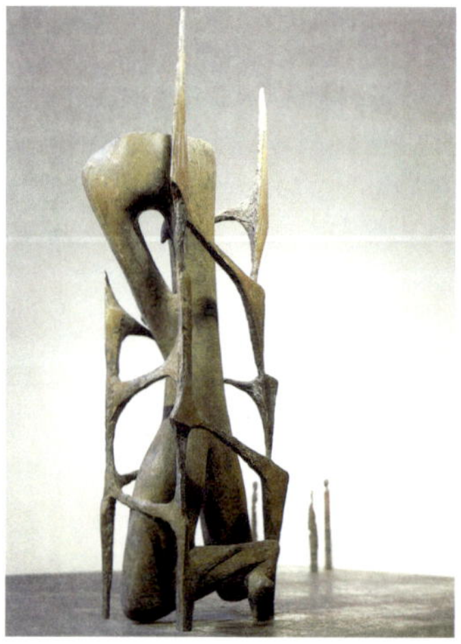

3

Hans Uhlmann
*Der unbekannte politische Gefangene,*
1953
Stahl
Höhe 40 cm
Berlinische Galerie

„Das Maschinenhaft-Mechanische des Stahls ist Uhlmanns elementarer Stoff, seine Arbeitsmaterie. Die Verwandlung dieses Stoffes, mit dem gewissermaßen unser Leben als ein Leben in der Welt der technischen Apparatur, der Maschine bestimmbar ist, findet in der Spannung der Materie, die uns umstellt – dargestellt durch den Stahl – und der Freiheit des raumgestaltenden Willens des Künstlers statt. [...] So führt die Materie des Metalls an die Kreuzung heran und bewahrheitet sie, wo formgewordenes Werk und Mensch sich begegnen.“
(Ernst Wilhelm Nay, 1956) [2]

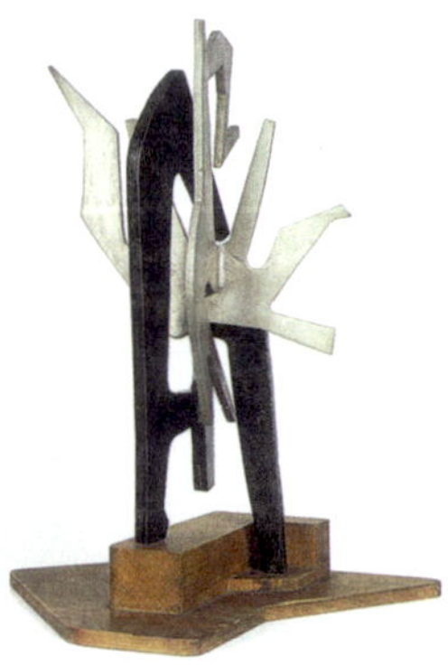

4

Eduardo Chillida
*Modulation d´Espace II,* 1963
Eisen
57 x 68 x 71,5 cm
Stiftung Wilhelm Lehmbruck
Museum – Zentrum Internationaler Skulptur, Duisburg

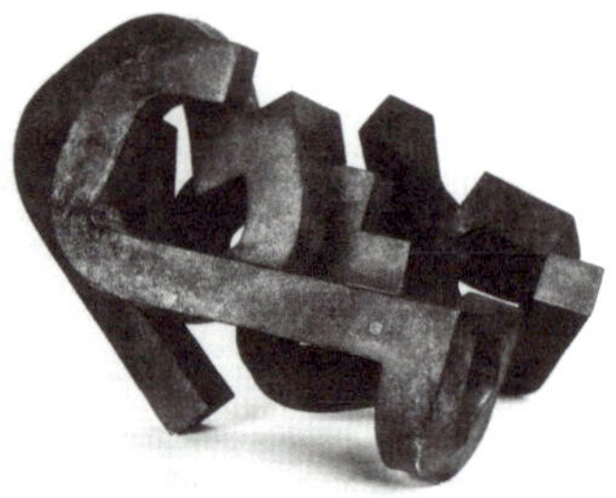

„Wie das Klangvolumen in der Musik, das die Stille mit Spannung erfüllt, wäre das Volumen in der Plastik nicht möglich ohne die Leere des Raumes. In ihr setzt sich die Vibration der Form über ihre Begrenzungen hinaus fort, und beide, Raum und Volumen, erzeugen gemeinsam aus den möglichen Strukturen der Form ihre endgültige Gestalt. Der Rhythmus wird durch die Form bestimmt. [...] Bei den meisten meiner Skulpturen alternieren die Positiv- und die Negativformen. Jede ist in gewisser Weise das Gegenstück, die Gegenmelodie zur anderen.“
(Eduardo Chillida) [3]

—

1 Zit. nach: *Friedrich Kiesler (1890–1965) Ausstellung als Wahrnehmungsapparat,* Ausst. aut. architektur und tirol, Innsbruck 2007, http://www.aut.cc/html/download/Archiv/Presse_Kiesler.pdf.
2 *35 Jahre Galerie Orangerie-Reinz,* Ausst.-Kat. Galerie Orangerie-Reinz, Köln 1995, S. 24.
3 Zit. nach: *Eduardo Chillida. Hommage à Johann Sebastian Bach,* Ausst.-Kat. Kupferstichkabinett Berlin, 1998, S. 82.

## [ohne Gewichtsklasse]

1

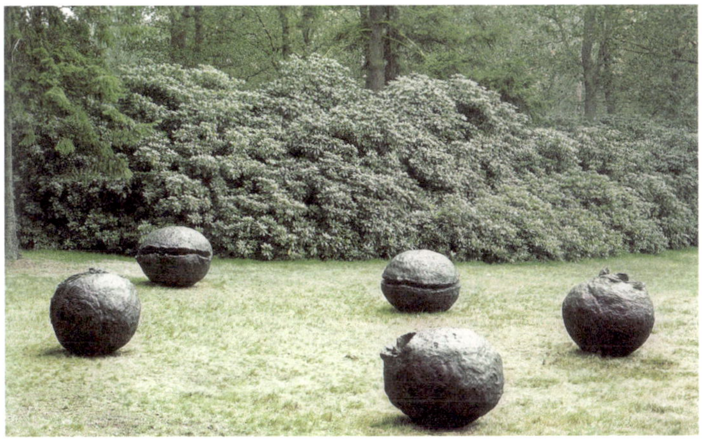

Lucio Fontana
*Concetto spaziale, Natura,* 1959/1960
Fünf Bronzekugeln
ø 97, 92, 92, 102 und 110 cm
Rijksmuseum Kröller-Müller, Otterlo

Raum, nicht als Illusion oder vage Vorstellung, sondern als formbarer Stoff, findet einen Weg in Fontanas Skulpturen. „Concetto spaziale" – Raumidee heißen seit 1948 alle seine Arbeiten, dabei durchziehen Perforierungen und Schlitze die Leinwandoberfläche, und auch seine Bronzekugeln sind aufgeschlitzt und machen den imaginären Raum, das geheimnisvolle Dunkel, hinter der Oberfläche sichtbar.

2

David von Schlegell
*Klassische Studie,* 1965
Aluminium
122 x 61 x 61 cm
Sammlung Barbara Rose

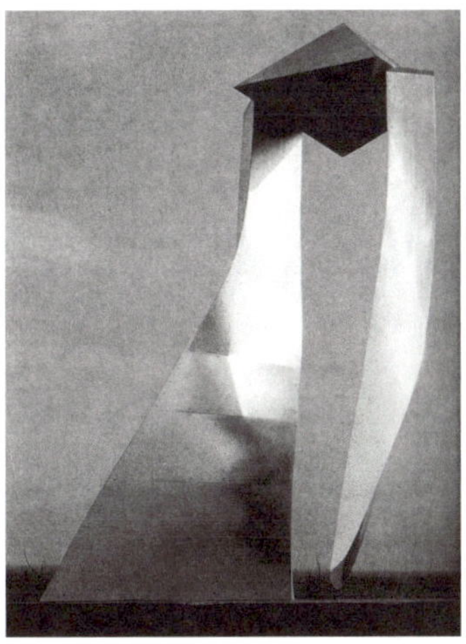

David von Schlegell spezialisierte sich auf ungewöhnlich gebogene geometrische Formen. Die hohlen Körper wirken, ähnlich Flugzeugflügeln, wie eine einzige geschwungene Form, deren metallene Oberfläche je nach Biegungsgrad unterschiedlich schimmert und das Licht reflektiert.

3

Mark Di Suvero
*Hommage an Stuart Davis,* 1965
Metall, bemalt
Besitz des Künstlers

Mark Di Suvero thematisiert das Moment der Bewegung, ähnlich einem Zeichnen in der Luft. Industrielle Abfallmaterialien werden bemalt und zu einer Metall-Assemblage, einem Balanceakt auf einem Bein zusammengefügt, welche als eine dreidimensionale Hommage an den amerikanischen Kubisten und Maler Stuart Davis zu verstehen ist, der seine rhythmischen Strukturen dem Jazz entliehen hat.

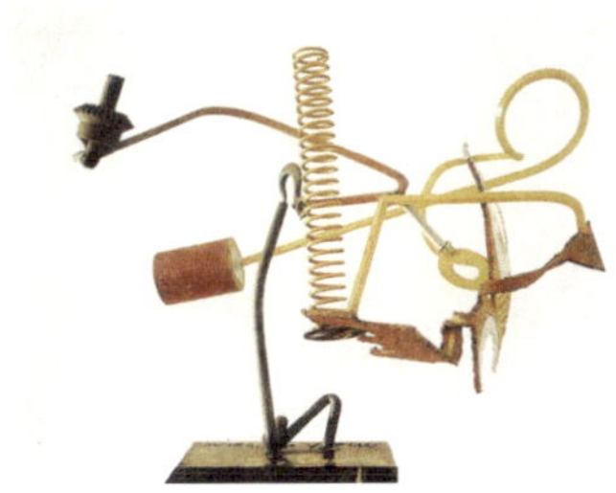

4

Constant
*Aufbruch in den Raum,* 1958
Draht, Plexiglas und andere Materialien
81 x 40 x 40 cm
Kaiser Wilhelm Museum Krefeld

In der Verbindung von Grazilität, abstrakter Figuration und der Befreiung von geschlossenen Formen ist das Werk ein charakteristisches Beispiel für die Möglichkeiten der Metallskulptur im 20. Jahrhundert.

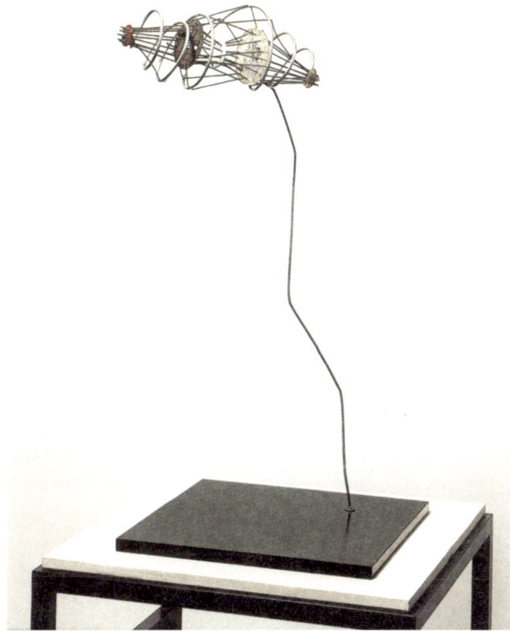

## Die Künstler und ihre Werke

## Giovanni Anselmo • I

Borgofranco d'Ivrea 1934 – lebt in Turin

### *Per un' incisione di indefinite migliaia di anni*, 1969

Eisen, Fett, Wandtext, 185 × 12 cm
Sammlung FER
→ Seite 40

Giovanni Anselmo bringt in seinen Arbeiten sein Interesse an den Themen Schwerkraft, Energie und Zeit zum Ausdruck. In *Per un' incisione di indefinite migliaia di anni (Für einen Einschnitt von undefinierten tausenden von Jahren)* lehnt eine eingefettete, drei Zentner schwere Eisensäule an der Wand, daneben ist der Titel der Arbeit geschrieben. Die Säule, so beschreibt Anselmo die Arbeit 1969, „nützt sich langsam ab und löst sich auf im Kontakt mit den natürlichen Elementen. Parallel zu diesem Verlust an Volumen bewirken Gewicht und Zeit eine Eingravierung von unbestimmten Jahrtausenden an der Wand. Die Anzeichen eines langsamen, unaufhaltsamen Sterbens gehen folglich einher mit den Spuren neu beginnenden Lebens: ein unendlich kleiner, sich in Bewegung befindlicher Überrest gleicht die Auflösung der Materie aus. Dieser energetische Kompensationsakt wird durch die aufliegende Fettschicht abgeschwächt und verlangsamt, eine zärtliche Geste der Verzögerung ist es, die den unvermeidlichen Tod an die Grenzen menschlichen Denkens hinausschiebt und gleichzeitig neues Leben (die Spur) offenbart, das dem Tod entspringt in einem osmotischen Energieaustausch.“ Am oberen Ende ist die Säule nicht eingefettet, so dass die Oxidation hier unmittelbar greifen kann.

Anselmo gehört zu den Künstlern der *Arte Povera*, einer italienischen Kunstbewegung, die sich zwischen 1967 und 1971 entwickelte und für den internationalen Kunstdiskurs zunehmende Bedeutung gewann. Die Hinwendung zu so genannten armen Materialien – herangezogen wurden natürliche und industriell gefertigte, alltäglich-kunstfremde und kunstspezifische – verweist auf eine Wertschätzung naturgegebener Gestaltungskräfte, die dem Perfektionismus, den kalkulierten und standardisierten Arbeiten der amerikanischen Minimal Art entgegensteht. Oftmals, so auch bei dieser Arbeit Anselmos, erwächst erst aus den spezifischen Möglichkeiten des befragten Materials die eigentliche Idee zum Werk. *dz*

## Joseph Beuys • D

Krefeld 1921 – 1986 Düsseldorf

### *Magnetische Postkarte*, 1975

Eisenblech, geprägt, Magnet mit Stempel „Hauptstrom“
10,5 × 14,8 × 0,2 cm
Auflage: unlimitiert, ca. 500 hergestellt, WVZ 154
Edition Staeck, Heidelberg
→ Seite 84

### *Magnetischer Abfall*, 1975

Magnetstahlguss
10,5 × 14,7 × 1 cm
Auflage: 80 + XV Exemplare, WVZ 155
Edition Staeck, Heidelberg
→ Seite 84

Der Magnetismus spielt für den ganzheitlichen Kunstbegriff von Joseph Beuys eine entscheidende Rolle, als Stromkreis, der zwischen zwei getrennten Polen Verbindung schafft und ein Kraftfeld aufbaut. Das Medium der potenziell verschickbaren Postkarte fügt dem, konkret auf die menschliche Kommunikation bezogen, die Sinnkomponente „Sender – Empfänger“ hinzu.

1974, in dem Jahr, das Beuys zum „Jahr der Postkarte“ erklären wollte,[1] arbeitete er an Postkarten in Holz (WVZ 104) und PVC (WVZ 105) sowie Briefbögen aus Filz (WVZ 107). Als er im April 1975 seine *Holzpostkarte* an Klaus Staeck, der 1968 anlässlich der *documenta 4* die erste Postkartenserie angeregt hatte, schicken wollte, wurde sie von der Post zunächst nicht und schließlich nur als Päckchen akzeptiert,[2] auf bürokratischem Wege also nicht als graphisches Werk, sondern – wenn auch unfreiwillig – als „soziale Plastik“ bestätigt.

Bei der Herstellung der *Magnetischen Postkarte*[3] ergab sich ein anderes Problem: Magnetischer Stahl lässt sich nicht prägen. Man wich daher auf eine nachträglich mit magnetischem Gummi versehene Weicheisenblechplatte als Trägermaterial aus.[4] Aus dem, was materiell nur auf Umwegen realisierbar war, entwickelte Beuys das Multiple *Magnetischer Abfall*.[5] Wie so oft in Wissenschaft und Kunst kann das Abfallprodukt eines Experiments dieses in seiner Wirkkraft übertreffen. Bei dem Materie gewordenen ideellen Konstrukt zwischenmenschlicher Verbindung mag auch für uns ein positiver Ertrag abfallen. *pth*

1 Klaus Staeck, *Beuys und das Jahr der Postkarten*, in: *„wer nicht denken will fliegt raus – Joseph Beuys Postkarten“*, hrsg. v. Helmut Gold, Margret Baumann und Doris Hensch, Ausst.-Kat. Museum für Post und Kommunikation Frankfurt / M., Museum für Post und Kommunikation Berlin, 1998, S. 15–17.
2 *Wer nicht denken will* 1998, S. 191.
3 Jörg Schellmann (Hrsg.), *Joseph Beuys. Die Multiples. Werkverzeichnis der Auflagenobjekte und Druckgraphik*, München und New York (1971), 7., neu bearb. Aufl. 1992, WVZ 154, S. 166 und WVZ 452, Abb. S. 167.
4 Staeck 1998, S. 17.
5 Schellmann 1992, WVZ 154, S. 166, Abb. S. 167.

## Autoren

Claudia Bestenbostel *cb*
Anke Dornbach *ad*
Claudia Petersen *cp*
Julia Schönfeld *js*
Peter Thurmann *pth*
Maren Welsch *mw*
Dörte Zbikowski *dz*

## Bill Bollinger • USA

New York 1939 – 1988 New York

### *Pipe Piece*, 1968

2 Aluminiumrohre, je 267 cm, ø 5 cm,
Kunststoffschlauch, 103 cm
Museum Ludwig, Köln
→ Seite 82

### *Wire Piece*, 1968

Maschendraht, 298 × 204,5 cm
Kunstmuseum Liechtenstein
→ Seite 92

Bill Bollinger, der seine künstlerische Laufbahn als Maler begonnen hatte, fand gegen Ende der 1960er Jahre zum skulpturalen Arbeiten. Charakteristisch ist sein Gespür für die Qualitäten und Möglichkeiten kaum veränderter Industriematerialien. Die Wandlung der vorgefundenen Objekte zu Kunst vollzog er weniger durch greifbare Interventionen als vielmehr durch konzeptuelle Überlegungen, wobei die Erkundung von Oberflächen und ihren Wirkungen eine ebenso zentrale Rolle spielt wie die Erkundung von Raum.

Am Übergang von Malerei zu Skulptur stehen Arbeiten im Grenzbereich. Dazu gehören ab 1966 Arbeiten aus Aluminium, ab 1967 aus im Raum gespanntem Seil und ab 1968 Werke aus Gittern oder Maschendraht. *Wire Piece* von 1968 hängt wie ein Bild an der Wand. In der Eigendynamik des flexiblen Materials, das nicht plan hängt, entfaltet sich ein Licht- und Schattenspiel, das die skulpturalen Eigenschaften des Geflechts zutage treten lässt und sich je nach Standpunkt des Betrachters verändert. In den *Rope Pieces* – zwei Materialien, eines weich und flexibel, das andere hart und unbeugsam, sind hier veknüpft – liegt sein Interesse auf der Spannung der Linie, die zwei Punkte verbindet, und der Art, wie sie im Raum verankert ist. Komposition ist ihm zweitrangig, die Festlegung auf die Vertikale oder Horizontale scheint ihm neutral. „Ich erkannte […], dass ich nicht an der Ästhetik der Form interessiert bin, sondern an der Tatsache der Form."[1]

Bollinger sucht die Aussage seiner Werke in ihrem Zustand und verbindet dies mit Untersuchungen zur Wahrnehmung. In den Jahren seines größten Erfolges, 1968–1972, wurde Bollinger in einem Atemzug mit Künstlern wie Bruce Nauman (geb. 1941), Richard Serra (geb. 1939) oder Keith Sonnier (geb. 1941), deren künstlerische Ansätze er teilte, genannt. In den 1970er Jahren arbeitete er vor allem mit Eisengüssen. Familiäre Probleme ließen ihn dem Alkohol verfallen, er zog sich aus dem Kunstgeschehen zurück, starb 1988, geriet in Vergessenheit. Seine Bedeutung für die New Yorker Kunst der späten 1960er und 1970er Jahre nur unzureichend gewürdigt. *dz*

1 Zit. nach: Dörte Zbikowski, *Bill Bollinger*, in: *Einfach Kunst. Die Sammlung Rolf Ricke*, Ausst.-Kat. Neues Museum Nürnberg, 2000, S. 56.

## Carol Bove • CH / USA

Genf 1971 – lebt in New York

### *The Night Sky Over New York, October 21, 2007, 9 pm*, 2007

475 Bronzestäbe, 365 × 182 × 365 cm
Courtesy Maccarone Gallery, New York
→ Seite 4, 5

Carol Bove thematisierte in ihren Werken zunächst Zustände und Geschehnisse der 1960er und frühen 1970er Jahre. Sie selbst weiß nur aus zweiter Hand von dieser geschichtsträchtigen, revolutionären Zeit. Sie setzt sich in ihren oftmals minimalistisch anmutenden Installationen, Assemblagen, Collagen und Zeichnungen mit politischen und sozialen Themen wie der amerikanischen Geschichte – sie wurde in der Schweiz geboren, wuchs aber in den USA auf –, der Rolle der Frau, der Friedensbewegung und anderen gesellschaftlichen Veränderungen auseinander und greift dabei auch auf historische Versatzstücke zurück.

Auch *The Night Sky Over New York, October 21, 2007, 9 pm* hat – zumindest ansatzweise – dokumentarischen Charakter. Zunächst aber beeindruckt die Installation durch ihre Verspieltheit und Sinnlichkeit. 475 filigrane, golden glänzende Bronzestäbe hängen, befestigt mit feinen Drähten, von der Decke herab bis knapp über den Boden. Auf den zweiten Blick offenbart sich, dass die Platzierung der einzelnen Stäbe keiner visuell nachvollziehbaren Systematik folgt. Ihre Anordnung zeichnet die Formation des Firmaments über New York am 21. Oktober 2007 um 21 Uhr nach – des Geburtstages von Boves New Yorker Galeristin Michele Maccarone. Die einzelnen „Sterne" sind jedoch keine strahlenden Punkte in weiter Entfernung, sie wirken vielmehr wie Sternschnuppen, die Himmel und Erde verbinden.[1] Auf ähnlich anmutende Weise – Abstand vom Boden, Anzahl und Länge der Bronzestäbe variieren – hat Carol Bove auch den nächtlichen Himmel über Berlin, Oslo und Düsseldorf[2] künstlerisch umgesetzt. Das Düsseldorfer Werk ist ein Zukunftsszenario. Es zeigt den Himmel über Düsseldorf im Jahr 2031, am Tag des 25. Jubiläums der Einweihung der Präsentationsräume einer Privatsammlung, zu deren Eröffnung Bove es geschaffen hat. In ihren *Night Sky*-Installationen verbindet Bove ebenso persönliche wie kunstszenerelevante Geschehnisse. Subtil verknüpft sie Kunst und Kunstmarkt. *ad*

1 In 1. Moses 9, 16 ist es der Regenbogen, der Himmel und Erde verbindet und den Bund zwischen Gott und den Menschen symbolisiert.

2 *The Night Sky Over Berlin, March 2, 2006 at 19.00*, 2006, Bronzestäbe, Maßevariabel; *The Night Sky Over Oslo, March 16, 2006, at 9 pm*, 2006, Bronzestäbe, Maße variabel; *The Night Sky Over Düsseldorf, June 21, 2031*, 2008, Bronzestäbe, Maße variabel.

## Martin Boyce • GB

Hamilton 1967 – lebt in Glasgow und Berlin

### *We are Fragile and Unstoppable. We Appear and Disappear*, 2004

Stahl, lackiert, 3 Teile, je 275 × 150 × 5 cm
Courtesy Johnen + Schöttle, Köln
→ Seite 34, 35

Verloren und deplatziert wirken die drei an verschiedenen Wänden eines Raumes angebrachten Stahlgitter von Martin Boyces Installation *We are Fragile and Unstoppable. We Appear and Disappear* (Wir sind zerbrechlich und nicht aufzuhalten. Wir erscheinen und verschwinden). Der erste Eindruck, es seien dies industriell gefertigte Massenprodukte, trügt. Die breiteren Metallstreben, die über dem engen Gitternetz verlaufen, weisen unterschiedliche geometrische Formen auf, obwohl sich einige Streben in allen drei Werkteilen an gleicher Stelle befinden.

Von den im Titel formulierten Selbstaussagen scheint keine zuzutreffen, sind die massiven Gitter doch mit Scharnieren an den Wänden befestigt, was lediglich ein passives Hin- und Herschwenken ermöglicht. Und doch generieren sie etwas, das der im Titel beschriebenen Fragilität und Flüchtigkeit entspricht: ihre je nach Lichteinfall und Positionierung variierenden Schatten.

Viele Werke Boyces sind mit Selbstaussagen in der ersten Person betitelt. Oftmals wohnt seinen anspielungsreichen Titeln etwas Poetisches inne, auch wenn sie nicht immer schlüssig sind oder keinen Bezug zum Kunstwerk erkennen lassen.

Für zahlreiche Werke wurden Inkunabeln der modernen Designgeschichte für Martin Boyce zur Hauptinspirationsquelle. Er beraubt sie ihrer Funktionalität, indem er sie auf eigenwillige Weise verarbeitet. So besteht beispielsweise *Mobile (Will We Ever Be Together Again)*[1] aus Fragmenten des 1955 vom bedeutendsten dänischen Architekten und Designer des 20. Jahrhunderts, Arne Jacobsen (1902–1971), entworfenen Ameisen-Stapelstuhls. *ad*

1 2004, Arne-Jacobsen-Stühle, Ketten, Draht, Stahl, 300 × 300 × 300 cm, Kunsthalle zu Kiel.

## Candice Breitz • SA/D

Johannesburg 1972 – lebt in Berlin

### *Iron Maiden Monument, Berlin, June 2007*, 2007

Digitaler C-Print auf Diasec, 180 × 427 cm
Courtesy Francesca Kaufmann, Mailand;
White Cube, London; Yvon Lambert, New York
→ Seite 98/99

Ihre jüngste Fotoserie nennt Candice Breitz *Monuments*. Die riesigen, plakatartigen, über vier Meter breiten Gruppenporträts zeigen Fans in den Posen und Kostümen ihrer Idole. Abba, Britney Spears, Marilyn Manson, Grateful Dead und Iron Maiden sind hier nachgeahmt, ihre Gesten und Mimik imitiert. Durch Aufrufe auf Fanwebseiten und in Fanzeitschriften hat Breitz ihre Modelle gefunden, ausgewählt und eingeladen: „Es geht darum, den Metal-Gods Iron Maiden und der Maiden-Fangemeinde Tribut zu zollen. Das Projekt ist eine einmalige Gelegenheit, sich als wahrer Iron Maiden Fan ein Denkmal zu setzen und zusammen mit anderen Maidenfans einen geilen Tag in Berlin zu verbringen." [1]

In einer alten Lagerhalle, ölfleckig, mit Wasserpfützen im unebenen Boden, auf dem achtlos weggeworfene Bierflaschen liegen, stehen oder sitzen achtzehn Iron Maiden Fans auf Bierkisten, Paletten und einem Barhocker. Dem Namen der Band folgend, er ließe sich mit „eiserne Jungfrau" oder „mittelalterliches Folterinstrument" übersetzen, vermittelt der Raum eine düstere Stimmung, wie im Untergrund.

Die Fans frönen ihrer Lieblingsband. Sie tragen alte zerfledderte Jeans, kunstvoll bedruckte Shirts, Lederjacken, Bandaufnäher, haben teilweise lange Haare und sind geschminkt. Auch gezielt eingesetzte Accessoires wie E-Gitarren oder Iron Maiden Schallplatten sind zu sehen. Aber die Stimmung, so ausgelassen sie scheint, könnte kippen. Mit einer großen Dose leicht entflammbaren Inhalts unten rechts im Foto verweist Breitz auf diesen explosiven Moment.

In ihren Bildserien, Fotomontagen und Videoinstallationen beschäftigt sich Breitz mit den Stereotypen und Konventionen der mediengeprägten Populärkultur und hinterfragt Identitätsvorstellungen. Sie stellt den anonymen Musikfan ins Zentrum ihrer vielschichtigen Kunstwerke. Popmusik, längst zum Bestandteil des Lebens und vor allem der eigenen Vergangenheit geworden, wird als Massenphänomen thematisiert.
Die Selbstdarstellung der Fans bedient Rollenklischees. Sie variiert zwischen der vermeintlich individuellen Inszenierung als Fan und dem Halt des Einzelnen in der Gruppe. Entscheidend ist auch die kompositorische Nähe zu Modefotografie, Klassenfoto und royalem Familienbildnis. Breitz referiert auf den Glanz dieser Bilder und überträgt ihn auf jeden einzelnen Fan. Auch die Wahl des Titels ist folgenschwer, denn ein Monument oder Denkmal überdauert die Zeit und ist ein Zeugnis menschlicher Geschichte und Entwicklung. „Mir geht es in meiner Kunst darum, zu beschreiben, wie wir wurden, wer wir sind. Und welche Rolle die Medien bei alldem spielen." [2]
*js*

---

1 Candice Breitz, in: *Internetforum Metal Hammer*, Eintrag extremfan vom 7. Juni 2007, in: http://forum.metal-hammer.de/showthread.php?p=711919.

2 Candice Breitz, in: Georg Diez, *Atelierbesuch – „Mach, dass du wegkommst"*, in: *Zeit online*, 18/2008, S. 38.

## Luis Camnitzer • D/USA

Lübeck 1937 – lebt in Great Neck, New York

### *S. S. Atlantus*, 2008

Jetprint, Bronzeplakette, Glasschale, Wasser, Betonwürfel, Maße variabel
Besitz des Künstlers
→ Seite 76/77

Luis Camnitzer wurde 1937 in Lübeck geboren, zwei Jahre später musste die Familie nach Montevideo, Uruguay, emigrieren. Hier fand er seine künstlerischen Wurzeln, die sich nach 1964 – durch den Umzug nach New York – mit der amerikanischen Konzeptkunst mischten. Die Rolle des Künstlers und seine gesellschaftliche Verantwortung bilden ein Thema, das Camnitzer in Installationen und graphischen Arbeiten mehrfach aufgegriffen hat. Nicht zuletzt aufgrund seiner eigenen Erfahrungen mit Diktatur ist sein Werk auch eine politische Auseinandersetzung: Der Graphikzyklus *Captain Riley* (1990) etwa deckt das bis dahin sowohl auf amerikanischer als auch auf mexikanischer Seite unter Verschluss gehaltene Schicksal des irischen San Patricios Bataillons und seine Rolle im Mexikanisch-Amerikanischen Krieg (1846–1848) auf.

In der Installation *S. S. Atlantus* nimmt Camnitzer Bezug auf den berühmten gleichnamigen Frachter, der im Ersten Weltkrieg aufgrund von Stahlmangel aus Beton gebaut wurde. Die im Auftrag der amerikanischen Marine geplante Flotte blieb unvollständig, da gegen Ende des Krieges eine bessere Stahlqualität neue und rentablere Schiffskonstruktionen ermöglichte.
Die S. S. Atlantus wurde 1921 aus dem Dienst genommen und sollte fünf Jahre später zu neuem Einsatz als Fähranleger in New Jersey finden, doch bei schwerem Sturm löste sie sich aus der Verankerung, brach auseinander – und wurde fortan zum Publikumsmagneten. Ihr zunehmender Verfall wird in zahlreichen Fotos festgehalten, bevorzugt vor leuchtendem Sonnenuntergang. So auch auf der Postkarte aus dem Jahre 1935, die Camnitzer als großformatigen Inkjet Print für die Installation *S. S. Atlantus* reproduziert hat. Überhöhung und romantische Verklärung im Umgang mit dem Schiffswrack finden in der künstlerischen Umsetzung insgesamt eine Entsprechung. Das Zusammenspiel des massigen, rohen Betonklotzes, der in der filigranen Glasschale schwimmt, mit der Messingtafel, die an klassische Gedenktafeln erinnert und den Text einer vor Ort aufgestellten Blechtafel doch nur in einfachem Printverfahren wiedergibt, ist zugleich auch eine ironische Dokumentation von Vergänglichkeit und von der Endlichkeit einer Illusion. *mw*

## Anthony Caro • GB

New Malden, Surrey 1924 – lebt in London

### *Barcelona Rose*, 1987

Stahl, 200,5 × 131 × 104 cm
Serra Collection, Mallorca
→ Seite 47

Trotz ihrer beachtlichen Größe von zwei Metern wirkt *Barcelona Rose* nicht nur monumental, sondern zugleich auch grazil und lyrisch. Eingefaltetes Stahlblech trägt ein ornamentales Gitter, das wiederum in gefalteten Stahl übergeht. Eine seitliche, stützende Verstrebung betont die Fragilität. Abstrakt und doch figural anmutend, wie ein flüchtiges Wesen, das seinen Kopf nach hinten gedreht hat, ist diese Skulptur von Anthony Caro seltsam erzählerisch. Eigens Geschnittenes trifft auf Vorfabriziertes, Rohstahl auf Eleganz, Harmonie auf Spannung, sanfte Rundungen auf scharfe, hartkantige Faltungen. Offen in Form und Struktur, steht die Skulptur unmittelbar auf dem Boden, also auf gleicher Ebene wie der Betrachter, den sie zu einem Dialog auf Augenhöhe aufzufordern scheint.

Schmiedeeiserne Ziergitter hat Caro bereits in der Werkgruppe der *Writing Pieces* verwendet.[1] Das Ornament auch von *Barcelona Rose* verweist auf die katalanische Tradition der Schmiedekunst, der Titel bekräftigt Barcelona als Ort wichtiger Anregungen. Hier hatten Julio González und Pablo Picasso 1929–1932 mit ihren aus Eisen- und Schrottteilen geschmiedeten Werken eine Neudefinition von Skulptur begründet. Wie sie arbeitet Caro, vermittelt auch durch David Smith, im Prinzip der Assemblage und sucht die Skulptur an ihre Grenzen zu bringen. Skulptural zu arbeiten bedeutet für ihn, Beziehungen zwischen den einzelnen Teilen und zum Ganzen aufzudecken. Volumen als Spannungsträger von Innen und Außen interessiert ihn als Möglichkeit, durch Körperlichkeit ebendiese zu negieren.

Aufgrund seiner Vielseitigkeit ist Stahl Anthony Caros bevorzugtes Material. Gewöhnlich belässt er seine Skulpturen entweder roh oder vereinheitlicht sie durch einen monochromen Farbanstrich, wodurch er zugleich die Materialqualität zurückdrängt. „Ich möchte meine Plastiken [...] aus etwas wirklich Anonymem [machen], vielleicht einfach nur aus Blech", und weiter sagte er, „man muß diese Dinge verwenden wie Noten in der Musik."[2] Damit meinte er sicher nicht nur Rhythmus, Harmonie und Spannung als Träger seiner leichthändigen Improvisationen. Gerade Werke wie *Barcelona Rose* scheinen in ihrer rauen wie spielerisch-poetischen Eleganz auf jene Auseinandersetzung mit den Prinzipien auch von Musik zu verweisen. *dz*

1 Z.B. Writing Piece *Whence*, 1978, Stahl, angerostet, bemalt, 31,7 × 86,4 × 16,5 cm, Privatsammlung.
2 Anthony Caro, in: *American Sculpture of the Sixties*, Ausst.-Kat. Los Angeles County Museum of Art, 1967, S. 44, zit. nach: Eduard Trier, *Bildhauertheorien im 20. Jahrhundert*, Berlin 1999, S. 73.

## César • F

Marseille 1921 – 1998 Paris

### *Armandine*, 1965

Bronze, 75 × 36,5 × 43,5 cm, Ex. 1/6
Hamburger Kunsthalle
→ Seite 58

César (Baldaccini) fand nach Unterweisungen in Zeichnen und Modellieren und einer Ausbildung zum Steinbildhauer 1947 zum Metall als seinem bevorzugten Arbeitsmaterial. Er arbeitete mit Eisen, ab 1949 mit getriebenem Blei und hämmerte und bog und lötete Skulpturen aus dünnem Eisendraht. 1955–1958 komponierte er mit großer erfinderischer Phantasie aus den Eisenabfällen einer Fabrik sein *Schrott-Bestarium*. Die gespenstischen Insekten, geflügelten Figuren, phantastischen Tierformen aus Maschinenteilen, Schrauben, Nägeln, Konservenbüchsen, Stahlfedern bezeichnete er selbst als „Verschmelzungen". Mit der Verwendung großer Eisenplatten wurden seine Figuren ab 1958 wieder klarer strukturiert. Kennzeichnend bleibt das Experimentelle und das Arbeiten auf der Grenze von figurativen und halbabstrakten Skulpturen.

César ist dem Vorbild von Pablo Picasso (1881–1973), Pablo Gargallo (1881–1934) und vor allem Julio González (1876–1942) verpflichtet. González' schmiedeeiserne Montserrat-Köpfe (1935–1937), besonders *Masque Montserrat criant*, erhalten ihre emotionale Dramatik durch das Rohe und Verletzliche des zusammengeschweißten Materials, das er „wie einen Klumpen Butter"[1] bearbeitete. Ähnlich steigert auch César das bizarre Wechselspiel zwischen vorgefundenem Material und ausgeformten Details, wenn er, wie in der Physiognomie der Figur *Armandine*, eine Gusstechnik vortäuscht.[2] César erstellte zunächst die Grundskulptur aus Metallteilen wie einer Platte mit Nietlöchern, dem Kasten eines Türschlosses, einem Winkeleisen sowie gebogenen Blechteilen. Den Sockel beließ er in dieser Rohform, den oberen Teil überarbeitete er, indem er ihn mit Ton überzog, Mund und Nase herausmodellierte und mit den Fingern zwei Löcher für die Augen eindrückte.[3] Hier ist die Oberfläche strukturiert und bewegt. Technik und Wirkung kontrastieren zu Glätte und Steifheit der Metallteile.

Ab 1960 schuf César die *Kompressionen*. Dafür ließ er Autokarosserien und anderen Metallschrott in einer Metallverarbeitungsfabrik mit der Metallpresse quaderförmig zusammendrücken. Ab Ende der 1960er Jahre entstanden, beeinflusst durch die Pop Art, die *Expansionen*, ironische Dingfetische in übersteigerter Trivialität, so etwa ein riesiger Daumen aus Bronze. *dz*

1 Picasso über González, zit. nach: *Julio González. Zeichnen im Raum*, Ausst.-Kat. Kunstmuseum Bern 1997, S. 118.
2 Vgl. *Eisen- und Stahlplastik 1930–70*, Ausst.-Kat. Württembergischer Kunstverein Stuttgart 1970, S. 54.
3 Vgl. *Jahrbuch der Hamburger Kunstsammlungen*, Bd. 14/15, Hamburg 1970, S. 271.

## John Chamberlain • USA

Rochester, Indiana 1927 – lebt auf Shelter Island, New York, und in Sarasota, Florida

### *Straits of Night*, 1992

Autoblech, fünf Teile, bis ca. 292 cm hoch
Sammlung AXA Winterthur
→ Seite 8/9

John Chamberlains Skulpturen bewegen sich zwischen dem Abstrakten Expressionismus, denn ihre Formen sind energisch, gestenreich, und der Pop Art, denn ihre Farben sind knallig bunt und teilweise stark glänzend. Seit 1957 sind Chamberlains Materialien Schrottteile: Küchenschränke, Eimer, Stahlbänke oder Autoteile, die geschnitten, gequetscht, gedreht, gepresst, gefaltet und anschließend geschweißt werden. Kompression der einzelnen Teile allein sorgt nicht für Haltbarkeit, sondern das Schweißen: „Welding also makes it one piece of steel, I'm a collagist. A collagist fits things together."[1] In der anschließenden Bearbeitung des Lacks durch Bemalen, Besprühen und Schablonieren, entstehen brillante Farbtöne, die, mal warm oder kalt, glatt oder rau, auch durch ihre Oberfläche bestechen und ein Grenzübertritt zur Malerei sind. In einem Interview sagt Chamberlain: „There is material to be seen around you every day. But one day something – some one thing – pops out at you, and you pick it up, and you take it over, and you put it somewhere else, and it fits [...]. You can do the same thing with words or metal. I guess that's part of my definition of art."[2]

*Straits of Night* besteht aus fünf säulenartigen, bis zu drei Meter hohen Gebilden. Zeitnah schuf Chamberlain auch die monumentalen Skulpturen *Der Turm von Clytie* (1994, 12 × 2,4 × 2,4 m) und *The Privet* (1997, 12 m lang). Volumen und Aufbau, Gestaltung und Anordnung im Raum verstärken ihre Erhabenheit. Autoblech, das Material der *Straits of Night*, besticht durch seine Farbenvielfalt und seine Faltungen. Gradlinig und aufrecht stehen die *Straits of Night*, fast fragil, aber doch standhaft, schwer und massiv. Sie vereinen Erinnerungen an die Straßen der Nacht, an schnelle Autos, gefährliche Raserei und tödliche Unfälle. Zugleich übernimmt das Autoblech die Funktion einer Haut, empfindlich und verletzlich, aber auch robust und widerstandsfähig. Auch die scharfen Kanten der Faltungen und Schnittkanten verweisen auf Verletzbarkeit. So wirken Chamberlains Skulpturen je nach Kompressionsgrad unterschiedlich. Der Künstler erinnert uns an die Vergänglichkeit und den stetigen Wandel im Leben: Erneuerung und Wiedergeburt, Verfall und Tod sind hier ebenso ausgedrückt wie Verschleiß und Verfall in der modernen Konsumwelt. *js*

1 John Chamberlain, in: Julie Sylvester, *Conversations with John Chamberlain*, zit. nach: *John Chamberlain – Current Work and Fond Memories, Sculptures and Photographs 1967–1995*, Ausst.-Kat. Stedelijk Museum Amsterdam, Kunstmuseum Wolfsburg, 1996, S. 43.
2 John Chamberlain, in: John Yau, *It all fits*, zit. nach: *Chamberlain* 1996, S. 17.

## Sung-Hyung Cho • KR

Busan, Südkorea 1966 – lebt in Eschbach bei Frankfurt / M.

### *Full Metal Village*, Deutschland 2006

Film, 94 Min.
Flying Moon Filmproduktion GmbH, Berlin
→ Seite 103

Sung-Hyung Cho kam, nach einem Studium der Kommunikationswissenschaft in Seoul, 1990 nach Deutschland, um in Marburg Kunstgeschichte, Medienwissenschaft und Philosophie zu studieren. Nach ihrem Studienabschluss arbeitete sie als Filmcutterin, leitete Seminare am Filmhaus Frankfurt und schuf ab 1996 in Eigenregie Kurzdokumentationen und alternative Musikvideos. Mit *Full Metal Village* präsentierte sie ihren ersten abendfüllenden Film. Die Dokumentation über das schleswig-holsteinische Dorf Wacken, in dem jedes Jahr im August das *Wacken Open Air*, eines der weltweit größten und bekanntesten Heavy Metal Musikfestivals stattfindet, gewann den Hessischen und den Schleswig-Holsteinischen Filmpreis 2006 sowie den Max-Ophüls-Preis 2007. Die Jury hob in ihrer Begründung sowohl den hohen Unterhaltungswert der Dokumentation als auch das „faszinierende Bild deutscher Identität", das Sung-Hyungs dichte Montage zeichnet, hervor.

Der 94-minütige Film, der den Untertitel „Heimatfilm" trägt, porträtiert die Bewohner des verschlafenen Dorfes Wacken und den „clash of cultures" der sich ereignet, wenn die bis zu 60.000 Metal Fans die kleine Gemeinde einnehmen und die Stille des Dorfes von lauter Musik erschüttert wird. Aus der Perspektive der Fremden lässt sich Sung-Hyung von ihren Protagonisten, die allen Generationen des Dorfes entstammen, sowohl deren Alltag als auch deren Sicht auf das Festival erzählen, von deren Stolz auf die Berühmtheit ihres Dorfes, ihrer Freude über die Abwechslung im Alltag, von ihrem wirtschaftlichen Nutzen durch das Festival und von ihren Ängsten und Vorurteilen gegenüber der schwarz gekleideten Fangemeinde der „Metallmusik" und deren vermeintlicher Nähe zum Satanismus. Kontrastreich schneidet die Regisseurin die beiden hier aufeinandertreffenden Welten gegeneinander. Sie zeigt die Heavy Metal Szene als Fremdkörper und zugleich als organische Konstante im Dasein des Dorfes. *cb*

## Lygia Clark • BR

Belo Horizonte / Minas Gerais 1920–1988 Rio de Janeiro

### *Bicho LC2 (Monument à toutes les situations)*, 1970

Aluminium, Metall, ca. 25 × 30 × 30 cm
Daros-Latinamerica Collection, Zürich
→ Seite 78

### *Bicho LC3 (Pan-cubisme)*, 1970

Aluminium, Metall, ca. 23 × 45 × 40 cm
Daros-Latinamerica Collection, Zürich
→ Seite 78

### *Bachiana*, 1962

Aluminium, gold, 60 × 90 × 70 cm
Ville de Nantes – Musée des Beaux-Arts
→ Seite 79

Lygia Clark, die zunächst abstrakte *hard edge*-Bilder malte, schuf ab 1959 vollplastische Metallskulpturen. Anfangs kombinierte sie ihre beschwingten Skulpturen aus Blech mit Holzstücken, um die Tendenz zu organischen Prozessen zu verstärken.[1] In der Werkgruppe der *Bichos*, was sich im Sinne von Tier-Maschinen übersetzen ließe, verbindet Clark dünne Metalle, zumeist Aluminium, mittels Scharnieren. Mal sind es viereckige, mal gerundete Formen, aus denen sie ihre Konstruktionen aufbaut. Nie weist sie ihnen eine festgelegte Gestalt zu. Die Scharniere ermöglichen vielmehr eine Veränderbarkeit, die der traditionellen Vorstellung einer Skulptur, zumal einer geometrischen Konstruktion, als stabil und formvollendet entgegensteht. Die Möglichkeit der Beweglichkeit ist eine Möglichkeit der Wandlung. Das ist es, was Clark interessiert: Spannungen zwischen strenger Abstraktion und Andeutungen des Organischen zu schaffen, mit dem Kunstwerk auch die Kunst in Bewegung zu halten.[2]

Einerseits zeigt sich hier der Einfluss ihres Lehrers, des Landschaftsarchitekten Roberto Burle Marx (1909–1994), der sich mit organischen Formen auseinandersetzte. Andererseits wird die Rolle deutlich, die Clark ihrem Publikum zuspricht: die Betrachter sollen einbezogen und selbst schöpferisch werden, die Skulpturen weiterführen.

Brasilien hatte in den 1950er und 1960er Jahren sehr aktive konstruktive Bewegungen hervorgebracht, deren Anliegen es war, die Grenzen etablierter Kunst zu sprengen; in São Paolo war diese Auseinandersetzung von Maschinellem und Technischem getragen, in Rio de Janeiro, wo auch Lygia Clark im Kontext der Gruppe *Neo-Concreto* arbeitete, unter Einbeziehung organischer Aspekte. Die Beweglichkeit der *Bichos* gilt als eine einzigartige Errungenschaft des lateinamerikanischen Konstruktivismus. Zwar klingt in der aufgefächerten Struktur eine Auseinandersetzung mit Antoine Pevsner (1886–1962) und vor allem Naum Gabos (1890–1977) aus sich durchdringenden Metallplatten konstruierten Köpfen (ab 1915) an. Doch der brasilianische Konstruktivismus, so fasste der Kritiker Frederico Morais 1987 zusammen, sei nicht wie sein europäisches und nordamerikanisches Vorbild „von vornherein auf ein Ziel hin angelegt, sondern ist gleichsam ein ‚Aufbruch', er ist nicht puritanisch oder ideologisch neutral, sondern sinnlich und engagiert."[3] *dz*

1 Z.B. *Trepante (Kletterer)*, 1959, Metall, Holz, 32 × 41 × 45 cm, Sammlung Adolpho Leirner, São Paolo.
2 Auch in ihre Happenings und Performances, die sie ab 1965 machte, bezog Clark, die sich zunehmend für psychotherapeutische Fragestellungen interessierte, den Betrachter aktiv ein.
3 Frederico Morais, *Entre la construction et le rève. L'Abime*, in: *Modernidade. Art Brésilien du 20e Siècle*, Ausst.-Kat. Musée d'art moderne de la Ville de Paris, 1987, S. 48; zit. nach: Edward J. Sullivan, *Lateinamerikanische Künstler des 20. Jahrhunderts*, in: *Lateinamerikanische Kunst im 20. Jahrhundert*, Ausst.-Kat. Museum Ludwig, Köln 1993, S. 29.

## Constant (Constant Anton Nieuwenhuys) • NL

Amsterdam 1920 – 2005 Utrecht

### *Leiterlabyrinth / New Babylon*, 1967

Messing, Acrylglas, auf Holzplatte
72 × 86,5 × 96,3 cm
Stiftung Wilhelm Lehmbruck Museum – Zentrum Internationaler Skulptur, Duisburg
→ Seite 68

Nach Auflösung der Künstlergruppe *CoBrA* 1951 näherte Constant sich in seinen Bildern zunehmend einer Monochromie und Geometrisierung und begann, modellartige Skulpturen anzufertigen. Die ersten *Leiterlabyrinthe*, entstanden in den 1950er Jahren, enthalten eine Gesellschaftskritik mit pessimistischen Vorzeichen. Im Austausch mit dem Architekten Aldo van Eyck (1918–1999) und in der Auseinandersetzung mit der *Situationistischen Internationale* um Guy Debord (1931–1994), die mit Happenings und subversiven Veröffentlichungen eine Umwälzung der verkrusteten bürgerlichen Gesellschaft einforderte, entwickelte Constant ab 1956 seine urbanistische Idee einer neuen Weltstadt, *New Babylon*, in der der Einzelne, von jeglicher entfremdeter Arbeit befreit, als *Homo ludens* – nach dem einflussreichen Buch (1938) seines Landsmannes Johan Huizinga (1872–1945) – seine Kreativität in den Dienst der neuen Menschheit stellt.

Das *Leiterlabyrinth* von 1967 nimmt Aspekte dieser nun ins Positive gewendeten Utopie auf: die prinzipiell ins Unendliche erweiterbare rechteckige, diaphane Zellenstruktur aus Metall und Glas, die sich noch von Piet Mondrian (1872–1944), dem *Bauhaus* und der modernen Stahlskelettbauweise – hier in der Veredelung durch Messing, das eine Färbung in Richtung Gold aufweist – herleitet, Leitern, die nun nicht mehr ins Nichts führen, sondern ins Konstruktiv-Weiterzubauende weisen, Räder, die dem Menschen zur kreativen Verfügung stehen. Vier kleine Figuren erproben all dies, arbeiten weiter an der Idee eines globalen Nomadentums, in der sich die Struktur der Wohnelemente nach den menschlichen Bedürfnissen und Aktivitäten richtet. Constant realisiert im Modell ein Gedankenkonstrukt, das sich gleichwohl konkret gegen die Anonymität moderner Wohnsilos wendet. Weniger auf die Ausführung als auf einen Denkanstoß im internationalen Diskurs um eine menschenwürdige Lebenswelt kam es ihm an. Dass er seine Ansichten nicht verabsolutiert wissen wollte, zeigt seine Äußerung, er selbst würde kein guter „Neu-Babylonier“ sein.[1] *pth*

1 Klaus Honnef, *Constant. „Wirken in der Sphäre des Abenteuers“*, in: *Künstler. Kritisches Lexikon der Gegenwartskunst*, 20, München 1992, S. 7.

## Richard Deacon • GB

Bangor, Wales 1949 – lebt in New York und London

### *Infinity #22 A*, 2003

Edelstahl, 115 × 160 × 2 cm
Courtesy Galerie Thomas Schulte, Berlin
→ Seite 51

„Ich bin ein Hersteller, nicht ein Bildhauer oder Modellierer. In diesem Sinne interessiere ich mich vor allem für Verfahren des Herstellens und des Bauens. Mein Hauptthema ist die Resonanz. Manche meiner Fragestellungen sind recht einfach. Ich arbeite mit den Materialien so offen und ehrlich wie möglich. Ich mache keine Pläne. Meine Tätigkeit ist repetitiv. Es hat keinen Sinn, die Dinge unnötig zu verkomplizieren. Ich fange an, indem ich aus dem Stoff einen Kreis oder einen Kegel bilde und entwickle dann im folgenden die Form. Manchmal denke ich dabei an etwas Bestimmtes, vielfach aber auch nicht. Es kommt häufig zu radikalen Veränderungen. Das Unerwartete geschieht. Ich weiß nie so ganz genau, ob ich selbst darüber bestimme, wann ein Ding fertig ist, oder ob das Ding darüber bestimmt, wann es mit mir fertig ist.“[1]

Eine amöbenartige Form, vielleicht Schwamm, Einzeller oder Molekül, bestehend aus drei zusammengeschweißten Edelstahl-Teilen, deren löchrige, vernarbte, stark glänzende Oberfläche von kreisrunden Öffnungen durchdrungen ist, hängt als Relief an der Wand. In der Werkgruppe *Infinity* nähert sich Richard Deacon dem Grenzbereich des Begriffs „Haut“ und arbeitet mit dem Konzept von Form und Nicht-Form, fest und flüssig. Die molekulare Struktur der Formen, bedingt durch konkave und konvexe Oberflächenstrukturen, Erhöhungen und Vertiefungen, Dellen und Löcher, entsteht im Arbeiten mit Spannungsprozessen. Der biomorph anmutende Raumkörper zieht unsere Aufmerksamkeit auf sich und animiert zur intensiven Wahrnehmung von Form, Oberfläche und der Räume, die sich durch ihre Öffnungen bilden. Je nach Standort werden unterschiedlichste An-, Ein- und Durchsichten ermöglicht. Endlosigkeit, Unbegrenztheit ist, wie der Titel besagt, das Anliegen dieser Werke, als Reaktion des Betrachters in seiner eigenen Wahrnehmung und als Form im Raum, deren Struktur beliebig erweiterbar scheint und über ihre eigenen Grenzen hinausweist. *js*

1 Richard Deacon, in: *Henry Moore. Epoche und Echo. Englische Bildhauerei im 20. Jahrhundert*, Ausst.-Kat. Kunsthalle Würth, Künzelsau 2007, S. 236.

## Jürgen Drescher • D

Karlsruhe 1955 – lebt in Berlin

### *Karton (freistehend VII)*, 2007

Aluminiumsandguss, 96 × 36 × 55 cm
Privatsammlung, Niederlande, courtesy Mai 36 Galerie, Zürich
→ Seite 85

Was der Titel besagt, ist nicht wirklich das Kunstwerk. Denn nicht ein Karton steht hier, sondern der Abguss eines Kartons, also ein Abbild. Die Tradition des Ready-mades klingt zwar an, doch das Abgießen ist eine Verfremdung.[1] Edel silbern, schwer, steif ist der Karton in seiner ursprünglichen Bestimmung nicht mehr zu verwenden.

Jürgen Drescher hat einer ganzen Gruppe solcher offensichtlich gebrauchter Umzugskartons im Aluminiumsandguss Beständigkeit verliehen. Sie stehen wie *Karton (freistehend VII)* komplett aufgefaltet auf der Klappkante ihres Bodens, hängen, lehnen oder liegen zusammengefaltet an der Wand oder auf dem Fußboden oder haben Deckel und Boden eingeklappt. Gemeinsam ist ihnen, dass sie nicht bereit sind, Transportgut aufzunehmen, so dass auch ihr symbolischer Verweis auf Mobilität und Veränderung entkräftet wird.

Drescher, der in seinen Werken kunsthistorisch anspielungsreich[2] der Frage nach dem Authentischen nachgeht und auf vielfältige Weise die Hierarchie von High und Low Art auflöst, hat von Anfang an reale Alltagsgegenstände ausgestellt, so etwa 1984 die Bodenbeläge aus Küche und Flur seiner Wohnung. Durch die Aufhängung als Bildobjekte und die Verschiebung des Kontextes wandelte er den banalen Boden zur künstlerischen Abstraktion.

Im Aluminiumsandguss arbeitet Drescher seit 2004. Der Reiz dieser Technik liegt in den Sandkörnern, die in den Oberflächen stets Spuren hinterlassen und sie vor jener übersteigerten Abgehobenheit bewahren, die etwa die spiegelnd reine Glätte eines polierten Bronzegusses auszeichnet. Auch wenn die gewählten Objekte – Kartons, Leitern, Bänke, Kissen, ein Teppichstreifen, ein Gorilla, Straßenpfosten – während der Überführung in einen Aluminiumsandguss ihre Banalität verlieren und sich aus der Masse all ihrer Artgenossen für immer herausheben, scheinen sie ihren „nicht-perfekten“,[3] banalen Charakter zu bewahren. Doch auch Bilder, an der Wand hängend oder zum Transport verpackt, hat er in Aluminium abgegossen. Spätestens hier offenbart sich ihr symbolischer Charakter, und es wird deutlich, wie sehr Dreschers Werke Auseinandersetzungen mit der Kunst und dem Kunstbetrieb sind. *dz*

1 Auch Marcel Duchamp hat im Abgussverfahren gearbeitet (→ Abb. S. 93).

2 Raimar Stange, *Kurze Texte zu Arbeiten von Jürgen Drescher 1980–2004*, in: *Jürgen Drescher. Arbeiten bis heute*, hrsg. v. Galerie Isabella Czarnowska, Berlin, und Mai 36 Galerie, Zürich, Köln 2007, z.B. S. 34, 38, 48, 55, 60, 61.

3 Barbara Buchmaier, *Aspekte einer Künstlerexistenz*, in: Drescher 2007, S. 73.

## Wang Du • CN

Wuhan, China 1956 – lebt in Paris

### *Top 10 profiles of the urban male*, 2007

Bronze, 188 × 175 × 155 cm
Courtesy Arndt & Partner, Berlin / Zürich
→ Seite 10, 11

Ein überdimensional großer, zerknitterter Papierknäuel liegt im Ausstellungsraum. Zerknüllte Zeitungsseiten standen Modell für Wang Dus Bronzeskulptur *Top 10 profiles of the urban male*, die im klassischen Gießverfahren gefertigt wurde.[1] Obwohl sie nicht massiv ist, ist sie etwa 500 Kilo schwer. Die Arbeit gehört zu der Werkgruppe *Les Modes* (*Die Arten*, 2007) mit fünf in Bronze gegossenen Zeitungsknäueln. Der Titel verweist auf die Vielschichtigkeit von und den globalen Bedarf an Zeitungen. Die Einzeltitel der fünf Bronzen scheinen Schlagzeilen aus von Wang Du verarbeiteten Zeitungen zu sein.

Zwei skulpturale Formgebungsprozesse werden in einem Kunstwerk vereint: das Zerknüllen der Zeitung und die Übertragung in eine stark vergrößerte Bronze mittels Abformung, Modellierung und Guss. Zwischen den Faltungen und Knicken erkennen wir Schrift, Textfragmente in verschiedensten Sprachen aus Tageszeitungen der ganzen Welt: Englisch, Chinesisch, Spanisch, Russisch und Arabisch. Sie wurden in aufwendigen Arbeitsprozessen in die Oberfläche eingeätzt. Stark vergrößert sind die einzelnen Worte gut lesbar. Aber sie ergeben keinen Sinn, denn der Informationsgehalt verschwindet in den Falten, auch wird er vom starken Glanz der Oberfläche überspielt.

Die Geste des Zerknüllens und Wegwerfens, durchaus im Einklang mit dem rasanten Wechsel tagesaktueller Informationen, überführt Wang Du in eine Bronzeskulptur, die Dauer impliziert. Flüchtigkeit, Medienflut, Manipulationen durch Bilder lenken unsere Wahrnehmung. Wang Du hinterfragt die Rolle der Medien und thematisiert die schnelle Übersättigung des Nutzers. Wenn ein Bild in der Zeitung erscheint, ist es zumeist schon nicht mehr aktuell, auch bietet es als ausschnitthaftes Abbild nur Annäherungen. „Medien = Realität. Realität = wegwerfbares Konsumobjekt. Wegwerfbare Realität", so Wang Du.[2] Seine Darstellung der überdimensionierten Papierknäuel im Raum, die Möglichkeit, als Betrachter diese Objekte zu umgehen, ist von Wang Du als globale Konsum- und Medienkritik angelegt. „Die grundlegende Eigenschaft meiner *Bild-Skulpturen* findet sich in der Tatsache, dass man sie nicht retuschieren kann. Meine *Bilder* sind haltbar und reell. Früher konnte man ein Foto wie einen Beweis anführen. Heute kann wes eine wahre Falle, eine Fälschung sein."[3] *js*

1 Andere Beispiele für Arbeiten mit Zeitungen sind *Stratégie en chambre* (*Zimmerstrategie*, 1999), *Mon kiosque* (*Mein Kiosk*, 2000) und *La folie* (*Der Wahnsinn*, 2002), die mit massenhaften Anhäufungen von Zeitungen, dem Zerknüllen oder -quetschen spielen und in denen Wang Du ebenfalls die Halbwertzeit und den kritischen Umgang mit Nachrichten untersucht.
2 Wang Du, in: *Wang Du transréalité*, Ausst.-Kat. Kestnergesellschaft Hannover 2007, S. 105.
3 Wang Du, in: *Wang Du* 2007, S. 64–66.

## Marcel Duchamp • F

Blainville-Crevon 1887 – 1968 Neuilly-sur-Seine

### *Flaschentrockner*, 1914 / 1970

Stahl, verzinkt, 50 × 50 × 50 cm
Hamburger Kunsthalle
→ Seite 88

### *Ausgussstopfen*, 1964

3 Teile: Bronze, Silber, Edelstahl,
je ø 7 cm, Höhe 0,5 cm
Ex. 65 / 100; 81 / 100; 50 / 100
Staatliches Museum Schwerin
→ Seite 93

„Ich habe das als bereits fertige Skulptur gekauft", schrieb Marcel Duchamp im Januar 1916 an seine Schwester und erklärte damit sein erstes Ready-made.[1] Dem Fahrrad-Rad (*Roue de Bicylette*, 1913) folgten 1914 der Flaschentrockner (*Porte-bouteilles*) und 1915 die Schneeschaufel (*In Advance of the Broken Arm*). Diese drei Gegenstände hat Duchamp, nachdem sie bereits längere Zeit in seinem Atelier gestanden hatten, erst mit besagtem Brief theoretisch bekräftigt. Die Idee war, nicht die Wirklichkeit nachzuahmen, sondern eine Gleichsetzung von Kunst- und Gebrauchsgegenstand zu bieten. Zugleich erbrachte er den Nachweis, dass auch in einem industriell gefertigten Gebrauchsartikel die kompositorischen Voraussetzungen einer allansichtigen, raumgreifenden Skulptur gegeben sind. Verbunden mit Inschrift und Signatur machte er sie zum Kunstwerk.

Das Ready-made ist keine Gestaltungsmethode, sondern eine Betrachtungsweise. An Stelle des Schaffens tritt das Wählen, das selektive Sehen eines Dinges, der Gedanke. Die Rolle vom Auf- und Ausstellungsort ist dabei untergeordnet. In der konzeptuellen Herangehensweise unterscheidet sich Duchamps *Flaschentrockner* von den anderen, identischen, der industriell hergestellten und im Pariser Kaufhaus *Bazar de l'Hôtel de Ville* erwerbbaren Flaschentrocknern. Auch ermöglicht dieses Konzept, dass Duchamp unterschiedliche Varianten des Flaschentrockners authentifizieren und dass etwa auch ein Museumsdirektor im Auftrag des Künstlers einen Flaschentrockner erwerben konnte.[2]

Vordergründig untersucht Duchamp die ästhetische Kraft vorgefundener Objekte, hintergründig lassen sich zunehmend werkimmanente Beziehungen aufdecken. So scheint er den *Flaschentrockner* in einer Skizze zum *Großen Glas* als Modell für den *Sex-Cylinder (Wasp)* (1934) herangezogen zu haben,[3] das Ready-made wird zum Auslöser assoziativer Vorstellungskraft.
Zu den „gemachten Ready-mades", die Duchamp seit 1919 schuf, gehört auch der *Ausgussstopfen* (*Bouche-Évier*). Er entstand scheinbar beiläufig als Bleiabguss vom Abfluss seiner Dusche und erschien 1964 in drei Auflagen: als polierter Edelstahl-, als Bronze- und als Silberabguss, wobei sich die Materialdifferenz auch im Verkaufspreis niederschlug. Die formale und materielle Nähe zu einer Medaille lässt den Ausgussstopfen zu einem ambivalenten Objekt werden.

Marcel Duchamp hat das Kunstverständnis seiner Zeit aufs Entschiedenste in Frage gestellt. Mit seinen radikalen konzeptuellen Untersuchungen zu Kunst und Kunstschaffen wurde er zu einem der wichtigsten Anreger der modernen Kunst. Seine Ready-mades waren verloren gegangen und wurden in den 1960er Jahren durch Repliken in kleiner Auflagenzahl ersetzt, in jener Zeit also, als seine Ideen von der nächsten Künstlergeneration wiederentdeckt wurden. *dz*

1 Marcel Duchamp, Brief an seine Schwester Suzanne, 15.01.1916, zit. nach: Dieter Daniels, *Duchamp und die anderen. Der Modellfall einer künstlerischen Wirkungsgeschichte in der Moderne*, Köln 1992, S. 168.
2 Vgl. *Marcel Duchamp. Flaschentrockner*, in: *Die dritte Dimension. Plastiken. Konstruktionen. Objekte. Bestandskatalog der Skulpturenabteilung der Hamburger Kunsthalle*, bearb. v. Georg Syamken, Hamburg 1988, S. 157.
3 Vgl. Janis Mink, *Marcel Duchamp. 1887–1968. Kunst als Gegenkunst*, Köln 1994, S. 60/61.

## Aleana Egan • IR

Dublin 1979 – lebt in Berlin und Dublin

### *Untitled*, 2008

Flacheisen, 250 × 170 × 2 cm
Courtesy Mary Mary
Contemporary, Glasgow
→ Seite 91

Zart wie eine Wandzeichnung, die sich nur zaghaft in den Raum hinein öffnet, spannt sich das schmale, von der Schmalseite gesehene Flacheisenband zu einer geschlossenen, aber undefinierten Linie; sie umschreibt ein Innen. Wie eine Figur im Werden mutet diese Form an. Zwischen ihr hält ein gerades Eisenband, schräg in die Figur eingepasst und mit der Breitseite zum Betrachter gewandt, die Balance. Es teilt die Außenform in einen oberen und einen unteren Bereich. Zittrig, gebeult, zur Seite geneigt, in unsicherer Statik an die Wand gelehnt, wirkt die Skulptur verletzlich. Es bleibt unklar, ob sie sich im Prozess der Formwerdung oder des Formverfalls befindet, ob das schräge Band der Außenform Halt bietet oder sie aus dem Gleichgewicht bringt. Gefühle werden angesprochen. Aleana Egan arbeitet mit den Möglichkeiten der Veränderbarkeit, mit dem Potenzial sich ständig wandelnder Bewegung. Sie visualisiert den Widerspruch zwischen physikalischer Wirklichkeit und psychischer Wirkung.[1]

Zwischen der Festigkeit einer Metallskulptur und der Empfindlichkeit einer Zeichnung bewegen sich auch Alexander Calders (1898–1976) Figuren und Porträts aus geformtem Draht, die ab 1926 entstanden. Mit ihnen hat er der Skulptur bis heute neue Gebiete erschlossen, und auch Egan steht in dieser Tradition. In knappen Formulierungen arbeitete Calder Charakteristisches heraus und fing Bewegungsabläufe ein. Präsentiert hat auch er seine Drahtskulpturen möglichst sockellos, entweder hängend oder auf dem Boden stehend oder lehnend, also möglichst unmittelbar und lebensnah.[2]

Aleana Egans Raumzeichnung ist, durchaus zeitgemäß, deutlich reduzierter und daher abstrakter als Calder es jemals wagte. Befindlichkeiten kann sie daher umso unmittelbarer ausdrücken, psychologische Zustände, zwischenmenschliche Beziehungen, Erinnerung, Sprache gehören zu ihren Interessen. *Untitled*, so ambivalent und undefiniert die Skulptur anmutet, wird zu einem Gegenüber. *dz*

1 *Aleana Egan. We sat down where we had sat before*, Ausst.-Kat. Kunsthalle Basel, 2008.
2 *Alexander Calder. Die großen Skulpturen. Der andere Calder*, Ausst.-Kat. Kunst- und Ausstellungshalle der Bundesrepublik Deutschland, Bonn 1993.

## Olafur Eliasson • DK

Kopenhagen 1967 – lebt in Berlin und Kopenhagen

### *Endless doughnut*, 2001

Edelstahl, 70 × ø 200 cm
Ex. 2/3
evn sammlung, Maria Enzersdorfer, Österreich
→ Seite 53

Die primäre optische Eigenschaft eines Doughnuts (zu deutsch: Schmalzgebäckkringel) ist seine runde, endlose Gestalt. Endlos scheinen auch die Edelstahlschlaufen, aus denen Olafur Eliasson seinen *Endless doughnut* geformt hat – oder sind es viele einzelne Ringe? Das Auge bemüht sich erfolglos, einen Anfang oder ein Ende zu finden. Die Abstände zwischen den Ringen sind so groß, dass man durch sie hindurch sehen kann. *Endless doughnut* ist „nicht nur eine Skulptur, sondern ein vierdimensionaler Raum, der kein Innen und kein Außen hat, ein Moebius-Band aus Edelstahl […].“[1] Eliasson schuf hier eine Skulptur ohne Volumen, einen Hohlraum, ein Spiel der Imagination. Statt eines kulinarischen bietet *Endless doughnut* einen ästhetischen Genuss.

Grundlage für Olafur Eliassons wissenschaftlich fundierte und äußerst komplexe Werke sind häufig Phänomene aus der Physik. Auch *Endless doughnut* wirkt wie ein Modell zur Veranschaulichung von Kräften oder eine Reflexion auf Wahrnehmungsgewohnheiten. Eliasson erklärt seine Intention wie folgt: „[…] when working on the idea of the Endless doughnut I wanted to generate a spatial geometry, which, through engaging with it, negotiates your modes of seeing and relating to your surroundings.“[2]

Für die Planung und Realisierung seiner Projekte arbeitet Eliasson in seinem 1995 gegründeten Berliner Laboratorium mit einem Team von Spezialisten, darunter Wissenschaftler, Ingenieure und Architekten. Obwohl Eliasson ungern von seinem „Atelier“ spricht, drängen sich Vergleiche zu Künstlerwerkstätten des 17. Jahrhunderts auf, in denen jeder Mitarbeiter für einen Teilaspekt des Werkes zuständig war.[3]

Trotz der theoretischen und wissenschaftlichen Grundlagen seiner Kunstwerke ist der erste Wahrnehmungseindruck ihr hoher sinnlich-ästhetischer Reiz. Besonders die Bandbreite der Möglichkeiten von natürlichen Ressourcen wie Licht und Wasser reizt Eliasson immer wieder in spektakulären Installationen aus. Er nutzt sie, um Gewohntes zu durchbrechen und um auf Wahrnehmungs- und Verhaltensmuster aufmerksam zu machen. Im Sommer 2008 installierte er vier gigantische Wasserfälle, *The New York City Waterfalls*, an Brücken des East River. Pro Sekunde stürzten riesige Mengen Wasser aus über dreißig Metern in die Tiefe. Auch für sie gilt, dass der verspielte und leichte Eindruck dieser künstlichen Wasserfälle im deutlichen Gegensatz zum betriebenen konzeptuellen und technischen Aufwand steht. *ad*

1 Brigitte Huck, *Olafur Eliasson*, in: *EVN Sammlung. Ankäufe 2000–2002*, Maria Enzersdorf 2002, S. 16.
2 E-Mail Korrespondenz mit Studio des Künstlers, Okt. 2008.
3 Eliasson lehnt die Bezeichnung Atelier ab und spricht stattdessen von seinem Laboratorium. Vgl. Georg Diez, *Olafur Eliasson*, in: *DIE ZEIT*, 34, 16. August 2007, S. 40.

## Hans-Peter Feldmann • D

Düsseldorf 1941 – lebt in Düsseldorf

### *Ohne Titel (Boxer),* 1980er Jahre–heute

Collagen in Notenheft
25 × 35 cm
Besitz des Künstlers
→ Seite 116–119

Unermüdlich trägt Hans-Peter Feldmann umfangreiche Sammlungen von Fotos gleicher Art zusammen und reflektiert die massenmediale Bildkultur unserer Gesellschaft ironisch, kritisch, humorvoll.[1] Fotos von Boxern sammelt er seit den 1980er Jahren. Meist sind es Momentaufnahmen eines Boxkampfes, manchmal auch Porträts. Sie stammen aus den unterschiedlichsten Quellen, überwiegend jedoch aus Illustrierten. Feldmann klebte sie in ein leicht vergilbtes Notenheft und verleiht den Boxern dadurch eine zusätzliche, durchaus poetische Leichtigkeit, was auf die sinnliche Seite des Boxkampfes verweist. Denn nicht nur das harte Zuschlagen macht das Boxen aus. Dass man sich, zumal als Künstler, vom Boxkampf zugleich angezogen fühlen mag, liegt in der Ästhetik des (fast) nackten Körpers, seinen Bewegungen und Spannungen, dem Ausdruck von Konzentration, dem Muskelspiel. Viele von Feldmanns Fotos zeigen Interaktionen in extremer Angespanntheit.

Das medienwirksam vermarktete Massenphänomen Sport ist ein Thema, innerhalb dessen auch das Boxen die Künstler immer wieder beschäftigt. Einem *Boxkampf für direkte Demokratie* stellte sich Joseph Beuys am letzten Tag der *documenta* 1972 und trat gegen den Bildhauer Abraham David Christian (geb. 1952) an. Die Verbindung von Kunst und Sport wird vor allem in der Parallelsetzung von Hochleistungskünstler und Hochleistungssportler, in der Sehnsucht, populär zu sein, gesehen, oder als Chiffre des Existenzkampfes gedeutet. Die „neuen Götter", die Ikonen der Trivialkultur finden sich in den Stadien oder im Boxring. Künstler wie George Grosz, George Braque, Renée Sintenis, Ernesto de Fiori, Alexander Archipenko, Brecht, Hemingway, André Breton, Peter Blake waren vom Boxkampf sichtlich angetan, Alfred Flechtheim war in den „Goldenen Zwanzigern" mit Künstlern seiner Galerie auf Boxveranstaltungen, und der *documenta IX*-Kurator Jan Hoet war auch Boxer (Weltergewicht). Die Faszination liegt darin, das Äußerste zu geben, um als Sieger hervorzugehen.

Feldmann, der mit seiner Kunst eher zurückhaltend auftritt, aber umso genauer beobachtet und beobachtet wird, war in den 1950er Jahren, als Junge, häufiger Gast in einer Düsseldorfer Boxkneipe. Er kennt das Milieu und die Faszination des eigentlich Abstoßenden. Doch seine Bildersammlung lässt sich nicht symbolisch deuten. Es ist eine Materialsammlung, ein Zeitspiegel, eine Bestandsaufnahme, ohne einen begleitenden Text, der unser Denken lenkt.

Eine kleine Auswahl von fünf Boxer-Fotos stellte Feldmann in einer Auflage von 250.000 Exemplaren während einer Wanderausstellung durch Europa und Amerika zur Verfügung – als Bilder, die mitgenommen werden konnten.[2] In der Kieler Ausstellung wird das vielschichtige Heavy Metal Konzept durch Feldmanns Boxerbuch um die Gewichtsklassen erweitert. *dz*

1 Schon als Kind hat er Fotos gesammelt, klassifiziert, zu Serien zusammengefasst und in Bücher geklebt.
2 Vgl. *272 Pages. Hans-Peter Feldmann*, Ausst.-Kat. Fundació Antoni Tàpies, Barcelona 2001; Museum Ludwig, Köln 2002/2003, u.a., Barcelona 2001, S. 29.

## Lucio Fontana • I / AR

Rosario, Argentinien 1899 – 1968 Comabbio bei Varese

### *Concetto Spaziale. New York,* 1962

Aluminium, 195 × 97 cm
Louisiana Museum for Moderne Kunst, Humlebæk
→ Seite 60

Bekannt ist Lucio Fontana, der in Argentinien und Italien aufgewachsen ist, für seine aufgeschlitzten Leinwände. Je nach Bildträger und Länge der Schnitte, einzeln oder in vertikalen Kompositionen, wölben sich die Schnittkanten nach außen oder innen und machen im Zusammenspiel mit dem Licht Leere, also Nichtexistentes gestalterisch-positiv zum Thema. Diesen *Tagli* (Einschnitte), die ab 1958 entstanden, waren ab 1952 die *Buchi* (Löcher) vorangegangen. Hierfür durchstieß Fontana den Bildträger von der Rückseite. In der Untergruppe der *Metalli*, die 1962 einsetzte, ist der Bildträger aus Messing, Kupfer oder Aluminium. Fontana begann damit unmittelbar nach einer Amerikareise, was sich in der Widmung an die Stadt New York niederschlägt, so auch im Titel von *Concetto Spaziale. New York*. In diesem Werk bilden sechs kräftige Löcher eine Mittelsenkrechte, eine geritzte Linie umfasst sie weitläufig.

Beim Arbeiten in Metall muss Fontana gegen einen stärkeren Widerstand angehen als bei den Leinwandbildern, damit das Material verdrängt und die Wirklichkeit des Raumes gleichsam in die Bildfläche eindringen kann. Die sichtbaren Spuren der aufgewendeten Kraft steigern den Eindruck des Zerstörerischen, der seinem Schaffen anhaftet. Gleichwohl aber ist das Herausstoßen eine genuin bildhauerische Handlung, vergleichbar dem Heraushauen einer Form aus Stein.

*Concetto Spaziale*, also Raumkonzept, ist seit 1949 fast ausschließlicher Titel von Fontanas Werken. Raum ist in seinen „Bildern" nicht länger eine Illusion, sondern wird in den Öffnungen der Leinwand oder Metallfläche tatsächlich gegenwärtig. Das Bild wird zur Skulptur. Dies umso mehr, da Fontana seine Bilder, auch die *Metalli*, mit schwarzer Gaze hinterlegte, um die Tiefenwirkung der Löcher zu steigern. Die *Metalli* gehen auch insofern über die Leinwandbilder hinaus, als dass die, wenn auch nur stumpfe, Spiegelung des Metalls eine zusätzliche Raumwirkung ermöglicht. Die ebenfalls immaterielle Dimension der Reflexion eines Umraumes kann im Kontext von Fontanas Streben nach „einem reinen, luftigen, universalen, schwebenden Bild" gedeutet werden, das, wie es in den *Manifesten des Spazialismo* formuliert ist, „aus seinem Rahmen" hervortritt.[1] Insofern sind die Löcher auch symbolisch eine Öffnung zum Unbekannten, zu neuen Möglichkeiten. *dz*

1 *Erstes Manifest des Spazialismo* (undatiert, verfasst von Beniamino Joppolo, diskutiert und unterschrieben von Lucio Fontana, Giorgio Kaisserlian, Beniamino Joppolo, Milena Milani) und *Zweites Manifest des Spazialismo* (1948, verfasst von Lucio Fontana), zit. nach: *Lucio Fontana*, in: *Künstler. Kritisches Lexikon der Gegenwartskunst*, 24, München 1993, S. 14 und S. 15.

## Günther Förg • D

Füssen 1952 – lebt in Areuse, Schweiz

### *Ohne Titel*, 1988

Bronze, 120 × 80,3 × 6,5 cm
Sammlung Haubrok
→ Seite 21

Als Negativ-Fenster erweisen sich die Bronzereliefs, versteht man sie im Kontext von Günther Förgs Auseinandersetzung mit Architektur. Wann immer möglich, malt Förg unmittelbar auf die Wand, und in seinen Fotografien sind es oftmals Fenster, die ihn als Verbindung zwischen Innen und Außen und in ihrem Einfluss auf die Lichtwirkung interessieren. In seinen Gemälden experimentiert er seit Ende der 1980er Jahre mit dem Bildträger, malt auf großformatige Kupfer- und Bleiflächen, die den Bildern einen Objektcharakter verleihen und zuweilen in die Darstellung einbezogen sind. Bei den Bronzereliefs, mit ihrer Stärke von sechs bis zehn Millimetern, fallen Bildträger und Darstellung vollends in eins. Die vertikale Struktur leichter Erhebungen und Vertiefungen erinnert an die Spuren eines großen Werkzeuges. Hier entfaltet sich ein Lichtspiel, das die Oberfläche zusätzlich belebt und die körperliche Präsenz der Bildreliefs steigert.

Die Tradition der monochromen Bilder ist hier präsent, besonders die grauen Gemälde Gerhard Richters (geb. 1932).[1] Richter, der sich mit der Malerei an sich befasst, zeigte 1970–1976 auf, wie sich die Bildfläche allein durch die Struktur des Farbauftrages, etwa mit Pinsel oder Schwamm, verändert und wie der Lichteinfall diese belebt. Förg, der während seiner Zeit an der Münchner Kunstakademie jeden Tag ein graues Bild gemalt hat, erprobt nun Vergleichbares anhand eines traditionell bildhauerischen Materials, das er malerisch wirken lässt.

Förg „malt" hier nicht mit dem Pinsel, sondern wie ein Plastiker mit der Hand. In Gips, aufgetragen auf einen Rohling aus Holz und Styropor, formt oder vielmehr zeichnet er die Struktur des Reliefbildes. Aus Formsand wird sodann ein Sandnegativ dieses Modells genommen, daraus ein positiver Kern gegossen und schließlich mit Bronze abgegossen. In der feinen Oberflächenstruktur ist dieses Verfahren ablesbar.

Die Bronzereliefs führten Förg zur Werkgruppe der *Stelen* und der der *Obelisken*, den freistehenden Bronzebalken, die er aus dem Querschnitt der Stelen entwickelt hat. Auch in diesen Werken bleibt das Malerische präsent. Sie wirken, „als hätte ein Maler mit einem gewaltigen Pinselstrich dem Raum Bedeutungsschwere eingehaucht",[2] als erobere seine Malerei nun auch das Rauminnere. *dz*

1 Vgl. auch die grauen Bilder von Cy Twombly (geb. 1929) und die Bleireliefs von Robert Morris und Jasper Johns aus den späten 1960er Jahren; hier war es das Grau als eine neutrale Farbe, das die Künstler reizte.

2 Veit Loers, *„Man könnte meinen, es gäbe gar nichts zu sehen…"*, in: *Günther Förg*, Ausst.-Kat. Museum Fridericianum Kassel, u.a., 1990, S. 23.

## Julio González • E

Barcelona 1876 – 1942 Arcueil bei Paris

### *Die Verliebten II*, 1932/1933

Bronze nach Schmiedeeisen, 44,5 × 17 × 19,5 cm
Ex. 1/3
Hamburger Kunsthalle
→ Seite 59

Aus einer Goldschmiedefamilie hervorgegangen, war Julio González schon früh mit allen Techniken der Metallverarbeitung vertraut. Dennoch ließ er sich zunächst als Maler ausbilden. Um 1910, in Auseinandersetzung mit dem Kubismus, ent-standen seine Masken aus getriebenem Metall. Seine Bedeutung als Wegbereiter der modernen Skulptur jedoch erhielt González, da er die ersten Metallskulpturen schuf, in denen das Hauptinteresse unmittelbar auf dem Medium Metall, seinen Eigenschaften und technischen Möglichkeiten liegt. Das war in den späten 1920er Jahren. González überführte vor allem das Eisen, das bislang vornehmlich zum Eisenguss, also als dienendes Medium gebraucht wurde, zu einem spezifisch modernen Ausdrucksmittel skulpturalen Arbeitens. Der Werkstoff Eisen ist spröde und schwer zu bearbeiten, González' Herangehensweise experimentell und unbefangen. So sind seine Skulpturen durch eine rohe, raue Bildsprache geprägt, die ebenso von einem spontanen Schaffensprozess wie von den Materialwiderständen zeugt. González wollte das Material Eisen selbst sprechen lassen – und steigerte dadurch die Ausdruckskraft auch der Form. Grazilität und Sperrigkeit scheinen in seinen Figuren vereint.

Erst während der Arbeit entwickelten sich seine traditionell figurativen Bildvorstellungen zu abstrakten Konstruktionen. Die Werktitel bleiben entsprechend gegenstandsorientiert und lenken die Wahrnehmung. In *Die Verliebten II* balanciert, von einem Draht gestützt, eine weitgehend geschlossene Kalottenform auf einer zum Halbrund geöffneten Kegelform. Verschmelzung, wie sie rein technisch in den siebzehn Blechfragmenten zum Ausdruck kommt, aus denen die Kalottenform zusammengeschweißt wurde, zeigt sich inhaltlich in den latenten Bewegungsmomenten vom sich Anschmiegen, sich Öffnen, vom scheinbar schwerelosen Schweben.

Einige seiner schmiedeeisernen Objekte edierte González in niedriger Auflage, indem er sie mittels Wachsausschmelzverfahren in Bronze gießen ließ. Der Werkprozess, das roh Zusammengesetzte, die Unmittelbarkeit des Ausdrucks bleiben erhalten.

González wirkte auf Pablo Picasso (1881–1973), mit dem er 1929–1932 zusammenarbeitete, und über David Smith (1906–1965), dem Pionier der amerikanischen Metallplastik seit 1933, wurde er grundlegend richtungsweisend für die Metallkunst besonders der 1960er Jahre. *dz*

## Antony Gormley • GB

London 1950 – lebt in London

### *Draw*, 1994

Blei, Fiberglas, Luft
43 × 97 × 98 cm
Kunsthalle zu Kiel, Dauerleihgabe Stifterkreis Kunsthalle zu Kiel
→ Seite 52

Blei gilt seit der Antike als zauberkräftiges Metall, in den Religionen erscheint es als Wandlungssubstanz, und in der Alchimie kommt ihm die Bedeutung einer materia prima zu. In der Kunst wurde Blei seit den 1960er Jahren vielfach verwendet,[1] doch erst Antony Gormley hat es in der Werkgruppe der lebensgroßen Bleifiguren, die seit 1981 entstehen, zu seinem wesentlichen Material gemacht. „Ich verwende Blei aus folgenden Gründen: es isoliert und ist leicht zu bearbeiten, obwohl es ein sehr dichtes Metall ist. Es hat die Fähigkeit, eine einmal angenommene Form zu behalten und ist für das Auge und radioaktive Strahlen undurchdringlich."[2] Das Material schmiegt sich der Körperform an, nimmt ihr aber auch ihre Individualität. Auf Feingliederungen wie Gesichtszüge, Finger oder Zehen kann Gormley verzichten, da die Pose den Ausdruck bestimmt und ohnehin keine Assoziationen an bestimmte Personen heraufbeschworen werden sollen. Auch die eintönige Anti-Farbe Grau trägt dazu bei, dass Gormley Abstraktionen schafft, die gleichwohl gegenständlich bleiben.

Die Bleifigur *Draw* wirkt ebenso vertraut wie befremdlich. Kauernd, mit zum Boden gesenktem Kopf, verkörpert sie Demut und Versenkung. Gormley sucht innere Befindlichkeiten darzustellen. Den menschlichen Körper versteht er als Gefühlsträger, im Gegensatz zu Objekten, die von Wissen und Denkvorgängen zeugen. Über sein Konzept sagt er, es sei der „Versuch, eine Skulptur von innen heraus, unter Verwendung meines Körpers als Instrument und Material zu schaffen."[3]

Auch wenn *Draw*, wie allen Bleifiguren Gormleys, sein eigener Körper zugrunde liegt, zeigt sie nicht das Selbst des Künstlers, sondern das Negativ einer körperlichen Präsenz und seiner Befindlichkeiten und lässt sich als Zustand zwischen Material und Geist begreifen.

Gormley formt seinen Körper in Gips ab und fügt die mit Glasfaser verstärkten Teile zusammen. Mit getriebenen und aneinandergelöteten Bleiplatten umhüllt er sie sodann. Dieser Prozess bleibt in den Lötnähten sichtbar. In der fertigen Skulptur umschließt der Bleimantel, worauf auch die Materialangaben explizit verweisen, Luft. Diese ist gleichwohl als Lebensessenz zu verstehen. Alles deutet auf die Gegenwärtigkeit des Inneren: die Versenkung, die Umhüllung, die Luft. Frei von Bindungen an Zeit, Ort und kulturell-gesellschaftliche Maßgaben – Gormleys Figuren sind stets nackt und bloß – verbindet sich der Ausdruck des Essenziellen mit dem des Unnahbaren, der des meditativ Sinnenden mit dem der Stille. *dz*

1 Z.B. Jannis Kounellis (geb. 1936), Joseph Beuys (1921–1986).
2 Gormley, in: *Objects and Sculpture*, Ausst.-Kat. Arnolfini Bristol und ICA London, 1981/1982, S. 18, zit. nach: *Antony Gormley*, Ausst.-Kat. Städtische Galerie Regensburg und Frankfurter Kunstverein, 1985, S. 55.
3 *Zit. nach: Antony Gormley*, Ausst.-Kat. Malmö Konsthall, Tate Liverpool, Irish Museum of Modern Art, 1993/1994, S. 19–20.

## Subodh Gupta • IN

Khagaul, Bihar 1964 – lebt in Neu Delhi

### *Still Steal Steel # 8*, 2008

Öl und Emaille auf Leinwand, 199 × 364 cm
Courtesy Galerie Hauser & Wirth, London
→ Seite 86

Schon das Format dieses Stilllebens wirkt übersteigert. Übergroß scheinen uns die hochglanzpolierten Küchenutensilien – Töpfe, Kellen, Kannen, Becher, Deckel, ein Löffel – entgegenzupurzeln. Der Tisch mit der geblümten Decke, auf dem sie arrangiert waren, ist nur ansatzweise zu sehen. Fern jeglicher Tradition der Stilllebenmalerei versetzt Gupta seine Motive in Bewegung. Auch die Lichtreflexe und Spiegelungen wirken übermäßig belebend, sie scheinen die Gegestände aufzulösen. Große Farbkleckse und unspezifizierte Farbstreifen könnten irritieren, steigern jedoch vielmehr die Dramatik des Bildgeschehens. Gupta bringt die Malerei ins Wanken.[1]

In Indien ist Malerei das klassische Bildmedium. Gupta öffnet sich internationalen Tendenzen und Traditionen, inhaltlich der Stilllebenmalerei,[2] malerisch etwa der Pop Art und dem Fotorealismus, und schafft Bilder im Grenzbereich der Kulturen.

Mit blankpolierten Küchenutensilien, Motiv aller Bilder der Werkgruppe mit dem lautmalerischen und von daher vielschichtigen Titel *Still Steal Steel*,[3] hat Gupta zuvor bereits in seinen Skulpturen und Installationen gearbeitet. Bekanntheit erzielte er vor allem mit seinem gigantischen Totenkopf *Very Hungry God* (2006), einem beeindruckenden memento mori, zusammengesetzt aus eintausend Kilogramm Aluminiumbechern und -töpfen, das 2007 anlässlich der Biennale in Venedig breite Aufmerksamkeit erregte.[4] Guptas bildhauerisches Material ist hier also ein Objekt, das im Alltag aller sozialer Schichten gleichermaßen Verwendung findet, und das mit seinem impliziten Verweis auf das Zusammenspiel von Nahrung und Leben als existenziell gelten kann. Die Anhäufung gleicher Objekte könnte in den Accumulationen der französischen Nouveaux Réalistes der 1960er Jahre gründen, findet ihren Ursprung aber viel naheliegender in den Gassen indischer Städte, wo stark spezialisierte Händler ihre immer gleichen Waren anbieten. Der Glanz der Utensilien zeugt von ihrer Unversehrtheit, davon, dass sie wirklich neu sind, er ist zugleich eine Übersteigerung analog zu den Anhäufungen, aber auch Ausdruck von Erhabenheit und Sinnlichkeit. Das ursprünglich Banale wird zum Pomp, zu Glanz und Glamour, zu einem Denkmal der Menschheit. Was Gupta in seinen Küchenutensilien-Skulpturen aufbaut, bringt er in seinen jüngsten Gemälden gleichsam ins Wanken und macht einmal mehr auf den kurzen Kreislauf zwischen Tradition und Veränderung aufmerksam. *dz*

1 Vgl. auch die Übertragung des Stilllebens ins Video, mit dem bezeichnenden Titel *Steel Life Juggler* (2008, 1:50 Min; „Stahl Leben Schwindler").
2 In den 1990er Jahren hat er, in kleinerem Format, figural gemalt, so etwa einen Trompetenspieler (*Untitled*, 1995, Öl auf Leinwand, 45,7 × 61 cm).
3 Übersetzung etwa im Sinne von: Still/bewegungslos – stehlen/sich davon stehlen – (Edel)Stahl.
4 Gupta hatte die Skulptur für die Aufstellung in der Pariser Kirche Saint-Bernard entwickelt (Ausstellung *La Nuit Blanche*, 2006).

## Mona Hatoum • LB

Beirut 1952 – lebt in London

### *Paravent*, 2008

Stahl, schwarz lackiert, 211 × 302 × 5 cm
Besitz der Künstlerin
→ Seite 25

Mona Hatoums zentraler Bezugspunkt in ihren Skulpturen, Fotografien, Papierarbeiten, Installationen und Videoarbeiten ist der Mensch. Alltägliche Objekte werden in einem Transformationsprozess zu fremdartigen, seltsam beunruhigenden Kunstwerken. Hatoum thematisiert Macht, Identität, Exil, Heimat, Überwachung, Kontrolle, Gefangenschaft oder Freiheit. Ein ungewisser Zustand ergreift den Betrachter, denn indem sich die Künstlerin an Dingen erfreuen kann, die Schmerz verursachen, die das Fremde im Vertrauten wiederfinden oder das Gegenwärtige im Abwesenden aufzeigen, steigert sich die Brisanz. Hatoum weckt unsere Neugierde, macht physisch spürbar, was nicht zu sehen ist, animiert zum Nachdenken.

*Paravent*, zwei Meter hoch und drei Meter breit, erinnert an herkömmliche Küchenreiben. Aus schwarz lackiertem Stahl gefertigt, wirkt er kalt und unbeugsam. Riesig und raumgreifend steht *Paravent* seltsam und verstörend im Raum. Bedrohlich stechen die messerscharfen Kanten der übergroßen Reibelöcher hervor. Drei verschiedene Typen von Küchenreiben sind hier durch Scharniere verbunden und werden, im Raum aufgestellt, zu einem Paravent. Die überdimensionale Vergrößerung verleiht dem Objekt eine architektonische, fast surreale Dimension, macht die „Küchenreibe" unbrauchbar und lässt sie zu einer Waffe mutieren. Einerseits sind hier Voyeurismus, Überwachung, Kontrolle und Machtausübung, andererseits Verletzbarkeit, Empfindlichkeit und Sensibilität das Thema. *Paravent* hat eine sehr emotionale Seite, denn: „Zerstörerisch bedrohlich, könnte sie aus einem Menschen, der ihr zu nahe käme, ‚Gemüse' machen."[1]

Die Künstlerin zeigt ein gespaltenes Verhältnis zum Thema Haushalt, worauf auch jene Werke verweisen, in denen eine scharfe, harte, überdimensional große Küchenreibe zum Bett oder eine haushaltsübliche Schöpfkelle, deren entscheidendes Kritorium die Wasserdurchlässigkeit ist, mit Schrauben zugestopft wird. „Vielleicht", so Hatoum, „steckt dahinter die Sehnsucht nach der fehlenden Häuslichkeit."[2] *js*

1 Ursula Panhans-Bühler, *Involviertsein*, zit. nach: *Mona Hatoum*, Ausst.-Kat. Hamburger Kunsthalle, Kunstmuseum Bonn, Magasin 3 Stockholm Konsthall, 2004, S. 26.
2 Mona Hatoum, zit. nach: Nicola Kuhn, *Sie betreten Weltpolitik! Die Künstlerin Mona Hatoum ist eine Meisterin des Überraschungsangriffs. Ein Atelierbesuch*, in: *Tagesspiegel*, 13. Mai 2008,

## Geoffrey Hendricks • USA

Littletown/New Hampshire 1931 – lebt in New York und Colindale, Cap Breton Island, Kanada

### *Sky Car*, 1978

VW-Käfer, bemalt, Erinnerungsstücke, Fabrikmaße
Stiftung Wilhelm Lehmbruck Museum – Zentrum Internationaler Skulptur, Duisburg
→ Seite 14

Als „Wolkenschmied“ (cloudsmith) wird er bezeichnet – Geoffrey Hendricks, der Fluxuskünstler und Performer, der so viele Wolkenhimmel gemalt hat, in Gemälden und auf Alltagsdinge, in Installationen und Performances, schlichtweg auf alles, auch auf seinen eigenen Körper. Mit der christlichen wie weltlichen Tradition von Wolkendarstellungen ist er wohl vertraut, denn nach dem Kunststudium hatte er parallel zu seiner Lehrtätigkeit an der Rutgers University in New Brunswick, ab 1956, ein Studium der Kunstgeschichte aufgenommen, das er 1962 mit einer Arbeit über Deckengemälde in römischen Barockkirchen abschloss.[1] Seine erste „Himmelsausstellung“ fand 1966 in der Bianchini Gallery, New York, statt. Hendricks' Himmel sind stets hellblau freundlich, seine Wolken weiße Schönwetterboten.

Der Himmel ist ein Symbol unerreichbarer Natur und er steht für das Oben. Von dort kommen das lebensspendende Licht und der befruchtende Regen. Wolken, seit jeher ein beliebtes poetisches Motiv, bezeichnen Veränderungen und den Fluss der Zeit, aber auch Verhüllung, etwa im Undurchdringbaren des Nebels, oder, mythologisch, von Gott. Natur, Mythen, Träume, Rituale sind für Hendricks' Werke bezeichnend.

Wenn Hendricks wie hier einem Auto einen Wolkenhimmel aufmalt, es gleichsam mit Himmel umhüllt, verbindet er Disparates: Technik und Natur. Bei ihm, der überall seine Wolken gemalt hat, mag es wie ein Zufall anmuten, dass sich der Himmel in großer Entfernung befindet und das Auto ein Vehikel zur Überwindung von Entfernung ist.

Das Auto, sowohl Statussymbol der Modernität als auch Symbol für grenzenlose Freiheit, war vielfach Gegenstand der Kunst seit den 1960er Jahren. Einbetoniert von Wolf Vostell zu *Ruhender Verkehr* (Köln, 1969),[2] mit Haferflocken bestreut von Albert Oehlen und Martin Kippenberger (*Capri bei Nacht*, 1982),[3] fanatisiert von Edward Kienholz (*Backseat Dodge '38*, 1964).[4] In performancegleichen Aktionen werden hier Autos in einen anderen Zustand überführt, werden gesellschaftliche Bilder scheinbar beiläufig ebenso humorvoll wie kritisch kommentiert. Hendricks bemalte einen VW-Käfer, also ein seinerzeit ebenso beliebtes wie volksnahes Auto, und stattete es mit persönlichen Erinnerungsstücken aus, so wie er auch seine Performances stets aus seiner eigenen Biografie heraus entwickelt hat. „Aus der Wolke quillt der Segen“, formulierte Friedrich Schiller 1799 im *Lied von der Glocke*. *dz*

1 Vgl. auch u.a. die mit einem Wolkenhimmel bemalte Maske von René Magritte (1898–1967) (*Die Zukunft der Statuen*, 1932, Gips, bemalt, 33,5 × 16,5 × 19 cm, Wilhelm-Lehmbruck-Museum Duisburg).
2 Wolf Vostell (1932–1998); Aktionsplastik, Betonierung eines Opel Kapitän L, heute auf dem Hohenzollernring.
3 Albert Oehlen (geb. 1954); Martin Kippenberger (1953–1997); Ford Capri, Dispersion, Haferflocken, 130 × 160 × 430 cm, Sammlung Grässlin.
4 Edward Kienholz (1927–1994); Farbe, Fiberglas, Wolle, Dodge-Modell von 1938, Draht, Bierflaschen, Kunstglas, Figur als Gipsguss, 1600 × 6100 × 3600 cm, Los Angeles County Museum of Art. Vgl. ferner: Als fabrikneuer Mercedes von Ange Leccia 1987 auf der *documenta* ausgestellt, als Unfallwagen 1992 von Bertrand Lavier ebenfalls aus ästhetischen Überlegungen ausgewählt (*Giulietta*), in neuerer Zeit ferner bei Franz West, Tobias Rehberger, Erwin Wurm.

## Peter Hutton • USA

Detroit, Michigan 1944 – lebt in Annandale-on-Hudson

### *At Sea*, USA 2004–2007

Film, 60 Min.
Besitz des Künstlers
→ Seite 102

Peter Hutton studierte Malerei, Bildhauerei und Filmregie am San Francisco Art Institute. Als Mitglied der Handelsmarine bereiste er über vierzig Jahre lang die Weltmeere. Seine eindringlichen Stummfilmporträts von Städten und Landschaften stehen in der Tradition der Landschaftsmalerei und der Fotografie des 19. Jahrhunderts. Seit 1970 schuf Hutton über zwanzig Filme, die mit ihren langen unbewegten Einstellungen an die Filme der Brüder Lumière[1] und an die Anfänge des Kinofilms erinnern. Hutton lehrte unter anderem Filmregie am Hampshire College, an der Harvard University und am Bard College New York. Seine Filme wurden vielfach ausgezeichnet und laufen weltweit auf den bedeutendsten Filmfestivals wie der Whitney Biennale in New York, dem Filmfest Toronto oder der Viennale in Wien. Im Mai 2008 widmete ihm das Museum of Modern Art New York eine große Retrospektive.

Der 60-minütige Stummfilm *At Sea* zeigt die Entstehung eines gigantischen Containerschiffes in der Werft bis zu seiner Taufe, seinen Einsatz auf See und schließlich den Verfall des zerbrochenen Schiffswracks am Strand. Die Kamera blickt in langen Einstellungen aus immer fester Position in Auf- oder Untersichten auf die Arbeiten am Metallkorpus. Riesige Kräne bewegen sich wie choreografiert am Himmel und lassen die Menschen winzig klein erscheinen. Sie blickt von der Brücke des Schiffes über das Mosaik der bunten Container auf das Meer und den Horizont, fängt die verschiedensten Tages- und Wetterstimmungen auf See ein und zeigt aus großer Distanz das Wrack, das von Menschen ausgeschlachtet wird. Die anfangs leuchtend bunten Farben des frisch gestrichenen Metalls sind im letzten Teil gebrochen und von Rost durchsetzt, bis der Film zuletzt ins Schwarzweiße übergeht, die Menschen in den Vordergrund treten und Kontakt zur Kamera aufnehmen. In der Gegenüberstellung des Stahlgiganten mit den Menschen, die ihn erschaffen haben und doch neben ihm so fragil wirken, thematisiert Hutton eindrucksvoll die Ambivalenz im Kräfteverhältnis vom Menschen und seinen technischen Errungenschaften. *cb*

1 Auguste Marie Louis Nicolas Lumière (1862–1954) und Louis Jean Lumière (1864–1948) waren Fotoindustrielle. Sie sind die Urheber des Projektes *Domitor*, später *Cinématographe*.

## Jörg Immendorff • D

Bleckede bei Lüneburg 1945–2007 Düsseldorf

### *Ich denke auch an Metall*, 1978

Acryl auf Leinwand, 200 × 200 cm
Privatsammlung, Köln
→ Seite 57

„Ich denke auch an Metall", schreibt Jörg Immendorff in sein Gemälde, unmittelbar oberhalb von drei kleinen, schemenhaften Figuren in den Farben der deutschen Flagge. Metall ist in diesem Bild in Form eines Stacheldrahtes präsent. Dieser umfasst eine Holzhütte im Rohbau, der nur aus den wichtigsten Stützen und Verstrebungen besteht, letztlich also die Andeutung eines Hauses bleibt. Durch sie gliedert Immendorff das stark raumperspektivische Bild in mehrere Bereiche, unten auf Tischen und Stühlen Restaurantbesucher, oben vier Personen, die darüber ein Netz spannen, und über allem, auf dem Dachfirst, wachen die drei besagten Deutschlandfiguren. Die Stimmung ist düster wie die vorherrschend braune Farbskala, hoffnungsvoll dringt von unten links Licht ein. Doch der Schnee, bei Immendorff Symbol für Vereinsamung und Lebensfeindlichkeit, ist nicht geschmolzen. In seinem Eis überdecktem Deutschland stecken noch die Panzer des Krieges.

Mit expressiver Eindringlichkeit zeigt Immendorff in seinen Gemälden zentrale Themen der Deutschen, in denen er, motiviert durch seine Freundschaft mit dem ostdeutschen Künstler A. R. Penck (geb. 1939), auch seine persönliche Betroffenheit verarbeitet. Immendorff hatte Penck erstmals 1976 getroffen, anschließend begann er in seinen Bildern über die deutsch-deutsche Teilung und ihre Auswirkungen auf Kunst und Gesellschaft zu reflektieren, so vor allem in der losen Folge *Café Deutschland* (ab 1978). Nicht die Polarisierung von Freund und Feind, sondern die Utopie einer möglichen Grenzüberwindung beschäftigt ihn. Dabei erhebt er Anspruch auf eine soziale Relevanz seiner Bilder.

Unser Blick dringt von außen tief in die bühnenartige Szenerie ein, wir stehen über allem, und doch bleiben wir außen vor. Denn Immendorff schildert trotz aller Direktheit der gegenständlichen Malweise mehr oder weniger verschlüsselt; er entwirft ein expressives Bilderrätsel, das sich einer eindeutigen Aussage widersetzt. Der Titel scheint verwirrend.[1] „Ich denke auch an Metall" ist so formuliert, dass der Betrachter es auch auf sich selbst beziehen kann;[2] aber er erfährt nicht, an welches Metall er denken soll. Will Immendorff, dass wir an Stacheldraht und Panzer, die metallnen Motive im Bild, denken? Oder zielt er nicht vielmehr auf die Rolle von Metall in Gesellschaft und Fortschritt? *dz*

---

1 Zuvor, um 1970, waren die Inschriften seiner Bilder eine Art Verweigerungshaltung des Malers, unverbindliche Bildwelten zu beschwören.

2 Immendorff: „Meine Arbeiten werden immer dann effektiv, wenn beim Betrachter eine Energie vorhanden ist, die ihn mein Material für sich verwenden läßt." (in: *Jörg Immendorff im Gespräch mit Pamela Kort*, Köln 1993, S. 58).

## Jasper Johns • USA

Augusta, Georgia 1930 – lebt in New York und Edisto Beach, South Carolina

### *Light Bulb (Glühbirne)*, 1969

Blei, 99 × 43,2 × 4 cm
Städtisches Museum Abteiberg
Mönchengladbach
→ Seite 75

1917 zeichnete Francis Picabia (1879–1953) eine Glühbirne und gab ihr, teils ironisch, teils kritisch, den Titel *Américaine*.[1] 1920, in der *Ersten Internationalen Dada-Messe* in Berlin war unter anderem eine Kleiderpuppe zu sehen, deren Kopf durch eine brennende Glühbirne ersetzt war. Die Glühbirne war negativ konnotiert, als Symbol für die stupide, bestialische, groteske Seite des Menschen. Der alltägliche Gegenstand wird herangezogen, um Kritik auszuüben. Jasper Johns und andere Dada-inspirierte Künstler griffen das Motiv Glühbirne in den 1960er Jahren auf,[2] Robert Rauschenberg (1925–2008) bereits 1950 als Fotografie.[3] Das schlichte Herabhängen der Glühbirne, die, isoliert gezeigt, sich nur leicht von dem grauen Hintergrund abhebt, verbindet Rauschenbergs Fotografie mit Jasper Johns' Bleirelief *Light Bulb* von 1969. Johns kannte Rauschenberg seit den 1950er Jahren und hat mit ihm auch eine zeitlang in New York das Atelier geteilt.

Nach Gemälden, in die er reale Gegenstände des Alltags integrierte, schuf Johns ab 1960 Bronzerepliken etwa von Bierdosen, Taschenlampen, Zahnbürsten, Pinseln, die er originalgetreu bemalte, solcherart Marcel Duchamps Konzept des Ready-mades um die Trompe-l'œil-Problematik von Original und Reproduktion erweiternd, wobei er sich der traditionellen Mittel von Bildhauerei und Malerei bediente.

Auch seine Bleireliefs, die er *Sculpmetals* nennt, sind Auseinandersetzungen mit Kunst. Stets wird ein banaler Alltagsgegenstand abgegossen und im Grenzbereich zwischen Bild und Skulptur mit Bedeutung aufgeladen. Die Glühbirne in *Light Bulb* (1969) oder die Brille in *The Critic Sees* (1961)[4] verdeutlichen eine ironische Haltung, deren latente Kritik sich nur über den Umweg kunstgeschichtlicher Bezüge erschließt. Dass sich Format und Größe des Bleireliefs über den abgegossenen Gegenstand bestimmen, die herabhängende Glühbirne also ein schmales Hochrechteck bedingt, schließt auch für die Reliefs eine weitgehende Auseinandersetzung mit der Problematik von Bildformat und Gegenstandsbegrenzung ein.

Johns, der Maler, belässt seine Reliefs unbearbeitet in der grauen Farbe des Bleis. Das Grau als eine neutrale Farbe hatte ihn bereits Ende der 1950er Jahre in den Enkaustik-Gemälden interessiert, als „eine buchstäbliche Qualität", die „jede emotionale und dramatische Eigenschaft der Farbe vermied" und „der dinglichen (literal) Eigenschaft der Malerei die Vorherrschaft über alle anderen Eigenschaften erlaubte."[5] *dz*

---

1 Gezeichnet für eine New Yorker Ausgabe seiner Zeitschrift *391*, Nr. XII, Titelseite.

2 Vgl. Robert Morris, Dan Flavin, Keith Sonnier, Bill Bollinger.

3 *Ceiling + Light Bulb*, 1950, Gelatine Silver Print, 50,8 × 40,6 cm.

4 Sculpmetal über Gips und Glas, 8,2 × 15,9 × 5,4 cm, Privatbesitz. Johns referiert hier auf Raoul Hausmanns Collage *Der Kunstkritiker* von 1919/1920 (31,4 × 25,1 cm, The Tate Gallery, London).

5 Jasper Johns, in: E. Young, *Jasper Johns. An Appraisal*, in: *Art International, XIII*, 7, Sept. 1969, S. 50–56, zit. nach: Bernhard Kerber, *Jasper Johns. Übernehmen statt Entwerfen*, in: *Künstler. Kritisches Lexikon der Gegenwartskunst*, 25, München 1994, S. 7.

## Donald Judd • USA

Excelsior Springs, Missouri 1928–1994 New York

### *Untitled*, 1989

Anodisiertes Aluminium, glänzend und schwarz
99,5 × 199 × 199 cm
Musée d'art moderne, Saint-Etienne
→ Seite 44

Donald Judd, als Maler ausgebildet, suchte den Illusionismus der gegenständlichen Malerei zunächst mit abstrakten Bildern zu überwinden, fand dann zu Objektbildern und ging allmählich dazu über, das Bild von der Wand zu lösen und als autonomes Objekt in den Raum zu stellen. Er arbeitet im Zwischenbereich von Bild und Skulptur, wobei seine Kunst nach wie vor auf einer intensiven Auseinandersetzung mit dem Phänomen Farbe basiert.

Mit raumgreifenden Kuben aus industriellen, nicht-künstlerischen Materialien hat Donald Judd 1964 sein wesentliches Vokabular gefunden. Sockellos auf den Boden gestellt oder an die Wand gehängt, verweisen Judds Objekte ausschließlich auf sich selbst. Formen und Materialien sollen frei von den Zwängen der Tradition gesehen werden. Dazu gehört auch, dass Judd seine Objekte in ihrer natürlichen Materialfarbe belässt; die Materialoberfläche bestimmt die Farbwirkung. Die Vielfalt an Materialien – Aluminium, heiß oder kalt gewalzter Stahl, galvanisiertes Eisen, Messing, Edelstahl oder Plexiglas – ermöglicht ihm eine variantenreiche Farbpalette.[1]

Seine offenen Bodenkuben wie *Untitled* (1989), die halbhohe Trennwände bergen, zeigen anschaulich, wie Judd durch farbwirksame Flächen Volumen und Leere definiert, seine Skulpturen also nicht aus Dichte und Masse bildet, und darauf bedacht ist, den Eindruck von Schwere erst gar nicht aufkommen zu lassen.

Der Betrachter kann ungehindert in das Objekt hineinsehen. Eine verstrebend eingepasste, schwarz[2] eloxierte Aluminiumtrennwand wirft dunkle Schatten an die Seitenwände der Box und trägt dazu bei, Leichtigkeit zu suggerieren. Mit der Oberkante der Box abschließend, reicht sie nur in halbe Tiefe hinab, was den Eindruck fördert, sie würde schweben. Sie negiert ambivalent die Leere des Objektes, kontrastiert mit der silbrigen Naturfarbe, verstärkt die Wahrnehmung von Volumen und hebt dieses zugleich auf.
Die latente Spiegelung des glänzenden Aluminiums bedingt, dass das Objekt je nach den Lichtverhältnissen unterschiedlich wahrgenommen werden kann, erzeugt also illusionistische Effekte, wodurch nicht zuletzt die räumliche Identität entkräftigt wird. Judd stellt nunmehr beides in Frage: Material und Illusion. *dz*

1 Vgl. auch Constantin Brancusi (1876–1957), der aus verschiedenen Arten von Marmor, Bronze, Messing eine Vielzahl an Oberflächenfarben herausgearbeitet hat.
2 Die Verwendung von Schwarz ist für Judd ungewöhnlich. Vgl. William C. Agee, *Donald Judd und die grenzenlosen Möglichkeiten der Farbe*, in: *Donald Judd. Farbe*, Ausst.-Kat. Sprengel Museum Hannover 2000, S. 44.

## Anish Kapoor • IN

Bombay 1954 – lebt in London

### *Untitled*, 2004

Edelstahl, 265 × 265 × 72,4 cm
Sammlung Würth, Künzelsau, Inv. 8615
→ Seite 3

Anish Kapoor verwendet die unterschiedlichsten Materialien – Stahl, Stein, Glas, Farbpigmente, Wachs, PVC – und arbeitet im Grenzbereich von Skulptur und Malerei. Er schafft dreidimensionale Objekte wie ein Bildhauer, doch seine Themen sind die eines Malers: Leere, Abwesenheit, Transformation, Immaterialität. Kapoor untersucht Formprobleme und hinterfragt durch sie die Phänomenologie des Raumes und die selbstreflexive Wahrnehmung des Betrachters.

*Untitled*, groß, rund, voluminös, lehnt an der Wand. Der polierte Edelstahl reflektiert so stark, dass die Skulptur den Raum wiedergibt, als verzerrtes, auf den Mittelpunkt der Fläche bezogenes Bild. Der Betrachter, der in den Wirkungsbereich des „Spiegels“ tritt, sieht sich selber und bemerkt beim Näherkommen, dass sich sein Spiegelbild um 180° dreht und nun also auf dem Kopf steht. Dies kann als Metapher für die unvoreingenommene Wahrnehmung gelesen werden. Kunst spiegelt die Welt, doch durch den Spiegel der Kunst sieht die Welt anders aus. Schon Platon verstand den Spiegel als Metapher für die Abbildhaftigkeit des Bildes.
Die konkave Spiegelfläche wird durch einen etwa dreißig Zentimeter breiten Ring aus glattem, ebenfalls spiegelndem Edelstahl gerahmt, in dessen Fläche sich der Betrachter umgedreht spiegelt. Der Rahmen wird zum Teil des „Bildes“ und erzeugt eine Spannung zwischen innen und außen, verschwommen und klar, gewölbt und glatt, gedreht und normalansichtig. Im Inneren bewirkt die Spiegelung eine Verzerrung und Verfremdung, die stark malerisch ist und an Tondi, italienische Rundbilder des 15. und 16. Jahrhunderts, erinnert. Tatsächlich jedoch ist die Spiegelfläche nichts als eine reine und glatte Oberfläche. Das Spiegelbild rundet die Außenwelt und vereinheitlicht all das Disparate.

Kapoor begann Mitte der 1990er Jahre mit Spiegeln und Spiegelbildern zu arbeiten. Entstanden ist ein Werkkomplex aus konkaven, konvexen und lackierten runden Spiegelflächen, bei denen die Drehung, je nach Grad der Wölbung, aus unterschiedlicher Distanz wahrgenommen wird. Jedes dieser Kunstwerke ist aktiv erfahrbar und wird je nach Ausstellungsort und Betrachter von diesem gleichsam neu geschaffen. Doch eines haben sie gemeinsam: das Spiegelbild, das den Raum und die in ihm befindlichen Personen und Dinge verzerrt, unscharf, aber doch erkennbar zeigt. Der Betrachter steht vor dem Spiegel und ist dennoch mittendrin. Ein neuer Raum entsteht, in dem Auge, Subjekt, Objekt und Raum zusammentreffen, ein geheimnisvoller Raum, ein unfassbarer Raum. Kapoor kommentiert: Es gibt Objekte, die „schaffen sich selbst. Das Merkwürdige an diesen Objekten ist, dass sie geschaffen wurden, dass ihre Mythologie jedoch besagt, dass sie nicht geschaffen wurden. Ein sehr schöner Gedanke über die Präsenz der Form in der Welt.“[1] *js*

1 Anish Kapoor, in: *Henry Moore. Epoche und Echo. Englische Bildhauerei im 20. Jahrhundert*, Ausst.-Kat. Kunsthalle Würth, Künzelsau 2007, S. 254.

## Stefan Kern • D

Hamburg 1966 – lebt in Hamburg

### *Aus der Kurve geflogen*, 2007

Stahl, Maße variabel
Courtesy Galerie Luis Campaña, Köln, Galerie Karin Guenther, Andrew Kreps Gallery
→ Seite 48, 49

Poller, Gitter, Bauplane und rotweiß gestreifte Absperrbänder – das sind die Bestandteile von Stefan Kerns Installation *Aus der Kurve geflogen*. Die Absperrbänder wirken leicht, fast schwebend, als flatterten sie im Wind, ihrer herkömmlichen Funktion entsprechend. Und doch sind sie schwer und starr. Nicht aus Kunststoff, sondern aus Stahl sind sie gefertigt. Die glatte, fast makellose Oberfläche steht konträr zu ihrer Deformiertheit. Kern organisiert seine Skulpturen und Installationen als Form, Struktur und Ort. Erst auf den zweiten Blick kommt die sensuelle Erfahrung des Betrachters ins Spiel, die Erinnerungen an Absperrungen, Abgrenzungen oder Gefahr hervorruft, an alltägliche Tätigkeiten wie das Überqueren der Straße oder Auto fahren, und auch die Idee einer Baustelle drängt sich auf.

Einer ähnlichen Thematik stellte sich Olaf Metzel (geb. 1952) mit *Erst rechts, dann links, dann immer geradeaus*, 2004 für die U-Bahnstation Olympia – Einkaufszentrum in München. Metzel hatte die Säulenreihe in der Schalterhalle durch ein sie umlaufendes Band aus Autobahnleitplanken hervorgehoben. Er arbeitete unmittelbar in der Stadt, während Stefan Kern eine Situation in den geschützten Raum des Museums überführt. Das wirkt befremdlich. Doch gerade hier liegt das Potenzial der Arbeit. Die Tradition Duchamps klingt an, doch was wie ein Readymade aussieht, ist eine nachahmende Neuschöpfung. Der Betrachter wird getäuscht.

Die Wirkung von Kerns Installation beruht auf kollektiven und körperlichen Erfahrungen, die performativ weiterentwickelt sind.[1] Als Reflexionsobjekt kreist sie um Themen wie Selbsterkenntnis und Selbsterhaltungstrieb, Angst und Schrecken. Die ästhetisch reine Oberfläche aber wirkt gefällig und erzeugt von daher einen Moment der Spannung, der die Brisanz seiner Themen steigert. „Ich will Arbeiten machen, die tiefstapeln, bei denen man sich fragt, was ist denn das? [...] Meine Arbeiten sind aber, hoffe ich, immer vielschichtiger als sie auf den ersten Blick aussehen und geben vor allem auch kein Rezept vor, wie es geht oder wie es nicht geht."[2] *js*

1 Vgl. zusätzlich: Maren C. Biederbick, *Stefan Kern, Ohne Titel*, in: Dirk Luckow (Hrsg.), *Kunsthalle zu Kiel. Die Sammlung*, Köln 2007, S. 550–551.
2 Stefan Kern, zit. nach: Dirk Luckow, *Interview mit Stefan Kern (2000)*, in: *Stefan Kern „25 geklaute Ideen"*, Ausst.-Kat. Kunstverein Hamburg, 2002, o.S.

## Alexander Laner • D

München 1974 – lebt in München

### *Plattenspieler*, 2005

Mercedesmotor, Treibstoff, Plattenspieler, Schallplatte, Stahl, 110 × 98 × 175 cm
Courtesy Galerie Bernd Klüser, München
→ Seite 16, 17

Der Anlasser eines alten Mercedesmotors wird betätigt. Der Sechszylinder erwacht ratternd zum Leben, treibt mit geräuschvollem Lärm und einer Brise Abgase einen auf dem Motorblock befestigten Plattenspieler an. Chopin erklingt, ein Klavierkonzert. Chopin mit Motorenlärm, das klingt wie ein Sinfoniekonzert auf einer Autobahn. Schwerfälligkeit trifft auf beschwingte Leichtigkeit, Getöse auf wohlklingende Melodien und klobig auf filigran, aber Gegensätze ziehen sich an. Alexander Laners eigenartige Maschine referiert auf die Alltagswelt, Technik trifft auf Klassik. Sie raubt dem Betrachter den Atem und verschafft ihm zugleich ein Hörerlebnis. Laners fast poetisch wirkende Transformationen von Produkten der Industriegesellschaft zu skulpturalen Installationen geben Einblicke in eine Welt überraschender und absurder Zusammenhänge.

In anderen Werken erzeugt beispielsweise eine Tontaubenschießanlage Wandzeichnungen (*Tontauben*, 2006) oder ein umgefallenes Rennrad gibt Maria Callas' *La Traviata* zum Besten (*La Traviata*, 2005). Ferner hat Laner das Gebäude der Münchner Akademie der Bildenden Künste aus bunten Frachtcontainern nachgebildet, in einer aufwendigen Aktion, deren Resultat nur für fünf Stunden zu sehen war und bloß durch ein Foto dokumentiert wurde (*Akademie*, 2003).

Laner wird aufgrund seiner spektakulären Projekte oft als „Aktionskünstler" bezeichnet. Er selber jedoch sieht sich als Bildhauer, der sich eine ganz eigene Position schafft und Skulptur neu definiert. Als ausgebildeter Steinmetz, Schilder- und Reklamehersteller liegt seinen bildhauerischen Aktionen meist ein konzeptueller, vergänglicher Aspekt zugrunde oder, wie in *Plattenspieler*, eine Perfektionierung mechanischer Abläufe bis hin zur Absurdität. *js*

## Bertrand Lavier • F

Chatillon-sur-Seine 1949 – lebt in Paris und Aignay-le-Duc

### *Arcadia*, 1991

Acryl auf Metall, 207 × 300 × 10 cm
Musée d'art moderne, Saint-Etienne
→ Seite 36

Ein Garagentor, vom Künstler bemalt, verliert seinen Dingcharakter und wird zum monochromen Gemälde. Es lehnt an der Wand, wie eine Skulptur, und will letztlich beides sein. Objektkunst wird zur Malerei und Malerei zur Objektkunst. Der alltägliche Gegenstand ist aus seinem Kontext gerissen und bemalt. Das Malen als eine gemeinhin primäre Tätigkeit eines Künstlers, die Monochromie, aber auch die postduchampeske Geste, ein vermeintliches Ready-made als Bildträger zu verwenden, verweisen auf Bertrand Laviers Auseinandersetzung mit der Frage nach dem, was Kunst sei.

Seit den 1970er Jahren bemalt Lavier, der wie Daniel Buren (geb. 1938), Christian Boltanski (geb. 1944), Anne und Patrick Poirier (geb. 1942, 1942) zur konzeptuellen französischen Kunstszene gehört,[1] Objekte, etwa ein Klavier, ein Fenster, einen Spiegel, in ihren Originalfarben. Auch das Metalligblau des Garagentores entspricht dem Originalanstrich. Für die *documenta 7*, 1982, bemalte er die gebäudeeigenen Treppengeländer und Heizkörper mit nahezu transparenter Farbe. Laviers Prinzip ist das der Schichtung. Über ein „Ready-made" legt er eine zweite Farbschicht, die die Bedeutung des Objektes grundlegend verändert. Seine Interventionen sind aber kaum zu erkennen, die Umwandlung in Malerei vollzieht er behutsam. Wie sehr ihn jener Grenzbereich interessiert, in dem jedes Alltagsding nicht nur Kunst, sondern auch Malerei sein kann, zeigt *Giulietta* (1993), ein roter, authentischer Unfallwagen. Lavier hatte nach einem Sportwagen gesucht, der auch als Wrack in Farbe und Form ästhetisch wirkt. Die *Giuletta*, sagt er, „ist ein großes, tragisches Gemälde. Sie steht sozusagen an der Kreuzung von Malerei und Skulptur, kühlem Ready-made und reiner Emotion."[2]

Der Titel *Arcadia*, den er dem Garagentor gegeben hat, ist verführerisch. Gewöhnlich betitelt Lavier seine Werke mit dem Originalmarkennamen, hier aber klingt die Erinnerung an einen Bogengang (Arkade) an oder gar an Arkadien, eine altgriechische Landschaft, nach der die Schäferdichtung des 16. bis 18. Jahrhunderts benannt ist. Die Poesie, die über den Titel evoziert wird, kommt Laviers Anspruch, Malerei zu schaffen, entgegen. *dz*

1 *Bertrand Lavier*, Ausst.-Kat. Kunsthalle Bern 1983; *Bertrand Lavier*, Ausst.-Kat. Musée de peinture et de sculpture, Grenoble, 1987.
2 Bertrand Lavier, zit. aus: Heinz Peter Schwerfel, *Kunst-Skandale*, Köln 2000, S. 115.

## Mark Leckey • GB

Birkenhead bei London 1964 – lebt in London und Frankfurt / M.

### *Made in Heaven*, 2004

DVD, 2 Min. Loop
Städtisches Museum Abteiberg
Mönchengladbach
→ Seite 97

Der Titel „Made in Heaven" verdeutlicht, dass sich Mark Leckey hier auf die Werkgruppe von Jeff Koons (geb. 1955) bezieht, die das größte Aufsehen erregt hat. In diesen Werken, für die er 1990–1992 selbst zum Pornostar wurde, hat Koons „in seiner Codierung von Fiktionalität und deren Materialisierung die Austauschbarkeit des Intimen und Öffentlichen vollzogen."[1] Mark Leckey verbindet den Titel mit einer anderen Arbeit von Koons, mit dem aufblasbaren Häschen (*Rabbit* 1986),[2] das, in eine Stahlskulptur übertragen, schwer und statisch geworden ist, gleichwohl aber nichts von seiner glänzenden Ästhetik und von seiner ursprünglichen Banalität einbüßt. Ausschlaggebend, so Koons, war die „Aura von Unschuld".[3] Mark Leckey dreht einen kurzen Film, bei dem er das auf den Sockel erhobene Häschen mit der Kamera umkreist – unablässig als endloser Loop, wie eine „unschuldige" Annäherung, die auf Distanz bleibt. Er bedient sich der Berühmtheit von Jeff Koons und seiner Werke, die er zugleich reflektiert. Und er spielt das Spiel weiter, das Koons angeregt hat, indem er ein flexibles, leichtes Ding im Abgussverfahren zu einem harten, schweren Objekt wandelte. Als Film ist das Häschen nun gleichsam immateriell. Schon bei Koons war das Häschen eine Illusion, denn durch seine Materialeigenschaften lief es den Erwartungen zuwider. Leckeys Übertragung in den Film, so banal sie anmutet, thematisiert die Rolle von Illusion und Verführung in der Skulptur. Es ist ein wörtlich genommenes Umkreisen eines Problemfeldes, ein Auflösen des Objektes zugunsten eines Scheinbildes; als Filmbild ist das gefilmte Häschen nicht mehr greifbar. Die Idee der Vergeistigung klingt an, aber auch der Allgegenwärtigkeit, wozu nicht zuletzt die Allansichtigkeit beiträgt, die das Umkreisen bewirkt.

Dass sich in den Spiegelungen auf der silbern glänzenden Oberfläche Leckeys Atelier zeigt, kann als Metapher für sein generelles künstlerisches Vorgehen verstanden werden, „sich in verschiedene Motive und Themen der Popkultur, Medienwelt und Kunstgeschichte hineinzuprojizieren und Bilder und Gedanken dadurch zu verräumlichen."[4] Er vereinnahmt Koons' Skulptur nicht zuletzt auch, indem er sich – durch die Spiegelung – in sie hineinbegibt. *dz*

1 Jean-Christophe Ammann, *Jeff Koons. Ein Untergang, der keiner ist*, in: *Jeff Koons*, hrsg. v. Angelika Muthesius, Köln 1992, S. 11.
2 Rostfreier Stahl, 104,1 × 48,3 × 30,5 cm.
3 Jeff Koons, in: *Koons* 1992, S. 88.
4 Ludwig Seyfarth, *Zu schnell für Flaneure*, in: www.artnet.de/magazine/reviews/seyfarth/seyfarth05-05-08.asp.

## Heinz Mack • D

Lollar / Hessen 1931 – lebt in Mönchengladbach und auf Ibiza

### *Der Garten Eden*, 1966 / 1976 / 1984

Aluminium, Edelstahl, Plexiglas, Holz
300 × 800 × 15 cm
Galerie Beck & Eggeling, Düsseldorf
→ Seite 18 / 19

Mit einem von Heinz Mack inszenierten großen Fest im Bahnhof Rolandseck endete 1966 die Zusammenarbeit der 1958 gegründeten Gruppe *Zero* mit Günther Uecker und Otto Piene (geb. 1928). In der Folgezeit widmete Mack sich verstärkt der Realisierung seines *Sahara-Projekts*, das er seit 1958 gedanklich verfolgte und 1961 in Worte fasste. Darin äußert er zu seinen Lichtreliefs: „Hochglanzpolierte Metalle bewirken die eigentliche Artikulation des Lichtes durch die in sie hineingeprägten Reliefstrukturen; somit ist es nicht das Metall, das zur Erscheinung kommt, sondern das Relief des Lichtes ist es, das die Materialität des Metalls überstrahlt."[1] Die technoide Glätte der Oberflächen dient Mack also dazu, das materielle Metall möglichst im immateriellen Licht aufgehen zu lassen. Dies gilt für *Der Garten Eden* nur eingeschränkt, da das Werk seine Aufstellung im Innenraum, dem Foyer des Schauspielhauses Düsseldorf, fand.[2] Es reagiert und verfärbt sich nun je nach den Bedingungen des Raums und seiner Lichtquellen.[3]

Sicherlich hat Mack auch die Korrespondenz und Konkurrenz zu Yves Kleins (1928–1962) 1957–1959 für die Oper Gelsenkirchen geschaffenen blau gefärbten Schwammreliefs gesucht. Ab 1967 war er mehrfach als Bühnenbildner für die Deutsche Oper am Rhein und das Schauspielhaus Düsseldorf tätig. Die damit verbundenen Vorüberlegungen könnten in das *Eden*-Relief eingeflossen sein. Es ist diejenige Arbeit Macks, in der er am deutlichsten Bezug auf Gegenständliches nimmt. Selbst die Flügel- und Fächerformen – er benutzt sie wie Wolkengebilde auch in *Der Garten Eden* – auf Reliefs oder Stelen lassen immer noch erkennen, dass er auf Ausschussmaterial der Flugzeugindustrie zurückgreift. Die floralen Kelchformen mögen einen von Informel und *Zero* befreienden, wenn auch singulären Ausflug bedeuten, der an die Paradiesvorstellung des Vorderen Orients anknüpft.[4] Und sie scheinen wie ein Vorgriff mit konkreten Mitteln auf die Lichtobjekte, die Mack seit 1968 in der Wüste „wachsen" lässt. *pth*

1 Heinz Mack, *Das Sahara-Projekt*, in: *ZERO, Vol. III*, Düsseldorf 1961, wieder abgedruckt in: Dieter Honisch, *Mack. Skulpturen 1953–1986*, Düsseldorf 1986, S. 543.
2 Das Relief war ab 1976 im Foyer des Schauspielhauses installiert. 1981 wurde es von Unbekannten schwer beschädigt, anschließend von Mack in sein Atelier übernommen und 1984 wiederhergestellt (Information der Galerie Beck & Eggeling, Düsseldorf).
3 „Licht im Raum artikuliert. Das kann auch schon eine Kerze im Raum sein." (Heinz Mack, *ZERO – Freiheit für die Kunst*, Interview im WDR, 13. April 2006).
4 Vgl. *Mack – Transit zwischen Okzident und Orient*, Ausst.-Kat. Pergamonmuseum, Berlin 2006 / 2007.

## Mark Manders • NL

Volkel 1968 – lebt in Arnhem (NL) und Ronse (B)

### *Staged Android*, 1999 / 2000

Eisen, Mixed Media
100 × 143 × 207 cm
Noordbrabants Museum, 's-Hertogenbosch
→ Seite 64

Ein Android ist eine Maschine, die in ihrer äußeren Erscheinung und ihrem Bewegungsverhalten einem Menschen ähnelt. Der Titel *Staged Android* kann also sinngemäß mit „inszenierter Kunstmensch" übersetzt werden. Tatsächlich lässt der Trichter von Mark Manders Skulptur an einen großen „Kopf" denken, der sich auf einem schmalen „Körper" und großen „Füßen" befindet. Sowohl der einem Lautsprecher ähnliche Trichter als auch die Verwendung von dicken, gebogenen Metalldrähten, die wie ein elektrischer Schaltkreis anmuten, verleihen *Staged Android* ein technisches Erscheinungsbild, das an eine Maschine erinnert. Dennoch wirkt die Skulptur, als könne sie jeden Moment aus einem tiefen Schlaf erwachen. Manders selbst beschreibt ihre Ausstrahlung wie folgt: „Es bewegt sich nicht und spricht nicht und ist doch ein Objekt, mit dem man im selben Raum koexistieren kann. Aber zugleich ist es ein Objekt, das etwas sagen möchte."[1]

Es sind diese narrativen, verspielt wirkenden, aber exakt konzipierten und miteinander in Verbindung gebrachten Momente, die Manders' Werke auszeichnen. Seine Phantasiewelt zieht uns in ihren Bann. Wir sind unweigerlich aufgefordert, sie zu entschlüsseln.

Die Bandbreite von Manders' Materialien und ihre Verarbeitung entspricht einem Querschnitt der bildhauerischen Werkstoffe und Techniken des 20. Jahrhunderts. Manders bedient sich Object trouvés, gießt in Bronze, Aluminium oder Eisen, arbeitet mit Gips, Keramik, Sand und Holz, präsentiert seine Werke mit oder ohne Sockel, in Vitrinen, eigens geschaffenen Räumen oder auf dem Boden. All dies kombiniert er in raumgreifenden Inszenierungen, die zumeist Teil seines seit 1986 stetig fortgeführten Hauptwerkes *Self-Portrait as a Building* sind. Er will die eigene Biografie in „Erinnerungsräumen"[2] visualisieren, ohne sich selbst unmittelbar darzustellen. Wie auch seine Skulpturen und Zeichnungen erzählen sie eine Geschichte ohne Worte, die mit jeder neuen Präsentation um weitere Exponate (Kapitel) erweitert wird. *ad*

1 Mark Manders, in: *Short Sad Thoughts*, Ausst.-Kat. BALTIC Centre for Contemporary Art, Gateshead, hrsg. v. Ronald Van de Sompel, Amsterdam 2006, S. 26.
2 Christoph Becker, Stephan Berg, Solveig Øvstebø, Philippe Van Cauteren, *Vorwort*, in: *The Abscence of Mark Manders*, Ausst. Kat. Kunsthaus Zürich, Kunstverein Hannover, Bergen Kunsthall, S.M.A.K. Gent, 2007, S. 236.

## Kris Martin • BE

Kortrijk 1972 – lebt in Gent

### *100 Years*, 2004

Mixed Media, Messing, beschichtet, ø 20 cm
Privatsammlung, courtesy Galerie Sies + Höke, Düsseldorf
→ Seite 62, 63

### *Mandi XV*, 2007

Stahl, Bronze, 702,2 × 136 cm
Privatsammlung, courtesy Galerie Sies + Höke, Düsseldorf
→ Seite 22, 23

Auf außergewöhnliche Art spielt Zeit in der Arbeit *100 Years* von Kris Martin eine tragende Rolle.[1] In die gold schimmernde Stahlkugel sind die Worte „Will explode in 2104" graviert. Versehen mit einem Sprengmechanismus, trifft ausgefeilteste Mechanik auf die goldene Kugel des Froschkönigs, nur mit dem feinen Unterschied, dass diese Kugel nach exakt 100 Jahren explodieren soll. Die Explosionskraft ist so berechnet, dass weder ein Sachschaden entsteht noch ein Mensch gefährdet wird. Lediglich die Hülle der Skulptur wird zerbersten.

Das Hier und Jetzt steht der Zukunft gegenüber, als grundlegende Fragestellung fest verankert in Kris Martins Konzepten. Zeitliche Veränderungen bedingen immer auch kulturelle und politische Prozesse und werden zu historischen Ereignissen. *100 Years*, ins Irgendwann und Irgendwie weisend, ist untrennbar mit Überdauerung und Zerfall verbunden, während Relikte, aus der Vergangenheit stammend und in den Jetzt-Raum manövriert, ganz andere Phantasien anregen, so in *Mandi XV*. Ein überdimensional großes Schwert ruht wirkungs- und würdevoll auf dem Boden. Bestehend aus Stahl und Bronze, schillernd und scharfkantig, versperrt es dem Betrachter auf sieben Metern Länge den Durchgang. Erinnerungen an Ritterturniere oder Prinz Eisenherz werden wach, an mutige Kämpfer in glänzender Rüstung. Das Prinzip des Verwandelns ist – ähnlich wie in *100 Years* – auch in dieser Arbeit ausschlaggebend, der Kippmoment von einer Dimension in eine andere.

Martin verwendete den Begriff „Mandi" wiederholt als Titel von Werken, in denen er über Zeit reflektiert, in einer Mischung aus Melancholie, Spielerei, Humor und Eleganz.[2] Monumental in seiner Größe, aggressiv als Waffe und ästhetisch durch sein Material, steht *Mandi XV* uns gegenüber, überrascht und provoziert, unterbreitet, so Martin, einen Vorschlag. „Ich sehe jedes einzelne Stück als eine Einladung an den Betrachter, sich der Betrachtung hinzugeben: die individuellen Gedanken über das eigene Leben zu aktivieren, ohne die Gedanken in eine bestimmte Richtung zu forcieren."[3] *100 Years* und *Mandi XV* wirken ungewöhnlich, und genau das ist ihr Potenzial.
Die ästhetisch anmutende Oberfläche beider Objekte verschärft ihre Bedeutung als Bombe und Waffe und unterstützt ihre Brisanz. *js*

1 Vgl. Wilhelm Schürmann, *Zeitvergleich*, in: *SEE history 2005. Der private Blick*, Ausst.-Kat. Kunsthalle zu Kiel 2005, S. 101–105.
2 Obgleich der Titel eine Werkgruppe nahelegt, lässt sich kein offensichtlicher Zusammenhang zwischen den Werken erkennen. *Mandi III* von 2003 ist eine Flughafenankunfts- oder Abflugstafel, die keinerlei Informationen anzeigt, *Mandi IV* eine Anhäufung gebrauchter Armbanduhren. Etymologisch lässt sich der Begriff *Mandi* aus der Kombination von Mano (Hand) und Dio (Gott) ableiten und bedeutet: „in den Händen Gottes". Vgl. Jens Hoffmann, *In den Händen Gottes*, in: *Kris Martin*, Ausst.-Kat. Galerie Sies + Höke, Düsseldorf 2008, S. 31.
3 Kris Martin, zit. nach: Jessica Morgan, *Die andere Seite der Zeit*, in: Martin 2008, S. 177.

## Jonathan Monk • GB

Leicester 1969 – lebt in Berlin

### *4 Sol LeWitts, 3 Ed Ruschas, 2 Lawrence Weiners and a Robert Barry*, 2006

10 Messingplatten, Zertifikat,
Maße und Aufstellung variablel
Sammlung Haubrok
→ Seite 73

### *Fifteen Piece Puzzle Piece*, 2007

Stahlblech, gewalzt, 15 Teile, je 50 × 50 cm (gesamt 220 × 295 cm)
Colecção Teixeira de Freitas, Lissabon
→ Seite 27

Im Werktitel benennt Jonathan Monk, worauf sich seine Arbeit *4 Sol LeWitts, 3 Ed Ruschas, 2 Lawrence Weiners and a Robert Barry* bezieht: auf Inkunabeln der Konzeptkunst. Jede der zehn unterschiedlich großen Messingplatten referiert auf ein inzwischen historisches, nicht näher bezeichnetes Künstlerbuch; die Maße stimmen exakt überein. Man kann die Platten auf dem Boden auslegen wie einen verrutschten Carl Andre, auf den auch die Ästhetik der Metallplatten verweist, oder hintereinandergestapelt an die Wand lehnen wie Thomas Schütte mit monochromen Leinwandbildern 1978 in seiner Installation *Lager*; auch Joseph Beuys' Batterie-Gedanke vom Stapel oder Block als Energie-Potenzial klingt an. Die Kunstgeschichte bietet einem Künstler unzählige „Potenziale", aber auch eine Hürde auf dem Weg, sich selbst zu positionieren. Künstler beziehen sich seit jeher, mal mehr, mal weniger offensichtlich, auf vorangegangene Kunst. Das „Sortiment",[1] so scheint es, muss erst einmal geordnet, ein Freiraum geschaffen werden. Monk geht dabei ebenso offensiv wie spielerisch vor. Mit Leichtigkeit und Ironie nimmt er gerade den Werken der theorielastigen Konzeptkunst und Minimal Art die gedankliche Schwere.

Besonders anschaulich wird dies in der Puzzlearbeit *Fifteen Piece Puzzle Piece*, mit der Monk vielschichtig auf Carl Andres Bodenarbeiten aus dünnen, meist quadratischen Metallplatten, die teppichartig ausgelegt sind, referiert. Andre verstand sein Konzept einer Skulptur als (begehbarer) Platz, bei der die dritte Dimension weitgehend zurückgenommen wird, als die letzte Entwicklungsstufe der Plastik. Monk widerspricht und definiert es neu. Das Spiel geht weiter, scheint er zu sagen, man muss nur die richtigen Puzzleteile finden. Dabei wirft Monk das Werk stärker auf sich selbst zurück, fasst es kompakter, so als dürfe es nicht ins Unendliche entgleiten. „Alles, was ich tue, ist, Brancusis *Unendliche Säule* auf die Erde zu stellen", erklärte Andre. Während sich die *Unendliche Säule* nach oben und unten fortsetzen ließe, deutete Carl Andre dieses Prinzip in seinen Arbeiten für die horizontale Richtung aus. Doch anders als Constantin Brancusi (1876–1957) verstand Andre seine Arbeiten nicht als potenziell unendlich. Jonathan Monk begrenzt die Ausdehnung noch enger, denn sein Puzzle hat ein ungleichförmiges Innenleben und einen klaren Rand. Es wäre nicht fortsetzbar. Monk popularisiert und demystifiziert, aber er schafft zugleich auch neue Mythen. *dz*

1 So der ursprüngliche Titel von *Lager*, zu der auch ein *Handbuch* gehört, in dem Schütte die vielfältigen möglichen Anordnungen der Tafeln festlegte.

## Robert Morris • USA

Kansas City, Missouri 1931 – lebt in New York

### *Untitled*, 1964

Blei, 55 × 60 cm
Staatliche Museen zu Berlin,
Stiftung Preußischer Kulturbesitz
→ Seite 30/31

### *Untitled*, 1968–1969

Aluminium, 428 × 420 × 150 cm
Musée d'art moderne, Saint-Etienne
→ Seite 50

„Das Relief wurde stets als brauchbare Darstellungsweise akzeptiert. Heute allerdings kann man es nicht mehr als legitim gelten lassen. Das autonome Wesen der Skulptur verlangt, dass sie ihren eigenen, gleicherweise buchstäblichen Raum hat – nicht eine Fläche, die sie mit der Malerei gemeinsam hätte."[1]

1966, im Jahr dieser Überlegungen, negiert Robert Morris sein Schaffen der vorangegangenen Jahre. 1961 hatte er begonnen, alltägliche Gegenstände unter bleiernen Reliefs gleichsam zu ersticken. Morris zwingt die physikalische Schwerkraft zum Erliegen und formt Bewegungszustände, energetische Wellen, in die spröde, graue Bleimasse. Er betont in diesen Arbeiten, die er 1964/1965 in der Green Gallery in New York ausstellte, begleitet von fünf Choreographien, die Neutralität und Emotionslosigkeit der bleiernen Farbe sowie die Konsistenz des Materials. In *Untitled* (1964) verlaufen konzentrische Kreise unregelmäßig um eine Flasche auf einem weich anmutenden, zugleich aber schweren und trägen Untergrund.

Geprägt von zeitgenössischem Theater und Happenings, der reduktiven Malerei der Zeit und nicht zuletzt vom russischen Konstruktivismus entwickelt sich Morris in den 1960er Jahren zu einem der Protagonisten der Minimal Art und erwächst spätestens mit seinem Artikel *Anti-Form* 1968 im *artforum* auch zu einem theoretischen Vordenker. Der Betrachter wird mit dem Objekt auf gleiche Ebene gestellt; das Verhältnis vom Raum zum Kunstwerk verändert sich entscheidend. Die sockellose Arbeit *Untitled* aus den Jahren 1968/1969 erobert raumgreifend die direkte Umgebung des Betrachters und bildet sich im Sinne des Minimalismus nach den Eigenschaften und der Eigenständigkeit des Materials aus. Die Ausdrucksformen ergeben sich in ihrer Objektivität, schematischen Klarheit und Logik aus der Beschaffenheit der wie hier industriell gefertigten Produkte, die als Ready-made erscheinen oder zu geometrischen Grundstrukturen zusammengesetzt werden. Neben seiner künstlerischen und kunsttheoretischen Ausbildung – er verfasste seine Magisterarbeit über Constantin Brancusi (1876–1957) – schloss Robert Morris ein Ingenieurstudium ab; seine vielfältigen Erfahrungen und Interessen prägen sein Kunstschaffen. *cp*

1 Robert Morris, in: *artforum*, IV, 6, Febr. 1966, S. 42.

## Bruce Nauman • USA

Fort Wayne, Indiana 1941 – lebt in Galisteo, New Mexico

### *Henry Moore Bound to Fail*, 1967 (Abguss 1970)

Gusseisen, 64,8 × 61 × 6,4 cm; Ex 4/9
Sammlung Froehlich, Stuttgart
→ Seite 45

Mit dem Rücken eines Menschen, dessen Arme an den Körper eng einschnürend gefesselt sind, verweist Bruce Nauman auf die beklemmende Situation des Gefangenseins. Das Moment des Zusammenschnürens bedeutet dem Künstler vor allem Bedrohung: Mit gebundenen Händen ist er arbeitsunfähig.[1]

Diese Bedrohung gründet in Naumans Auseinandersetzung mit der traditionellen Bildhauerei und wird an Henry Moore (1898-1986) beispielhaft erörtert. In einem Interview erklärte Nauman: „Nun, die Arbeit kommt von zwei Seiten her. Zum einen geht es um ‚Henry Moore Bound to Fail' [Henry Moore zum Scheitern verurteilt], zum anderen nur um ‚Bound to Fail' [Zum Versagen gefesselt], was allgemeiner ist. Es gab zu der Zeit mehrere Arbeiten, die sich mit Henry Moore befassten. Das hatte mit den aufstrebenden jüngeren Bildhauern in England zu tun, […] [die] von seiner Bedeutung erdrückt [wurden]. […]. So wurde er also runtergemacht, zur Seite geschubst. Und ich dachte, dass […] sie doch eigentlich besser an Henry Moore festhalten sollten […]."[2]

Das Relief *Henry Moore Bound to Fail* ist motivisch mit Arbeiten verbunden, in denen Nauman Knoten und Fesselungen thematisiert. Zur unmittelbaren Vorlage wurde das Foto seines eigenen Rückens (*Bound to Fail*, 1967, WVZ 72). Er hat das Motiv in Wachs modelliert (WVZ 82) und später als Auflagenarbeit in Eisen gegossen. Von daher steht das Relief im Kontext von Arbeiten aus der Mitte der 1960er Jahre, in denen Nauman Teile seines Körpers abgeformt hat.[3] Den Abdruck versteht er als austauschbar und mehrdeutig. Sein Körper ist künstlerisches Material und Motivfundus und wird formalen Gestaltungskriterien unterworfen.

In *Henry Moore Bound to Fail* lenkt Nauman mit dem Titel, in dem er auf Moore verweist, von seiner eigenen Person ab. Dennoch bleibt er als Akteur weiterhin präsent; er verknüpft die Identität von Moore mit seiner eigenen. Dadurch ist nicht nur ein Bekenntnis ausgesprochen, sondern auch ein Sinnbild für den Künstler an sich geschaffen. So konnte das Relief als „symptomatisch für die Bürde künstlerischer Berufung" gedeutet werden.[4] *dz*

1 Vgl. Dörte Zbikowski, *Henry Moore Bound to Fail*, in: *Bruce Nauman. Werke aus den Sammlungen Froehlich und FER*, Ausst.-Kat. ZKM | Museum für neue Kunst, Karlsruhe 1999, S. 76–79.

2 Bruce Nauman, im Interview mit Lorraine Sciarra, 1972, zit. nach: *Bruce Nauman. Interviews 1967–1988*, hrsg. v. Christine Hoffmann, Amsterdam 1996, S. 74–75.

3 Z.B. *Wax Impressions of the Knees of Five Famous Artists* (1966). Neal Benezra, *Bruce Nauman. Eine Topographie*, in: *Bruce Nauman. Exhibition Catalogue and Catalogue Raisonnés*, hrsg. v. Joan Simon, Ausst.-Kat. Walker Art Center, Minneapolis 1994, u.a., Kunsthaus Zürich 1995, Deutsches Beiheft S. 10, diskutiert die Einflüsse von Marcel Duchamp, Walter de Maria und vor allem Jasper Johns.

4 Brenda Richardson, *Bruce Nauman. Neons*, Ausst.-Kat. The Baltimore Museum of Art, Baltimore, Maryland, 1982, S. 22; vgl. Beatrice von Bismarck, *Bruce Nauman. Der wahre Künstler. The True Artist*, Stuttgart 1998, S. 15.

## Tim Noble & Sue Webster • GB

Stroud 1966/1967 – leben in London

### *The Spikey Thing*, 2005

Altmetall, geschweißt, Lichtprojektor
173,4 × 74,9 × 96,5 cm
Privatsammlung
→ Seite 26

Mann und Frau, Liebe und Hass, Anwesenheit und Abwesenheit, Glaube und Zweifel, Zuneigung und Abneigung – Dualitäten wie diese bestimmen das Werk des britischen Künstlerduos Tim Noble & Sue Webster.

Ihr innovativer Einsatz unterschiedlichster Materialien und Medien, ihre bisweilen humorvollen Anleihen aus der Punk- und Popkultur, aber auch der gelegentlich kritisierte Hang zu hemmungsloser Selbstvermarktung haben sie zu Stars der zweiten Generation der *Young British Artists*, den sogenannten *Post-YBA's*, werden lassen.

Mehr noch als ihre vereinzelt kitschig anmutenden Neonlichtinstallationen[1] sind es die Schattenskulpturen, die einen Großteil ihres Werkes und seiner öffentlichen Wahrnehmung ausmachen. Ihren komplexen Schrottskulpturen gemein ist, dass sie zunächst schroff und abweisend wirken, aber mit Hilfe exakt positionierter Lichtquellen auf anderer Ebene zum Leben erweckt werden. Die anfangs wirr und wahllos erscheinende Skulptur offenbart sich als ein minutiös arrangiertes Konstrukt.

*The Spikey Thing* besteht aus einer unüberschaubaren Anzahl länglicher Dornen zusammengeschweißten Altmetalls. Noble & Webster haben hier, im Gegensatz zu anderen Arbeiten, die eine konsumkritische Geisteshaltung offenbaren,[2] auf einen Materialmix mit vorgefundenem Müll verzichtet. Nach Illumination wird ein Selbstbildnis des Künstlerpaares an der Hintergrundwand sichtbar, auf dem sie unbekleidet Rücken an Rücken mit nach vorne gerichtetem Blick aufrecht stehen. Doch weiß auch der Betrachter, dem die Künstler bekannt sind, nie mit Gewissheit, ob es sich tatsächlich um eine Selbstdarstellung der Künstler handelt, offenbaren die Umrisse doch keine physiognomischen Details. *The Spikey Thing* ist ein angedeutetes, zurückhaltendes, nicht unmittelbar aus dem Material geformtes, keineswegs ein traditionelles Selbstbildnis, wie es seit der Renaissance bekannt ist.

Es zeigt sich eindrücklich, dass Noble & Webster vom Spiel der Gegensätze fasziniert sind: die verworrene, aus wertlosem Altmetall behutsam zusammengesetzte Skulptur ist ohne die exakt positionierte Lichtquelle unvollständig. Erst ihre fast magische Umwandlung zu dem Doppelporträt ruft den Zauber der Dinge hervor und regt den Betrachter an, gewohnte Betrachtungsweisen zu überdenken. *ad*

---

1 Z.B. *Toxic Shock*, 1997, 516-farbiger UFO-Reflektor-Deckel, Lampen, Halterungen, Foamex, PVC Film, Aerosol, Farbe, 200 × 7 × 260 cm, Sammlung John und Amy Phelan, New York.
2 So etwa *Wasted Youth*, 2000, Abfall, McDonalds Verpackungen, künstliche Lebensmittel, Holz, Lichtprojektor, 66 × 210 × 134 cm; *Dirty White Trash (With Gulls)*, 1998, Müll, Möwen, Lichtprojektor, Maße variabel.

## Claes Oldenburg • USA

Stockholm 1929 – lebt in New York

### *Soft Version of the Maquette for a Monument Donated to Chicago by Pablo Picasso*, 1969

Leinwand, Kordel, Metall, Acrylfarbe
96,5 × 73 × 53,3 cm
Musée national d'art moderne, Centre Georges Pompidou, Paris
→ Seite 80

Nur einmal, aber mit Variationen in Modell und Zeichnung, referierte Claes Oldenburg explizit und gleichsam kopierend auf ein Werk eines anderen Künstlers: er schuf eine weiche Version[1] von der monumentalen Stahlskulptur, die Pablo Picasso (1881–1973) zwei Jahre zuvor den Bürgern der Stadt Chicago zur Aufstellung auf der Civic Center Plaza geschenkt hat (*Untitled*, 1967).[2] Es scheint, als könnten sich Künstler dem Einfluss von Picasso, der als bedeutendster Künstler der Moderne gilt, kaum entziehen. Doch in Oldenburgs „Replik" fällt Picassos Skulptur schlaff in sich zusammen. Ein metallenes „Rückgrat" stützt das Gebilde aus Leinwandstoff und Kordel, hält es aufrecht, aber nicht in Position.

Die Transformation von Picassos Modell, auf das sich Oldenburg qua Titel bezieht, in eine *soft sculpture* ist Ausdruck eines Verfalls. Ihr symbolischer Wert als Inkunabel einer Epoche wandelt sich zum Ausdruck sinnlicher Naivität. Die Ähnlichkeit zu Picassos Skulptur besteht nur äußerlich in den Formteilen und ihrer Zusammensetzung, nicht aber in Material und Stabilität. Oldenburg entleert die Skulptur also gleichsam ihres tragenden Kerns und damit – wörtlich genommen – auch ihres Inhaltes und ihrer Zweckbestimmung. Er bezieht sich aber auch auf Picassos kubistisches Prinzip, in einer Darstellung mehrere Ansichten – Frontal und Profil – zu vereinen, denn durch das Rückgrat kann sein Objekt in unterschiedliche Positionen gedreht und damit in seinen Ansichten verändert werden. „Das Resultat", so Oldenburg, „ist Superkubismus, ein extrem flexibler Raum."[3]

Zugleich reagierte er auf den Rechtsstreit, der um das Copyright zu dieser Skulptur entfacht war und 1970 schließlich vor Gericht kam.[4] Oldenburg schuf eine Replik, die eine Neuschöpfung ist und für die selbstverständlich er das Copyright beansprucht. Insofern ist seine Skulptur, wie er erinnert, Ausdruck dafür, „dass Picasso den Leuten von Chicago den freien Gebrauch des Bildes überlassen hatte, und dass die Stadt kein Recht habe, dieses einzuschränken."[5]

Kunst zu schaffen, bedeutet für Oldenburg, die bildhauerischen Potenziale von Alltagssymbolen zu erkennen, sie umzuwandeln und der Öffentlichkeit als neue, herausfordernde Reize zurückzugeben. Indem er Bestehendes transformiert, entlockt er dem Objekt neue Möglichkeiten und hält seine Aktualität in Bewegung. Seine Adaptionen sind Erneuerungen. Das zeigt auch eine Zeichnung, in der Oldenburg Picassos Chicago-Skulptur in einen monumentalen Manschettenknopf überführte, der auf der Seite liegt, solcherart auf die *Chicago Picasso*-Manschettenknöpfe referierend, die als Souvenir angeboten werden.[6] Oldenburg reizt das Potenzial der Dinge und Kontexte bildhauerisch aus: „Da ich Leben und Bewegung liebe, sehe ich immer Bewegung, sogar in leblosen Dingen. Ich möchte einfach Leben schaffen [...]. Das Resultat mit meinen Materialien ist eine Illusion des Lebens, komisch oder ironisch oder absurd."[7] *dz*

---

1 Vorangegangen war eine vorbereitende Karton-Arbeit: *Copy of the Chicago Picasso Maquette*, 1969, Karton, Holz, 101,6 × 61,9 × 74,9 cm.
2 *Untitled*, 1967, Corten-Stahl, 1520 cm hoch, Richard J. Daley Civic Center Plaza, Chicago. Auftrag 1963 durch den Architekten des Daley Centers, Modell 1965, hölzerner Entwurf 1966, als Modell wird Sylvette David vermutet. Die Skulptur und ihre Aufstellung, aber auch ihr Material, das die gleiche Patina wie das benachbarte Bürogebäude entwickelt, wurden kontrovers diskutiert.
3 Claes Oldenburg, *Chicago Picasso*, in: *Claes Oldenburg. Object into Monument*, Ausst.-Kat. Pasadena Art Museum, Pasadena 1971, S. 85; zit. nach: Marla Prather, *Claes Oldenburg. Eine biographische Übersicht*, in: *Claes Oldenburg. Eine Anthologie*, Ausst.-Kat. National Gallery of Art, Washington, D.C.; The Solomon R. Guggenheim Museum, New York 1995; Kunst- und Ausstellungshalle der Bundesrepublik Deutschland, Bonn 1996, S. 7.
4 Das Gericht entschied, dass die Skulptur zum Allgemeingut gehöre und die Rechte nicht geschützt seien.
5 Claes Oldenburg, zit. nach: Germano Celant, *Eine Flasche voller Aufzeichnungen und Einige Reisen. Claes Oldenburg. Coosje van Brugghen*, Basel 1989, S. 181.
6 *Chicago Picasso Adapted to a Colossal Cufflink*, 1972, Pastellkreide, Farbstift, Wasserfarbe auf Papier, 73,7 × 57,8 cm, Sammlung Mr. und Mrs. Richard E. Oldenburg. Die Zeichnung ebenso wie die Skulptur stehen im Kontext auch von Oldenburgs Arbeiten von 1969, die sich auf Chicago beziehen. Vgl. auch, dass Oldenburg in seiner Jugendzeit u.a. in Chicago gelebt hat.
7 Claes Oldenburg, zit. nach: Germano Celent, *Claes Oldenburg und das Gefühl der Dinge*, in: Oldenburg 1995/1996, S. 15.

## Lygia Pape • BR

Rio de Janeiro 1927 – 2004 Rio de Janeiro

### *KV 10*, 1984

Aluminium, Plasma,
14 Teile, je ø 50 cm
Projeto Lygia Pape, Rio de Janeiro, Brasilien
→ Seite 96

Lygia Pape gehört zusammen mit Lygia Clark und Hélio Oiticica (1937–1980) zu den führenden Künstlern der Avantgarde in Brasilien, die sich seit den 1950er Jahren herausbildete. Die Neokonkreten, in Rio de Janeiro 1959 aus der konstruktivistischen Gruppe *Frente* hervorgegangen, traten für einen künstlerischen Ansatz ein, bei dem konzeptuelle Kompositionen emotional getragen werden sollten. Raum war ein wichtiges Thema, als Verbindung vom Raum des Werkes mit dem umgebenden Raum.

Pape interessiert sich für die Vielfalt der Materialien und die visuelle Anziehungskraft ihrer Oberflächen, in ihren frühen Reliefs unter Einbeziehung der Wand, dann als Skulptur im Raum und in ihren Performances und experimentellen Filmen als partizipatorisches Experiment, das Kunst ins Leben überführt. Es entstanden prozessuale, performative, zugleich auch ephemere Werke.

Die vierzehn dünnen Aluminiumscheiben von *KV 10* hängen, kühl und glitzrig, in schwebender Leichtigkeit vor einer Raumecke, als wollten sie in den Raum vordringen, ihn gleichsam erobern. Das Licht, das auf ihnen je nach Standort des Betrachters unterschiedlich reflektiert, verstärkt den Eindruck des Flüchtigen. Formale Unregelmäßigkeiten, die Falten und Furchen der eingeprägten Muster, die sie als individuelle Einzelteile auszeichnen, verweisen auf ihre Fragilität. Poetisch kann das Fließen etwa als Symbol für Entwicklung gesehen werden, das Zusammenspiel von Einzelteilen als Ausdruck von Individualität unter Gleichgesinnten und ihre wechselnde Anordnung als unkontrollierter Fluss des Lebens, als Ausdruck für das Eigenleben der Dinge.

Lygia Pape, die bereits in ihren frühen konstruktivistischen Gemälden und Skulpturen die europäische abstrakte Kunst in höchst kreativer Weise rezipierte, war mit der jüngeren Kunstgeschichte wohl vertraut. In der schwebenden, vom Luftzug getriebenen Leichtigkeit sind Alexander Calders *Mobiles* präsent, im silber metalligen Raumkörper Andy Warhols (1928–1987) *Silver Clouds* (1966). Warhols mit Helium gefüllte Kissen aus metallisierter Polyesterfolie, mit denen er seine Karriere als Maler beenden wollte, stehen ihrerseits in Bezug zu Claes Oldenburgs mit Schaumgummi gefüllten und mit silbernem Spritzlack bemalten Plastiktüten, die 1962 Requisit seiner Performance *Sports* waren. Auch wenn Pape keine dreidimensionalen Objekte, sondern flache Scheiben zeigt, lässt sich auch ihr Werk im Kontext des Aufbruchs lesen, der die Künstlerin zeitlebens beschäftigte. *dz*

## Thomas Rentmeister • D

Reken, Westfalen 1964 – lebt in Berlin

### *ob*, 2007

Bronze, 5 × ø 2 cm, Ed. 16 Unikate
Besitz des Künstlers
→ Seite 94

Die Polyesterskulpturen, die amorphe Form mit kühler Hightech-Ausstrahlung verbinden, der blockhafte Turm aus Kühlschränken in einer Hülle aus Penatencreme und schließlich die Arbeiten mit Lebensmitteln oder Hygieneartikeln weisen Thomas Rentmeister als einen Künstler aus, der sich auf vielschichtige Weise mit der Geschichte der Skulptur im 20. Jahrhundert auseinandersetzt und zugleich den radikalen Bruch mit dieser Tradition vollzieht. Er arbeitet mit unkonventionellen Werkstoffen wie Nussnugatcreme, Zucker, Kartoffelchips oder Erdnussflips, die, in großen Mengen aufgetürmt wie bei *Peanut Beach* (2006), beim Betrachter zwiespältige Gefühle auslösen.[1]

Masse und Material, klassische Begriffe der Bildhauerei, werden von Rentmeister ganz elementar verstanden und eingesetzt. Als Entgegnung auf die Konsumwelt bildet der Künstler neue Zusammenhänge aus allseits vertrauten Gebrauchsgegenständen, die dabei ihre ursprüngliche Funktion verlieren. Er konstruiert ein *Atomium* (2006) aus Wattestäbchen, Tampons, Schminkpads, Würfelzucker, Tic-Tacs und Watte und vertauscht die klassischen Hierarchien der Materialwertigkeit oder laviert auf dem schmalen Grad zwischen Wiedererkennen und Ekel: Kartoffelchips[2] und Tampons verlieren ihre kommerzielle Makellosigkeit, wenn der Künstler sie in Bronze gießen lässt. Aus billigstem Material gemacht und für den raschen Konsum bestimmt, erfahren sie durch den dauerhaften und hochwertigen Werkstoff Bronze eine merkwürdige Wandlung. Entgegen ihrer aufwendigen Herstellung wirken sie nun alt und verbraucht. Dabei mangelt es nicht an Ironie, wenn ein in maschineller Fertigung hergestelltes Gebrauchsprodukt auf seinem Weg zum Kunstobjekt traditioneller Handwerkskunst unterzogen wird. *mw*

---

1 Vgl. Petra Gördüren, *Thomas Rentmeister*, in: *Ballermann. Die Ausstellung*, hrsg. v. Dirk Luckow, Ausst.-Kat. Kunsthalle zu Kiel, 2006, S. 80–85

2 *Ohne Titel*, 2006, Bronze, je ca. 1 × 5 × 4 cm, Edition 100 Exemplare, Jahresgabe des Schleswig-Holsteinischen Kunstvereins 2007.

## Michael Sailstorfer • D

Velden, Vils 1979 – lebt in Berlin

### *Ohne Titel (Lohma)*, 2008

16 mm Film, Farbe, Ton, 4:20 Min., Loop-Maschine
Galerie Johann König
→ Seite 70, 71

Was Michael Sailstorfer in dieser Film-Installation zeigt, ist ein Haus, das atmet. Wir sehen, bei fester Kameraposition, eine Wellblechhütte, die einsam in einer weiten Schneelandschaft steht, fenster- und türlos, verschlossen. Nichts lenkt von der Spannung ab, die von der sachten Bewegung ausgeht: die Hütte bläst sich langsam von innen auf, weitet sich. Dann zieht sie sich wieder zusammen, als wäre ihr die Luft ausgegangen, und der Loop beginnt von Neuem.

Sailstorfers zentrales Thema ist eine vielfältige Auseinandersetzung mit Momenten der Transformation. In *Ohne Titel (Lohma)* arbeitet er mit jener Art von geheimnisvoller Dramaturgie, die entsteht, wenn Spannung aufgebaut, aber ihr Höhepunkt und ihre Auswirkung nicht gezeigt werden, wenn der Prozess in der Schwebe gehalten wird. Sailstorfer hat die Hütte eigens für dieses Filmprojekt errichtet – auf freiem Feld nahe der thüringischen Stadt Lohma – und lässt sie aus ihrem Inneren heraus explodieren. Er filmt die drohende Explosion mit einer Hochgeschwindigkeitskamera, zeigt uns aber nur die Bewegung bis unmittelbar vor der Explosion.[1] Sensibel verweist er auf das „Eigenleben“, nicht aber auf das Zerstörerische, das dieses bedingt und bedroht. Sein Ziel sei es, ein „Objekt mit Energie“ aufzuladen, sagte Sailstorfer in einem Interview.[2] Die Zerstörung in der Explosion, obgleich er sie als schöpferischen Akt der Transformation versteht, zeigt er nicht, denn sie war nicht Anliegen, sondern nur notwendiges Mittel, um eben jenes Aufladen mit Energie sichtbar zu machen.

So stellt Sailstorfer der grundsätzlichen Unbeweglichkeit von Architektur eine Dynamik entgegen, die als Bewegung auf der Stelle durchaus materialgerecht anmutet. Dies umso mehr, als dass solch eine schlichte Blechhütte der Naturgewalt eines starken Windes ohnehin nur bedingt standhalten würde.

Umformungen, Kontextverschiebungen, räumliche Inbesitznahmen, Vergänglichkeit, aber auch die spielerische und ironische Herangehensweise sind Schlagworte, mit denen Sailstorfers Arbeiten gefasst werden, und die auf *Ohne Titel (Lohma)* ebenfalls zutreffen. Auch klingen Themen vorangegangener Arbeiten wie Sesshaftigkeit und Mobilität, Heimat und Freiheit, dargestellt anhand einer einfachen Behausung an. In *Ohne Titel (Lohma)* thematisiert er ferner ein Arbeiten von innen heraus, das durchaus gleichnishaft verstanden werden kann. Prozesse im Inneren bestimmen die Wirkung nach außen. *dz*

---

1 Vorangegangen waren eine Reihe von *Explosion Tests*.

2 In: *Michael Sailstorfer. Für immer war gestern*, Ausst.-Kat. Ursula Blickle Stiftung, Kraichtal 2005, S. 102.

## Thomas Schütte • D

Oldenburg 1954 – lebt in Düsseldorf

### *Große Geister (Figur Nr. 6)*, 1996

Aluminiumguss, poliert, 290 × 140 × 80 cm
Kunstmuseum Wolfsburg
→ Seite 39

### *The Making of Große Geister*, 1996–1997

50 Fotografien, schwarzweiß, je 23,8 × 17,8 cm
Friedrich Christian Flick Collection
→ Seite 100, 101

Riesig, unbeholfen, als wäre die Bewegungsfreiheit in der silbrig glänzenden Hülle eingeschränkt und die Bewegung in emotionaler Ergriffenheit erstarrt, detaillos aus übereinander gelegten Ringen oder Wülsten gebildet, irgendwie unfertig, entrückt, als seien sie im Übergang von einem Seinszustand in einen anderen, also übermenschlich, präsentieren sich die Figuren aus Thomas Schüttes Werkgruppe der *Großen Geister* (1996– 1999).[1] Wie so oft hat sich Schütte des Modells bedient (*Kleine Geister*, 1995), um sein Anliegen zu erproben. Hier interessiert den Künstler die Standfestigkeit einer Figur in den unterschiedlichsten Stellungen von Armen und Beinen im Einklang mit der Gesamthaltung des Körpers. Sockellos stehen die *Geister* auf gleicher Ebene wie der Betrachter und wirken dennoch unnahbar.[2]

*Kleine Geister (erhobene Arme)* (1995, knapp 50 cm hoch) wurde zur Vorlage für *Große Geister Nr. 6* (1996),[3] wobei die erhobenen Arme auf den Anbetungsgestus zurückgehen. Die Assoziation an Geister gründet, nahegelegt durch die Wülste, in der Dreh- und Wirbelbewegung, die für die Manifestation von Geistern angenommen wird. Wie Geistern ist auch Schüttes Figuren keine klare Form zu eigen, sie imitieren jedoch den menschlichen Körper. Sind Kunstwerke „Besucher aus einer anderen Welt"?[4]

Schütte beschäftigt sich seit Anfang der 1980er Jahre, beginnend mit den Silhouettenfiguren und den dreibeinigen Fimokopffiguren, mit den Möglichkeiten figürlichen Gestaltens. Er erneuert und belebt ein Thema, das nach Auguste Rodin (1840–1917), Aristide Maillol (1861–1944) und Henry Moore (1898–1986) erschöpft zu sein schien und lange Tabu gewesen ist. Schütte arbeitet die Spannung zwischen der Figur und ihrer nur angedeuteten Form heraus, spielt mit Schrecken und Faszination von Verzerrung und Formauflösung, untersucht die Dynamik der Bewegung und ermittelt das rechte Größenverhältnis zwischen Betrachter und Kunstwerk. Er zwingt uns auf die Knie (vor den *Kleinen Geistern*) und lässt uns emporsehen (zu den *Großen Geistern*), bringt auch unsere Standfestigkeit zum Wanken.

Um die Möglichkeiten eines Themas ausreizen zu können, arbeitet Schütte am Rande des technisch Machbaren. Wie wichtig ihm der Herstellungsprozess ist, zeigt seine Dokumentation in der Fotoserie *The Making of Große Geister* (1996–1997). Sie macht die Werkstattsituation einer Gießerei bis hin zur Verpackung der Figuren für den Transport als Bestandteil des Werkes nachvollziehbar. *dz*

---

1 Die Assoziationen reichen von verformten Michelinmännchen bis *Terminator II Judgement Day*, 1990, von Arnold Schwarzenegger (vgl. Rainald Schumacher, *Nachhut – Zurück in die Zukunft*, in: *Thomas Schütte*, Ausst.-Kat. Sammlung Goetz, München 2001, S. 28, 29).
2 Ab 1999 stellt Schütte den männlichen Geistern weibliche Akte entgegen, deformierte Körper aus Bronze oder Stahl, die auf einem tischähnlichen Stahlsockel liegen (die *Bronzefrauen* und die *Stahlfrauen*) und in den *Ceramic Sketches* (1997–1999) ihre Vorläufer und Modelle haben. – Vgl. ähnlich der *Geister* auch die *Eisernen Männer* (1997).
3 Erstmals gezeigt in der Ausstellung *Skulptur. Projekte in Münster 1997*, Westfälisches Landesmuseum, Münster 1997.
4 Rainald Schumacher, *Nachhut – Zurück in die Zukunft*, in: *Schütte* 2001, S. 29.

## Richard Serra • USA

San Francisco 1939 – lebt in New York

### *Sign Board Prop*, 1969

Blei, Antimon
2 Teile, 130 × 130 × 2,5 cm (Platte), 100 cm (Rolle)
Privatsammlung, courtesy m Bochum Kunstvermittlung
→ Seite 7

Eine Bleiplatte, fest zur Stange gerollt, hält eine zweite, plane Bleiplatte in nahezu senkrechter Position, die als Gegengewicht ihrerseits ein Umkippen der Rolle verhindert. Die beiden Teile stützen sich gegenseitig. „Props" nennt Richard Serra die Arbeiten dieser Werkgruppe.

Entstanden ist diese Skulptur im Kontext der *Verb-List*, in der Serra 1967/1968 annähernd hundert transitive Verben und Begriffe aufgelistet hat.[1] Zur gleichen Zeit entdeckte er die außerordentliche Flexibilität von Blei und verwendete es als Werkstoff, um die in der *Verb-List* angedachten Aktionen experimentell umzusetzen. Er begann Bleibleche zu biegen, zu falten, zu schneiden, zusammenzurollen sowie Blei einzuschmelzen und gegen die Wand zu schleudern. Was Serra interessiert, ist die Handlung, die während des Formfindungsprozesses in Auseinandersetzung mit dem Material entsteht. Seine Skulpturen sind, losgelöst von jeglichem Illusionismus, Visualisierungen von Prozessen.

„To prop" (stützen) lässt sich mit Bleiplatten auf vielfältige Weise skulptural umsetzen. Neben den *Free Standing Props*, frei im Raum stehenden Konstellationen,[2] entstanden ab 1968 die *Wall/Corner Props*, zu denen auch *Sign Board Prop* gehört. Stets stützen sich die konstituierenden Platten und Rollen gegenseitig, wobei sie an Wand und Boden zusätzliche Haltepunkte finden. Dennoch wirkt die innere Dynamik der *Props* unabhängig von den räumlichen Gegebenheiten. Denn auch wenn durch die Balance der Kräfte Stabilität gewährleistet ist, überwiegt der Eindruck des Instabilen. Serra belässt den Prozess in der Schwebe. Er hält das Kräftespiel an genau dem Punkt an, der dem Umkippen oder Wegrutschen unmittelbar vorausgeht. Er sucht den Moment anhaltender Spannung.

Blei ist ein weiches Material, das aufgrund seines enormen Eigengewichts und seiner Dehnbarkeit unabhängig von einer äußeren Einwirkung einer ständigen Veränderung unterliegt. Dieses Deformationspotenzial hat Serra statisch ausgelotet und plastisch zugespitzt. So wird in *Sign Board Prop* die Bleiplatte von der Rolle an nur einer Stelle berührt; sie wird aufrecht, in leicht schräger Position gehalten, aber nicht daran gehindert, eine materialimmanente Eigendynamik zu entfalten. Die Platte verformt sich unter ihrer eigenen Schwere.

Arbeitsprozess und Materialprozess, Stabilität und Instabilität treffen spannungsvoll aufeinander, aber auch Faszination und Verunsicherung angesichts des labilen Gleichgewichts dieser bedrohlich schweren Teile. *dz*

---

1 Richard Serra, *Verben*, 1967/1968, zit. nach: *Richard Serra. Schriften. Interviews. 1970–1989*, Bern 1990, S. 7–11.
2 Z.B. die Skulptur *One Ton Prop (House of Cards)* (1969), bei der sich die vier Bleiplatten, zum Viereck aufgestellt, gegenseitig in Position halten, und die ein Schlüsselwerk auch im Hinblick auf Serras spätere Skulpturen aus Corten-Stahl ist.

## Steven Shearer • CDN

New Westminster 1968 – lebt in Vancouver

### *List*, 2004

Inkjet-Druck, gerahmt
164 × 107 cm, Ed. 9+1 AP
Courtesy Galerie Eva Presenhuber, Zürich
→ Seite 65

### *Poems XXI*, 2008

Kohle auf hadernhaltigem Papier,
7 Zeichnungen, je 125 × 92 × 5 cm
Courtesy Galerie Eva Presenhuber, Zürich
→ Seite 66/67

Thematischer Schwerpunkt von Steven Shearers Gemälden, Collagen, Zeichnungen, Drucken und Skulpturen ist die Reflexion auf amerikanische Black, Death und Heavy Metal Bands, ihre Songs und ihre kultische Verehrung, aus der eine eigene Subkultur hervorgegangen ist. Insbesondere in seinen aus zahlreichen Aufnahmen bestehenden Fotocollagen hinterfragt Shearer, der sowohl Fan als auch Analyst der Szene ist, kollektive Selbstdarstellungsformen, die oftmals die individuelle Suche nach sich selbst tarnen. Die fröhliche, pastellene Farbigkeit und die besonnene, ruhige Darstellung der ausnahmslos langhaarigen, männlichen, aber androgyn wirkenden Protagonisten seiner Gemälde, die stilistisch stark an Edvard Munch (1863–1944) erinnern, überblendet die obskuren, abstoßenden und bis ins Satanische gehenden Rituale dieser Szene.

Auch der feinsinnig klingende Titel der 2001 begonnenen Serie *Poems* und deren nüchterne Präsentation als weiße Buchstaben auf schwarzem Grund verweisen keineswegs darauf, dass Shearer hier besonders brutale, perverse und obszöne Textzeilen aus Black und Death Metal Songs zusammengestellt hat. Diese sind ihres ursprünglichen Kontextes beraubt und wirken wie Auflistungen von Handlungen, welche teilweise nahezu unvorstellbar sind. Doch bei aller Härte der Aussagen will Shearer den Betrachter nicht schockieren, sondern Aspekte des alltäglichen Lebens dokumentieren.[1]

Shearers wohl archivarischste Arbeit ist *List* (2004), eine alphabetisch geordnete Zusammenstellung von Bands, ihrem Heimatland, Albumtiteln, Erscheinungsjahr und Anzahl der Songs auf dem Album. So akribisch Shearers Vorgehen war, so sinnfrei ist es zugleich, lassen sich alle gesammelten Informationen doch ohne große Umstände über das Internet, das Shearer für seine Recherche zu Hilfe gezogen hat, beziehen. Durch die Auflistung von Namen und Daten prallt die Black, Death und Heavy Metal Subkultur geballt auf den Betrachter ein, doch nicht als ohrenbetäubendes Geräusch, sondern visuell als geordnete Struktur, die ihre eigenen ästhetischen Reize entfaltet. *ad*

1 *Exhibition Guide Steven Shearer*, Ikon Gallery, Birmingham, 2007.

## Monika Sosnowska • PL

Ryki, Polen 1972 – lebt in Warschau

### *Untitled*, 2007

Handlauf, PVC, 114 × 125 cm
Collection Martin Hatebur, Schweiz
→ Seite 81

Ein Handlauf hat gewöhnlich keinen eigenständigen dinghaften Charakter, sondern ist haptisch erlebter Teil der Konstruktion Geländer. Seine Form ist auf seine Aufgabe hin konzipiert, seine Gestaltung durch die Materialwahl und seine Verarbeitung, nicht aber durch ästhetische Inspiration geprägt. Monika Sosnowska jedoch, die die Eigendynamik der Dinge herausarbeitet, entwendet einen metallnen, kunststoffbeschichteten Handlauf aus seinem Kontext, fügt ihn zu einem geschlossenen Band ohne Anfang und Ende und ohne klar definierte Form. Mit zwei Verstrebungen an der Wand befestigt, hängt er scheinbar schlaff herunter – scheinbar nur, denn das Material ist keinesfalls flexibel, jeder Eindruck von Schwingung ist eine Illusion. Hier wie auch in ihren anderen Arbeiten irritiert Sosnowska mit ihren Interventionen die Stabilität von Architektur und ihren Versatzstücken.

2006 hatte sie, als Teil ihrer Ausstellung in der Foksal Gallery Foundation in Warschau, eine Geländerstrebe gelöst und zu einem Band, das gleichsam eingefroren durch das Treppenhaus „flattert", verlängert (*Hand Rail*, 2006). Sosnowska verfremdet ein vorgefertigtes Material aus dem häuslichen Umfeld. Sie ist schöpferisch, indem sie deformiert. Sie überrascht und verwirrt. Sie will den Betrachter in seinen Gefühlen erreichen. Die Erfahrung, der sie den Betrachter/Begeher ihrer architektonischen Raumarbeiten aussetzt – beispielhaft sei auf die sich verjüngenden Gänge und die Türlabyrinthe verwiesen –, wirkt sogar bedrohlich. Sosnowska beunruhigt unseren Orientierungssinn, was sich als Metapher für unsere Zeit lesen lässt. Auch der verformte Handlauf von *Untitled* (2007) gibt keine Sicherheit, er ist keine Führung mehr, sich im Raum zu orientieren. Wollte man ihn gebrauchen, würde man zum Akrobaten, der sich unendlich im Kreis dreht.

Form und Abstraktion werden zum Selbstzweck, der Handlauf zu einem bildnerischen Material. Dabei bewegt sich Sosnowska in einem Grenzbereich zwischen freier Improvisation und am Gegenstand orientierter Handhabung. So entspricht die Aufhängung des Handlaufs der gewöhnlichen Montage im Treppenhaus. Doch indem sie den Handlauf von jeglicher Zweckbindung befreit und zu einer linearen Skulptur im Raum formt, reflektiert sie spielerisch unsere Wahrnehmungsmuster. *dz*

## Frank Stella • USA

Malden, Massachusetts 1936 – lebt in New York

### *K.40*, 2006

Edelstahl, Aluminium
111,8 × 132,1 × 74,9 cm
Privatbesitz, courtesy Galerie Haas & Fuchs, Berlin
→ Seite 83

Als Frank Stella mit den *Polish Villages Series* (1971–1973) zu Wandreliefs überging, die eine geradezu barocke Farben- und Formenpracht auszeichnet, wunderte sich die Kunstwelt, war Stella doch bisher durch seine reduzierten *Shaped Canvases*, in denen Bild und Bildträger zusammenfallen, bekannt geworden. Das Überbordende der neuen Arbeiten ist die Kehrseite der gleichen Medaille, in äußerster Reduktion wie in raumgreifender Fülle: Für beide Ausformungen gilt Stellas Devise „What you see is what you see", der vollständige Verzicht auf Gegenständlichkeit, Illusion, Ikonographie oder Symbolik. Was die *Shaped Canvas*-Gebilde in ihrer Positionierung zwischen Bild und plastischem Objekt andeuteten, wurde nun zum Raumkörper in direkter, voraussetzungsloser Konfrontation mit dem Betrachter. Alles, jedes einzelne Farb- und Formelement mit je eigenen Stellungen, Drehungen oder Winkelungen im Gesamtensemble bildet gleichsam ein Individuum, das erst aus der Konfrontation mit den anderen gleichberechtigten Elementen eine Komposition ergibt.

In den Arbeiten der letzten Zeit ist die Farbigkeit reduziert und lässt dem Metall Raum. In *K.40* kombiniert Stella die glatte Struktur des Aluminiums mit dem gröberen, durch Arbeitsspuren farbig changierenden Stahl im Zusammenwirken ausladender und kleinteiliger Rundschwünge. Aus dem Gegeneinander glänzender und matter Silbrigkeit, großzügiger und komprimiert verschachtelter Formen, leicht und schwer wirkenden Materials resultiert ein Ineinandergreifen und schließlich Miteinander-Agieren. Der graue Schatten tut ein Übriges hinzu, indem er die Wand durchlässig werden lässt und den Charakter des Raumkörpers verstärkt, der uns selbstbewusst gegenübertritt. *pth*

## Jean Tinguely • CH / F

Freiburg im Üechtland 1925 – 1991 Bern

### *La spirala*, 1965

Schrottteile, schwarze Farbe, Elektromotor,
282 × 60 × 80 cm
museum kunst palast, Düsseldorf
→ Seite 43

Bekannt wurde Jean Tinguely, einer der führenden kinetischen Bildhauer, 1952 mit seinen *Méta-matics*-Fantasiemaschinen. Zunächst waren dies abstrakte Konstruktionen, die durch einen Zahnradmechanismus mit Handkurbelantrieb vom Betrachter in Bewegung gebracht werden konnten. Als er 1960 im Hof des Museum of Modern Art seine *Hommage à New York* realisierte, eine Skulptur, die sich am 17. März „selbst" zerstörte, war dies sein erstes monumentales Werk und es war das erste Mal, dass er Schrott als künstlerisches Material verwendete. Tinguely war dabei auch von Robert Rauschenbergs (1925–2008) Assemblagen aus Alltagsgegenständen beeinflusst. Im Oktober gründete er mit unter anderem Arman (geb. 1928), Yves Klein (1928–1962), Raymond Hains (geb. 1926), Daniel Spoerri (geb. 1930) unter der Führung des französischen Kunstkritikers Pierre Restany (geb. 1930) die Gruppe der *Nouveaux Réalistes*. Ihre Kritik an der Konsumwelt zeigt sich darin, dass sie Abfälle und Reste der „Überflussgesellschaft" verarbeiteten. Die gesellschaftliche Zweckmäßigkeit der Dinge wird ad absurdum geführt, Kunst zeigen sie als zweckungebunden und funktionslos.

Ab 1963 / 1964 bis 1968 strich Tinguely viele seiner Skulpturen schwarz an. Zu dieser Werkgruppe gehören auch seine *Spiralen*. Eine monumentale Schraube, aufgerichtet bis fast in die Senkrechte, charakterisiert diese, der Skulpturenkörper, der die Schraube hält, variiert. Per Knopfdruck kann der Betrachter die Schraube, angetrieben durch einen Elektromotor, in Gang setzen. Dann ergibt sich der Eindruck, als schraube sie sich schier endlos in die Höhe, als wolle sie den Raum erobern. Das erinnert an die *Unendliche Säule* (1937, 33 m hoch), die Constantin Brancusi (1876–1957) unter fortwährender Reduzierung seiner Formensprache geschaffen hat. Tinguely kannte Brancusi seit 1953; sie waren in Paris Ateliernachbarn.

Tinguely interessiert sich für die Ausdrucksmöglichkeiten von Bewegung, für Wandlung, die dem Stillstand (auch symbolisch), aber auch dem Körperhaften entgegensteht. Dreht sich eine Spirale schnell genug, scheint sie sich aufzulösen. Skulpturen wie *La spirala*, die Tinguely aus Eisenteilen zusammengeschweißt hat, hierin Julio González (1876–1942) und Pablo Picasso (1881–1973) verpflichtet, sind Kommentare zum Sinn von Technik. Sie produzieren nichts,[1] führen sisyphoshaft unablässig die gleiche Bewegung aus. Den Betrachter durch ihre spielerische Leichtigkeit faszinierend, lassen sie jede Problematisierung von Technik genauso vergessen wie im Gebrauch von technischen Alltagsgeräten, die eigentlich keiner braucht. *dz*

1 Ausnahme sind die *Méta-matics*-Malmaschinen und die Maschinen, die sich selbst zerstören.

## Tatiana Trouvé • I / F

Cosenza 1968 – lebt in Paris

### *Untitled (tree nickel)*, 2008

Metall, Leder
203 × 127 × 64 cm
Olbricht Collection
→ Seite 12

### *Rock (different metals)*, 2008

Alpenstein, Aluminium, Plexiglas, Kupfer, Messing
50 × 75 × 90 cm
Privatsammlung Frankreich
→ Seite 13

Tatiana Trouvés Skulpturen wirken minutiös arrangiert, teilweise vertraut, aber funktionslos. Einer ihrer Ansätze ist, Gegenstände wie Stühle, Tische, Lampen und Fitnessgeräte so zu manipulieren, dass sie gängigen Vorstellungen und Erwartungshaltungen nicht mehr entsprechen und ihrer Funktion beraubt sind. Ein anderer Ansatz ist, vertraut wirkende Gegenstände mithilfe von Metall, Leder und ähnlichen Werkstoffen funktionsuntüchtig nachzubauen.

Trouvé hinterfragt gewohnte Sehweisen und bricht sie auf. Ihre „Bäume", wie *Untitled (tree nickel)*, ragen zwar in die Höhe, verästeln sich auch, doch es sind verschlungene Röhren, die tatsächlich keine weiteren charakteristischen Baum-Merkmale aufweisen und aller Natürlichkeit entbehren. *Untitled (tree nickel)* besteht aus drei Metallrohren, die längs aufgeschnitten sind und mit Draht wieder „zusammengenäht" wurden. Zwei bildhauerische Prozesse – das Herausnehmen oder Teilen sowie das Zusammenfügen – sind hier angewandt. Verletzbarkeit klingt an, die durch den schwarzen Lederüberzug zweier Rohre zusätzlich gesteigert wird. Auch diese Ummantelungen oder „Korsagen, die Stütze und Handicap zugleich sind,"[1] wurden mit großen Stichen zusammengenäht. Materialgerecht legt sich das weiche Leder um das harte Metall, folgt seinen Biegungen und gibt dem Rohr, das dadurch in ein Spannungsverhältnis zur nichtummantelten Stange tritt, mit der neuen Oberfläche auch eine neue Farbigkeit.

Trouvés „Bäume" sind dreidimensionale Linienzeichnungen im Raum, denen selbst ihr ausgefeiltes Gleichgewicht nicht jene Standfestigkeit zu verleihen vermag, die die im Titel nahegelegte Assoziation zu Bäumen erwarten ließe.

Schwer, unbeweglich und unbeugsam hingegen behauptet sich der mächtige Alpenfindling der Arbeit *Rock (different metals)*. Trouvé hat in ihn quadratische Aussparungen gefräst und diese mit Platten aus unterschiedlichen Metallen wieder gefüllt. Die metallenen Platten lassen an Pflaster denken. Erneut thematisiert Trouvé also Verletzbarkeit, aber ganz vehement auch das Aufeinandertreffen von Natur und Technik.[2]

Ihre ästhetische Reinheit, ihre Funktionslosigkeit und die Verwendung von Gegenständen aus der Leder- und Fetischszene lassen Trouvés Werke eigentümlich unheimlich und unnahbar erscheinen. Es ist schwer vorstellbar, dass die steril wirkenden Objekte menschliche Berührung oder Manipulation erfahren haben. Gemeinsam ist Trouvés skulpturalen Werken, dass der – männlich konnotierte – Einsatz von Kraft und schwerem Gerät im Herstellungsprozess konträr zu ihrer unnahbaren, aber oft verspielten und grazilen Wirkung – einer femininen Komponente – steht.

Neben Skulpturen schafft Trouvé große Zeichnungen, in denen eben jene Skulpturen in perspektivisch überspitzten Raumfiktionen wiederzufinden sind. ad

1 Tatiana Trouvé, zit. nach: Barbara Nolte, *Der Findling*, in: *ZEITmagazin LEBEN*, 24. Jan. 2008, Nr. 5.
2 Giuseppe Penone (geb. 1947), prominenter Vertreter der *Arte Povera*, arbeitet ebenfalls mit Steinen und mit Bäumen. Ihm geht es jedoch – im Gegensatz zu Trouvé – um die Natürlichkeit und Einfachheit seiner Materialien sowie deren haptische Erfahrbarkeit.

## Günther Uecker • D

Wendorf, Mecklenburg 1930 – lebt in Düsseldorf und St. Gallen

### *Kubus-Kubus*, 1967

Nägel, Blei, Holz, 127 × 60 × 60 cm
Besitz des Künstlers
→ Seite 33

In Günther Ueckers Werken sind Nägel seit 1957 das bildbestimmende Strukturelement. Im Spiel mit Licht und Schatten wirken sie als Störfaktor vertrauter und gewohnter Alltagsabläufe und Alltagsgegenstände.[1] In Form und Material ein banaler Gegenstand, bekommt der Nagel einen komplexen, konzeptuellen Gehalt. Dabei ist der Nagel im Œuvre Ueckers einer ständigen Wandlung und Erweiterung unterworfen, er dient als Formelement, als Schattenwurf, als Schlagbild, als Fetisch und sogar als Waffe. Ruhelos erscheinen Ueckers frühe Nagelarbeiten, stark geprägt durch seine Erfahrungen des Zweiten Weltkrieges. Gedanken über Krieg und Frieden, Gott und die Welt, Leben und Tod zeigen sich auch in seiner Material-auswahl: Holz, Asche, Steine, Äste, Blätter, Sand, Farben und Nägel. „Ich mache Aggressionen sichtbar, wandle sie poetisch um",[2] erklärt Uecker. Dabei ist die Quelle seiner Kunst der Mensch, die Verletzung des Menschen.[3] Waren die ersten Benagelungen noch Rahmung oder Spannung, sind die benagelten Objekte wie Tische, Klaviere oder Nähmaschinen mit einer rhythmisierten Oberflächenstruktur versehen.

In *Kubus-Kubus* sind zwei Holzwürfel, überzogen mit flächendeckend angenagelten Bleiplatten, mit Nägeln verbunden übereinandergesetzt. Der obere Kubus scheint über dem unteren zu schweben. Fast zerbrechlich wirkend, halten die Nägel das Gewicht. Nur in den oberen wurden die Nägel hineingehämmert, ihre Köpfe sind sichtbar. Sie stehen so dicht, dass nur wenig Licht eindringen kann. Der Nagel, dessen eigentliche Funktion das Halten, Fixieren oder Stabilisieren ist, wird in Ueckers Werken zur Struktur, Bewegung und Lichtwirkung. Der kontrollierte, dynamische und Energie geladene Hammerschlag, mit dem Uecker die Nägel durch Blei und Holz treibt, ist nahezu spürbar. Das Kunstwerk ruht in sich, die sichtbaren Schläge sind von Uecker ästhetisch umgewandelt. Stabil und aufrecht kündet es von einer anderen Wirklichkeit als der, die wir sehen: „Das, was da unsere sehbare, erkennbare Wirklichkeit ist, ist auch verbunden mit einer anderen Wirklichkeit, die wir nicht sehen. Und wenn ich darin herumstochere, mit einem Gegenstand wie mit dem Nagel, um das zu verbinden, um von beiden Wirklichkeiten zu künden, dann kann es mir auch auf eine poetische Art visuell manchmal gelingen. [...] Ich versuche, die Dinge direkt zu verzahnen, das Sagbare mit dem Unsagbaren zu verbinden und bildnerisch in die Welt zu stellen."[4] *js*

1 Vgl. Ellen Heider, *Günther Uecker. Hindernis*, in: Dirk Luckow (Hrsg.), *Kunsthalle zu Kiel. Die Sammlung*, Köln 2007, S. 380–381.
2 Günther Uecker, in: Ingeborg Ruthe, *Mit eisernem Pinsel*, in: *Berliner Zeitung*, 12. März 2005.
3 Ereignisse, bei denen der Mensch direkt betroffen ist, werden von Uecker wie in den *Aschebildern oder Aschemenschen* (1987), die direkt Bezug auf die Reaktorkatastrophe von Tschernobyl nehmen oder in den *Zeichen mit Schriften* (2002), deren Bezug die Ereignisse des 11. September sind, verarbeitet.
4 Günther Uecker, in: *Informationen zu Günther Uecker*, Galerie Zimmermann & Heitmann. Kunsthaus seit 1879, in: http://www.zimmermann-heitmann.de/Informationen-zu-Guenther-Uecker.

## Henk Visch • NL

Eindhoven 1950 – lebt in Eindhoven

### *I know your face, but I forgot your name*, 2007

Eisen, 440 × 40 × 50 cm
Besitz des Künstlers
→ Seite 69

Mit dem Werktitel *I know your face, but I forgot your name* spielt Henk Visch auf eine vertraute, aber unangenehme Situation an: das Wiedertreffen einer Person, deren Namen man vergessen hat. Dies ist im Fall von Vischs Figur wenig erstaunlich, weist sie doch kaum charakteristische Merkmale auf, sondern mutet wie ein von Kinderhand gezeichnetes Strichmännchen an. Der überproportional große, runde Kopf hat eine „Punkt-Punkt-Komma-Strich"-Physiognomie. Die Figur selbst ist ins Extreme gelängt und hat kaum Körpervolumen. Oberkörper und Beine nehmen je die Hälfte des armlosen Körpers ein. Der Übergang vom Rumpf zu den Beinen – die Stelle also, an der primäre Geschlechtsmerkmale zu finden wären – ist mit einem dunklen Tuch umwickelt.

Der Blick der Figur ist leicht nach unten geneigt. Trotz der starken Stilisierung der Gesichtszüge scheint sie traurig, vielleicht sogar resigniert auf ihre Betrachter, aber auch auf die anderen im Raum befindlichen Kunstwerke hinabzuschauen.

Henk Vischs Werk ist im Bezug auf seine Materialien und Medien, aber auch auf den Abstraktionsgrad seiner Arbeiten äußerst variantenreich. Seine ersten Skulpturen schuf er Ende der 1970er Jahre aus Holz. Mit der 1988 auf der Biennale in Vendig gezeigten Figur *Don't wait for me in a borrowed home* begann er in Bronze zu arbeiten, welche heute neben Aluminium sein Hauptmaterial ist. Gelegentlich verhüllt er Teile seiner Figuren mit unterschiedlichen Materialien oder versieht die Patina mit Bemalungen.

So unterschiedlich Henk Vischs Werke anmuten, gemeinsam sind ihnen ihre poetischen, vieldeutigen Titel und ihre scheinbare Entrücktheit, über die der Künstler schreibt: „[...] meine Skulpturen feiern keine Feste. Manchmal denke ich, sie entfliehen der Wirklichkeit oder aber, sie suchen nach ihr."[1] *ad*

1 Henk Visch, *Biografische Notizen*, in: *Henk Visch. Wait and see what happens*, Ausst.-Kat. Institut Mathildenhöhe, Darmstadt 2007, S. 62.

## Sonja Vordermaier • D

München 1973 – lebt in Hamburg

### *Teslasmog*, 2006

Antennen, Hochleistungsmagnete, Eisenspäne, Stahl, ca. 340 × 240 cm
Sonja Vordermaier, courtesy Galerie Lena Brüning
→ Seite 29

„Metallnes Astwerk" und „Weltraum-Trash" sind Assoziationen, die sich mit Sonja Vordermaiers Hängeskulptur *Teslasmog* verbinden.[1] Erst auf den zweiten Blick gibt sich das Gebilde, das an dicken Drähten und doch scheinbar leicht schwebend von der Decke herabhängt, als ein Knäuel aus Fernsehantennen zu erkennen, an denen bizarre Formationen aus feinen Eisenspänen und Nagelstiften haften. Sie werden vom Magnetismus gehalten, der ihnen auch ihre Struktur verleiht. Der Eindruck, ob sich die Antennen im Zentrum des Gesamtgebildes verdichten oder, optisch verstärkt durch die ebenfalls „befallenen" Hängeseile, nach außen streben, bleibt ambivalent. Das Wuchern und Wachsen bewegt sich zwischen Ordnung und Unordnung, es scheint unkontrollierbar.

Fernsehantennen gehören zu einer noch vor kurzem gefeierten, heute aber schon wieder überholten Hochtechnologie. Sie sind Ausdruck der unaufhörlichen Fortschritte in Technik und Wissenschaft, unserer Schnelllebigkeit, aber auch unserer Abhängigkeit von der modernen Kommunikationsindustrie. Vordermaier zeigt sie als ästhetisch aufgearbeiteten Abfall, aber auch als durcheinander geratenes, ausgedientes Netzwerk. So wie Abgestorbenes und Verlassenes in der Natur von neuem Leben überwuchert wird, verbindet sie die Antennen gleichsam mit „Kolonien büschelweise siedelnder Lebensformen"[2] und rückt die Installation einmal mehr in die Nähe von Entwicklungs- oder Wachstumsprozessen.

Vordermaier arbeitet materialspezifisch. Sie arbeitet aber auch symbolisch, wenn sie der Überwindung von Distanz durch die Übertragung, also „Ausstrahlung" von Bild und Sprache (Fernsehantennen), eine „Anziehung", ein Verdichten und Zusammenhalten (Magnetismus) entgegenstellt, wenn sie mit dem Magnetismus Kräfte veranschaulicht, die tatsächlich nicht zu sehen sind.

Es gibt zu denken, dass es der Elektroschrott ist, der das feine, ungeformte Material Eisenspäne, das noch alle Möglichkeiten der Formwerdung in sich birgt, anzieht, vereinnahmt. Die antike Fabel vom Magnetberg im Meer kommt in den Sinn, der alle vorüberfahrenden Schiffe anzog, so dass sie an ihm zerschellten, wobei der Magnetberg Symbol der Sünde ist, an dem das Lebensschiff zugrunde geht.[3] Vordermaiers Kunst wird zwar ganz sachlich als ein Mit- und Gegeneinander von Masse und Material, also materialimmanent gedeutet,[4] doch sind die Spannungen, die die Künstlerin in *Teslasmog* aufbaut, derart symbolträchtig, dass bei aller Poesie des Gebildes auch eine kritische Haltung zum Ausdruck kommt. *dz*

1 Jens Asthoff, *Zwischenräume der Realität*, in: *Sonja Vordermaier. H.W. & J. Hektor Kunstpreis 2008*, Ausst.-Kat. Kunsthalle Mannheim 2008, S. 15.
2 Asthoff 2008, S. 15.
3 Vgl. *Herder-Lexikon Symbole*, Freiburg 1978, S. 106.
4 Asthoff 2008, S. 14.

## Thomas Zipp • D

Heppenheim 1966 – lebt in Berlin

### *Geist ohne Körper*, 2004

Bronze, ca. 65 × ø 50 cm
Ex. 2/3
Galerie Guido W. Baudach, Berlin
→ Seite 55

Thomas Zipps aus Bronze gegossene Glocke *Geist ohne Körper* mutet zunächst traditionell an, waren Glocken doch – neben Waffenmunition – Hauptverwendungsgebiet von Bronze. Aufgrund ihrer stehenden Präsentation und ihres Gewichtes von etwa 60 kg kann der Betrachter nur mutmaßen, ob die Glocke einen Klöppel besitzt und ihrer Funktion, der Klangerzeugung, nachgehen kann, oder ob sie lediglich eine schön anzusehende, aber leere Hülle – ein Geist ohne Körper – ist.

Auch kann Zipps Glocke die verschiedenen realen und symbolischen Funktionen, die die christliche Religion Glocken zuweist, nicht erfüllen. Im Mittelalter erfüllten Kirchenglocken sieben Funktionen, die sie oftmals neben ihrem Namen als Inschrift trugen.[1] Noch heute rufen sie zu Gottesdiensten und Gebet und werden als Stimme Gottes oder Verbindung zwischen Himmel und Erde interpretiert. Kirchenglocken werden gewöhnlich vom Namen des Heiligen, dem sie gewidmet sind, oder dem Anlass ihrer Stiftung geziert. Auf Zipps Glocke befindet sich neben der aufgegossenen Titelinschrift ein für Glocken untypischer Totenschädel. Einerseits spielt Zipp auf Totenglocken und die Redewendung an, dass jemandem, dessen Tod nahe ist, sein letztes Stündlein geschlagen hat. Andererseits legt der Titel Parallelen zum Glauben nahe, die Seele verlasse unmittelbar nach dem Tod den menschlichen Köper. Dieser Interpretation folgend, wäre die Glocke der Körper, von dem sich die – undarstellbare – Seele gelöst hat.

Thomas Zipp arbeitet in zahlreichen künstlerischen Medien. Neben Collagen, seiner bevorzugten Technik, schafft er Installationen, Skulpturen, Bilder, Druckgraphiken, Zeichnungen, aber auch Fotos und Videos und schreibt Texte und Musik. Dabei lassen sich inhaltlich wie formal immer wieder Bezüge zur klassischen Moderne ausmachen.[2]

Zipps Werke gründen in einer fundierten Auseinandersetzung mit spirituellen Fragen und menschlichen Grunderfahrungen und weisen Referenzen an Wissenschaft und Kunst auf. Sie werden häufig von historischen Geschehnissen und Persönlichkeiten inspiriert; die dunkle Farbgebung verleiht ihnen eine finstere, apokalyptische Grundstimmung. Und doch zeugen sie von einem tiefgründigen Humor und lassen ein Augenzwinkern des Künstlers erkennen.

Dass Thomas Zipp sich auch von Heavy Metal Musik anregen lässt, belegt unter anderem die Verwendung eines Titels der Band Black Sabbath, die zu den Mitbegründern dieser Musikrichtung gezählt werden. Seine Einzelausstellung in Mülheim und London benannte Zipp nach deren Song *Planet Caravan* aus dem Jahr 1970.[3] *ad*

1 Gott lobe ich; Das Volk rufe ich; Den Klerus versammle ich; Die Toten beklage ich; Die Pest vertreibe ich; Die Feste schmücke ich; Zum Schrecken aller Dämonen läute ich.
2 So ließ er sich für sein Gemälde *Achtung! Vision: England attacked by the Subreals*, 2004, 33-teilig, 300 × 460 cm von Max Ernsts Gemälde *Das Rendezvous der Freunde*, 1922, Öl auf Leinwand, 130 × 195 cm, Museum Ludwig, Köln, inspirieren.
3 *Thoma Zipp. Planet Caravan. Is There Life After Death? a Futuristic World Fair*, Ausst. Kunsthalle Mannheim, 2007; Kunstmuseum Mülheim, 2007; South London Gallery, 2007/2008.

## Bibliografie


Hans Joachim Albrecht, *Skulptur im 20. Jahrhundert. Raumbewußtsein und künstlerische Gestaltung*, Köln 1977

Hans Joachim Albrecht, *Skulpturen begegnen. Beiträge zur skulpturalen Wahrnehmung*, Bonn 2007

Jean Baudrillard, *The System of Objects*, London, New York 1996

Judith Collins, *Sculpture today*, London 2007

Andreas Franzke, *Skulpturen und Objekte von Malern des 20. Jahrhunderts*, Köln 1982

Carola Giedion-Welcker, *Plastik des XX. Jahrhunderts. Volumen- und Raumgestaltung*, Stuttgart 1955

Abraham Marie Hammacher, *Die Plastik der Moderne*, Frankfurt / M. und Berlin 1988

Glenn Harper, Twylene Moyer, *A Sculpture Reader: Contemporary Sculpture since 1980*, Washington DC 2006

Werner Hofmann, *Die Plastik des 20. Jahrhunderts*, Frankfurt / M. 1958

Axel Janeck, *Metallplastik*, in: Hans H. Hofstätter (Hrsg.), *Geschichte der Kunst und der künstlerischen Techniken*, Bd. II, Wiesbaden 1967, S.95–116

Rosalind E. Krauss, *Passages in Modern Sculpture*, New York, London 1977

Rosalind E. Krauss, *The Originality of the Avant-Garde and other Modernist Myths*, Cambridge MA 2002

Udo Kultermann, *Neue Dimensionen der Plastik*, Tübingen 1972

Edward Lucie-Smith, *Sculpture since 1945*, London 1987

Dietrich Mahlow, *100 Jahre Metallplastik. Bronzeguß, Construction, Materialsprache, Wahrnehmung*, 2 Bde., Frankfurt / M. 1981

Nicholas Penny, *The Materials of Sculpture*, London, New Haven 1993

Alex Potts, *The Sculptural Imagination: Figurative, Modernist, Minimalist*, London, New Haven 2000

Thomas Raff, *Die Sprache der Materialien. Anleitung zu einer Ikonologie der Werkstoffe*, München 1994

Herbert Read, *Modern Sculpture. A Concise History*, London 1968

George Rickey, *Constructivism. Origins and Evolution*, New York 1967

Margit Rowell, *Skulptur im 20. Jahrhundert. Figur. Raumkonstruktion. Prozeß*, München 1986

Michel Seuphor, *Die Plastik unseres Jahrhunderts. Wörterbuch der modernen Plastik*, Neuchâtel 1959

Eduard Trier, *Moderne Plastik. Von Auguste Rodin bis Marino Marini*, Berlin 1954

Eduard Trier, *Figur und Raum. Die Skulptur des 20. Jahrhunderts*, Berlin 1960

Eduard Trier, *Bildhauertheorien im 20. Jahrhundert*, Berlin 1971

Monika Wagner, *Das Material der Kunst. Eine andere Geschichte der Moderne*, München 2001

*Lexikon des künstlerischen Materials. Werkstoffe der modernen Kunst von Abfall bis Zinn*, hrsg. v. Monika Wagner, München 2002

*9 at Castelli*, Ausst.-Kat. New York 1968

*ArchiSkulptur. Diaolog zwischen Architektur und Plastik vom 18. Jahrhundert bis heute*, Ausst.-Kat. Fondation Beyeler, Basel; Kunstmuseum Wolfsburg; Guggenheim Museum Bilbao, 2004

*British Sculpture in the Twentieth Century*, Ausst.-Kat. The Whitechapel Art Gallery, Eindhoven 1981

*Bronze: The Power of Life and Death*, Ausst.-Kat. Henry Moore Institute, Leeds 2005

*Dimensionen des Plastischen. Bildhauertechniken*, Ausst.-Kat. Neuer Berliner Kunstverein e.V. in der Staatlichen Kunsthalle Berlin, Berlin 1981

*Eisen- und Stahlplastik 1930–70*, Ausst.-Kat. Württembergischer Kunstverein Stuttgart 1970

*Eisenskulptur aus Spanien*, Ausst.-Kat. Städtische Kunsthalle Mannheim; Museum Bochum; Haus am Waldsee, Berlin, Madrid 1990

*Katalanische Skulptur im 20. Jahrhundert*, Ausst.-Kat. Wilhelm Lehmbruck Museum Duisburg; Städtische Museen Heilbronn; Kunstmuseum Aarau, Duisburg 1993

*Reliefs. Formprobleme zwischen Malerei und Skulptur im 20.Jahrhundert*, Ausst.-Kat. Westfälisches Landesmuseum für Kunst und Kulturgeschichte Münster 1980

*schweben. antigrav in der plastik*, Ausst.-Kat. Skulpturenmuseum Glaskasten Marl, Essen 1995

*Schwerpunkt Skulptur. Hundertvierzig Werke von achtzig Künstlern, 1950–1990*, Ausst.-Kat. Kaiser Wilhelm Museum Krefeld, Krefeld 1992

*Second Skin: Historical Life Casting and Contemporary Sculpture*, Ausst.-Kat. Henry Moore Institute u.a., Leeds 2002

*Skulpturen der Moderne, Julio Gonzalez, David Smith, Anthony Caro, Tim Scott, Michael Steiner*, Ausst.-Kat. Galerie de France, Paris; Kunsthalle Bielefeld, Bielefeld 1980

*Skulptur im 20. Jahrhundert*, Ausst.-Kat. Merian Park, Basel 1984

*Stahlplastik in Deutschland 1993*, Ausst.-Kat. Staatliche Galerie Moritzburg Halle (Saale), Kulturpark Saaleaue (Peißnitz), Hannover 1993

*Unmonumental. The Object in the 21st Century*, Ausst.-Kat. The New Museum New York 2007

*When Attitudes Become Form*, Ausst.-Kat. Kunsthalle Bern 1969

*The Art of Assemblage*, Ausst.-Kat. The Museum of Modern Art, New York 1961

## Fotonachweis

Arndt & Partner Berlin / Zurich (Du)
AXA Winterthur (Chamberlain)
Beck & Eggeling International Fine Art (Mack)
Bortolami Gallery, New York (Noble / Webster)
bpk / CNAC-MNAM / Philippe Migeat (Oldenburg)
bpk / Nationalgalerie im Hamburger Bahnhof, Sammlung Marx, SMB / Jens Ziehe (Morris)
Colecção Teixeira de Freitas, Lissabon, Portugal (Monk S. 27)
Collection Martin Hatebur, Schweiz, courtesy Galerie Gisela Capitain, Köln (Sosnowska)
Courtesy Günther Uecker
Courtesy Hans-Peter Feldmann, Foto: Joseph Sappler, Düsseldorf
Courtesy Henk Visch
Courtesy Kunsthalle zu Kiel, Foto: Martin Frommhagen, Kiel (Camnitzer)
Courtesy Peter Hutton
Courtesy Thomas Rentmeister, Foto: Bernd Borchardt
Daros-Latinamerica Collection, Zürich, Foto: Peter Schälchli, Zürich (Clark S. 78)
Düsseldorf museum kunst palast (Tinguely)
Edition Staeck, Heidelberg, Foto: Martin Frommhagen, Kiel (Beuys)
evn sammlung, Maria Enzersdorf, Österreich, courtesy neugerriemschneider, Berlin (Eliasson)
Flying Moon Filmproduktion GmbH, Berlin / Marc Gansel (Cho)
Friedrich Christian Flick Collection, Foto: A. Burger, Zürich (Schütte S. 100, 101)
Galerie Bernd Klüser, München (Laner)
Galerie Eva Presenhuber, Zürich (Shearer)
Galerie Guido W. Baudach, Berlin (Zipp)
Galerie Haas & Fuchs, Berlin (Stella)
Galerie Lena Brüning (Vordermaier)
Galerie Max Hetzler, Berlin (Hatoum)
Galerie Michael Werner (Immendorff)
Galerie Thomas Schulte, Berlin (Deacon)
Hamburger Kunsthalle / bpk, Foto: Elke Walford (César, Duchamp S. 88, González)
Hauser & Wirth Zürich London (Gupta)
Häusler Contemporary, München / Zürich, Foto: Florian Holzherr (Bollinger S. 82)
Jay Jopling / White Cube, London (Breitz)
Johann König, Berlin (Sailstorfer)
Johann König, Berlin (Trouvé)
Johnen + Schöttle, Köln, Foto: Zbigniew Wendt (Boyce)
Kunsthalle zu Kiel, Foto: Martin Frommhagen, Kiel (Gormley)
Kunstmuseum Liechtenstein (Bollinger S. 92)
Kunstmuseum Wolfsburg, Foto: Nic Tenwiggenhorn (Schütte S. 39)
Louisiana Museum of Modern Art, Humblebæk (Fontana)
Luis Campaña Gallery, Galerie Karin Guenther, Andrew Kreps Gallery (Kern)
Maccarone Gallery, New York (Bove)
Mai 36 Galerie, Zürich (Drescher)
Mary Mary, Glasgow, Foto: Serge Hasenbohler (Egan)
Musée d'art moderne, Saint-Etienne (Judd, Lavier, Morris)
Noordbrabants Museum 's-Hertogenbosch (Manders)
ONUK, Sammlung FER (Anselmo)
Photo Archiv C. Raman Schlemmer IT – 25524 Oggebbio (VB) (Negativbelichtung von Oskar Schlemmer, 1930)
Privatsammlung, Courtesy m Bochum Kunstvermittlung, Foto: Werner J. Hannappel, Essen (Serra)
projetolygiapape, 2008 (Pape)
Sammlung Froehlich, Stuttgart (Nauman)
Sammlung Haubrok, Foto: Ludger Paffrath, Berlin (Förg, Monk S. 73)
Sammlung Serra, Mallorca (Caro)
Sammlung Würth, Künzelsau, Inv. Nr. 8615 (Kapoor)
Sies + Höke, Düsseldorf, Foto: Achim Kukulies, Düsseldorf (Martin S. 62, 63)
Sies + Höke, Düsseldorf, Foto: Matthew Septimus (Martin S. 22, 23)
Staatliches Museum Schwerin (Duchamp S. 93)
Städtisches Museum Abteiberg Mönchengladbach, Foto: Ruth Kaiser (Leckey, Johns)
Stiftung Wilhelm Lehmbruck Museum – Zentrum Internationaler Skulptur, Duisburg, Foto: Jürgen Diemer, Bernd Kirtz (Constant)
Stiftung Wilhelm Lehmbruck Museum – Zentrum Internationaler Skulptur, Duisburg Duisburg, Foto: Bernd Kirtz (Hendricks)
Ville de Nantes – Musée des Beaux Arts; Foto: C. Clos (Clark S. 79)

## Impressum / Colophon


Eine Publikation der /
A publication by
Kunsthalle zu Kiel

in Kooperation mit /
in cooperation with
Nordmetall-Stiftung

anlässlich der Ausstellung /
on the occasion of the exhibition

Heavy Metal
Die unerklärbare Leichtigkeit eines Materials
On the Inexplicable Lightness of a Material

7. Dezember 2008 – 22. März 2009
December 7, 2008 – March 22, 2009

Kunsthalle zu Kiel
Düsternbrooker Weg 1
24105 Kiel
Deutschland / Germany
Tel. +49 431 880 57 56
Fax + 49 431 880 57 54
www.kunsthalle-kiel.de

### Ausstellung / Exhibition

Kurator / Curator
Dirk Luckow

Ko-Kuratorin / Co-Curator
Dörte Zbikowski

Koordination / Coordination
Anke Dornbach

Registrar
Mareike Otten

Restauratorin / Conservation
Dorothée Simmert

Ausstellungsaufbau / Construction Team
Dirk Schröder, Bernhard Seifert, Edmund Sieck, Jan Martiensen, Kai Niebuhr, Christopher Prösch, Timo Schulz

Öffentlichkeitsarbeit / Public Affairs
Verena Voigt, Claudia Petersen

Kunstvermittlung / Educational Program
Regina Troschke

Verwaltung / Administration
Dirk Becker

Sekretariat / Secretary
Ines Fiehn, Jutta Vester

Partner der Kunsthalle zu Kiel /
Partner of Kunsthalle zu Kiel
HSH Nordbank

HSH NORDBANK

Sponsor
For the installation *The Night Sky over New York, October 21, 2007, 9 pm* by Carol Bove we would like to thank for generous support Thomas Kersig, Kiel

KUNSTHALLEZUKIEL
CHRISTIAN-ALBRECHTS-UNIVERSITÄT

NORDMETALL Stiftung

### Katolog / Catalogue

Herausgeber / Editor
Dirk Luckow

Konzeption / Concept
Dirk Luckow, Dörte Zbikowski

Redaktion / Editing
Dörte Zbikowski

Bildredaktion / Picture Editing
Anke Dornbach

Lektorat / Copyediting
Anke Dornbach, Peter Thurmann, Julia Schönfeld

Übersetzungen / Translations
George Frederick Takis

Graphische Gestaltung / Graphic Design
ade hauser lacour, Frankfurt / M.
Stefan Hauser, Kiki Schmidt, Henning Walther

Satz / Typesetting
Kiki Schmidt, Henning Walther

Schrift / Typeface
Replica

Reproduktionen / Reproductions
Martin Brandner, Kiel

Verlagsherstellung / Production
Angelika Hartmann

Papier / Paper
LuxoArt Gloss, 150 g / m²;
Munken Lynx, 130 g / m²

Druck / Printing
Dr. Cantz'sche Druckerei, Ostfildern

Buchbinderei / Binding
Conzella Verlagsbuchbinderei, Urban Meister GmbH, Aschheim-Dornach bei München





Erschienen im / Published by
Hatje Cantz Verlag
Zeppelinstrasse 32
73760 Ostfildern
Deutschland / Germany
Tel. +49 711 44 05-200
Fax +49 711 44 05-220
www.hatjecantz.de

ISBN 978-3-937208-20-6
Museumsausgabe / Museum edition (Hardcover)
ISBN 978-3-7757-2378-7
Buchhandelsausgabe / Trade edition (Hardcover mit Schutzumschlag / with dust jacket)

Printed in Germany


Umschlagabbildung / Cover illustration:
Monika Sosnowska
*Untitled*, 2007
Handlauf, PVC / handrail, PVC
114 cm × 125 cm
Collection Martin Hatebur, Schweiz
Courtesy Galerie Gisela Capitain, Köln